"十四五"时期国家重点图书出版专项规划项目

凤凰之巢 匠心智造

北京大兴国际机场航站楼（核心区）工程
综合建造技术（施工管理卷）

§

北京城建集团有限责任公司 组织编写

李建华 主编

中国建筑工业出版社

图书在版编目（CIP）数据

凤凰之巢　匠心智造：北京大兴国际机场航站楼
（核心区）工程综合建造技术. 施工管理卷 / 北京城建集
团有限责任公司组织编写；李建华主编. —北京：中
国建筑工业出版社，2021.12
ISBN 978-7-112-26858-0

Ⅰ.①凤… Ⅱ.①北… ②李… Ⅲ.①民用机场—航
站楼—施工管理—中国 Ⅳ.①TU248.6

中国版本图书馆CIP数据核字（2021）第247308号

雄冀大地，燕京之南，短短40个月，一座崭新的超级航空城拔地而起，银翼腾飞，见证着新时代民航强国的重大谋划，凤凰展翅，凝结着北京城建人的智慧匠心。从荒草之地到璀璨之城的华美巨变，日日夜夜分分秒秒发生在我们眼前。

本书详细总结了北京大兴国际机场航站楼（核心区）工程建设中的施工管理成果，包括：工程概述、工程管理、技术管理、质量管理、成本管理、职业健康安全及环境保护管理、招标采购管理、物资设备管理、工程档案管理、项目文化建设、生活区管理、维修保驾服务、大事记等。希望本书的出版能为未来国内外大型公共设施基础设施建设提供科学的借鉴。

总　策　划：沈元勤
责任编辑：张伯熙　范业庶　张　磊
书籍设计：锋尚设计
责任校对：李美娜

凤凰之巢　匠心智造

北京大兴国际机场航站楼（核心区）工程

综合建造技术（施工管理卷）

北京城建集团有限责任公司　组织编写

李建华　主编

*

中国建筑工业出版社出版、发行（北京海淀三里河路9号）

各地新华书店、建筑书店经销

北京锋尚制版有限公司制版

临西县阅读时光印刷有限公司印刷

*

开本：880毫米×1230毫米　1/16　印张：29½　字数：574千字

2022年1月第一版　　2022年1月第一次印刷

定价：**288.00**元

ISBN 978-7-112-26858-0

（38526）

本书编委会

主 任 委 员 陈代华　郭延红　裴宏伟

副主任委员 吴继华　张晋勋　李卫红　王献吉　徐荣明　储昭武

　　　　　　　王志文　史育斌　彭成均　王丽萍　李　莉　杨金风

　　　　　　　罗　岗　姜维纲　何万立　陈　路

主　　　　编 李建华

副 主 编 段先军　张　正　赵海川

编　　　　委（以姓氏笔画排序）

　　　　　　　支迅锋　戎志宏　华　蔚　刘云飞　刘汉朝　孙承华

　　　　　　　李文保　李振威　李辉坚　杨丽霞　杨应辉　张春英

　　　　　　　罗剑丽　侯进峰　徐丰瑞　高万林　曹海涛　程富财

　　　　　　　雷素素　熊计富　颜钢文

编 写 人 员（以姓氏笔画排序）

　　　　　　　王　旭　王　鑫　王志斌　车　越　邓　永　邓　强

　　　　　　　石　松　申利成　田业光　田诗雨　朱瑞瑞　刘　东

　　　　　　　刘　亮　刘计宅　刘宝良　刘振宁　刘铸玮　祁俊英

　　　　　　　许博思　孙　辽　孙　艳　李　杰　李　洋　李心见

　　　　　　　李金生　李海兵　李婷婷　汪　洋　汪震东　宋正亮

　　　　　　　张　伟　张　谦　张　鑫　张学军　张显达　陈保忠

　　　　　　　周　锴　郝金旭　顿雪峰　殷成斌　殷战伟　黄　毅

　　　　　　　黄维爱　常　松　常广乐　崔盈利　符建超　程欣荣

　　　　　　　谢文东　谭　俊

序一

北京大兴国际机场是举世瞩目的世纪工程，是习近平总书记亲自决策、亲自推动、亲自宣布投运的国家重点项目，体现了党中央、国务院对北京大兴国际机场的高度重视。从2014年12月开工建设到2019年9月正式建成投运仅用时4年9个月，航站楼工程仅用时3年6个月，创造了世界工程建设史上的一大奇迹。

2019年9月25日，习近平总书记亲自出席投运仪式，宣布北京大兴国际机场正式投入运营。习近平总书记对北京大兴国际机场的规划设计、建筑品质给予了充分肯定，赞扬北京大兴国际机场体现了中国人民的雄心壮志和世界眼光、战略眼光，体现了民族精神和现代化水平的大国工匠风范，向党和人民交上了一份满意的答卷。北京大兴国际机场建设充分展现了中国工程建筑的雄厚实力，充分体现了中国精神和中国力量，充分体现了中国共产党领导和我国社会主义制度能够集中力量办大事的政治优势。

北京大兴国际机场航站楼采用世界先进设计理念和施工工艺，打造了高铁、地铁、城铁等多种交通方式于一体，大容量公共交通与航站楼无缝衔接，换乘效率和旅客体验世界一流的现代化航站楼。作为北京大兴国际机场航站楼核心区工程的承建单位，北京城建集团始终严格遵循总书记的指示精神，坚持民航局提出的"引领世界机场建设，打造全球空港标杆"的高标准定位，通过科学的项目管理策划，践行企业"创新、激情、诚信、担当、感恩"核心价值观，推动理念创新、管理创新、技术创新、装备创新和数字建造，圆满实现了打造"精品工程、样板工程、平安工程、廉洁工程"的目标。

本书分工程技术卷和施工管理卷，详细总结了北京大兴国际机场航站楼核心区主体工程建设历程。项目团队运用先进的管理理论、管理方法、管理工具，对建设全过程进行最有效的管理和控制，体现在科学的施工组织安排、精准的进度综合管控，以高标准严要求对质量环保安全的控制，实现全要素、全场景、全流程的数字建造和信息化管理，通过管理系统化、组织专业化、方法定量化、手段智能化，推动我国机场建设运营从规模速度型向质量效率型转变、从要素投入驱动向创新驱动转变，工程建设彰显了团队严谨科学的专业精神、敬业奉献的职业操守、能打硬仗善打硬仗的优良作风，谱写了奋斗新时代的华美乐章。项目实施全面应用世界先进建造技术、先进技术装备。一方面，北京大兴国际机场以其独特的造型设计、精湛的施工工艺、便捷的交通组织、先进的技术应用，创造了许多世界之最，代表了我国民航等基础设施的最高水平。另一方面，建设过程开发应用了多项新专利、新技术、新工艺、新工法、新标准，现代化程度大幅度提升，承载能力、系统性和效率显著进步，充分体现了中华民族的凝聚力和创造力。

北京大兴国际机场的建成投运，是人民力量、国家力量和行业力量的充分展现，向世人昭示"中国人民一定能，中国一定行"，激励着全体中国人民为中华民族伟大复兴拼搏奋斗。

首都机场集团有限公司总经理

序二

北京大兴国际机场是国家发展一个新的动力源。建设北京大兴国际机场是党中央着眼新时代国家发展战略做出的重大决策，是新时代民航强国建设的重大谋划，对于落实北京国际航空双枢纽的重大布局，提高国家枢纽机场建设水平有着重要意义。

北京大兴国际机场航站楼工程是机场建设的核心，无论是工程的规模体量，还是技术的复杂程度，均为国际类似工程之最。它是目前世界最大的单体航站楼工程，世界最大的单体减隔震建筑，世界首座实现高铁下穿的机场航站楼，世界首座三层出发双层到达、实现便捷"三进两出"的航站楼。由北京城建集团承建的航站楼核心区是这项超级工程中结构最复杂、功能最强大、施工难度最大的部位。

在北京大兴国际机场建设中，面对史无前例的建造难题，北京城建集团致力于技术创新和管理创新，为解决机场建设的世界级难题交上了完美的"中国方案"。解决了：超大平面混凝土结构施工关键技术、超大平面层间隔震综合技术、超大平面复杂空间曲面钢网格结构屋盖施工技术、超大平面不规则曲面双层节能型金属屋面施工技术、超大平面航站楼装饰装修工程施工关键技术、超大型多功能航站楼机电工程综合安装技术等技术难题。项目管理成果丰硕，施工技术已处于世界领先水平。

建造过程中项目团队以高度的使命感、责任感，通过科学组织、管理创新，通过高标准的项目管理策划和超强的执行力，取得了令世人瞩目的施工成果，谱写了建筑史上的新篇章。

北京大兴国际机场建设在我国建筑行业发展中具有里程碑意义，其建设成就值得载入史册。《凤凰之巢 匠心智造》分管理卷、技术卷，再现了艰辛建造历程。与同行业从业者分享建设经验和管理成果，也希望能够给予启发和借鉴。

清华大学土木工程系教授

序三

北京大兴国际机场是新中国成立以来首个由中央政治局常委会审议、国家最高领导人亲自决策的国家重大工程项目。

2017年2月23日，在北京新机场建设的关键时期，习近平总书记视察了建设中的北京新机场，亲切看望一线员工并做出重要指示。强调北京新机场是首都的重大标志性工程，是国家发展一个新的动力源，指示一定要建成精品工程、样板工程、平安工程、廉洁工程，特别是要建成安全工程。同时称赞道：这么大的一个工程，这么复杂的工程，现场管理井井有条，而且迄今为止是零事故。希望大家再接再厉，精益求精，善始善终，创造一种世界先进水平，既展示了国际水准，同时又为我们国家的基础建设继续创造一个样板。

北京大兴国际机场工程的巨大体量、超大空间、超大平面在刷新世界纪录的同时给项目的安全管理带来大量前所未有的难题，参建方的人员规模庞大、交叉作业密集、危大工程众多等现实问题对人员安全素质、安全管理体系、安全防护措施等提出极高要求。北京城建集团从安全管理的前期策划到工程建设过程控制，严格贯彻习总书记的指示精神，始终坚持"生命至上、以人为本"的安全理念，以先进的安全理论为指导，将"人"作为安全管理的核心，不仅要保护人的生命，更要依靠人的智慧，以此带动管理与技术的创新和协同，形成系统安全保障。以HSE管理体系为基础，以LCB安全理论为指导，打造了科学的安全领导体系和高水平的安全文化，大幅提升了全员行为安全水平；有效控制了施工、消防、环保等重点工程的重大风险；在管理方面多样化创新了安全监测与预控技术手段，形成了"全员、全系统、全天候、全过程"的安全管控平台。这些成果与经验，有力支撑了项目"安全零死亡零重伤、消防零火灾、环保零投诉"总体目标的实现。被授予"全国建设工程项目安全生产标准化建设工地""中国工程建设安全质量标准化先进单位"等多项奖项，得到了国家建设主管部门和社会各界的高度好评。

本工程创新了管理理念，树立了行业的样板，打造了新的标杆，取得了很好的效果，为未来国内外大型公共设施、基础设施建设提供科学的借鉴。

方辉

清华大学土木水利学院院长

前言

在中国经济地理版图上，一个个重大工程铺展宏图，展现时代风范，支撑伟大复兴的光明前景。

北京大兴国际机场，无疑是这宏图上的浓墨重彩。作为国家发展一个新的动力源，北京大兴国际机场是北京"四个中心"建设的重要支撑，是服务京津冀协同发展的重大举措，也是新时代民航强国建设的重大谋划。它的建设举世瞩目。

2017年2月23日下午，习近平考察了北京新机场建设。他强调，新机场是首都的重大标志性工程，是国家发展一个新的动力源，必须全力打造精品工程、样板工程、平安工程、廉洁工程。每个项目、每个工程都要实行最严格的施工管理，确保高标准、高质量。要努力集成世界上最先进的管理技术和经验。[①]

航站楼工程是机场建设的关键环节。作为北京大兴国际机场航站楼核心区工程的承建单位，北京城建集团始终牢记习近平总书记的嘱托，坚决贯彻"四个工程"的高标准要求，以创新、激情、诚信、担当、感恩的国匠虔心和科学的项目管理策划，奋力建成这座世界上设计理念最先进、新技术应用最广泛、综合交通集成度最高、用户体验最便捷的航站楼，圆满实现了各项目标。本书就是对这个过程的全面回顾和系统总结。全书分为工程技术卷和施工管理卷，重点呈现了项目在理念创新、管理创新、技术创新和智慧建造等方面的探索和实践。

以理念创新为指引，全力打造"四个工程"。打造"四个工程"是北京大兴国际机场建设的基本要求和总体目标，项目以高度的使命感、荣誉感和责任感，通过高标准策划和超强执行力，把北京大兴国际机场建设成为代表新时代的标志性工程，成为引领机场建设的风向标。精品工程突出品质，本着对国家、人民、历史高度负责的态度，始终坚持"国际一流、国内领先"的高标准，以精益求精、一丝不苟的工匠精神推进精细化管理、精心施工，打造经得起历史、人民和实践检验，集外在品位与内在品质于一体的新时代精品力作。样板工程在工程组织管理、技术创新、安全环保、质量管理、智慧建造、进度控制等方面打造行业样板。平安工程始终牢固坚持生命至上、以人为本的理念，坚持"零伤亡、零事故、零扬尘、零冒烟"的管理目标，强化安全领导力、安全文化和安全行为，统筹各参建单位层层落实安全责任，确保万无一失。廉洁工程突出防控，对招标投标结算支付、工程物资与设备、隐蔽工程等关键控制点进行重点控制，有效防范化解风险，营造"干干净净做工程，认认真真树丰碑"的廉洁文化氛围。

---

① 习近平在北京考察：抓好城市规划建设 筹办好冬奥会-新华网 http://www.xinhuanet.com/politics/2017-02/24/c_129495572.htm.

以管理创新为抓手，创造工程建设新奇迹。项目在国内首创主体结构和机电安装工程"总包统筹、区域管理"的模式，大大减少管理层级、减小管理幅度、提高管理效力。提出施工组织专业化、资源组织集约化、安全管理人本化、管理手段智慧化、现场管理标准化、日常管理精细化的"六化"管理举措，实现3年零6个月完成航站楼综合体建设，创造了全新的世界纪录和工程建设的奇迹和样板。

以技术创新为关键，实现机场核心建造技术新突破。项目4项成果达到国际领先水平，开发应用45项新专利、新技术以及11项新工艺、新工法，在EI、核心期刊发表论文44篇。项目成果支撑航站楼工程获评省部级科技示范工程4项、省部级科技进步奖3项、省部级质量奖3项、建设行业信息化成果奖4项。项目荣获国家绿色建筑最高标准"三星级"和节能建筑"3A级"双认证，成为我国首个节能建筑3A级项目。项目研发了超大复杂基础工程高效精细化施工技术、超大平面混凝土结构施工关键技术、超大平面层间隔震综合技术、超大平面复杂空间曲面钢网格结构屋盖施工技术，高效解决北京大兴国际机场航站楼施工过程各项关键技术难题，形成具有自主知识产权的超大平面航站楼工程建造关键技术体系。项目成果的成功应用为我国大型机场航站楼建造提供样板和范例，推动我国大型机场航站楼建造向更加精益、绿色、集约化方向发展。

以智慧建造为支撑，打造智慧机场新样板。桩基工程、混凝土结构、劲性结构、钢结构屋架、机电工程、屋面幕墙精装修等工程全过程应用BIM5D、物联网、信息化等数字建造技术。钢结构、机电机房、装修工程实现预制化模块化，节约了空间，安装质量更高，安全也更有保障。设计建造总长度1100m的两座钢栈桥作为水平运输通道，自主研发了无线遥控大吨位运输车，有效解决了超大平面结构施工材料运输难题。建立温度场监控、位移场监控等自动监测系统，为国内最大单块混凝土楼板结构施工提供依据。

以中国制造为依托，迈出国产化新步伐。国内首创的屋面采光顶夹胶中空铝网玻璃不仅满足采光要求，还能有效减小热辐射；"如意祥云"的吊顶板表面涂层材料漫反射率达到95%以上，有效节约了电能……建设过程中，北京大兴国际机场应用了全国最先进的施工设备，整体材料设备的国产化率高达98%，它的身上可以说凝结着过去数十年中国机场施工建设、材料研发、工程装备等的各项成果，是一次中国建造实力的集中展示。而诸多民族品牌也正依托北京大兴国际机场，代表"中国制造"走出国门。

随着北京大兴国际机场的建成投运，以它为代表的中国建造，已经成为向世界展示中国的亮丽名片。而这背后，是中国建设者攻坚克难的非凡奋斗，是中国强大综合国力的日益凸显。总结是为了更好地出发。迈向全面建设社会主义现代化国家的新征程，建设者使命在肩、机遇无限，定将以更大的作为推动中国建造更好地走向世界、走向未来，为实现第二个百年奋斗目标和中华民族伟大复兴的中国梦贡献卓越力量。

Contents

目录

第1章 | 工程概述

第2章 | 工程管理

第3章 | 技术管理

138

第4章 | 质量管理

159

第5章 | 成本管理

第6章 | 职业健康安全及环境保护管理

第7章 | 招标采购管理

324

第8章 物资设备管理

第9章 工程档案管理

第10章 | 项目文化建设

第11章 | 生活区管理

第12章 | 维修保驾服务

第13章 | 大事记

430

第 1 章
§
工程概述

1.1 总体概况

北京大兴国际机场是国家发展一个新的动力源。建设大兴国际机场是党中央着眼新时代国家发展战略需要做出的重大决策，是中华民族伟大复兴的战略抉择；是服务京津冀协同发展的重大举措；是北京"四个中心"建设的重要支撑；是完善首都核心功能，促进北京南北城区均衡发展的重要举措。

作为国家建造的又一超级工程，北京大兴国际机场被外媒评为"世界新七大奇迹之首"，其拥有太多的世界之最：它是世界最大的单体航站楼，是世界最大的单体减隔震建筑，是世界首座实现高铁下穿的机场航站楼，是世界首座三层出发双层到达、实现便捷"三进双出"的航站楼。

北京大兴国际机场定位为大型国际航空枢纽机场。根据总体规划，本期建设一座集中式航站楼以满足4500万人次的年旅客吞吐量，航站区设计以近期2025年旅客吞吐量7200万人次为目标，远期规划在机场南端建设新的航站楼，以达到1亿人次左右年旅客吞吐量的目标。

本期、近期、远期规划见图1-1、图1-2、图1-3。

北京大兴国际机场航站楼的造型寓意"凤凰展翅"，从中心区分别向东北、东南、中南、西南、西北等方向设置5座指廊，与首都国际机场形成"龙凤呈祥"的双枢纽格局。鸟瞰效果图见图1-4。

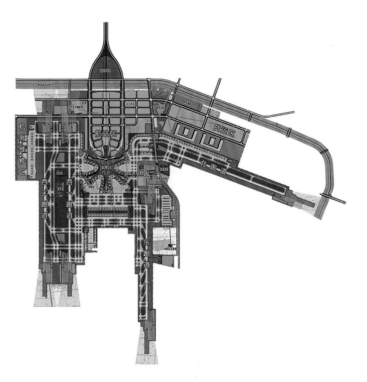

图1-1　本期规划图

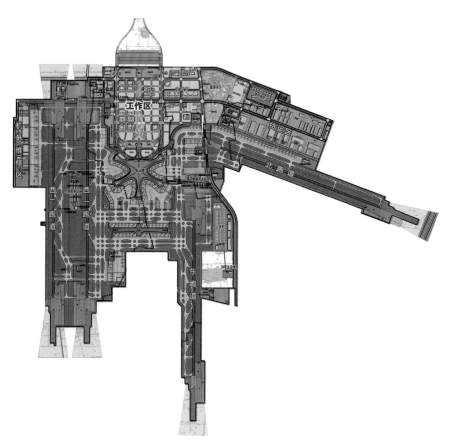

图1-2 近期规划图

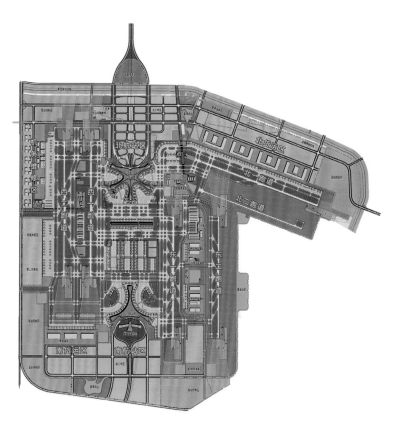

图1-3 远期规划图

图1-4 鸟瞰效果图

北京大兴国际机场位于北京市大兴区榆垡镇、礼贤镇和河北省廊坊市广阳区之间。场址中心距天安门直线距离约46km，距首都国际机场约67km，距离廊坊市约26km，距雄安新区55km。区域关系如图1-5所示。

本期规划机场周围有4条高速环绕，航站楼地下设有高铁、地铁、城际铁路共6条铁路线，将形成具有强大区域辐射能力的综合交通体系，如图1-6所示。

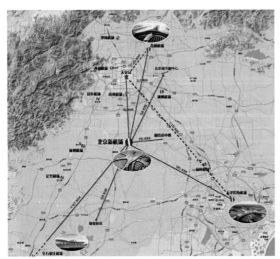

京津冀机场群功能定位

京津冀三地机场由首都机场集团公司统一管理，通过分工协作，形成对周边地区的全面覆盖，构建功能互补、协调联动的世界级机场群，更好的服务区域经济社会发展，更好的服务雄安新区建设、京津冀协同发展和"一带一路"国家战略。

北京新机场和首都机场——
大型国际枢纽机场，具有国际竞争力的"双枢纽"。

天津滨海机场——
区域枢纽机场、北方国际航空货运中心。

石家庄正定机场——
航空快件集散及低成本航空枢纽。

图1-5 区域关系

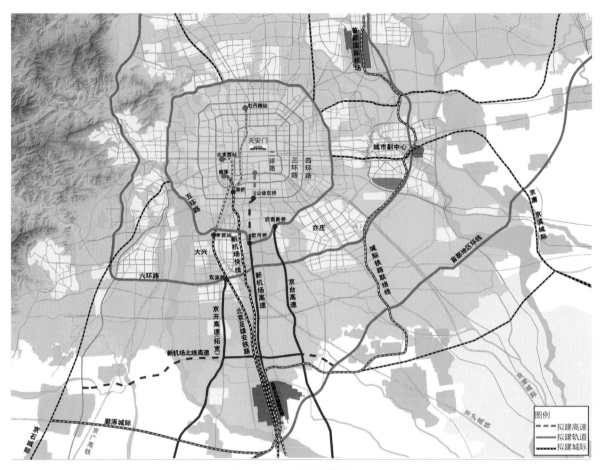

图1-6　综合交通规划体系

2017年2月23日，习近平考察正在建设中的北京新机场。习近平指出，新机场建设非常重要，是北京发展和京津冀协同发展的需要。他说，许多国家提出想要开通或增开到北京的航线，但我们目前条件有限。新机场建设是我们国家发展一个新动力源。看到施工现场井井有条，得知施工实现了零事故，习近平表示肯定。他说，北京新机场建设要打造"精品工程、样板工程、平安工程、廉洁工程"，特别是要抓好安全生产。新机场建设要创造一流经验，为我国基础设施建设打造样板。[1]

在新中国成立70周年之际，北京大兴国际机场投运仪式25日上午在北京举行。中共中央总书记、国家主席、中央军委主席习近平出席仪式，宣布机场正式投运并巡览航站楼，代表党中央向参与机场建设和运营的广大干部职工表示衷心的感谢、致以诚挚的问候。

习近平强调，大兴国际机场能够在不到5年的时间里就完成预定的建设任务，顺利投入运营，充分展现了中国工程建筑的雄厚实力，充分体现了中国精神和中国力量，充分体现了中国共产党领导和我国社会主义制度能够集中力量办大事的政治优势。[2]

---

[1] 习近平强调北京新机场建设要为我国基础设施建设打造样板-新华网http://www.xinhuanet.com/politics/2017-02/24/c_1120527177.htm.

[2] 习近平出席投运仪式并宣布北京大兴国际机场正式投入运营_滚动新闻_中国政府网http://www.gov.cn/xinwen/2019-09/25/content_5433171.htm.

1.2 标段划分

北京大兴国际机场航站区工程分为四个标段：一标段：核心区基坑及桩基础工程；二标段：核心区工程；三标段：指廊工程；四标段：停车楼及综合服务楼。其中，核心区基坑及桩基础工程（一标段）、核心区工程（二标段）均由北京城建集团施工总承包。

航站楼核心区是这项超级工程中设计最先进、结构最复杂、功能最强大、施工难度最大的部位。

标段划分图见图1-7。

核心区基坑及桩基础工程（一标段）于2015年9月26日开工，合同施工范围包括核心区土方、基坑支护、降水、基础桩施工。

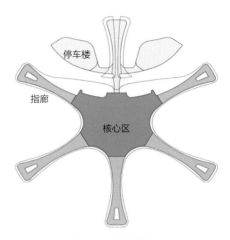

图1-7 标段划分图

航站楼核心区（二标段）建筑面积为60万m²，合同施工范围主要包括核心区主体结构、钢结构屋盖、建筑屋面幕墙、建筑装修装饰（包括公共区和非公共区）、机电安装、电扶梯步道、消防楼控、楼前高架桥以及室外工程等。

二标段作为北京大兴国际机场工程最大标段，始终在建设过程中坚持技术引领、智慧建造、管理创新，确保了大兴机场建设严格按照"精品工程、样板工程、平安工程、廉洁工程"，国家样板工程的总体要求稳步推进。

1.3 设计概况

1.3.1 建筑概况

航站楼核心区为航站楼的主要功能区，地下二层、地上四层（局部五层），屋盖投影面积达18万m²，屋面最高点标高为50m。航站楼鸟瞰效果图见图1-8。航站楼局部剖切三维图见图1-9。

地下二层为高速铁路通道、地铁及轻轨通道区域，地下一层为行李传送通道、机电管廊系统和预留的APM客运通道，地上一～五层主要为进港、出港、购票、安检、行李提取等功能区。

图1-8 航站楼鸟瞰效果图

图1-9 航站楼局部剖切三维图

地下二层为各条线路的站台、技术用房、行车区等，共有1条地铁线、2条大铁线、3条城铁线。地下二层平面图见图1-10。

地下一层为进出港旅客连接地下二层轨道交通的转换空间，航站楼中部预留有连接远期卫星航站楼的APM客运车站及配套的安检设施区域。其他辅助功能包括：地下汽车通道、库房、机房、分布于核心区内区的机电管廊。不使用区域设有结构架空层，地面标高为−4.0m。地下一层平面图见图1-11。

首层包括核心区北区的国际行李厅和迎客厅，包括核心区中部的国际入境现场，包括核心区东西两侧的国内远机位候机厅。核心区的其他区域均为行李处理机房，其中南部为出港行李机房，北部为到港行李机房。首层平面图见图1-12。

二层包括核心区北区的国内行李提取厅和迎客厅，以及核心区南区的国际中转厅和出港行李分拣机房的上部空间，中心"峡谷"成为航站楼内的核心建筑空间，它将核心区分为南北两区。

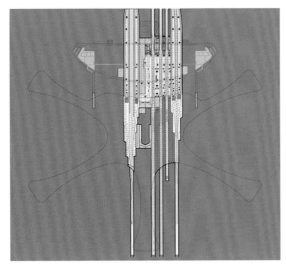

图1-10 地下二层平面图

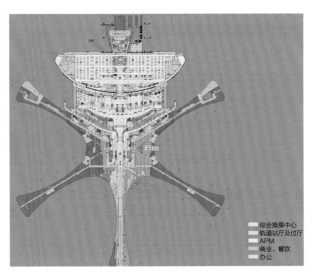

图1-11 地下一层平面图

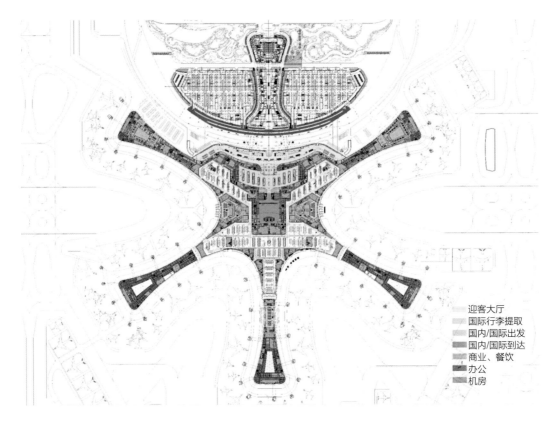

图1-12 首层平面图

二层平面图见图1-13。

三层包括核心区北区的国内自助办票厅、两舱旅客办票厅、国内出发安检现场等。核心区南区为国际出发区和国际中央商业区。三层平面图见图1-14。

四层包括核心区北区的国内国际常规办票大厅、国际出发安检区及核心区南区的国际出发海关、边防现场。四层平面图见图1-15。

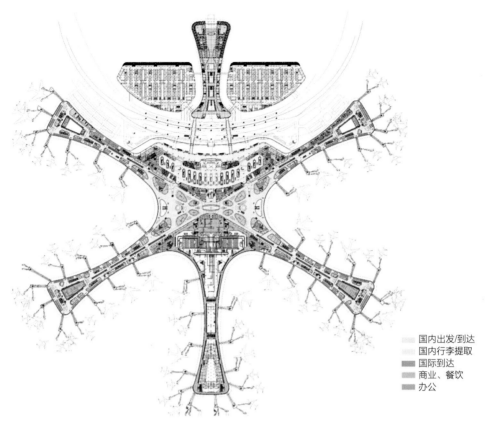

国内出发/到达
国内行李提取
国际到达
商业、餐饮
办公

图1-13 二层平面图

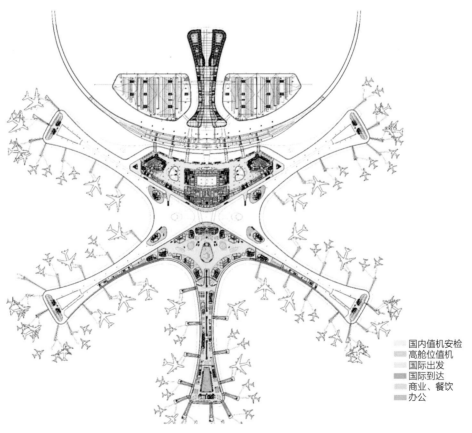

国内值机安检
高舱位值机
国际出发
国际到达
商业、餐饮
办公

图1-14 三层平面图

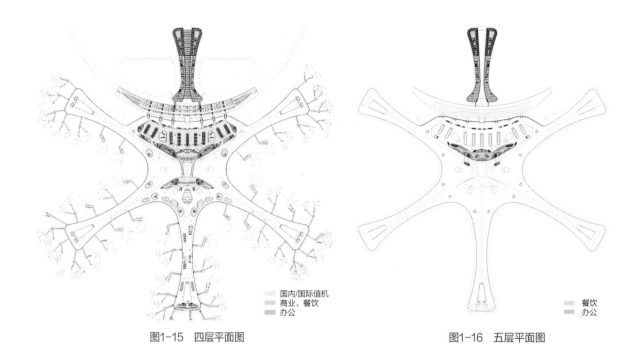

图1-15 四层平面图

国内/国际值机
商业、餐饮
办公

图1-16 五层平面图

餐饮
办公

五层为值机大厅陆侧餐饮夹层，并设置相应的服务设施，五层顶部还包含两处消防水箱间。五层平面图见图1-16。

建筑概况见表1-1。

建筑概况 表1-1

序号	项目		内容		
1	建筑面积（m²）		航站楼及换乘中心	轨道交通（南段）	建筑地基
			804130	145609	270877
2	建筑层数		地上		地下
			5		2
3	楼层标高	地下部分	地下一层（m）		−6.5
			地下二层（m）		−18.25～−15.65
		地上部分	首层（m）		0.000
			二层（m）		6.5～4.5
			三层（m）		12.5～8.5
			四层（m）		19.0～17.5
			五层（m）		24.0
			屋顶（m）		50.0～20.5
4	建筑高度	檐高	50m		
		最大基底标高	25.65m		
		绝对标高	±0.000=24.550m（北京市独立高程系统）		
5	建筑防火		防火分类		耐火等级
			一类		一级

序号	项目	内容	
6	抗震设防烈度	8度	
7	建筑防水等级	地下	屋面
		一级	一级
8	门窗工程	木质防火门、钢质防火门、防火卷帘门、玻璃门、防火窗、断桥铝合金玻璃窗等	

1.3.2 结构概况

航站楼结构设计使用年限为50年,结构耐久性为100年;高铁、地铁结构设计使用年限及耐久性为100年;钢结构耐久性为100年。

结构抗震等级为一级,地基基础采用旋挖钻孔灌注后压浆桩,地下二层轨道层底板厚2.5m。采用无粘结预应力及补偿收缩混凝土技术,掺加聚丙烯短纤维和微膨胀剂。结构设置0.8~1m施工后浇带和4m结构后浇带(结构后浇带间距150m左右)。

高铁和地铁车站及隧道结构柱的轴网与航站楼结构柱的轴网不同,航站楼地下二层设置转换结构。根据总体设计高铁从地下二层不减速穿过,核心区采用隔震技术,隔震层设置在正负零板下柱顶,核心区隔震支座分布示意图见图1-17。普通橡胶隔震支座、铅芯橡胶隔震支座见图1-18。滑移橡胶隔震支座、粘滞阻尼器见图1-19。

结构概况见表1-2。

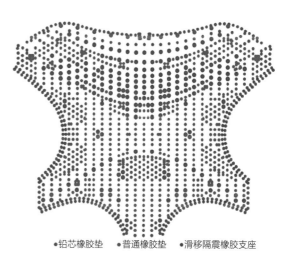

●铅芯橡胶垫　●普通橡胶垫　●滑移隔震橡胶支座

图1-17 核心区隔震支座分布示意图

图1-18 普通橡胶隔震支座、铅芯橡胶隔震支座

图1-19 滑移隔震橡胶支座、粘滞阻尼器

结构概况   表1-2

序号	项目		内容	
1	主体结构形式		框架结构	
2	基础形式		轨道交通区	桩筏基础
			航站楼中心非轨道区	桩基独立承台+抗水板
			高架桥非轨道区	桩基独立承台+抗水板
3	屋盖结构形式		网架结构	
4	抗震等级		框架梁、柱	一级
			地下室剪力墙	三级
			除屋盖及支撑以外的钢结构	三级
5	基本柱网尺寸		9m×9m、9m×18m、18m×18m	
6	钢筋类别		HPB300、HRB400E	
7	钢筋型号		HPB300	Φ6、Φ8、Φ10
			HRB400E	Φ10、Φ12、Φ14，Φ16、Φ18、Φ20、Φ22、Φ25、Φ28、Φ32、Φ40
8	预应力钢筋		1860级钢绞线，D=15.24mm，Ⅰ类锚具，镀锌波纹管	
9	钢筋连接		直径≥20mm	滚轧直螺纹连接
			直径<20mm	绑扎搭接
10	混凝土强度等级	基础	垫层	C15
			桩基	C40
			基础底板、承台、基础梁	C40（P10）
		±0.000以下	柱	C60
			墙、梁、板	C40
			外墙	C40（P8~P10）
		±0.000以上	柱	C60
			墙、梁、板	C40

序号	项目		内容
11	主要板厚	基础底板	400mm、500mm、600mm、700mm、1500mm、1800mm、2500mm
		地下结构顶板	100mm、120mm、200mm、250mm、300mm、400mm、600mm
		地上结构顶板	120mm、150mm、180mm、200mm、250mm、300mm、400mm、800mm
12	圆形KZ截面尺寸（直径）		900mm、1000mm、1200mm、1300mm、1500mm、1800mm、2000mm
13	方形KZ截面尺寸		500mm×500mm、1000mm×1300mm、1200mm×1200mm、1300mm×1300mm、1800mm×1800mm、2500mm×1300mm
14	主要墙体厚度		300mm、400mm、500mm、600mm、700mm、800mm、1000mm、1300mm、1450mm
15	主要梁截面尺寸		梁高取600~2500mm，主梁梁宽取400~3000mm；次梁梁宽取300~600mm
16	劲性结构		Q345B、Q345C、Q345GJC，壁厚大于35mm时为Q345GJC；壁厚20~60mm；Z向性能：Z15
17	主要隔墙类型		200mm、250mm厚加气混凝土砌块墙；123mm厚轻钢龙骨石膏板墙；100mm厚轻钢龙骨无石棉纤维水泥板墙体；100mm厚轻钢龙骨无石棉硅钙板墙体

1.3.3　钢结构概况

北京大兴国际机场航站楼核心区钢结构屋架造型复杂，主要由支撑钢结构及上部钢屋盖结构两大部分组成。支撑结构：由结构内的8根C形支撑、12组支撑筒、6根支撑柱以及结构周边的门头柱和幕墙结构体系组成。

上部钢结构屋架：为不规则曲面球节点双向交叉桁架结构，主要节点为焊接球，部分受力较大区域采用铸钢球节点。支撑结构通过三向固定铰支座、单向滑动铰支座或销轴支座与钢屋盖相连接。钢结构屋盖及支撑布置三维示意图见图1-20，钢结构C形支撑施工照片见图1-21。

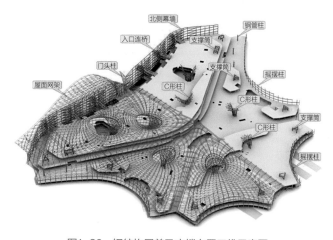

图1-20　钢结构屋盖及支撑布置三维示意图

图1-21　钢结构C形支撑施工照片

钢屋架主要材质为Q345、Q390、GS20Mn5QT、Q460等系列，钢结构用钢量约4.2万t。屋盖结构的主要特点包括：超长、超宽、超大平面，结构新颖，支撑体系独特多样，内部空间超大，体量大，位形控制难，施工复杂，安全风险高。

钢结构概况见表1-3。

钢结构概况

表1-3

类型	名称	设计概况
支撑钢结构	C形柱	共8组，柱底生根于二层（6.300m）、三层（12.300m）、四层（18.800m），柱顶标高最小为19.8m，最高标高为38.5m。C形柱柱底与劲性结构连接，柱顶与屋盖网架连接。C形柱结构构造较复杂，每组C形柱由5榀或7榀平面桁架结构组成，平面桁架底部为实腹截面、上部为桁架系统，每榀桁架之间增加横向支撑，形成空间体系，每榀桁架延伸至屋顶形成整体
	筒柱	共12组，分为三角形和矩形两种形式，柱底生根于6.300m和12.300m，最高标高为23.95m。筒柱底与劲性结构连接，柱顶与屋盖网架连接。单个支撑筒由框架柱、框架梁、撑杆组成
	钢管柱	共有6根，东西两侧各有3根，柱底生根于首层（-0.20m），柱顶最高标高为21.804m。截面均为1500mm×40mm，材质为Q460-GJC。其中6.30m以下均为劲性钢结构
	楼前幕墙柱	楼前幕墙柱结构为屋盖大厅网架支撑框架，采用格构式排架柱结构，结构下部通过抗震球形铰支座或带向心关节轴承的销轴支座进行连接。由6组格构式组合钢管柱和14组排架柱组成，格构柱截面主要为钢管截面，幕墙梁采用箱形截面
屋盖钢结构	屋盖钢网架	屋盖钢网架分为六个区，六个区之间由天窗连接。屋盖网架为正交型焊接球网架结构，网架网格分布为桁架式分布，分为上弦、下弦和中间腹杆等，节点处采用焊接球节点
	天窗	天窗分为中央天窗和条形天窗，为三角桁架结构形式。天窗杆件均为箱形截面，其规格主要为500mm×300mm×12mm×16mm～1500mm×1000mm×50mm×50mm
中心区钢连桥		共2座，钢连桥最大跨度为72.72m，中间大梁为变截面梯形截面，最大截面高度为4501mm，最大宽度为2940mm，其余桥面钢梁为H型钢。钢连桥整体呈北端高、南端低的趋势，北端标高为18.9m，南端标高为17.4m。连桥下部设置劲性钢柱和钢梁，钢梁上部设有预埋件，钢连桥通过球支座支撑在劲性钢梁上
入口钢连桥	航站楼与高架桥间连桥	分别连接高架桥与航站楼二层、三层和四层楼面。钢连桥主要采用H形梁结构，其主梁采用变截面H型钢，次梁为焊接H形截面
	航站楼与综合服务楼间连桥	共2座，为R-PW-10号钢桥，连接综合服务楼与航站楼二层楼面，位于高架桥下层桥面下方。钢连桥主要采用H形梁结构，其主梁采用变截面H型钢，次梁为焊接H形截面
钢浮岛		共计33处，三层楼面有10处、四层楼面有13处、五层楼面有10处。钢浮岛为钢框架，钢浮岛钢柱为钢管柱，截面大小为450mm×20mm，钢梁截面为H形钢梁，截面大小为550mm×350mm×14mm×24mm、500mm×250mm×12mm×16mm，单根钢梁跨度最大为13.242m

钢结构屋面及支撑三维示意图见图1-22。

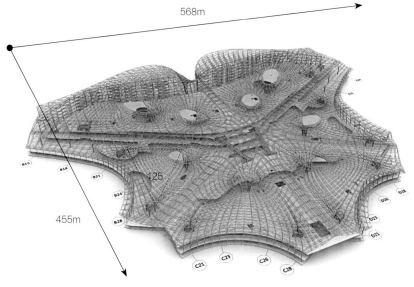

568m

455m

125

图1-22　钢结构屋面整体三维示意图

1.3.4　屋面概况

北京大兴国际机场航站楼核心区工程屋面为双层金属屋面，屋面设有大面积采光天窗。本工程金属屋面工程造型新颖、结构复杂，屋面系统采用了自由曲面设计，屋面尺寸超长、超宽。屋面设有6条呈60°放射状分布的采光天窗和8个独立的采光顶。金属屋面为双层设计，表面为开缝的蜂窝铝板，下层为直立锁边金属板，金属板下为TPO防水层、保温隔热层、底层波形钢承板等构造层。金属屋面构造、采光顶造型示意图见图1-23和图1-24。

航站楼屋面由直立锁边屋面系统、不锈钢天沟排水系统（虹吸排水系统和电伴热系统）、屋面排烟窗系统及天窗控制系统、采光顶系统（分拉锁体系和主次龙骨体系）、避雷系统、檐口铝板系统（分为室外吊顶和屋面檐口）等组成。

金属屋面概况见表1-4。

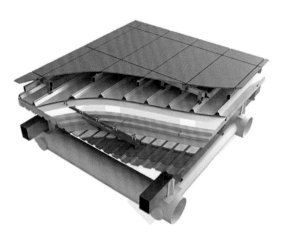

图1-23　金属屋面构造示意图

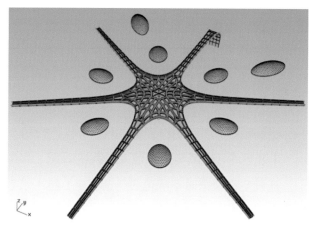

图1-24　采光顶造型示意图

	金属屋面概况	表1-4

项目	内容	
金属屋面系统	直立锁边金属屋面，上设25mm厚装饰铝板，屋面展开面积约为18万m²	
天沟系统	采用2.0mmSUS304不锈钢天沟，不锈钢天沟内配备虹吸排水系统和融雪电伴热系统	
檐口、天窗系统	檐口采用3mm厚铝单板系统，开缝设计，铝单板下衬1.5mm厚TPO柔性防水卷材（连续铺设）及1.5mm厚镀锌钢板支撑层。天窗系统采用了国内首创、世界领先的铝网玻璃，满足室内采光的同时，实现遮阳功能	

1.3.5 幕墙概况

幕墙工程分为框架玻璃幕墙和铝板幕墙两大类。其中框架玻璃幕墙包括直立面玻璃幕墙、内倾立面玻璃幕墙、北指廊端幕墙及连桥玻璃幕墙。铝板幕墙主要包括首层立面、首层室外连廊吊顶，及航站楼前钢连桥位置的铝板吊顶。

楼前北立面陆侧为直立面玻璃幕墙，幕墙采用外立柱无横梁体系构造，立柱外置做铝合金装饰条。铝合金扣盖安装在室内。

幕墙现场照片见图1-25。

1.3.6 机电概况

机电工程包括通风与空调、建筑电气、建筑给水排水与采暖、电梯、智能建筑、建筑节能等分部工程，也包括行李、民航信息、海关、安检、边检、检验检疫等民航专业和政府专用系统工程。其中，智能建筑又包括消防

图1-25 幕墙现场照片

报警与联动、智能楼宇管理等系统，民航信息弱电包括CCTV、安防、公共广播、语音与数据、道路监控、航显、离港等系统，共108个机电子系统。楼内共安装了541间设备机房，约24.7万台（套）设备及机电末端，约1800km电缆线，约70万m²风管。

1.3.6.1 通风与空调及采暖系统概况

通风空调及采暖系统包括空调（冷、热）水系统，冷却水系统，采暖系统，冷凝水系统，压缩式制冷（热）设备系统，空调风系统，送排风系统，防排烟系统，多联机空调系统，恒温恒湿空调系统等。通风与空调及采暖系统概况见表1-5。通风与空调设备照片见图1-26。

图1-26　通风与空调设备照片

通风与空调及采暖系统概况　　　　　　　　　　　　　　　　表1-5

项目	内容
空调（冷、热）水系统	航站楼核心区空调冷源来自停车楼制冷站，热源由北京大兴国际机场供热中心供给。 空调水系统采用两管制系统，分别供应空气处理机组（AHU）、新风处理机组（PAU）、热回收机组（HRP）、就地空调机组（PRCU）以及风机盘管。 F1～F4层海关、联检人员较为密集的层间吊顶区域设置吊顶冷辐射空调系统，F4层国际出发和F5层餐饮公共区设置地板辐射供冷系统，中央连桥等处设置地沟风机盘管系统
冷却水系统	航站楼内驻场单位机房工艺空调、商业等特殊用户自设空调设备，以及后期改造设置的弱电机房等空调，无条件随意设置分体空调室外机，特为此类用户设置了全年供应的冷却水系统，以满足用户灵活加装空调的需求
采暖系统	采暖热源由北京大兴国际机场供热中心供给，航站楼核心区内共设置4个热交换站。 公共区外围玻璃幕墙下部内侧暖沟内设幕墙散热器和地板式风机盘管；外区卫生间、设备机房设明装散热器；行李机房出入口和公共区旅客的出入口处安装电热风幕和水热风幕；B1层综合换乘中心和F1层迎客大厅设地面辐射采暖系统
冷凝水系统	机房内空气处理机组的冷凝水排至地面排水沟或地漏处，风机盘管及多联机室内机的冷凝水经管道汇集后，排至清洁间拖布池内或机房内
压缩式制冷（热）设备系统	在航站楼核心区首层有2个热泵机房，共设置4台蒸发冷却螺杆式热回收冷水机组，供信息机房、通信机房及局部商业区等全年供冷使用
空调风系统	办公及附属用房等采用风机盘管加新风系统。 航站楼内出发候机大厅、行李提取大厅、远机位大厅、联检大厅、商业及餐饮等旅客公共区域设置一次回风区域变风量全空气空调系统。变配电室设置双风机空气处理机组
送、排风系统	航站楼核心区除设置自然通风系统外，设置机械通风系统的区域：厨房、热交换机房、给水机房、行李机房、自动喷水灭火系统报警阀间、污水泵房、隔油器间、垃圾间、地下货运通道、卫生间、柴油发电机房、地下设备管廊及变压器室。高低压配电室、通信及配电机房、电信机房等设置气体灭火房间和贮瓶间。燃气表间设事故通风系统
防排烟系统	公共开放大空间采用自然排烟方式。相邻区域防火分隔设防火隔离带；商业、高舱位休息室等服务性用房采用防火舱机械排烟系统；办公用房采用独立防火单元机械排烟系统；防烟楼梯间及消防电梯合用前室设机械加压送风防烟系统；行李处理机房及行李提取厅、货运服务车道、APM隧道、行李管廊及办公走廊等设置机械排烟系统
多联机空调系统	消防控制中心、行李监控中心、TOC区域采用变频控制多联机空调系统
恒温恒湿空调系统	计算机房和通信机房等设置恒温恒湿空调机组，其中PCR信息主机房采用风冷、水冷双冷源恒温恒湿空调机组

1.3.6.2 给水排水系统概况

给水排水系统概况见表1-6。给水排水照片见图1-27。

给水排水系统概况 表1-6

项目	内容
室内给水系统	水源来自新建自来水站，由DN200管道引入航站楼内，楼内19m标高以下（低区）使用室外管网直供；19m标高以上（高区）采用叠压供水，给水泵房设在地下一层
室内热水系统	热水系统热源由场区供热中心提供，停止供热期间热源由蒸发冷却螺杆式热回收机组提供
饮水系统	航站楼不设管道直饮水系统。旅客公共区设分散直饮水台，配置净水设备。办公区设电开水器供应开水，配置净水设备
室内排水系统	屋面采用虹吸式雨水排水系统。室内污废水采用污废水合流排水系统。地下层排水排至集水池，经污水泵提升排向室外。通气管采用环形通气系统和自循环通气系统两种方式
闭式自动喷水灭火系统	除建筑面积小于5㎡的卫生间、设置气体灭火系统的电气设备机房外，均设置自动喷水灭火系统。地下车道、行李处理机房、柴油发电机房采用预作用系统
消防水炮系统	大空间智能主动喷水灭火系统设置在航站楼内楼板镂空区域，三层中心浮岛及中央指廊候机区，二层指廊候机区等高大空间区域，火灾延续时间按1h计算 固定消防水炮设置在五层餐饮区、四层值机大厅及国际出发浮岛、三层候机大厅、二层商业区及首层大巴候车区等区域
气体灭火系统	变配电所、主通信机房、服务器房、信息弱电系统专用房间等设气体灭火系统
灭火器	建筑物内设置磷酸铵盐干粉灭火器和水剂灭火器，主要设置在消火栓箱下部和专用灭火器箱内
其他灭火系统和防火设施	餐饮厨房设置厨房自动灭火装置。行李处理机房防火卷帘设置防护冷却水幕保护，系统由自动扫描高空水炮系统接出

图1-27 给水排水设备照片

1.3.6.3 电气系统概况

电气系统概况见表1-7。电气设备照片见图1-28。

电气系统概况   表1-7

项目	内容
变配电系统	负荷等级分类:分为特别重要负荷、一级负荷、二级负荷,特别重要负荷主要包括开闭站、消防控制室等重要机房,火灾报警及联动系统,信息及智能化系统等。 10kV外电源由新建1号和2号110kV/10kV中心变电站向航站楼内开闭站供电,每个开闭站外线分两路10kV电源进线,双重电源分别取自2个不同供电站。 设置1个开闭站为行李开闭站(指廊标段4个开闭站为公共开闭站),设置12个公共变配电站和4个行李变配电站。40台变压器总容量为61600kVA
备用及不间断电源系统	发电机应急系统:在地上一层AL、AR、BL、BR区各设置1个发电机房,AL区为2×1600kW并机运行,AR区为2×1250kW并机,其他区域为2000kW和1600kW单机运行。 每个公共变配电所配置1个UPS,承担供配电系统测量、显示与控制电源、电力监控、智能照明、建筑设备监控、通信等重要设备的不间断供电,持续时间不少于30min
供电干线系统	采用放射式与树干式相结合的方式,设置动力电源、照明电源、信息及智能化电源等配电箱柜,一关三检等用专用电源。大设备及机房采用直接放射方式。 一级特别重要负荷采用双路电源末端互投,信息智能化及消防电梯系统采用专用电源,机坪用电采用专路电源,公共区大面积照明采用双路交叉配电。 泊位引导标识、400Hz用电等机坪设备电源,由航站楼内低压供电
电气动力系统	小于18.5kW的普通排风机、水泵、新风机组、空调机组,小于55kW的排烟风机等为直接启动,其他的为星三角降压启动,有调速要求的配置变频器软启动。 在配电间、设备机房MCC室及设备安装现场设置电力配电柜或控制柜。 消防水泵由双路应急电源供电,ATSE自动切换
电气照明系统	分为 般照明、局部重点照明、值班工作照明、应急照明、光艺术环境景观照明以及航空障碍标识等。 公共区采用LED灯、T5荧光灯,办公管理用房、控制室采用T5荧光灯,卫生间、机房、走廊、后勤区等人员流场所采用LED灯。 应急照明分为消防、备用及安全照明,与正常照度相同
防雷及接地系统	按第二类防雷建筑设防,为传统法拉第笼式防雷系统,建筑物电子信息系统雷电防护等级为A级。强弱电及建筑物防雷各系统接地采用共用接地装置。 利用金属屋面、天窗金属构件作为接闪器。引下线利用土建外侧钢结构柱、幕墙钢结构柱或外墙混凝土结构柱内主钢筋(4根)作为防雷装置引下线

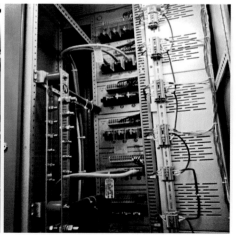

图1-28 电气设备照片

1.3.6.4 智能建筑系统概况

智能建筑系统概况见表1-8。智能设备照片见图1-29。

智能建筑系统概况 表1-8

项目	内容
智能建筑系统	智能楼宇管理系统由建筑设备监控管理系统、智能照明监控管理系统、电气监控管理系统、电梯/扶梯/步道监控管理系统等分系统组成。智能楼宇管理设置总控制室。 综合布线系统采用单模光纤、大对数电缆、6类及6A类数据线传输信号
火灾自动报警及联动控制系统	采用控制中心报警系统，设计成一个中央及分布式集散控制管理系统，消防总控制室设在航站楼西北指廊，在东北指廊和核心区西南侧再分设2个消防分控制室。 包括系统集中操控管理设备、通信网络设备、报警及联动控制主机、图形显示装置、消防专用对讲电话及通信系统、消防紧急广播系统及应急照明和疏散指示系统、电气火灾报警系统、消防电源监视和防火门监视系统、消防应急电源系统等分系统

1.3.6.5 电梯系统概况

电梯系统概况见表1-9。

电梯系统概况 表1-9

项目	内容
货梯	共46部。最大载重为2.5t，最大梯速为1.5m/s
客梯	共48部。最大载重为2.5t，最大梯速为1.0m/s
自动扶梯	共116部。设置自动感应调节梯速为0.2m/s、0.5m/s
自动步道	共12部。设置自动感应调节梯速为0.2m/s、0.6m/s

图1-29 智能设备照片

1.3.6.6 民航信息系统概况

民航信息系统概况见表1-10。

项目	内容
民航信息系统	主要机房有1个PCR，54个SCR，4个DCR/SCR。 本系统包括信息集成系统、航班显示系统、离港系统、通信系统、泊位引导系统、联检单位支持系统、机场电子商务系统、机场数字无线集群通信系统、机房工程等

1.3.6.7 行李系统概况

行李系统概况见表1-11。

行李系统概况　　　　　　　　　　表1-11

项目	内容
行李系统	本期行李系统设计满足4500万人次的年旅客吞吐量，高峰小时进出港12600人次的容量需求。行李系统高峰小时行李处理能力约15000件。近期行李系统设计满足7200万人次的年旅客吞吐量，高峰小时进出港19500人次的容量需求。 核心区四层设置9座值机岛，其中中间5座值机岛为国际旅客出港办票及行李托运。东西两侧各有2座值机岛为国内旅客出港办票及行李托运。三层设置2座前列式值机区为国内高舱区服务。二层为国内旅客进港到达及行李提取大厅，其设置行李转盘17座。一层为国际旅客进港到达及行李提取大厅，其设置行李转盘12座。行李分拣设备设置在一层行李提取大厅南侧核心区。在地下一层设置2座前列式值机柜台

1.3.7 装修概况

北京大兴国际机场的航站楼装修按照使用功能划分，主要分为公共区和非公共区两个部分。

公共区是所有公众旅客能够到达的公共区域。包括值机大厅、联检厅、行李提取厅、中转厅、迎客厅、公共卫生间、商业区域公共部分等。公共区装修面积约26万m²，包括：屋盖大吊顶、墙面、地面、层间吊顶装饰及玻璃栏板、观光电梯、扶梯、无障碍设施等。二层峡谷区装修效果图见图1-30。

图1-30　二层峡谷区装修效果图

非公共区是航站楼内部办公区、员工卫生间、行李处理区和各类通用机房等；非公共区装修面积约25万㎡，包括：地面、墙面、顶棚、不锈钢栏杆、消防楼梯间等。

1.4 工程特点及难点

1.4.1 建造标准要求高

北京大兴国际机场，在建设初始就确立了"引领世界机场建设，打造全球空港标杆"的高标准定位，要求实现"四个工程"，即：精品工程、样板工程、平安工程、廉洁工程。

北京大兴国际机场作为国家重点工程，有高起点、高关注，决策高、定位高，对建造管理水平和协调能力要求高的特点。

1.4.2 施工组织新挑战

北京大兴国际机场航站区规模超大，总建筑面积约为140万㎡。航站区三个标段基本同步组织施工，分别为核心区（二标段）、指廊（三标段）、综合服务楼和停车楼（四标段），同时，航站楼周边的站坪也在同步施工。航站楼核心区工程被周围其他航站区标段和相邻飞行区标段包围，各标段相互之间的交叉影响非常大，组织协调、技术协调工作量大。航站楼核心区标段施工内容包括航站楼主楼，高铁、地铁隧道结构及换乘中心，以及楼前高架桥，施工内容多，且集中布局，各种因素给工程施工组织带来很多挑战。

1.4.3 施工技术新课题

1.4.3.1 结构超长超宽

航站楼核心区首层混凝土结构东西长565m，南北长437m。核心区不设置变形缝，属于超大平面混凝土结构。材料倒运困难，混凝土结构裂缝控制难度大，施工组织及质量管理难度大，航站楼核心区平面尺寸示意图见图1-31。

1.4.3.2 高铁、地铁下穿航站楼

航站楼下部设有高铁和地铁车站，且高铁需要高速通过，过站高铁不减速（300km/h）穿越航站楼属于世界性难题。高铁、地铁下穿航站楼三维图见图1-32。

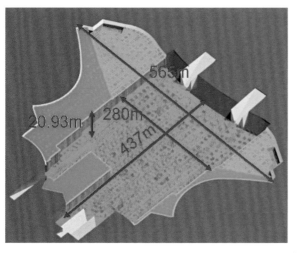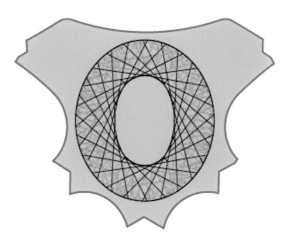

图1-31 航站楼核心区平面尺寸示意图

图1-32 高铁、地铁下穿航站楼三维图

1.4.3.3 隔震系统突破创新

由于航站楼下部有高铁通过，涉及减震、隔震问题，因此针对中心区采用隔震技术，在±0.000楼板下设置1152套隔震支座和144套阻尼器，加大了结构施工难度。隔震系统将上下混凝土结构分开，节点处理非常复杂。低摩擦弹性滑板支座、高性能橡胶支座、大行程阻尼器、复杂防火构造精度高，安装难度大。隔震支座安装示意图见图1-33。

图1-33 隔震支座安装示意图

航站楼核心区层间隔震支座设计最大位移为600mm，穿越隔震层的机电管线需要适应层间隔震体系。机电管线在平时状态和设计防震等级状态下的正常运行和风险控制，在国内无先例。

1.4.3.4 钢结构竖向支撑柱独特多样

北京大兴国际机场航站楼核心区工程钢结构屋盖面积为18万m²，屋盖的支撑结构主要由C形柱、支撑筒、幕墙柱作为航站楼钢结构屋盖的整个支撑体系。钢结构大量采用Q460-GJC高强度钢材。由于隔震层的存在，C形柱、支撑筒、幕墙柱均不能直接生根于基础上，采用大量的劲性钢结构转换梁，结构形式复杂多样，安装难度大。

由于C形柱几何结构非对称且超长超限，设计和建设均为国内外首例，其设计方法、承载力计算方式等现有规范均未提及。

C形柱三维模型图见图1-34。

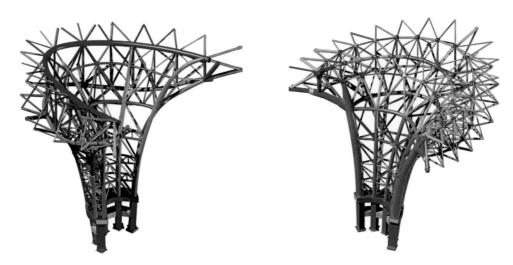

图1-34　C形柱三维模型图

1.4.3.5 屋盖钢网架结构造型变化大

北京大兴国际机场航站楼核心区工程屋盖钢网架为放射形不规则的自由曲面，投影面积达18万m²，钢结构重量达4.2万t，支撑柱最大间距为180m。屋盖顶点标高约为50m，最大起伏高差约为30m，悬挑最大为47m。核心区工程钢结构屋盖被条形天窗与中央天窗分为6个分区，各分区结构特点、现场场地条件以及混凝土工作面提交顺序各不相同。屋盖钢网架结构三维模型图见图1-35。

1.4.3.6 新型屋面体系造型新颖

北京大兴国际机场航站楼是英国女建筑师扎哈·哈迪德与巴黎机场集团建筑设计公司ADPI共同参与设计的方案。金属屋面屋盖最高点为50m，向周边起伏下降至指廊端部25m。

屋盖中心及分块之间为天窗带，结构形式与区域屋盖不同，最大跨度为80m。

屋面体系为金属屋面和装饰铝板组成，是体现屋盖完美造型的重要环节，18万m²屋面板的铺设美观和满足防变形、防漏、防风高标准要求是整个工程的关键工序，采取了一系列世界先进技术和控制措施。航站楼屋面效果图见图1-36。

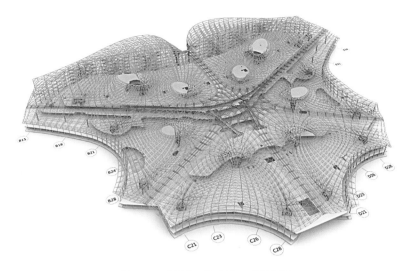

图1-35　屋盖钢网架结构三维模型图

图1-36　航站楼屋面效果图

1.4.3.7　机电系统先进复杂

机电工程功能先进、系统复杂，专业繁多，6个分部工程支撑着民航信息弱电的6大数据交换平台和38个子系统、PCR及TOC等信息机房工程的稳定运行，保障着13座值机岛、260个值机柜台、72个安检口的高效运营，满足每年4500万人次的进出港要求。三层出发、双层到达行李系统，以及地下一层换乘中心前列式值机区和地下二层的行李中转机房、49个行李分拣处理转盘等构筑起规模巨大、性能先进的行李工程，保持着年平均4500万件旅客货物分拣处理能力。机电系统高度集成化，支撑着与高铁、地铁、停车场的无缝换乘的机电系统需求。穿越隔震层机电管线施工技术和抗震支架技术等满足核心区8度抗震设防要求。大量采用辐射供冷供热系统、飞机预制冷热空调系统等新技术，打造出一个功能强大、技术先进、绿色环保、世界领先的国际大型机场。

航站楼机电系统BIM图见图1-37。

1.4.3.8 装修工序与多专业施工

公共区和非公共区装修施工均按照不同楼层分为不同标段，而各装修标段，特别是各精装修标段内，各工序与机电专业、民航弱电专业相互穿插施工，各专业施工面众多，协调管理工作量巨大。

公共区各个标段既有风格统一的装修效果，又有各具特色的局部绚丽空间。中心混流区、值机区、安检区等各部位工序复杂，与其他专业存在众多交叉施工面，施工组织难度大。一关三检区的机电末端、闸机、安检机、柜台设施设备众多，装修、机电、驻场单位专业间的协调工作量巨大。

非公共区机房的装修与机电的工序交接管理是整个工程的难点，机房机电设备多、功能性装修量大（防水、吸声、保温等），工种的轮替、交接次数多，需要装修和机电专业的施工组织高度协同，工序紧密排布，施工协同管理难度大。

公共区装修效果图见图1-38。

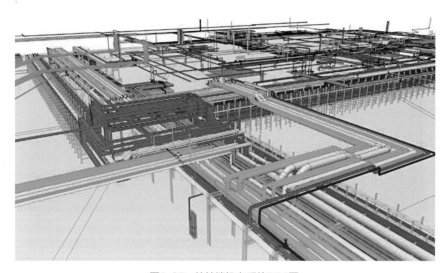

图1-37　航站楼机电系统BIM图

图1-38　公共区装修效果图

第 2 章

工程管理

2.1 管理策划

项目团队根据项目自身特点、北京城建集团类似项目的组织经验，通过充分酝酿和反复讨论，完成了本项目管理的纲领性文件——《北京城建集团新机场航站楼工程总承包部施工管理规划》（以下简称《规划》），《规划》对项目策划、组织模式、管理方式等提出了战略性的要求，各项施工管理工作以《规划》为纲展开，具体如下：

2.1.1 指导思想

以高度的使命感、荣誉感和责任感，通过科学组织、团结协作、严谨高效、求实创新，通过高标准管理策划和超强的执行力，把北京大兴国际机场建设成为代表新世纪、新水平的标志性工程，成为引领机场建设的风向标。

通过科学的项目管理策划，探索和发展新型的总承包管理模式，大力推广应用绿色环保的新技术、新工艺，实现施工组织专业化、资源组织集约化、管理手段智慧化、安全管理人本化、项目实施标准化、日常管理精细化。

依据招标文件和工期的要求，组建了由曾经参与过多个机场航站楼建设的主要管理人员组成的项目管理团队。

2.1.2 管理目标

在《规划》中明确了对整个工程建设在进度、质量、科技创新、安全文明施工、成本管理等方面的管理目标。

进度目标：提前完成各项进度节点目标。

质量管理目标：获得北京市结构长城杯金质奖，北京市建筑长城杯金质奖，中国钢结构金奖，中国钢结构金奖杰出工程大奖，中国建设工程鲁班奖，国家优质工程金质奖，中国安装工程优质奖。

绿色文明施工管理目标：成为北京市绿色安全样板工地、全国AAA级安全文明标准化工地、全国建筑业绿色施工示范工程、住房和城乡建设部绿色施工科技示范工程。

科技创新目标：获得中国土木工程詹天佑奖、全国建筑业新技术应用示范工程、北京市科技进步奖、国家科技进步奖。

成本管理目标：探索新型经营管控模式，实现良好的经济效益。

2.1.3 管理规划

建设单位创新实行"大总承包"管理模式，即除民航专业工程以外的工程均由总承包单位完成。工程设计统一由北京市建筑设计研究院有限公司完成。

探索和发展新型的总承包管理模式，实行"扁平化"管理。对于重点和复杂专业实行"总承包统筹、区域管理"的模式。专业工程实行"合同+行政"的管理模式。

根据本工程实际情况，《规划》对项目在"管理体系""施工模式""管理要求"等方面做了创新性的设计。

1. 管理体系

成立指挥部，总指挥由北京城建集团总经理担任，副总指挥由北京城建集团主管副总经理和总承包单位主要领导担任。管理体系中设钢结构、土建、安全专家顾问组，并设立安全、质量督导组。本着减少管理层级，缩小管理幅度，减少管理接口，提高管理效率和执行能力的原则，按照"四清晰、一分明"（目标清晰、责任清晰、过程清晰、结果清晰、奖罚分明）的要求建立管理体系制度。

管理体系中的主要领导岗位按双岗配置，分主次划清管理职责。为加强安全领导力创新，配置安全副经理，与项目经理同等待遇，作为安全、职业健康、环境保护、治安的负责人对项目经理负责。区域管理单位的负责人作为本项目的经理助理，被纳入总承包管理体系，共同办公。

与以往的工程相比，管理体系执行层中增加设置了协调部、招标采购部、科技中心、BIM中心、测量工作站、物业部等部门。项目管理体系如图2-1所示。

2. 施工管理模式

建设单位采取大总承包的模式。总承包合同范围包括：基坑工程，主体混凝土结构工程，钢结构工程，通风、给水排水、电气设备、管线工程，电扶梯步道，消防工程，楼宇自控工程，围

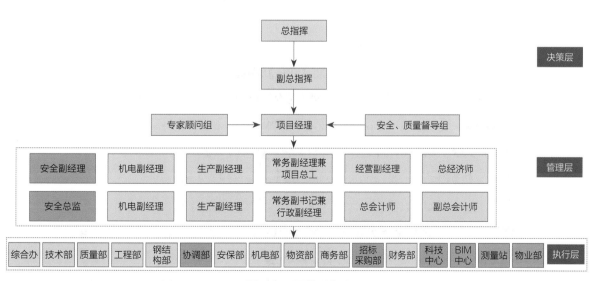

图2-1 项目管理体系

护幕墙和金属屋面工程，公共区精装修工程，非公共区装修工程，主要设备机房工程和楼前市政管线，道路和高架桥工程。其中，电扶梯步道、消防工程、楼宇自控工程、围护幕墙和金属屋面工程、公共区精装修工程、配电箱柜和空调机组等作为暂估价项目，由总承包单位负责组织与建设单位联合招标，由总承包单位签订合同。

行李系统、柜台、登机桥固定端、航站楼周边沥青路面和市政管线、综合布线、通信、监控、门禁、广播等信息系统与总承包合同项目联系紧密、交叉严重，应一并纳入总承包合同管理。

商业、餐饮和广告等租户应与总承包单位签订管理合同，纳入总承包工程进度计划和协调管理范围，由总承包单位统一管理。

根据总承包合同范围、工程特点和以往工程经验，《规划》中对各阶段施工模式做了安排：主体混凝土结构施工和机电安装施工在《规划》中创新总承包管理模式，实行"总承包统筹、区域管理"。此管理重在统筹和授权、责权利共享。此模式在国内首次被成功应用，提高了管理效率和质量。新模式中的主要材料、设备、劳务队伍、塔式起重机、周转材料等由总承包单位组织统一招标、签订合同。总承包单位下属单位签订区域管理协议，按照项目约定的质量和数量派出管理人员，加入项目的管理体系，负责组织管理完成所分配区域的各项任务目标，并负责成本控制。工资和办公费用由总承包单位支付，总承包单位按协议要求考核。

《规划》中对钢结构、通用机电安装工程、金属屋面、幕墙、高架桥、预应力、精装修、消防和楼宇自控等专业分包的施工条件、标段划分、分包范围、界面划分、管理要求、合同条件等，根据工程总体施工部署进行科学策划，其中钢结构、高架桥、通用机电安装工程、预应力、消防和楼宇自控等由总承包单位招标采购签订合同，金属屋面、围护幕墙、精装修由总承包单位牵头，联合建设单位招标，总分包双方签订合同，总承包单位对专业分包实施总承包管理。除系统性极其明显以外，应至少有两家分包单位，形成合理竞争。这种模式对工程的总体控制效果非常明显。

对建设单位直接分包的民航专业工程，比如综合布线、行李系统、安防安检系统、旅客登机桥、通信系统、标识工程、智慧机场系统等工程，由总承包单位进行安全环保监管，分包单位缴纳管理抵押金、水电费、服务费和配合费，由总承包单位实施界面协调管理，提供临时用水、临时用电及现有服务设施，建设单位进行工程组织管理。但是，这种方式的管理效率较低。由于这些专业工程对航站楼的使用功能至关重要，覆盖面广，与其他专业的交叉影响大，安全风险大，随着总承包单位实力和能力的增强，这些专业工程在未来应被纳入总承包合同范围。这样会极大地提高工程实施的总体统筹、专业间的协调配合、调试检测、目标控制等能力。

广告、商业、餐饮、文旅产业等工程，由总承包单位负责安全环保监管，由建设单位管理项目实施。

3. 管理要求

《规划》中明确了本工程在区域管理时，实行合同管理，并辅以行政指挥。总承包单位以统筹、协调、管理、控制、保障为主。各区域管理自成体系，参与总体决策、资源组织、成本控制、支付结算。明确管理目标、管理责任，加强过程监管、制定奖罚办法，实施阶段考核和结果考核。坚持责任、权力、利益对等的管理原则。

对项目主要管理人员进行严格审查和面试，不能满足要求的人员一律不得参与本工程管理。所有单位在进场之前必须签订合同，所有管理人员要做到讲政治、守规矩、听指挥。

技术、质量、安全、商务、生产、行政后勤、信息化等管理部门要分析各自风险控制点，划分风险控制级别，制定不同的风险控制措施。

2.2 总体管理

工程组织管理是一项综合性、系统性、专业性、时间性强的任务，需要应用到管理学、相关产业链、人力资源、数字网络建造、财务和成本控制相关领域的理论知识，采取科学系统的分析手段，在时间上、空间上对工程所有工序进行合理的组织安排控制，实现各项指标。尤其对于航站楼这样体量大、系统多、设计复杂、技术先进、功能强大的公共建筑，工程的组织部署是十分重要的，事关工程的成败。

本节将从总平面管理、计划管理、组织协调以及各施工阶段的工程组织实例来阐述在航站楼建设过程中的重点难点、施工部署、管理措施等。

2.2.1 总平面管理

2.2.1.1 管理原则及重点

本工程占地面积大，参与施工的单位、工程材料设备多，施工标段衔接多。科学合理的施工现场总平面布置是保障整个工程有序推进的前提，严格的、高水平的施工现场总平面管理是特大型工程管理水平的综合体现。

本工程总平面管理由项目经理亲自部署，由项目总工亲自主持总平面的规划设计工作。

总平面管理需在了解与掌握不同阶段的场地环境、标段衔接、交通组织、场地布置、施工组织、施工方案、物流存储、场地排水、消防保卫、临时用电保障、临时办公等相关信息的基础上，结合工程设计特点进行综合考虑，规划出科学的总平面布置图，减少工程投入、优化界面交叉、合理确定场地使用，提高施工效率，减少材料设备二次倒运。

1. 管理原则

（1）总平面图布置要保障核心和关键工程的建设，应提前策划总体工程的标段划分、交通运输、排水布置、临时设施布置、消防保卫。原则上将临时用水用电、临时道路和临时设施等提前部署，特别是将临时排水系统提前完成，永临结合。标段原则上应垂直划分，切勿水平切割，尽可能减少交叉和界面移交，保持区域施工的完整性。在总体策划中应特别注意制定界面管理办法，明确界面管理范围、管理责任、管理程序、交接时间。

（2）总平面管理对于各阶段的施工部署，应在保证安全环保的前提下创造一切条件服务保障主要工程建造。相邻标段的界面划分一定要科学合理、统筹兼顾、一致完整，应服从建设单位的统一协调，不同施工阶段的平面设施应确定使用者、使用范围、使用时间、交接时间、管理责任等。充分考虑现场的建筑工业化所需的装配场地需求。

（3）充分应用先进的智慧建造技术进行不同阶段交通、临时设施、料场、加工场、界面与工程主体施工的协同规划模拟，达到科学、精准、高效、有序。

（4）做好总平面管理是安全管理规范化、现场设施标准化、环保节能常态化、日常管理精细化、管理手段智慧化、临时设施装配化、施工操作机械化的基础条件之一。

（5）特别注意环境保护和文明施工的管理，使现场始终保持节能、规范、整齐、无尘、有序的状态。

（6）充分考虑各种气候条件影响。

2. 总平面管理的重点

除了常规平面布置原则外，还重点做了以下工作：

（1）最大限度地布置塔式起重机：本工程共布置27台塔式起重机用于主体结构及钢结构施工阶段的材料垂直运输。首先要根据施工区域划分、各区域施工需求、钢筋加工场的位置、钢结构构件拼装场地、材料运输路线、界面划分等因素确定塔式起重机的位置，根据钢结构、劲性钢结构构件重量选定塔式起重机。塔式起重机要按照全覆盖、吊次少、吊重大、不浪费的原则布置。由于施工现场平面面积超大，要布置多台塔式起重机以提高运输效率。

（2）规划非常规运输通道：由于施工现场平面面积超大，提升现场施工效率，必须要在结构楼板上规划材料运输车、起重机等可以通行的运输通道；修建由室外地坪通往各个楼层的临时钢桥，确保部分重要材料、构件可以被直接运输至施工所需范围内，提升施工效率。一定要对楼层梁、板的承载能力计算或对其进行临时加固。

（3）解决中心区域及超重构件的材料运输：由于施工面积超大，本工程中心区域的材料需要经过塔式起重机3～4次倒运才能完成。本工程存在较多超重构件，包括截面较大的劲性钢结构构件、隔震支座等，现场无法用塔式起重机传运。为此，总承包单位自主设计、修建了两条钢结构栈桥，使用轨道运输车运输超重构件。

（4）进入二次结构、装修和机电安装阶段，大量的材料设备需要被多次倒运，应尽量采用机械运输，需要在二次结构砌筑中预留通道，方便运输机械的使用。

（5）规划不同阶段人员进出施工现场、上下工作面流动所需的安全通道和参观调研人员的专门通道与区域。

（6）由于航站区汇水面积大，属于低洼地区，总平面管理应充分考虑雨期排水的问题，应考虑有额外足够的排水设施设备。

2.2.1.2 各施工阶段总平面布置

根据以上原则及航站楼建设的各阶段施工特点，充分考虑各类因素后，对施工现场做出合理的平面布置，具体如下：

1. 混凝土结构施工阶段

布置说明：

在混凝土结构施工阶段，实行总承包统筹区域管理模式，将混凝土结构划分为8个施工分区，现场大门、场内外道路、材料加工区、塔式起重机、钢栈桥等主要功能布置也按照8个分区，分区布置，满足各区施工需求。

（1）本阶段现场共设置10个大门，沿内环路布置。图2-2（a）为北京城建标准大门（带门尖），其他均为普通平开门，图2-2（b）为洗车池。

（a） （b）

图2-2 北京城建集团标准大门及洗车池

（2）外侧环场路连接社会道路，宽7m，为核心区开工后新增道路；内侧环场路宽7m为原有施工道路，基坑外侧连接道路宽7m，被布置在施工场区内部；基坑内道路为深区施工期间在浅区布置的临时道路，临时道路均为200mm厚混凝土路面，堆放场区均为100mm厚混凝土硬化地面，南侧裸露土地用抑尘剂喷洒。本工程创新铺设了部分钢箱路（图2-3），可循环使用，有利于环保。

图2-3 钢箱路

（3）现场在8个施工分区内各设置配套的钢筋加工区（图2-4）、木工加工棚、混凝土浇筑区、机电加工区、钢结构加工区、现场办公室、上下人马道以及各种材料堆放区。

（4）安全教育培训体验区（图2-5）、展示区、检测区、试验室等布置在标段允许用地红线内。

图2-4 钢筋加工区　　　　　　　　　　　　　图2-5 安全教育培训体验区

（5）为满足各分区结构施工需求，现场布置27台塔式起重机（图2-6），其中深区有13台，浅区有10台，高架桥区有4台。

（6）由于航站楼平面面积巨大，材料运输困难，完成底板施工后，布置两条轨道式栈桥（图2-7），位于楼层结构中部南北两侧，用于楼层结构内材料的水平运输。

2. 屋面、幕墙施工阶段

布置说明：

（1）现场大门、道路布置与混凝土结构施工阶段基本相同。

（2）本阶段主要布置钢结构堆放、拼装和行走场地，以及剩余结构、机电加工和材料堆放场地（图2-8）。

（3）各区域原混凝土施工堆场、加工场按施工进度计划逐步腾退，为钢结构提供场地，其余场地作为剩余结构、机电场地及退料场地。

（4）各区办公区在施工队退场后合并，为钢结构、幕墙、屋面分包单位提供场地。

（5）钢结构占用场地在分区施工完成后逐步腾出，土建剩余场地完成剩余结构及材料退场后交给二次结构及机电施工单位使用。

图2-6 现场布置塔式起重机　　　　　　　　　　图2-7 轨道式栈桥

图2-8 材料堆放场地

（6）为了满足钢结构材料运输需求，在结构周边设置两座临时钢栈桥（图2-9），可以采用运输车直接将材料由室外地坪运输至结构楼板上。

结构东侧钢栈桥　　　　　　　　　　　　　　　　结构西侧钢栈桥

图2-9 两座临时钢栈桥

3. 装修、机电施工阶段

布置说明：

（1）本阶段室外场地陆续移交给飞行区，装修及机电施工材料主要集中存放在楼层结构内。

（2）楼层结构整体封闭，各分区间设置围挡隔离，继续落实区域总承包管理制度，预留固定出入口及运输道路。

（3）继续沿用上阶段西侧的临时钢栈桥。

2.2.1.3 总平面管理内容

1. 出入口管理

制定项目部保安门卫管理制度，并在工地大门设置自动门禁系统，对工地及生活区实行军事化管理。劳务人员及自有人员均刷卡进入工地，其他来访人员一律由保安进行登记后方可出入工地。

人员身份识别：所有工地的自有人员均须佩戴由总承包单位制作的工作证。所有来访人员均须有身份证明材料并做好记录。所有进入工地的人员均佩戴安全帽，用不同颜色安全帽区分不同单位的工作人员。

进入工地的车辆，均由保安进行登记，做好车辆记录，做到有据可查。出工地的运输材料、设备的车辆由总承包单位的物资部门出具工地放行证明，由两位主管材料的人员和保安负责监控车辆材料的装卸情况。

出入口设置入场教育室，常规教育的可视化教育。设置"五板两图"、佩戴安全帽、安全带等安全提示语的警示牌。

2. 围挡

进行专业设计制作，标准化安装。由安保部对围挡进行管理，保安每日24小时巡视检查，配有24小时监控。

3. 临时道路

临时道路由总承包单位统一规划、统一建设、统一管理，保持通畅，设置限速标志、指示标志及减速带，场内场外一个标准。场内交通是总平面管理的重要内容，实行人车分离、客货分离，参观人员专线专场。由保洁队进行临时道路的日常清扫保洁，每天早、晚各一次。

4. 材料加工场管理

（1）加工场总平面策划

根据工程的施工需要，先做好总平面布置的策划，对各施工阶段进行场地材料的规划，合理安排各工序所需的材料加工场的用地及加工设施。

（2）加工场使用管理

按照策划好的施工总平面布置，做好加工场及堆场的加工棚、加工场的堆场临建、加工场机械设置、场地硬化的施工。坚持谁使用，谁建设，谁管理的原则，实行分区包干管理制度，减少浪费，有序管理。

（3）调整审批管理

所有材料堆场、机械均按平面图要求布置，严禁擅自调整、改移，如需进行调整，通过专题会议研究，经书面审批后方可实施。

（4）日常检查巡视

检查执行情况，坚持合理施工顺序。

5. 现场临时用水

临时用水方案由主管领导牵头组织所有施工单位充分研究确定临时用水点和用水量。施工时按照临时用水平面布置图布置管线，制定节水措施，实施专人管水、限量用水，避免"跑冒滴漏"。

（1）项目现场安装水表，现场使用的所有用水阀门均为节水型阀门，采取刷卡取水，由专人负责巡视检查限量给水，有效地避免了跑冒滴漏。

（2）临时用水水箱全部使用拼装玻璃钢水箱，可二次利用，可兼做消防水箱。

（3）对现场施工人员进行节水教育，制定奖罚措施。

（4）办公区、施工区均明确责任区，杜绝长流水现象。生活区建设了日处理能力达到700t的污水处理中心，处理后的污水作为养护、环保降尘、绿化灌溉等二次用水。

（5）降水期间使用降排水，后期收集雨水，作为施工养护及现场道路喷洒用水。

6. 施工现场临时用电管理

（1）施工时按照施工现场临时用电布置图进行综合线源布置，力求做到电缆布置路径短，使用效率高效，对埋设的电缆及时做好路线标示图，并做出路面指示牌。大量使用铝合金电缆降低成本，防止被盗。

（2）各种电闸箱（一级、二级箱等）设施应完好有效。对施工生产区、办公区分别控制使用，做到线路控制分明，线缆布置合理。

（3）对施工面上的用电采用单独电闸箱控制，保证施工工作面用电的合理性。

（4）所有临时电闸箱采用指定的厂商或品牌，保证质量可靠。

（5）临时用电由专人负责，制定严格的管理制度，严格检查，规范使用。充电设备集中限时充电，由专人看管。

（6）充分使用太阳能供电。

（7）严格控制淘汰落后产品设备进场，采用节能产品。

7. 施工现场排水管理

（1）雨期排水对于机场建设异常重要，需要专项统筹布局，编制专项方案，提前部署实施。内容包括：飞行区范围内排水、航站楼总平面范围内排水、航站楼总平面雨水排放路由及泄水点布置。

（2）施工期间经过三个雨期，排水随着进度、随着建设单位的不同要求而不同。组建防汛工作领导小组，由项目经理担任组长，组织研究制定防汛方案，排水由机电专业负责人负责，土建专业负责人配合。组建日常维护管理小组和应急抢险队伍，配备大功率水泵及足够的抢险物资。

（3）组建应急领导小组及抢险队伍，并组织演习，将设备及电缆、电闸箱、材料配备到位，调试完好随时可用。由专人负责天气预报信息的收集，提前做好准备，检查应急设备设施到位、排水设备设施完好、排水沟渠通畅、防汛措施到位。检查围堰的情况，防止航站楼雨水倒灌，清理楼内集水井杂物，保证水泵有效。

8. 工人生活区管理

航站区建设劳动力需求数量大，持续时间长，距离城区远，对管理人员和工人的生活要妥善安排。生活区的选址、规划、建设、管理异常重要。应本着以人为本、集中布局、统一管理、节能环保、减少步行距离、减少多次搬迁的原则。

高标准规划工人生活区，生活设施一应俱全，实现"拎包入住"。引进"物业化"管理，成立物业部。坚持绿色节能节水理念，使用太阳能热水和公共照明，使用空气源热泵制冷采暖，建设大型污水处理中心，房屋道路采用环保材料和可周转材料，使无线网络和手机信号全覆盖。物业部引进物业管理理念和制度，建立区域管理制度、室长负责制。组织制定生活区文明公约，规范日常行为。将生活区划分卫生责任区，由专人打扫。对宿舍、厕所、浴室和垃圾站等定期消毒。在宿舍内严禁使用各种电器，严禁吸烟。设置安全疏散图、紧急集合区，做好应急疏散培训。搞好宿舍卫生，定期检查、评比，设置娱乐设施，丰富业余生活。

2.2.1.4　信息化管理手段在总平面管理中的应用

1. 视频监控、门禁和应急广播系统

为了便于超大面积总平面的管理，根据本工程基础结构施工阶段，地上主体结构施工阶段，屋盖钢结构和幕墙屋面施工阶段、机电安装、装修等阶段的施工作业工作内容与平面布置情况，建立现场视频监控系统与应急广播系统，在临时办公区设置一个监控室，在现场有条件的保卫室内放置监控设备。

（1）建立综合监控中心，实现对施工现场所有视频监控设备、应急广播设备的综合管理。监控中心能够调阅与控制各重要施工区域的视频图像，实时掌握施工作业区内的人员现状，并可进行应急广播。

（2）建立视频监控系统，实现对现场主要作业面的360°视频监控。实现对出入口、塔式起重机、材料堆场、材料加工区、办公区等主要场所的实时监控。实现对所有视频监控图像的30天存储。对重要工序的施工图像，可将其导出并永久保存。

（3）建立应急广播系统，施工现场综合监控中心能够及时地向施工作业区的主要区域广播重要通告、紧急通知等信息，监控中心可及时地给予施工指导或疏散指导。

（4）经授权后，可以在施工现场内部或远程调阅现场图像。

2. 总平面管理中的BIM应用

应用BIM技术对现场平面布置、施工道路、材料堆场、垂直运输设备建立模型及设备参数，通过可视化模拟的方式辅助处理标段间及标段内的场地布置问题。

通过BIM可视化协调做到现场平面管理的合理性，减少场内搬迁。根据不同阶段的变化、专业变化等情况，有效地进行平面布置与管理，避免因施工场地的问题导致施工阻滞。

2.2.2　计划管理

2.2.2.1　主要内容

计划管理是工程组织的核心，是所有施工组织的根本。计划的科学性、严谨性、严肃性决定整个项目的成败，工程所有参与者都必须重视计划管理，认真执行计划。

项目自开工伊始编制施工总体计划及各类专项计划，主要包括：

1. 综合进度计划，包括：项目总施工计划、各施工年度计划、月计划、周计划、专项施工计划等。综合进度计划主要体现一段时间内所包含的工作、工序之间的逻辑关系，开始和结束时间，工作持续时间等内容。

2．与综合进度计划相配套的专项保障计划，包括：资金投入计划、物资设备采购进场计划、分包招标进出场计划、劳动力进出场计划、图纸深化计划、施工方案报审计划、材料封样计划、样板施工验收计划、分部分项工程调试和验收计划等。上述各类保障计划是综合进度计划的基础和保障。

3．日报、周报、月报和进度汇报等各类统计工作，是检查计划执行情况的重要手段。

2.2.2.2　管理目标

计划管理是工程综合管理的重要组成部分，是组织安排所有工作的前提和依据。计划管理的目标即收集分析数据，理清逻辑关系，制定工程节点目标，及时调整纠偏，为工程顺利完成保驾护航。

北京大兴国际机场航站楼核心区建筑面积为60万m²，总工期为42个月，根据结构特点及工程量将整个建设过程划分为桩基础施工阶段、混凝土结构施工阶段、屋面幕墙施工阶段、装修装饰及机电安装阶段、调试验收阶段。编制各阶段综合进度计划需要了解掌握本阶段的主要工程内容、工程量、区域和流水划分、施工顺序、工序的交接、采取的特殊措施方法、特殊时间要求、总体时间控制，进行充分的评估确定。各阶段时间划分见图2-10。

2.2.2.3　主要管理要点

1．计划的编制

计划的编制不是一个人、一个部门就能完成的工作，需要总承包单位所有管理人员、各分包项目负责人、现场负责人、技术负责人、计划统计专员等群策群力才能编制出一份可执行性高的进度计划。

（1）编制计划统计管理制度

要编制好进度计划，首先要编制详尽的计划统计管理制度。工程自开工即编制《总体进度与工期管理处罚办法》，并以正式文件的形式下发至各部门及相关分包单位，随着工程进行，分别编制了主体结构、钢结构、二次结构及粗装修、精装修、屋面、幕墙、机电等各专项施工进度与工期管理处罚办法。管理办法要包含以下内容：①阐明工期目标，即根据总体计划时间规定各专项施工最终完成时间；②管理依据，即交代计划编制及考核的依据文件；③管理制度，包括生产例会制度、工期专题会制度、施工进度预警通报制度等；④管理要求，即明确总承包单位、各专业分包单位的职能和工作；⑤考核及处罚办法，即明确考核人员、考核内容、考核时间，以及工期延误处罚措施等。

图2-10　各阶段时间划分

（2）计划编制依据

进度计划主要包括施工项目、施工周期、起止时间和前置任务等要素。进度计划中的任何时间节点、施工起止时间、周期等数据都要有相关依据，不能凭空想象，编制的依据主要包括以下几个方面：

1）项目招标文件或施工组织设计：根据总体合同、招标文件确定重要节点，将时间分段；统计并列出所包含的施工项目和工序，不能漏项；确定各项施工的先后顺序及和工序间的逻辑关系。

2）各专业分包合同、方案、图纸：根据施工图纸配合合同清单统计各项施工项目所包含的工程量，完成施工所需要的材料、机械和劳动力数量，根据施工方案划分施工分区或流水段。

3）相关信息：各类材料的厂家信息、加工周期、运输方式、运输时间，每人每天可完成工作量等，上述信息需要通过大量的调查研究得出准确或相近的数据。

（3）计划编制流程

首先，由计划编制总负责人下达编制任务，计划统计管理机构中的总承包人员、分包人员收集各自的相关数据，整理并形成记录；接着，组织所有编制人员召开计划编制会议，确定计划施工项目、施工周期、起止时间和前置任务等数据，做好会议记录。然后，项目专职计划统计人员整理会议信息，编制完成计划初稿，经逐层审阅、修订形成正式的进度计划文件。最后，将文件打印下发至各责任单位及部门，形成计划考核依据，并对此监督落实。编制流程如图2-11所示。

（4）计划编制方法

1）总进度计划编制：工程项目开工后的28天以内，严格按照合同和监理工程师的要求编制一份总进度计划给监理审批。被批准后的总进度计划作为工程项目进度管理的依据，同时作为合同文件的一部分，作为进度考核、经济处罚与奖励依据。总进度计划必须详细到主要作业项。

2）年进度计划编制：在每年12月25日前将下一年的年进度计划编制完成，并上报监理审批。被批准后的年进度计划作为工程项目进度管理的依据，同时作为合同文件的一部分，作为进度考核、经济处罚与奖励依据。年进度计划必须以总进度计划为依据，并且满足总进度计划各年发生的里程碑事件要求。年进度计划必须详细到主要作业项，年进度计划中必须要有上一年的进度偏差分析及造成的原因，分析的结果应是客观公正、实事求是、符合实际情况的。同时，应在年进度计划中提出解决偏差的方法及措施。

3）月进度计划编制：在每个月的25日前应将下一个月的月进度计划编制完成并上报监理审批。批准后的月进度计划作为工程项目进度管理的依据，同时作为合同文件的一部分，作为进度考核、经济处罚与奖励依据。月进度计划必须以年度计划为依据并且满足年进度计划的各节点要求，并且详细到每一个作业项。月进度计划中必须要有相应的管理和奖惩控制措施，确保月进度计划的实现。月进度计划中还必须要有能满足月进度计划相应的人、材、机等资源的计划。月进度计划中必须要有详细的上月的进度偏差分析及造成的原因，分析的结果应是客观公正、实事求

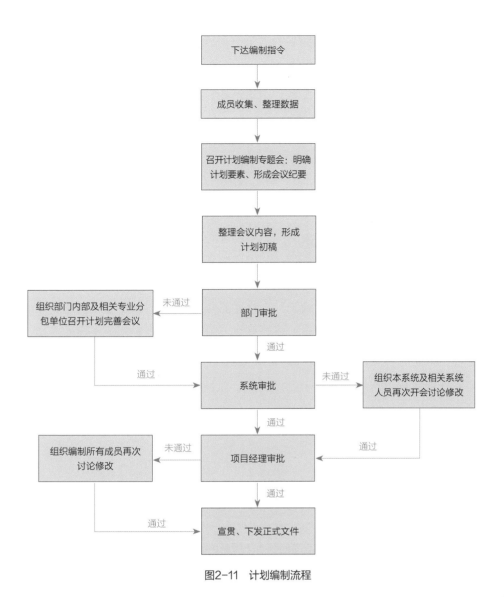

图2-11 计划编制流程

是、符合实际情况的。同时，应在月进度计划中提出解决偏差的方法及赶工措施和资源投入。

4）周进度计划编制：在每周生产例会的前1天，必须与周报同时将下一周的生产计划安排上报监理核准。核准后的计划作为工程项目进度管理的依据。周进度计划必须以月度计划为依据，并且满足月进度计划的各节点要求，并且详细到每一个作业项。周进度计划中必须要有上周的进度偏差分析及造成的原因，分析的结果应是客观公正、实事求是、符合实际情况的。同时应在进度计划中提出解决偏差的方法及赶工措施和资源投入。

2. 计划的执行

计划的执行不仅需要资源的投入，精细的组织，更需要严格的管理制度、层层责任的落实，以及克服困难的方法。在计划执行的过程中推行"五定"的管理办法，即：定人、定任务、定时间、定质量、定措施。

（1）明确责任到人

计划统计管理制度及组织机构，应明确计划编制、执行、监督、监控、反馈、调整等工作的职能部门或单位，每一份计划被下达时都需明确每一项施工项目的责任单位和责任人。责任单位或责任人需仔细分析施工计划，根据时间节点合理安排劳动力、机械投入，加快所需材料的加工订货，解决计划执行过程中可能存在的技术、图纸问题，无法解决的问题要及时向上级反馈，确保各项指标按时或提前完成。

（2）计划分解，阶段控制

根据下达的总体计划，需将计划分解为阶段性的短期计划。短期计划是总体计划的基础，是计划落实的具体措施，计划越短就越接近于实际，也就越具体。短期计划安排恰当，实现好，长期计划也就越正确，越有保证。所以，不但要有年计划、季度计划、月计划，还要有周计划甚至每日施工计划。短期计划的落实同样可采用"五定"的方式。

（3）精细统计、及时反馈

要实时监控计划的完成情况，精细的统计工作是必不可少的。每日统计现场实际的完成工作量，可以根据各责任单位的施工原始记录，经过整理、计算得到每天完成计划的比例，并推算按此进度计划能否如期完成。统计数据可反映计划的完成情况，各级领导和业务部门可以通过统计数据了解和检查计划的落实情况，并从中发现问题，总结经验，据此决策和指导工作。统计数据的最基本要求是准确和及时，统计数据不准确，它所反映的情况就不真实；统计数据不及时，它所反映的事实就失去现实意义。

（4）召开例会、分析预警

建立生产（或其他系统）例会制度，每周定期召开例会，会议上公示各单位、各项施工一周的完成情况和计划对比，分析未完成的原因，协调解决存在的问题，调整和整合资源，抢回损失的时间。各部门应每日召开专项碰头会，解决当日内部可以消化的现场问题，确保计划被稳步推进，将单个部门或单一专业单位无法解决的问题及时向上级反映，或者在生产例会中提出，由各专业单位共同讨论解决。

计划分析对比要标记出每一项施工内容的完成程度，划分为完成、基本完成、滞后、严重滞后、未进行5个等级，并对比分解计划中每项施工内容在上一级别计划中的位置和完成度，如连续两周出现滞后，或滞后天数超过7天则应在生产例会上明确预警。

（5）按时考核、赏罚分明

确保工程计划的落实，考核制度是行之有效的手段之一。完善的考核制度的构建起始于计划编制阶段，在计划编制阶段需要制定有关奖励与惩罚制度，层层分解到各个施工进度控制点，然后再分解到各个作业、工种、班组，以完成情况统计表或管理人员现场核实记录为依据。本项目根据每周、每月、每季度生产进度计划进行考核，对完成计划生产单位给予经济或荣誉奖励，对未完成计划生产单位给予经济处罚。除此以外，本项目还以每季度劳动竞赛的方式，在竞争中提升各生产单位的积极性，创建了争创按时优质完成生产计划的良好氛围，确保了生产施工进度计划的完成。

3. 计划的动态管理

进行项目的施工计划管理，始终有一个关注重点，就是关键线路。但是在计划的实施过程中，仅关注关键线路是不够的，按照工序逻辑关系，同时还要关注2~3条次关键线路。在计划执行过程中，大家都知道施工进度计划的管理是一种动态管理的过程，一成不变的计划（即静态计划）只是一种理想的状态，由于项目是一个复杂的系统工程，它是由许多子系统组成，从设计、采购、施工等系统到各个子系统之间相互制约的各种关系的影响，使得在整个项目操作过程中，关键线路随时可能发生改变。在计划调整过程中，要充分利用好现有的各种资源，尽量避免费用的增加。需要强调的是：必须根据现场的实际情况，考虑在现有资源的情况下能否利用调整时差达到要求，如果在总工期保证的前提下通过调整相关工序的时差能够做到，就不要要求施工单位增加人力、物力、机具等资源。作为施工管理者应该建立一个基本概念：资源的有限性和任何施工资源的投入都会引起施工费用的增加。

在计划贯彻执行中，要主动地、及时地做好平衡、修改工作，因为计划虽然基于科学的预见，但它与现场实际还存在差距，必须根据现场实际情况不断地调整，使其更符合实际情况。现实施工过程中具有不确定因素多、参与主体多、工期确定、技术要求高等特点，用传统方法制订的进度计划缺乏对环境的应变性，容易导致计划的失效。基于此，需要我们在实际的施工进度计划中进行动态的管理，以保障计划的落实，提高计划的有效性。

计划的动态管理主要以滚动计划法为主，滚动计划法可编制出既有弹性，又有连贯性的计划，本项目中主要以滚动计划法为抓手，对项目进行全面、全程的动态管理。滚动计划法是一种动态编制计划的方法，既可用于编制长期计划，也可用于编制年度、季度施工计划和月度施工作业计划。传统的静态分析是要在一项计划全部执行完成后，再重新编制下一时期的计划，而滚动计划则是在每次编制或调整计划时，均将计划按照时间顺序向前推进一个计划期，即向前滚动一次。根据已有研究可知：滚动计划法为在已编制出的计划的基础上，每经过一段固定的时期（如一个月或一个季度），便根据变化了的环境条件和计划的实际执行情况，在确保实现计划目标的基础上对原计划进行调整，每次调整时保持原计划期限不变，而将计划期顺序向前推进一个滚动期，如此不断滚动、不断延伸。

滚动计划能够根据变化了的组织环境及时调整和修正组织计划，体现了计划的动态适应性。在本项目中，滚动计划所体现出的优点十分明显，主要有：

（1）能够把计划期内各阶段以及下一时期的预先安排有机地衔接起来，而且定期调整补充，从计划统计方法的层面上解决了各阶段计划的衔接问题，提高了计划的实际可操作性。

（2）较好地解决了计划的相对稳定性和实际情况的多变性这一矛盾，使计划能够更好地发挥其在指导实际施工时的作用。

（3）使得施工主体能够形成与设计、生产的灵活对接，有利于实现预期的目标，提高了施工质量。

4. 计划执行过程中主要的风险识别及缓解措施（表2-1）

计划执行过程中主要的风险识别及缓解措施 表2-1

序号	风险描述	缓解措施
1	在北京地区需要应对强降雨、雾霾、大风等恶劣天气影响	（1）根据往年天气情况合理安排工序，加紧在恶劣天气来临前完成受影响较大的施工项目。 （2）做好各项物资储备以及恶劣天气应急方案
2	劳动力需求量巨大，在春节前后及农忙时期可能会出现劳动力紧缺	（1）编制各阶段的分专业、工种的劳动力需求计划，多渠道提前招募工人。 （2）加强对新工人的技能培训，提高劳动力生产率。 （3）采用预制化、装配式、机械化、信息化技术，减少现场的人工投入。 （4）选用实力强、规模大、长期合作、参与过重大项目的分包单位
3	重要外事活动及会议造成的运输限制和停工	（1）提前做好劳动力及材料储备。 （2）在不受限制的有效施工时间内，增加施工时间和劳动力投入，挽回工期损失
4	物资、材料、设备型号和数量众多，容易出现供货风险	（1）制定设备、材料采购计划，满足进度需求。 （2）制定长周期设备采购控制计划，对采购、加工、运输环节相关各方进行全过程把控

5. 计划保障措施

（1）劳动力投入

1）航站楼工程体量巨大，工期紧张，充足的劳动力投入是工程按计划实施的前提。

2）优先选用合格的技术工人和半熟练工人，提高工作效率。

3）每月对整体人力资源进行分析，详细说明各个工种和分包单位劳动力的现状和是否满足进度要求，以及拟采取的措施。

（2）合理的施工组织

1）充分利用相关的建设经验，编制工程计划，充分考虑各类影响因素，做到精细化管理。

2）梳理各工序和系统的"交叉点""矛盾点""堵点""痛点"，并针对性地解决。

3）保持工序、工种密集穿插的常态化，切实防范由于工序工种交叉施工而引发的损坏、损毁事件。

（3）设备材料采购

1）为了降低材料采购风险，主要的材料设备均由总承包单位统一采购。

2）以长周期设备材料为重点，关注跟踪图纸、方案、样板、订单、生产、运输等各环节的进展，及时解决问题。

3）加强关键材料设备管理，实行从合同、订单、工厂督造、发货、到场验收的全过程监控，确保及时进场。

（4）其他

1）制订计划一定要考虑一定的富余系数，防止意外情况发生。

2）利用先进的信息化管理手段，BIM5D管理系统，提高计划的直观性、精确性、预见性。

3）增加分包和区域划分的数量，降低风险。

4）减少管理层级，实行"六化"和总承包单位统筹、区域管理。

5）总承包团队传承发扬敢打硬仗的北京城建集团铁军精神，迎难而上，不断推进工程各阶段目标的实现。

6）通过合同、会议、现场交接、高层交流等形式，建立健全沟通协调机制。

7）实行严格的奖罚机制，调动参建各方的工作积极性和热情。

通过全方位、精细化的计划管理，工程各阶段计划执行始终处于可控状态，重要的工期目标按时或提前完成，对总工期目标的实现起到促进作用。

2.2.3　组织协调

2.2.3.1　原则

组织协调要坚持计划的科学性、超前性、系统性、严肃性，牢牢抓住关键线路、关键工序、关键因素、关键区域。要充分应用合同和行政管理的手段，坚持安全质量高标准，严格执行施工组织设计和施工方案。

2.2.3.2　内容及重点

1. 组织协调的主要内容包括：

（1）在项目施工的不同阶段、不同时期做好施工界面管理。

（2）在施工过程中重点做好各工序间、各专业间的交叉施工管理。

（3）做好施工过程中的资源调配和协调管理。

（4）各工序完成后的成品保护管理。

2. 组织协调管理重点：

（1）本工程工期紧、任务重、标准高，务必做好各分部工程的工序前后衔接管理，施工安排要有预见性、前瞻性；工序衔接要及时，工作面移交要按照程序进行。

（2）本工程包含的专业施工较多，必须做好劲性结构、钢结构与钢筋混凝土结构，隔震层与主体结构，屋盖钢结构与屋面、幕墙，土建与机电专业的穿插施工、工序搭接。

（3）做好春节、农忙以及冬雨期等特殊时期的应急准备，减少工期损失。

（4）做好专业分包招标以及重点材料设备的进场控制，提前准备、提前招标、提前订货加工、提前进场备用。

（5）做好现场公共资源的合理调控，做好各专业单位间的资源调配，做到有限资源利用的最大化、合理化。必要时期要集中有限力量完成关键节点的施工。

（6）做好与周围同期施工单位的外部协调。

2.2.3.3　组织协调管理措施

1. 制度管理

组织协调管理工作纷繁复杂、工作量大。要建立健全管理制度，以制度管人、用制度管理。

进场后，总承包单位组织编制各项管理制度，包括：《施工总平面管理办法》《施工管理界面划分管理办法》《规划外场地申请使用办法》《施工现场临时用电管理办法》《施工现场临时用水管理办法》《物资管理办法》《绿色安全文明施工实施细则》《消防保卫管理办法》《交叉施工管理细则》《施工计划统计管理办法》《施工进度目标管理办法》《施工进度控制管理办法》《劳动竞赛管理制度》《分包单位进场管理办法》《施工过程控制管理办法》《成品保护管理办法》《劳务分包管理实施办法》等。

总承包单位以正式文件的形式将各项管理办法下发到每一个进场的施工单位，并安排专门的人员对各项管理办法进行宣贯和解释，做到现场施工程序化、规范化。

2. 施工界面管理

施工界面管理是组织协调管理的重要组成部分。

（1）施工界面管理的目的：分清界面、明确责任、有效管理、解决冲突。

（2）界面划分

1）项目外围界面

与指廊、停车楼总承包施工标段的界面，与飞行区、市政标段的施工单位的界面、与民航系统的界面，与驻场单位的界面。

2）总承包与分包界面

明确总承包与分包各类界面的划分，包括：现场施工管理、材料采购、机械配置、场地使用、临时用水用电使用及管理等。

3）不同专业分包间的界面

屋盖钢结构、屋面、幕墙分包间的界面。

4）同专业的分包之间的界面

屋盖钢结构分包之间的界面、金属屋面分包之间的界面、幕墙分包之间的界面、机电分包之间的界面。

5）施工管理界面

公共管理区域：施工现场大门、办公区外边缘区域属公共管理区域，包括主道路、集中办公区周边、生活区室外及周边、主出入口门前、公用临时用水用电线路及设施、安防及门禁监控系统、公共标牌、宣传栏等。

区块施工作业管理区域：按施工工序阶段动态划分，相同区域由多家施工单位同时施工时，以主要施工单位作为责任管理单位，其余施工单位负责各自施工作业部分的管理。

专业施工作业管理区域：专业施工指定作业区域（如机电设备及管线安装调试、室内外装饰与装修、园林绿化及景观等），包括指定作业区域内的仓库、料场、加工棚或平台、专用临时用水用电线路及设施、标牌等。

（3）界面管理的分类

物理界面、功能界面、空间界面、合同界面、进度界面。

（4）界面管理的阶段

招标阶段、深化设计阶段、施工阶段、调试阶段。

（5）界面管理的风险识别

招标阶段：界面划分文件不详细，有缺项。

深化设计阶段：航站楼工程施工承包单位多、复杂；各承包单位、各专业、各分包单位之间技术文件、接口沟通不充分，不完整。

施工阶段：专业间思维差异，认知差异；习惯思维、经验主义；不完全了解关联专业的需求；基于利益的考虑；沟通不充分。

（6）界面管理的体系与制度保证

建立完善的界面管理制度，形成完整的组织保障和制度保障。明确界面管理的职责、工作程序，编制参与航站楼施工的全专业统一的进度计划，明确分包单位与分包单位之间进度计划的关系。

（7）界面管理文件的编制

界面矩阵、界面资料表、界面功能表、界面原则表、机电留洞图、设备运输路线图、含所有机电末端的装修排布图。

（8）按界面管理类型的职责划分

物理界面——技术部、钢结构部、机电部。

功能界面——机电部。

空间界面——工程部，钢结构部（屋盖施工阶段），协调部（机电、装修施工阶段），机电部。

合同界面——招标采购部、商务部。

进度界面——工程部、钢结构部、协调部。

（9）按界面管理阶段的职责划分

招标阶段——商务部、招标采购部、技术部、机电部。

深化设计阶段——技术部、机电部。

施工阶段——工程部，钢结构部（屋盖施工阶段），协调部（机电、装修施工阶段），机电部。

调试阶段——机电部、协调部。

（10）施工界面管理的原则与责任

1）施工界面管理的基本原则

"谁主管，谁负责"。各区块施工作业管理单位负责组织所属施工界面范围内施工项目的施工管理。与专业施工作业的施工项目发生交叉界面关系的，按总承包单位制定的界面划分规定，由各区块施工作业管理单位组织所属施工界面范围内施工项目的施工管理。

"谁施工，谁报验"。凡各区块施工作业管理单位负责的施工项目，由区块施工作业管理单位负责组织验收并报验，凡各专业施工作业分包单位负责的施工项目，由专业施工作业分包单位负责组织验收并报验。

2）各参建方施工界面管理的责任

总承包单位负责公共区域管理或委托管理，并承担相应的责任。

施工作业区管理单位：履行区块施工作业管理区域的所有施工项目的现场区域，执行总承包管理责任。

专业施工承包单位：专业施工指定作业区域按属地管理原则，服从区块区域执行总承包管理，并履行指定作业区域内所有施工现场的管理责任。

（11）施工界面的管理权移交和成品保护

1）移交：凡符合质量标准规定的，经质检部门及监理验收，并将场地清理干净后，在总承包单位相关部门到场见证下，办理场地移交手续，确保下道工序能及时施工，该手续应在总承包工程部、质量部和安保部备案。

2）保护：在办理正式的施工界面移交手续后，由接收方负责对已接收的施工界面，以及该施工场地内的成品（或半成品）进行保护。

（12）联系与协调机制

1）建立例会制度：总承包单位定期组织召开施工界面管理协调会，具体时间根据需要确定。

2）联系：各单位通过（信函、电子邮件、网络平台、文书、对话等形式）有效的渠道自主交换信息和资源（图纸、资料、材料、设备等），必要时由总承包单位进行协调联系。

3）协调：区块施工作业管理区域内的施工矛盾与纠纷，原则上由区块区域自行协调解决。区块与区块之间的施工矛盾与纠纷，由总承包单位协调解决。

3. 各参建单位组织协调工作的分工

1）总承包单位：负责工程总承包合同的执行、分包工程的招标、总工期计划控制和分包执行过程的监督控制、工程预结算及计量控制、施工组织总设计及技术质量方案组织编制和分包执行过程的监督、施工物资与设备技术标准的确定和分包执行过程的监督、安保方案编制和分包执行过程的监督、施工中与建设单位及监理的沟通协调。

2）施工作业区管理单位：负责工程分包合同执行、总工期计划执行及月计划和周计划编制落实、分区技术质量方案执行、施工物资与设备按总承包单位制定的统一技术标准及合同要求组织进场、分区安保方案编制和执行。

3）专业施工承包单位：负责工程分包合同执行、总工期计划执行、专业施工技术质量方案编制和执行、施工物资与设备按总承包单位制定的统一技术标准及合同要求组织采购、专业施工安保方案编制和执行。

4. 组织协调管理的具体应用

（1）组织协调管理的"五性"目标

施工安排前瞻性、工序衔接及时性、工序穿插合理性、工作面移交程序性、资源利用充分性。

（2）制度化管理

生产组织要充分应用合同管理、制度管理的手段，建立好各项管理制度，坚持安全质量高标准，严格执行施工组织设计和施工方案，做好计划统计，每周进行点评，每月通报，完成情况要严格依照合同和管理制度奖惩，并公示通报。

1）下发各项管理制度

编制专业分包管理制度，并建立以项目经理为总负责，项目各部门均有专门负责人的现阶段管理架构，负责施工过程中管理制度的落实，明确各部门分工及工作路径，提高办事效率。

2）例会制度

根据施工进展的不同阶段，组织召开深化设计、生产协调、进度管理等会议，采取定期例会和不定期专题会两种形式，及时、有效地解决制约现场生产的系列问题。下发例会管理办法，规范参会人员出勤和会议纪律，重要决议及要求以会议纪要的形式下发。

3）区域总承包管理制度

以当前施工主线工序为主体，将整个施工现场划分为几个区域，每个区域内的施工管理由专门的专业分包单位或分公司负责。各专业分包单位负责本区域内与其他专业施工的协调配合，要做到"提前规划—早做沟通—规定时间—相互配合—工完场清"。

4）样板先行制度

各项施工方必须提前制作工艺样板，验证技术方案的可行性，节点设置的合理性，施工方法的可操作性，将问题提前解决，确保大面积施工的安全顺利。

5）劳动竞赛制度

在项目施工全周期内按季度组织劳动竞赛，组织各专业标段间的评比，组织优秀焊工、优秀班组、优秀劳务人员等专项评选，在比较中发现问题，在竞争中提升能力。

（3）过程中的协调

1）做好与建设单位、设计单位、监理单位的协调工作

在施工过程中，建设单位和设计单位要解决大量的问题，总承包单位要及时做好对外的各项协调工作，确保各类问题被及时解决，各项工作可顺利进行。协调工作要做到"主动交流、凝聚共识、消化分歧、积极推进"。

2）协调各专业单位之间的工作

各专业单位之间不可避免地存在场地占用、交叉施工的现象，以区域总承包管理制度为主要纲领，生产协调部门负责总体资源调配，根据总体施工进度及部署，确定交叉施工作业的施工顺序，统筹协调。采用周例会和专题会的手段，做好主体结构、钢结构、屋面、幕墙、精装修、机电、二次结构、粗装修、电扶梯等专业单位的现场协调工作。

（4）过程的精细化管理

1）管理工作前移

为保证现场施工管理处于可控的状态，管理工作必须前移。从各项准备工作开始，需盯紧深化设计、材料厂家洽谈、材料采购及加工等各项工作的实时进度，让问题第一时间显现并得到解决，确保现场施工按计划开始。

2）计划分解、检查落实

将总体施工计划分解为月度计划、周计划，化整为零实现精细化管理。在过程中实施例行检查，对可能滞后的计划目标提前发出预警，并提醒相关单位采取措施，加快施工进度。在每月月末的生产例会进行月计划考评，将考评结果通报至各公司。

3）借助信息化手段提高管理效率

按系统建立安全、质量、现场生产等各自的微信群、QQ群，提供最方便快捷的沟通平台，将施工问题实时上传，及时反馈，迅速解决。

工程系统及各专业分包现场负责人统一配备对讲机，建立沟通平台，以"语音会议"的形式快速、及时地解决各标段、各专业现场交叉的施工问题。

应用无人机全时、无死角了解现场施工的完成情况，施工道路的情况，材料堆放的情况，结构外场地移交的情况等。

各施工阶段的房间及构件使用了二维码，使用手机客户端扫码了解房间做法及注意事项。

4）加强质量安全教育培训

采用集中教育、现场观摩、明确交底等方式，提高新进场专业分包管理人员、施工人员的安全质量意识，杜绝侥幸思想，从根本上解决新进场专业分包人员无法满足本工程安全质量标准的问题。

5）牵头组织

工程部门要充分发挥龙头作用，推动现场各项工作快速进行，牵头组织安全验收、隐蔽验收、培训教育以及与各部门对接等工作。

5. 各专业成品保护管理措施

成品保护按照"总承包协调管理，区域各负其责；谁施工、谁保护，谁的成品、谁看护"的施工现场管理原则，由区域管理责任单位负责本区域内的成品保护管理，落实成品保护的管理责任。

当有交叉施工时，按"属地管理"原则由相关的专业施工单位负责实施本区域内的成品保护。

成品保护管理目的在于为确保本工程在建设过程中所有的成品、半成品不受到损坏，必须建立全过程的成品保护管理办法和成品防护措施，使现场成品保护管理工作处于严格的受控状态，最终实现北京市结构长城杯金质奖、北京市建筑长城杯金质奖中国建设工程鲁班奖的质量目标和北京市文明安全施工达标工地。

按照建设工程承包合同的相关条款规定所采取必要的管理措施。按照施工组织总设计大纲的规定，贯彻执行施工技术规范，科学、合理地组织施工工序，积极采用新技术、新材料，促进成品保护管理办法、措施的执行和推广。在认真开展全员成品保护教育的基础上，利用必要的经济投入，采取"预防和监管"并举的成品保护措施，靠严格的处罚管理手段，确保成品保护工作的顺利进行。在总承包单位已下发的有关现场安全文明施工文件规定的基础上，对成品保护管理规定做了完善与补充。

（1）主体结构工程

1）对已绑扎好的结构板钢筋，铺设脚手板，设置施工通道，不得随意踩踏。

2）对已支好的模板，建立保护措施，防止被撞击变形。

3）对已浇筑好的混凝土，要定时覆盖，在周边设置防护栏。混凝土终凝前不得上人踩踏，养护人员应在专门的施工通道内操作。

4）对大体积混凝土施工，制定专项技术措施，防止混凝土产生裂缝。

5）应根据同条件试块强度报告和有关规范的要求进行混凝土结构拆模。

6）对混凝土结构成品（墙体阳角、结构板边、楼梯踏步、钢管柱等）制定专门的保护措施，防止后续施工时被破坏。

（2）钢结构安装工程

1）将露天堆放的钢结构构件搁置在干燥无积水处，防止锈蚀。其底层垫枕应有足够的支撑面，防止支点下沉，钢结构构件堆放应平稳。

2）吊运钢结构构件必须有专人负责，使用合适的工（夹）具，严格遵守吊运规则，防止钢结构构件在吊运过程中发生振动、撞击、变形、坠落或受其他损坏。

3）装载时，必须有专人监管，清点上车的箱号及打包号。钢结构构件在车上堆放应牢固、稳妥，并增加必要的捆扎，防止遗失。

4）严禁野蛮装卸钢结构构件。装卸前，装卸人员要熟悉钢结构构件的重量、外形尺寸，并检查吊钩、索具，防止发生意外。

5）严禁施工人员直接踩踏钢板。在交工验收前，应在屋面铺设木板通道。

6）其他工序介入施工时，未经施工单位许可，禁止在钢结构构件上焊接、悬挂任何构件。

7）玻璃幕墙、设备安装、高级装修，如与钢结构交接，总承包单位与钢结构施工单位办理施工交接手续后，方可在钢结构构件上进行下一道工序。

8）在进行交工验收前，在已完成的地面柱脚支座周围设置防护围栏，以免支座受到碰撞和损坏。

（3）机电设备安装工程

对各类小型仪器、仪表及进口零部件，在安装前不要拆包装。搬运设备时，明露在外的设备表面应有防碰撞保护，凡不具备安装条件的场所不得进行设备安装。各类机房设备就位后，应加临时门锁，必要时有专人看护，建立出入登记制度。对于贵重、易损坏的仪表、零部件，先安装、后调试，必须提前安装的要采取妥善的保护措施。在焊接作业过程中，应使用托盘，防止火星溅烫已完成施工的墙面、地面。

1）给水系统：给水系统的洁具及其附件在安装就位后，其外表面用塑料薄膜或夹板进行保护，保护层可根据实际情况采取必要的固定措施，但不得损伤洁具及其附件。

2）强电系统：在未通电的前提下，开关柜等设备要用塑料薄膜做防尘保护，如果设备上方需要施工时，应对设备采取必要的隔离保护措施，上述保护设备而设置的临时装置，在正式通电前必须全部拆除。

3）空调系统：各类设备采用防火布、塑料薄膜覆盖包裹等方式做防尘保护，在设备上方施工时，要做隔离保护。由于保温层外表面的铝箔等防火层、防潮层极易受到损伤，所以在施工中尽量减少交叉作业，在其周边施工时，应设专人看护，施工结束后应检查铝箔等防火层、防潮层是否受损。

4）消防喷淋系统：管道系统在试压完毕后，进行系统充水保护（冬季要采取防冻措施），防止管道系统被踩坏、打穿，在吊顶前安装所有喷头。

5）排水系统：排水管路安装完毕后要仔细检查吊架安装是否合理，做好管道端头临时封堵，避免交叉施工时踩踏。

6）电梯设备：室内电梯、扶梯、自动人行步道梯在没有经过质量技术监督局的正式验收前，不得作为施工运输设备使用。验收后，如需使用，应对其采取严格的保护措施，有专人运行和维护，做好防尘、防水、防冲撞、防超载等预防措施。

（4）室内精装修工程

1）设专人负责成品保护，对成品保护负监督、检查的责任。装修工程施工后期成立专门的成品保护队伍，对现场进行不间断的巡视检查。

2）成品保护采取"护、包、盖、封"等措施，争取完工一段隔离一段。在施工中完善标识，对于易受污染、受破坏、难以覆盖保护的成品、半成品，应有醒目的警示标识。

3）较大物件、设备进场时，必须对所经过区域的地坪、墙面、其他设施和设备另行采取专项保护措施。

4）现场废旧棉纱、色浆等污染物，要被及时清理、装袋，不准随手乱扔乱放，以防污染饰面成品。不得随意用水清理，以防成品受损、变形、发霉。

5）施工现场设置专用通道，使人流、物流与作业面隔离，并将通道进行覆盖保护。

6）采用书面形式由双方签字认可进行工序交接，由下道工序作业人员和成品保护负责人同时签字确认，并保存工序交接的书面材料。

7）房间或通道采用罩面漆最后收头的方法，防止墙面被污染。已施工完的金属墙面，在竣工验收前不得去除金属墙面的薄膜保护层。施工通道采取距离墙面80cm处设围栏的方法进行保护。已施工完的石材墙面，采取距离墙面80cm处设置围栏的方法进行保护。

8）对已施工完的石材地坪，必须用石膏板覆盖保护。对临时施工通道，铺设石膏板覆盖保护，进入该区域的人员，不能穿带钉和粘有泥浆的鞋进入。已施工完的木地板、地毯必须用石膏板加以覆盖保护，进入该区域的施工人员必须脱鞋进入。进入装饰施工完的区域内施工，所用登高爬梯的梯脚必须用橡胶材料绑扎支垫，以防损坏地坪。

9）任何人不得随意拆动已施工完的吊顶，如需拆动，必须办理登记手续。操作人员拆动吊顶板时，需戴白手套，防止污染板面或周边墙面。

10）用木板将门框包边，防止碰撞。门扇安装后要装临时挂锁，进出房间要办理登记手续。

收头木门的罩面漆时，防止污染板面。

11）在竣工验收前，不得去除已施工完的金属制品（栏杆、扶手、灯箱、标牌）的原有保护层。对于通道、楼梯，要采取全包封的防撞、防划措施。

12）已施工完的玻璃制品（隔断、栏杆、橱窗、展柜等），在安装完成后，要在玻璃板上张贴醒目的警示标牌，在施工通道距离墙面80cm处设围栏保护。

6. 成品保护的其他规定

1）各参建单位严格要求本单位人员在自己施工区域内作业，不得进入其他单位施工区域。

2）发现有人未采取有效防护措施导致工程成品、半成品损坏，或故意污染、损坏的，除赔偿和罚款外，建议所在单位将该人辞退。

3）发现有人盗窃工程材料的，立即将其送交公安部门，并按照相关规定由其所在单位承担赔偿和接受处罚。

2.3 施工组织

2.3.1 桩基础及土方、护坡、降水施工

基坑工程开挖面积达16万m²，基坑边坡支护为2000m。基础形式为混凝土灌注桩基础，设计有护坡桩1329根，基础桩有8270根，土方有273万m³，锚杆有3240根，降水井有352个。地下二层穿越航站楼的轨道区结构底板顶标高为-18.25m，宽度为275m。场区位于永定河北岸，地下土层复杂多变，在支护范围内存在泥炭质软弱土层，影响护坡桩锚杆施工；地勘揭露存在三层地下水，上部两层在基坑开挖范围内。

于2015年9月26日正式开工，合同工期165天。图2-12和图2-13分别为2015年9月26日开工、

图2-12 2015年9月26日开工航拍图

图2-13 2016年1月17日深区桩基础完工航拍图

2016年1月17日深区桩基础完工航拍图。

2.3.1.1 施工总体部署

本工程将以深槽轨道区的土方、支护及桩基础施工为主线，与降水施工密切配合，严控质量、确保安全绿色环保，全面完成各项管理目标。根据基坑面积大、基础桩数量多、工期紧的特点，在空间上按照分区同步施工、时间上按照流水作业组织施工，占满时间，占满空间。

土方开挖被划分为5个分区，桩基础施工被划分为9个分区。由5支土方施工队，1支降水施工队，4支基坑支护施工队，9支基础桩施工队全面展开施工。

2.3.1.2 资源组织

1. 劳动力的组织

根据工程施工的需要，以及施工现场所处阶段的不同，需要配备基础桩施工所需的人员。每项工程依据施工队数量、工程量大小等配备各工种劳动力。高峰期劳动力人数达到1384人。

1）桩基础及土方、护坡、降水阶段劳动力投入表（表2-2）

桩基础及土方、护坡、降水阶段劳动力投入表　　　　　　　　　　　　表2-2

第一阶段	第二阶段	第三阶段	第四阶段	第五阶段
2015.9.26～2015.10.10	2015.10.11～2015.10.31	2015.11.1～2015.11.30	2015.12.1～2016.1.20	2016.1.21～2016.2.26
698人	1159人	1300人	1384人	424人

2）桩基础及土方、护坡、降水阶段劳动力均衡性分析

根据桩基础及土方、护坡、降水阶段劳动力投入曲线（图2-14），施工高峰期集中在2015年10～12月，后期随基础桩施工结束，进入余土清理及作业面移交阶段，劳动力逐渐减少，劳动力不均衡系数K=1.40，反映本工程劳动力变化均衡。

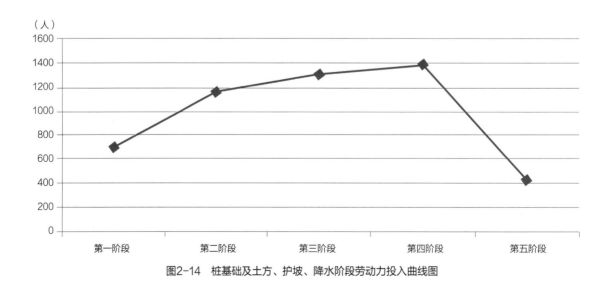

图2-14　桩基础及土方、护坡、降水阶段劳动力投入曲线图

2. 主要施工机械投入

根据本工程施工部署并结合各分项工程施工顺序、工程量大小，现场投入地下水处理、土方、桩基础施工所需要的设备、施工机械，见表2-3。

地下水处理、土方、桩基础施工所需要的设备、施工机械一览表　　　表2-3

第一阶段	第二阶段	第三阶段	第四阶段	第五阶段
2015年9月26日~ 2015年10月10日	2015年10月11日~ 2015年10月31日	2015年11月1日~ 2015年11月30日	2015年12月1日~ 2016年1月20日	2016年1月21日~ 2016年2月26日
挖掘机：9台 运输车：19辆 洒水车：2辆 发电车：10台	挖掘机：19台 运输车：128辆 长螺旋钻机：9台 旋挖钻机：23台 反循环钻机：7台 汽车式起重机：13台 履带式起重机：5台 注浆机：4台 发电机：4台 洒水车：7辆	挖掘机：16台 运输车：110辆 锚杆钻机：20台 注浆机：8台 锚喷机：4台 旋挖钻机：30台 履带式起重机：8台 汽车式起重机：15台 铲车：30台 发电机：4台 洒水车：7辆	旋挖钻机：50台 汽车式起重机：30台 铲车：40台 混凝土泵车：15台 注浆机：18台 发电机：4台 洒水车：2辆	挖掘机：24台 运输车：100辆 汽车式起重机：12台 履带式起重机：8台 铲车：15台 发电机：4台 洒水车：2辆

3. 主要材料投入

本着"精准供应、质量优良、减少库存、杜绝浪费"的原则组织材料供应，并考虑各种不利因素，有计划地做好材料供应，确保材料供应满足施工的要求。

桩基础及土方、护坡、降水阶段工程材料及数量见表2-4。

桩基础及土方、护坡、降水阶段工程材料及数量　　　表2-4

序号	材料名称	规格	数量	使用部位
1	钢筋	HRB400 8~32mm HPB300 6.5~8mm	25500t	基础桩
2	混凝土	C40	220000m³	基础桩
3	水泥	散装P·O42.5	20000t	后压浆
4	无缝钢管	3mm厚，$D25$	8678t	基础桩后压浆
5	直螺纹套筒	$\phi 20 \sim \phi 32$	34.4万个	基础桩
6	冷挤压套筒	$\phi 25$、$\phi 32$	2.24万个	基础桩
7	膨润土	钠基复合型	14000t	泥浆护壁

结合工程施工进度计划，主要材料供应如表2-5所示。

序号	材料名称	供应时间				
		2015年10月	2015年11月	2015年12月	2016年1月	2016年2月
1	钢筋（t）	8500	8500	3500	2000	—
2	混凝土（万m³）	5	7.15	7.5	4.54	0.05
3	水泥（万t）	1	1.0	0.6	0.7	0.2
4	无缝钢管（t）	1500	2000	4000	868	—
5	ϕ20～ϕ32直螺纹套筒（万个）	14	10	8	2.4	—
6	ϕ25、ϕ32冷挤压套筒（万个）	—	1.24	1	—	—
7	膨润土（t）	5000	4000	3000	2000	—

2.3.1.3　施工组织

1. 总体工作目标

针对体量大、工期紧、任务重、地层条件差、工序穿插制约工期等施工难点，通过合理的工序分解及安排，优化平面布置，提高了整体的施工效率，实现工程的各项目标。按照"一桩一工程"对每一根基础桩进行质量控制，工程质量要达到中国建设工程鲁班奖的要求。

2. 总体施工思路

1）根据工程量及施工工作内容，确定深槽轨道区基础桩施工为关键线路，在进行深槽轨道区土方开挖、边坡支护的同时，进行浅区基础桩的施工。

2）根据地下水位的高度、地质条件及桩头保护长度等因素，确定统一深槽轨道区、浅区基础桩的作业面标高。

3）优化浅区基础桩施工顺序。与部分支护结构的预应力锚杆位置冲突的基础桩先被施工，待该范围内的基础桩施工完毕后，再进行锚杆的施工。

4）及早进行降水井的施工，早日形成降水能力，将地下水位降至标高-20m以下，保证深槽轨道区基础桩顺利施工。

5）将作业面分为若干个施工作业区域，使各区域同时施工，加快施工工期。

6）为缩短基础桩的施工时间，将钢筋加工场设置在作业面的附近或作业面区域内（加工场倒场一次），并在深槽轨道区的作业面内设置现场道路，便于施工车辆的通行。

7）为缩短检测桩的施工工期，应用了检测桩桩头一体化的施工技术。

8）为了保证基础桩成孔的可靠性，采用丙烯腈共聚物泥浆液进行护壁泥浆液的拌制。

9）为了缩短基础桩的施工工期，钢筋笼采用一次吊运，缩短了钢筋笼内钢筋的对接时间。

3. 桩基础及土方、护坡、降水阶段总体施工工序及流程（图2-15）

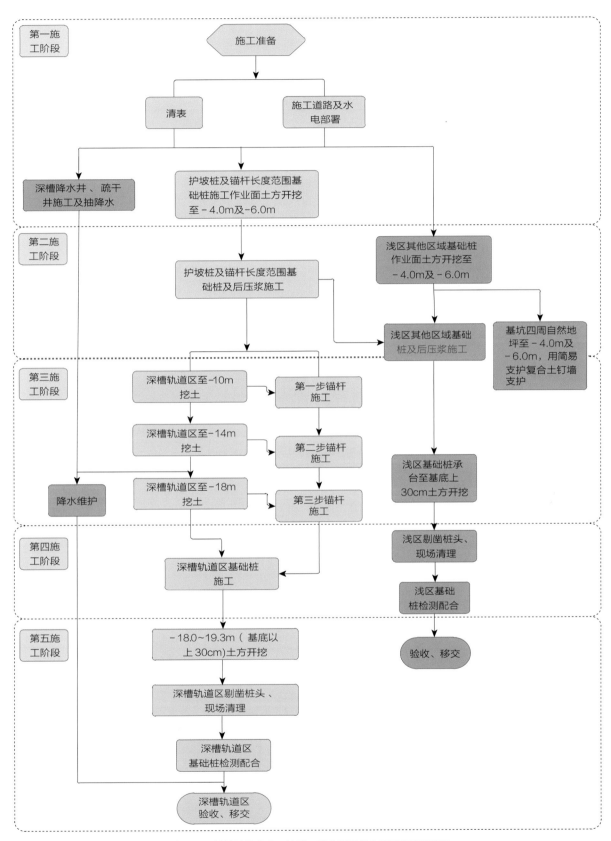

图2-15　桩基础及土方、护坡、降水阶段总体施工工序及流程

4. 施工阶段划分及施工部署

根据总体施工思路、施工工序和流程，共分了不同的施工阶段，涵盖了施工准备、深浅区土方、降水、护坡桩、基础桩、后压浆、桩头剔凿、检测、现场清理、验收移交等施工全过程。各施工阶段部署一览表见表2-6。

各施工阶段部署一览表　　　　　　　　　　　　　　　　　表2-6

施工内容	施工部署重点
第一施工阶段2015年9月26日～10月10日	
1）进行施工准备。 2）土方开挖至-4.0m、-6.0m。	1）对施工现场进行合理、科学的布置。 2）在基坑附近布置钢筋加工场。 3）土方开挖方向为由中心向南北两侧开挖。 4）土方运至建设单位指定地点存放，并严密覆盖

环路混凝土浇筑	钢筋加工场混凝土浇筑

第二施工阶段2015年10月11日～10月31日	
1）深槽区土方开挖至-14.0m。 2）护坡桩施工。 3）浅区护坡桩锚杆影响区域范围内的基础桩及后压浆。 4）降水井、疏干井 工人：1159人 挖掘机：19台 运输车：128辆 长螺旋钻：9台 旋挖钻机：23台 反循环钻机：7台 汽车式起重机：13台 履带式起重机：5台 注浆机：4台 发电机：4台 洒水车：7辆	1）降水井施工安排：进场后先行安排深槽区东西两侧的降水井施工；待土方开挖至-14.0m后，开始疏干井的施工；排水管线适时插入施工。 2）护坡桩施工安排：作业面具备条件后，优先进行护坡桩施工。护坡桩采用长螺旋钻孔压灌混凝土施工工艺，保证施工快捷。 3）浅区基础桩施工安排：优先安排护坡桩锚杆长度范围内的基础桩施工，基础桩自基坑中部向外围施工，施工顺序见下图： 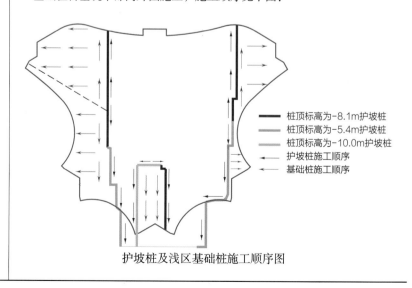 护坡桩及浅区基础桩施工顺序图

施工内容	施工部署重点

浅区基础桩施工	基坑边坡锚喷

第三施工阶段2015年11月1日~11月30日

1）深槽区土方开挖至-18.0m。
2）护坡桩冠梁施工、锚杆分步施工。
3）浅区其他区域基础桩及后压浆施工

1）护坡桩锚杆施工、土方开挖密切配合，确保锚杆预留作业平台的开挖紧跟锚杆施工进度，保证锚杆施工。
2）锚杆安排20台钻机施工，保证每道锚杆3~4d完成。
3）深槽区土方总共分为四步开挖，各个施工区按照自基坑中部向南北两端马道的开挖顺序施工，开挖顺序详见下图：

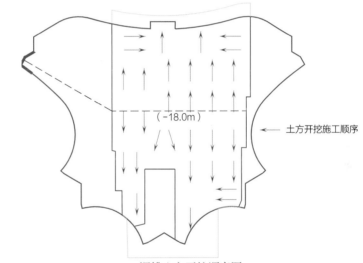

深槽土方开挖顺序图

工人：1300人
挖掘机：16台
运输车：110辆
锚杆钻机：20台
注浆机：8台
锚喷机：4台
旋挖钻机：30台
履带式起重机：8台
汽车式起重机：15台
铲车：30台
发电机：4台
洒水车：7辆

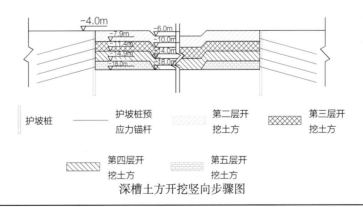

深槽土方开挖竖向步骤图

施工内容	施工部署重点

基础桩施工场景

深区土方挖运

第四施工阶段2015年12月1日 ～ 2016年1月20日

1）深槽区基础桩及后压浆施工。 2）浅区基底以上30cm土方开挖、基础桩桩头剔凿。 工人：1384人 旋挖钻机：50台 汽车式起重机：30台 铲车：40台 混凝土泵车：15台 注浆机：18台 发电机：4台 洒水车：2辆	1）深槽轨道区内基础桩分区组织施工：划分了7个作业区，安排7个基础桩施工队、7个后压浆作业队同步进行施工，安排50台旋挖钻机同时作业，保证施工进度。 ①施工队 ②施工队 ③施工队 ④施工队 ⑤施工队 ⑥施工队 ⑦施工队 基础桩施工分区图 2）深槽轨道区内施工道路：为保证深槽轨道区内的施工效率，在槽内设置了3条9m宽的主干道及与主干道连接的若干辅道，保证钢筋笼运输和钻机的行驶。 3）钢筋加工及运输：深槽区内设置4个钢筋加工区。 4）在灌注桩混凝土后7～10d，进行后压浆施工。 5）优先进行静载检测桩的施工，检测桩按照设计配筋施工。 6）用铲车装载作业面的泥浆到指定地点堆放

深区基础桩施工场景

深区基础桩施工收尾

施工内容	施工部署重点
第五施工阶段2016年1月21日~2月26日	
1）深槽区基础桩基底以上30cm土方开挖、桩头剔凿。 2）基础桩检测，验收、移交 工人：424人 挖掘机：24台 运输车：100辆 汽车式起重机：12台 履带式起重机：8台 铲车：15台 发电机：4台 洒水车：2辆	1）在该阶段的土方开挖后，进行桩头剔凿，外运桩头。 2）与基础桩检测单位做好土方开挖的配合工作，包括为其提供静载检测设备的运输道路，提供检测用电，处理桩头，清理钢筋，检查声测管等。 3）开挖桩间土之前，要对桩做好施工记录。 4）做好与施工总承包单位的配合 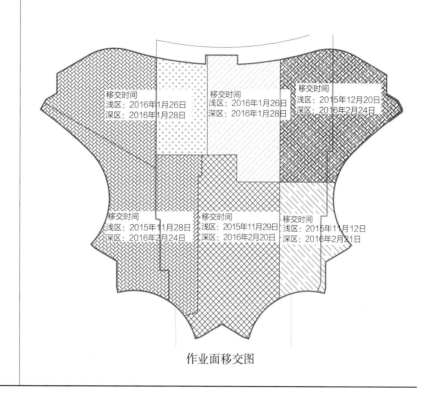 作业面移交图

2.3.2 混凝土结构施工

2.3.2.1 施工总体部署

航站楼混凝土结构南北长996m，东西方向宽1144m，由核心区（C区）、中央南区（CS区）和东北区（EN区）、东南区（ES区）、西北区（WN区）、西南区（WS区）指廊组成。航站楼及换乘中心核心区面积约为60万m²，混凝土数量将近105万m³。航站楼区域划分如图2-16所示。

1. 分区施工管理

综合考虑混凝土结构的特点及屋盖钢结构立柱分区相对独立的特点，根据工程量等因素将本工程

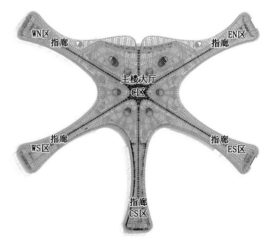

图2-16 航站楼区域划分图

划分为若干施工区，在各区并行施工。混凝土结构施工阶段被分为8个施工分区，由总承包单位统一规划、协调、管理这8个施工分区，8个施工分区各自成立自己的"小项目部"，根据自己负责区域的工程量及工期，自行组织劳动力展开施工，独自协调各专业单位，如防水单位、混凝土供应单位、钢结构单位、机电预留预埋单位、预应力单位等专业单位的施工。各个施工分区根据自身工程量、施工条件等因素向总承包单位申报所需的施工机械、材料等资源，由总承包单位调控、配置各种

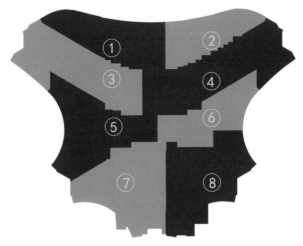

图2-17 结构施工分区图

施工资源，8个施工分区互相竞争，并行施工，加快了总体施工进展。结构施工分区图如图2-17所示。

2. 施工分区内分段流水施工

各施工分区按照用满时间，占满空间的原则，在每个施工分区内再划分出若干个施工段。各施工段、工序间采取流水施工，达到充分利用所有工作面、缩短工期的目的。

3. 施工分区内分阶段组织施工

根据工程特点和施工部署的原则，把结构施工分为两个施工阶段组织施工，阶段划分见表2-7。

结构施工阶段划分表 表2-7

	施工阶段	施工时间	主要施工内容
一	深区地下结构施工阶段	2016年3月26日～2016年9月30日	从开工至-0.2m楼板结构完成，包括：余土清底，垫层，防水及其保护层，基础底板及地下一、二层结构，隔震支座，高架桥区域地下二层结构完成
二	主体结构施工阶段	2016年10月1日～2017年1月31日	-0.2m标高结构板以上，至+17.3m或+18.8m标高结构板完成

4. 合理安排施工流程

合理安排工程施工顺序及各专业、各分部（项）工程前后衔接。在结构施工阶段，以深区结构施工为关键工作，为给深区结构施工创造条件，暂缓临近深区的浅区施工。而将临近深区的浅区施工分期展开进行。结构施工顺序图如图2-18所示。

完成东峡谷区首层结构及南区四层结构施工后，开始进行东峡谷区C2-2、南区C2-1、C2-2屋盖及其支撑结构施工。完成北区四层结构施工后，开始布置C1区屋盖提升设施及拼装场地。完成北区五层结构施工后，C1区屋盖具备全面展开施工的条件。

随核心区地下结构施工同时开展高架桥区的土方开挖、基础桩、地下结构等施工，完成地下

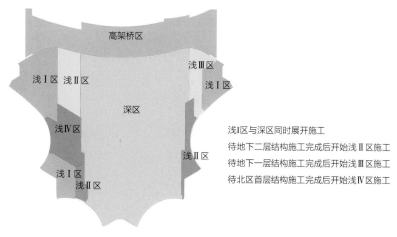

浅I区与深区同时展开施工
待地下二层结构施工完成后开始浅II区施工
待地下一层结构施工完成后开始浅III区施工
待北区首层结构施工完成后开始浅IV区施工

图2-18　结构施工顺序图

结构施工后，地下结构可先后被作为核心区地上结构施工用场地、屋盖钢结构滑移拼装场地、运输材料的道路。待屋盖结构及幕墙结构施工完成后，再开始高架桥钢箱梁的安装施工。

对主体混凝土结构分阶段验收，及时分阶段进行二次结构砌筑，及早为机电安装工程施工创造条件。屋盖结构及幕墙结构施工完成后，及时进行金属屋面及幕墙施工，在封顶封围后，为机电设备安装及精装修大面积开展施工创造条件。

2.3.2.2　资源组织

1. 项目构成

按照施工内容，施工队伍将由14支混凝土结构施工队、2支基坑施工队、2支预应力施工队、2支防水施工队、2支钢结构施工队、2支市政施工队、4支砌体结构施工队、2支装饰施工队、1支临时设施施工队、4支水电大施工队组成，每个大施工队又分为多个小施工队，分别负责部分区域的施工。专业分包单位按照招标要求确定施工单位，满足完成各项指标能力要求。由总承包单位管理招标人独立分包的专业单位。组织机构图见图2-19。

2. 劳动力准备

（1）管理团队和专业施工队的配置

本工程是国家重点工程。结合本工程的特点，选拔专业优秀、经验丰富的人员，组建了一支精干、高效的管理团队。

（2）人员劳动力的组织措施

1）根据工程项目的作业要求，由商务部门起草招标文件，组织招标和考察，综合评价投标劳务分包单位的团队组织、信誉、技术、质量、施工管理能力和投标报价，确定劳务分包单位后，与其正式签订合同，严禁未签订合同的劳务分包单位进场。

2）按月对劳务分包单位的作业签发《工程结算单》，对劳务分包单位以任务书的形式安排其他施工任务。

3）劳务施工人员在农忙季节和春节长假时会请假回家，对此情况要提前预测、预控。

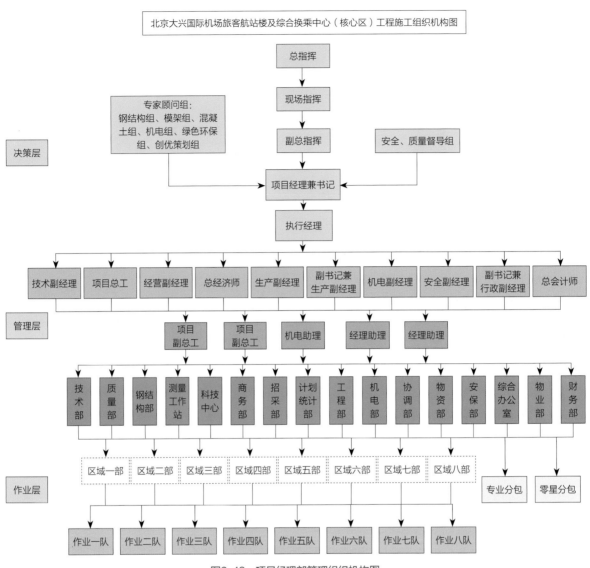

图2-19 项目经理部管理组织机构图

4）要组织劳务分包人员分批进场，并建立相应的组织管理体系、培训体系和管理制度。

5）在选择专业水平高、组织健全的劳务分包队伍的同时，特别注意优先选择曾参加过类似工程施工的优秀队伍，从中选择技术骨干人员和骨干班组。根据采用的施工组织方式，确定合理的劳动力组织，建立相应的专业和综合班组。对劳务分包人员进行技术等级复核，并在正式开工前进行技能抽验。

6）必须进行入场教育培训：包括规章制度、安全施工、操作技术规程、质量标准和文明施工的教育培训。必须进行施工前的安全和质量培训，并对劳务施工人员进行强制性规范的学习和考核。组织学习各种管理制度，提高施工人员的素质和管理水平，确保工程的进度和质量。

7）施工人员要具备相应的岗位素质，特殊工种应全部持有相应的技术等级证书及上岗操作证书。

8）在施工期间，按工程进度需要，采用两班施工方法缩短工期。

3. 机械保障

（1）机械设备准备计划

1）根据施工部署，编制机械设备进场计划。

2）组织施工机械设备进场，在机械设备进场后，按照平面布置图，将其在规定地点布置，并进行相应的保护和试运转。

3）设备使用原则

①施工现场所使用的机械、设备必须按照要求实行安全管理和安装。

②在安装前，对施工机械、机具和电器检测，检测合格后方可安装。

③施工机械在被使用前，应按规定对其验收，办好验收手续登记。验收完成后，方可使用。

④所有施工机械的操作人员都必须经过培训，合格后，持证上岗。对机械操作人员要进行登记，按期复检。

⑤机械设备在使用时，应当制定由专人负责的维修、保养计划，保证机械设备的完好率和使用率。

4）应对施工机械做好维护保养工作，定期对机械设备进行检查，发现问题立即维修，确保施工机械的正常运行。

（2）测量检测仪器准备计划

1）根据施工的部署，编制测量检测仪器准备计划，并确定仪器的鉴定日期。

2）测量设备与检测仪器十分重要，项目部成立测量中心，测量中心配备经验丰富的测量人员负责采购测量设备、检测仪器。

3）提前采购施工现场需要的仪器。

4）将所有进场的检测仪器与测量设备妥善保存，如有碰损或故障，使用人员不得擅自拆修，应及时反映，由专业人员维修。

5）各种检测仪器被使用前，使用者应先熟悉其结构原理、使用性能、操作方法以及保养须知。

6）按规定将各种检测仪器与测量设备送检，合格后粘贴合格证或准用标签。

7）要有固定位置存放各种仪器，封存长期不用的仪器。

4. 材料保障

（1）材料准备计划

1）按照进度计划编制材料计划，包括：材料招标计划、材料进场计划、材料检测检验计划。

2）物资部门人员会同建设单位、监理和技术质量部门人员对物资供应单位进行考察，确定供货单位和备选供货单位，签订物资供应合同。物资部门联系和落实材料的进场计划、合同的执行。

3）必须选定三家以上关键材料供应单位，同时在招标时确定备用材料供应单位。

4）材料计划必须经技术部、商务部、物资部、技术负责人和项目经理签字后方可实施。

5）在材料进场后，严格按照要求进行材料报验，除提供规定的资料外，要在监理见证下取样，进行复试试验，在试验和验收合格后，方可使用。

6）现场建立材料封样室。在考察和招标确认材料规格、参数后，由建设单位、监理单位设计单位共同进行样品确认，共同签字、盖章，样品被放置于封样室，供材料进场验收时对照检查。

7）选择施工方便、供货充足、质量优良的周转材料。

8）对于不同专业的施工，重要部位的施工，涉及对施工图纸深化设计的部位，应提前一个月对材料规格选型、采购方式及特殊要求等考虑。

（2）材料进场的管理措施

1）建立健全现场材料管理制度和责任制，现场料具要严格按平面图布置和码放。由专人分片包干负责。

2）加强现场平面布置的管理，根据不同施工阶段、材料及物资变化、设计变更等情况，及时调整堆料现场的位置，保持道路畅通，减少倒运次数。

3）随时掌握施工进度及用料信息，搞好平衡调剂，正确组织材料进场。

4）认真执行材料的验收、保管、发料、退料等制度，建立健全原始记录和各种台账，将来料原始凭证妥善保存，对来料按月盘点核算。

5）施工现场由专职材料员进行现场材料的管理工作，材料员的人员数量以能够使生产及管理工作正常运行为准。

6）对进场材料做好验收记录，送料凭证、合格证、材质证明等相关资料必须齐全。

7）施工过程的耗材管理

①按照施工预算和用料计划，认真控制材料使用，严把材料出库关。

②当工程施工完成80%时，严格控制进料；在工程完工后，要及时清退剩余材料，不准外销外移。

8）加强现场的材料管理

①各工序必须严格执行限额领料制度。

②分部分项工程完毕后，要做到余料退库，材料保管员及时将余料回收入库。

2.3.2.3 施工组织

1. 基础筏板施工

本工程基坑跨度大，核心区南北向土建结构长度约为437m，北侧东西向最大长度约为565m。基坑深度较深，平均深度为21m，最深处为29m，筏板厚度为2.5m，使用混凝土20多万m³，使用钢筋5万多t。将本工程分为8个土建结构施工分区并行施工，加快总体施工进度。

在混凝土结构施工期间布置了27台塔式起重机进行材料运输，每个施工分区最少有3台塔式起重机配合施工。由于本工程南北、东西跨度较大，几个浅区还未被开挖，故采取塔式起重机与临时马道相结合的方式运输材料。

修建临时南北马道，既可以解决基坑土的运输问题，又可以解决大量材料的内运问题。采用汽车式起重机及塔式起重机相结合的方式，可灵活、快捷地转运各种物资，加快了整体施工进度。

2. 地下室结构施工

本工程地下室为B1和B2层，B1层为设备层，层高为6m，B2层为轨道层，层高为12m，为了满足航站楼整体减隔震的要求，在B1层每根柱的柱头位置，设置了隔震装置。

（1）B1层施工

B1层竖向结构及顶板施工，最大困难还是材料垂直、水平的运输问题。由于本工程南北及东西跨度特别大，基坑中心区的几台塔式起重机不能直接吊运材料，需要周围的塔式起重机为其送料，这样就大大降低了材料的运输效率，故在前期规划时，确定建造横跨南北和东西向的两条栈桥运输材料。

经过与设计单位沟通，栈桥被布置在结构后浇带上，在筏板施工时预埋栈桥立柱埋件，完成筏板浇筑后，开始搭设栈桥。

（2）B2层施工

B2层12m高的结构柱有很大的施工难度，既要保证整体施工进度，又要保证每根结构柱外观光滑、颜色一致、无气泡。对此，项目部做了大量的试验，包括模板选型、隔离剂的选取、各个搅拌站同强度等级混凝土现场浇筑测试等，最后按照试验柱的外观，确定了结构柱的施工措施，使B2层所有结构柱均达到了预期效果。

（3）B2层顶板施工

由于本层为轨道层，高铁、地铁、城际铁路都要横穿航站楼，本层楼板配筋量多，楼板厚度较普通楼层厚了一倍，经过项目部的多方调研及论证，最终确定采用先进的盘扣式脚手架体系作为本层楼板的模板支撑体系。采用方钢管及钢包木分别作为主次龙骨，保证了模板体系的刚度；由于梁、板都存在一定的弧度，相应的模板应采用优质木模板，就可以完美地拼接出符合设计弧线的模板，可以浇筑出顺直、平滑、优美的清水弧形混凝土梁及混凝土楼板。

3. 地下室防渗漏控制

（1）基础筏板易渗漏部位的防水控制

基础筏板易渗漏部位基本位于后浇带处，由于两次施工时，防水搭接处受施工污染，它成为筏板防水最薄弱的部位，为了解决这个问题，制定了专门的控制措施。本工程底板防水采用了3+4SBS沥青防水卷材，筏板防水及保护层在后浇带位置不断开，为了保证每个浇筑分段防水接头的完好性及防水的整体性，施工时，从施工流水顺序入手，在每个分区用SBS卷材持续铺贴，不留施工搭接。在防水搭接范围内铺设厚塑料布，使之超出防水接头30cm，待施工到此部位时，工人清理塑料布，使卷材防水表面干净、整洁、搭接可靠。

（2）B2层筏板导墙与外墙接缝渗漏控制

B2层筏板导墙与外墙接缝处为外墙防水最脆弱部位，最容易出现渗漏现象。为了保证外墙防水与筏板防水的紧密结合，在筏板导墙防水甩头位置用厚塑料布包覆，用压顶砖压在防水导墙顶。在筏板导墙混凝土浇筑完成后，将防水材料粘贴到墙上，距导墙顶留出10cm距离，在防水甩头上粘贴海绵条。外墙模板施工时，将外露卷材全部覆盖，防水甩头上方的海绵条阻止了浇筑外墙时水泥浆污染防水卷材，保证了卷材的干净，保证了外墙防水的施工质量。在拆除外墙模板时，最下部的模板暂不拆除，待施工外墙防水时一并将其拆除。

（3）外墙施工缝渗漏控制

外墙施工缝由于放置时间较长，它的防水非常容易被破坏、被污染，为了保证其防水效果，在施工外墙时，对伸缩缝采用防水导墙方式施工。由于结构缝的特殊性，不能采用防水导墙施工，故在施工外墙防水时，对结构缝做好充分的保护措施。本工程在防水甩槎部位贴厚塑料布，再用防水穿墙螺杆固定模板防护防水甩头，回填后浇带时，不拆除此模板，此模板可被作为外模板使用，待浇筑完毕，做防水施工时将其一并拆除。

（4）地下室肥槽回填

由于本工程肥槽宽度过窄，最窄处仅有40cm，基坑深度又特别深，平均深度为21m，采用2：8灰土回填施工非常困难，不能保证回填质量。在灰土回填的过程中，又极易破坏卷材防水，经与建设单位及设计单位沟通，将2：8灰土改为再生混凝土，既可以保障回填质量，又可以保护防水卷材，加快了施工进度。

4. 地上结构施工

（1）地上结构施工主要工作

地上结构施工比地下结构施工要简单。主要工作为：配合钢结构屋面生根支撑筒，以保障钢结构屋面整体进度为目标。

（2）钢结构预埋施工

当本工程进入到全面攻坚阶段时，钢结构屋盖生根在混凝土支撑柱内的劲性结构柱巨大，要将劲性结构柱与混凝土支撑柱钢筋完美结合，采用BIM技术，从劲性结构柱的放置位置、方向，每根混凝土支撑柱内的主筋位置，每根箍筋安装的先后顺序，混凝土石子的粒径，混凝土坍落度等因素入手，最后确定了一整套的施工方法。

（3）保障了钢结构拼装施工

屋盖的钢结构拼装是本工程的重中之重。项目部领导班子经过近1个月的商讨，利用BIM建模模拟、工期推演，综合了各分区现场实际进度，最终模拟出地上结构施工时，每个施工区域的施工工期及施工顺序，为钢结构拼装创造了条件。

2.3.2.4　进度协调管理

1. 进度保证的组织措施

（1）建立完善的进度控制组织体系

本工程的项目部（在本书中，项目部和总承包单位意思相同）各部门负责人和各专业负责人，均为近年来相关专业出类拔萃的佼佼者。在成熟的项目管理程序和制度的协调下，项目部能做好施工过程的预控和实施，保证了施工进度的顺利实现。

（2）落实各层次进度控制人员的具体任务和工作职责

项目经理对工程总工期负全面责任，对工程总工期的执行情况及阶段目标负责。生产负责人对月计划、阶段计划的执行负直接责任。职能部门及各分包单位负责人对周计划、月计划的执行情况负责。技术负责人负责审核为保证进度计划实现的各种技术工作准备，对现场指导控制、测量检验、质量管理负责。

2. 进度保证的管理措施

（1）推行目标管理

根据建设单位和监理单位审核、批准的进度控制目标，总承包单位编制了总进度计划，将总计划目标分解为分阶段目标，并分层次、分项目编制年度、季度、月度计划。对责任目标编制实施计划，将其进一步分解到季、月、周、日。形成以日保周、周保月、月保季、季保年的计划目标管理体系，保证施工进度满足总进度要求。并由总进度计划派生出进场计划、技术保障计划、样品样板计划、商务保障计划、物资供应计划、设备招标供货计划、质量检验检测计划、安全环保计划及后勤保障计划，使进度计划管理形成层次分明、深入全面、贯彻始终的特色。

（2）建立和完善各项进度控制工作制度

对管理制度进行细化、量化，使整个施工过程在各项管理制度的控制之下。制度内容包括：进度计划执行情况的检查时间、检查方法，进度协调会议制度等。建立生产例会制度，在总进度计划控制下，安排周、日作业计划，在例会上对进度控制点进行检查。

（3）开展工期竞赛

拿出一定资金作为工期竞赛奖励基金，引入经济奖励机制。在施工期间，组织全方位的劳动竞赛，比工期、比质量、比安全、比文明施工，根据竞赛结果奖优罚劣。

（4）加强协调管理

强化总承包单位内部管理人员的效率与协调，加强对施工队的控制和与各专业分包单位的协作，并明确各方单位及个人的职责分工。将围绕本工程建设的各方单位人员充分调动起来，共同完成工期总目标。创造和保持施工现场各施工队之间的良好人际关系。加强建设单位、监理单位、设计单位的相互协调。

（5）强化总平面管理

加强总平面管理，实现施工现场的秩序化。现场平面布置图和物资采购、资源配备等辅助计划互相配合，对现场进行宏观调控，保持现场秩序，保证施工进度计划被有序实施。

3. 进度保证的技术措施

（1）新技术应用对工期的保证

先进的施工工艺、材料和技术是进度计划成功的保证。总承包单位将针对工程特点和难点，广泛采用新技术、新材料、新工艺、新机具，提高施工速度、缩短施工工期。

（2）提前完善各主要分部分项工程和重点、难点的施工方案

分析了多项本工程在施工中需被控制的重点和难点，在施工组织设计中对此进行了深入细致地探讨，编制了可行的方案。

（3）钢结构和混凝土结构施工新技术、新体系的使用

钢结构施工中使用累积提升技术，使用分区累积、外扩液压提升技术，缩短了施工工期。混凝土结构施工中使用盘扣式脚手架等新型模架体系，提高了施工效率，缩短了施工工期。

（4）采用BIM技术及项目信息管理系统

在《北京大兴国际机场工程项目管理信息系统》的基础上，结合自主知识产权的项目信息管理系统及BIM技术应用，对本项目的计划管理、深化设计、生产统计，对劳动力、安全、质量、技术资料及文档等进行管理。在施工过程监测方面，应用了信息化实时监测的技术手段。在进度控制方面，利用BIM与GIS结合的技术，以四维形式展示现场施工进度。通过监控摄像头和大屏幕显示器，实时监控现场施工情况。

4. 进度保证的资金措施

结合工程施工进度计划，在资金使用上实行专款专用的制度，将资金按照不同施工阶段和工期要求分配到位，防止在施工中因为资金问题而影响工程的进展，确保工程顺利竣工。

5. 进度保证的资源保障措施

主要包括：

（1）劳动力保障措施。

（2）机械设备保障措施。

（3）物资设备保证措施。

（4）昼夜不间断施工保证措施。

（5）外部环境的保证措施。

（6）工期管理的质量保证措施。

（7）重大活动、雾霾天气等特殊因素影响时期，应采取措施保证劳动力的稳定，比如安全培训，技能培训，组织观看电影、文艺演出等。

2.3.3 屋盖钢结构、屋面、幕墙施工

2.3.3.1 管理模式

1. 组织管理机构

鉴于本阶段施工的重要性及特殊性，在总承包管理组织机构中除常设的工程部、质量部、安保部等部门外，特别成立了钢结构部，负责统一协调、管理屋盖钢结构、屋面、幕墙施工，本阶段组织机构图如图2-20所示。

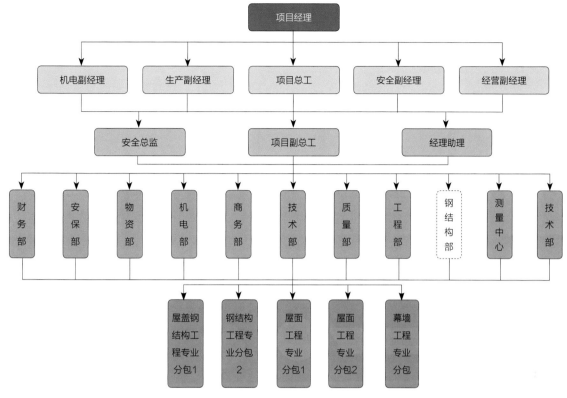

图2-20 屋盖钢结构、屋面、幕墙阶段组织管理机构图

2. 标段的划分

主航站楼屋盖根据结构形式被分为6片网架、5条天窗和中央天窗。根据施工的总体部署，主航站楼屋盖钢结构、屋面被划分为两个标段，幕墙为单独一个标段。

2.3.3.2 资源管理

1. 劳动力的投入及保障措施

（1）劳动力的投入

巨大的工作量，紧张的工期，要确保工程如期封顶封围，充足的劳动力是完成任务的重要前提，其中，由于屋盖钢结构、屋面、幕墙的专业特点，本阶段的施工需要大量的焊工，焊工是本阶段施工管理的重中之重。

在本工程施工期间，集结了国内从事多年专业施工的专业焊工，焊工总数最多为1500人。屋盖钢结构、屋面、幕墙施工阶段劳动力投入数量表和劳动力投入曲线分别见表2-8和图2-21。

屋盖钢结构、屋面、幕墙施工阶段劳动力投入数量表　　　　　表2-8

月份	屋盖钢结构（人）	屋面（人）	幕墙（人）	总数（人）
2017年2月	240	—	—	240
2017年3月	800	—	—	800
2017年4月	950	50	50	1050

月份	屋盖钢结构（人）	屋面（人）	幕墙（人）	总数（人）
2017年5月	1100	100	100	1300
2017年6月	1400	120	130	1650
2017年7月	1000	200	200	1400
2017年8月	700	200	400	1300
2017年9月	400	750	200	1350
2017年10月	200	800	200	1200
2017年11月	150	1200	400	1750
2017年12月	150	1300	400	1850
2018年1月	—	600	200	800
2018年2月	—	200	120	320

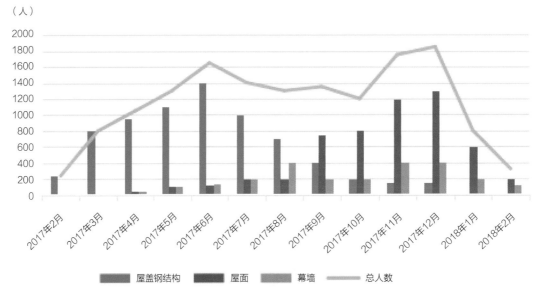

图2-21 屋盖钢结构、屋面、幕墙施工阶段劳动力投入曲线

（2）劳动力的保障措施

1）提前规划

充分分析、认识工程特点、难点，根据工期安排、工程量及工况工效，测算各月份劳动力的需求，提前规划、确定劳动力数量。

2）资金保障充足

多渠道保障施工人员的工资储备、供给，安定人心，使施工人员专心工作。制定合理可行的激励机制，充分调动施工人员的积极性、主动性。

3）统一调度，实现目标

在屋盖钢结构、屋面、幕墙焊工需求量最大的时期，总承包单位统一调度本工程其他作业区域的焊工，令他们投入到本工程封顶封围的建设中，确保了关键工序如期完成。

2. 机械投入

（1）机械投入

主要投入汽车式起重机、高空车和运输车，用于钢结构杆件、屋面檩条、幕墙玻璃的倒运、吊装及安装。屋盖钢结构、屋面、幕墙施工阶段主要机械数量表如表2-9所示，本阶段有大量的大型机械同时作业，屋盖钢结构、屋面、幕墙施工阶段现场机械施工图如图2-22所示。

屋盖钢结构、屋面、幕墙施工阶段主要机械数量表　　　　　　　表2-9

专业施工	机械名称	数量（台）
钢结构施工	汽车式起重机	50
	履带式起重机	6
	构件运输车	20
屋面施工	汽车式起重机	20
	履带式起重机	4
	高空车	20
	材料运输车	20
幕墙施工	汽车式起重机	10
	高空车	20
	材料运输车	10

图2-22　屋盖钢结构、屋面、幕墙施工阶段现场机械施工图

（2）机械保障措施

1）建立健全施工机械管理制度，配备专门的机械管理团队，对机械进场、使用进行专业管理。

2）保障施工道路通畅、完好，有专人管理施工道路，保证机械的通行效率。

3）确保机械的使用资金专款专用。

3. 材料投入

（1）材料用量

本阶段是材料使用最集中的阶段，各专业材料加工量巨大，材料供应既要保证加工质量，还要满足现场安装需求。屋盖钢结构、屋面、幕墙主要材料用量如表2-10所示。

屋盖钢结构、屋面、幕墙主要材料用量 　　　　　　表2-10

专业	材料名称	数量
屋盖钢结构	杆件	64500根
	球节点	12300个
	支撑结构支座及拉杆	800件
屋面	主檩条	20000根
	次檩条	37000根
	保温层—防水层—屋面板	165400m^2
幕墙	立面玻璃	4662块
	天窗玻璃	8217块

（2）保障措施

1）做好充分的施工准备工作，根据现场施工进度计划安排，为各种材料的备货留足时间，提前备货。

2）总承包单位设置材料管理团队，材料管理团队参与材料供应各环节的考察、把关。在材料供应阶段，派专人进驻各材料工厂驻厂监造。

3）在施工关键阶段，各专业分包单位要派主管人员驻现场，协调材料调配。

4）做好现场平面管理，给各专业分包单位留出充足的材料堆放场地和拼装场地，保证现场材料存储量，避免材料的二次倒运及停工待料现象的发生。

2.3.3.3　施工组织

1. 本阶段施工组织重点及难点

（1）屋盖平面超大，材料规格多，数量大

主航站楼屋盖投影面积达18万m^2，屋盖钢结构共有杆件64500根，有球节点12300个，屋面有20000根主檩条、37000根次檩条、18万m^{2}屋面构造层，还有将近13000块幕墙玻璃。

材料数量多、规格多，材料的深化、加工、运输、现场安装的施工组织和管理工作量大。

（2）本工程从屋盖结构到屋面檩条支撑体系，再到屋面材料和装饰板，甚至包括了大面积的天窗，组成了一个全新的体系。因此，从全新体系的施工图设计，到相应构件的加工制作、安装、检测验收，给施工方带来很大挑战。

（3）多工序交叉施工，现场协调管理难度大。为了加快网架工期，施工现场展开屋盖的多作业面、同时拼装。对屋面、幕墙随屋盖钢结构的施工进度，合理规划机械运行和材料运输路线，避免发生工序交叉干扰；协调各专业间的施工，提高施工效率。

（4）屋盖钢结构、屋面、幕墙均存在大量的高处作业，要进行高处作业的安全管理。

（5）屋面和幕墙有交叉施工，成品保护难度大。

针对以上重点及难点，在施工过程中，施工方采用了合理的施工方法、施工顺序，采用了相应的平面管理，采用了高标准的安全管理，采用了创新性的成品保护方法。

2. 屋盖钢结构、屋面、幕墙施工方法及施工顺序

（1）钢结构网架施工方法及施工顺序

本工程钢结构网架采用了"分区施工，分区卸载，总体合拢"的施工方案。在分区施工时，采用了"分块提升"和"原位拼装"相结合的施工方法，共进行了26次分块提升、13块原位拼装、31次小合拢、7次卸载、1次大合拢的施工方法。钢结构网架分块安装方案示意图如图2-23所示。

根据混凝土结构施工工作面的顺序，及时组织钢结构网架施工，钢结构网架整体施工顺序图如图2-24所示。

（2）屋面施工方法及施工顺序

包括了金属屋面系统、排水沟系统、檐口系统、气动排烟窗系统、虹吸雨水系统、融雪系统等。其中，金属屋面系统由支撑层、保温层、防水层等组成，金属屋面系统图如图2-25所示。

屋面的分区与钢结构网架的分区相同，根据屋面天沟划分屋面施工的流水段，屋面的分区及

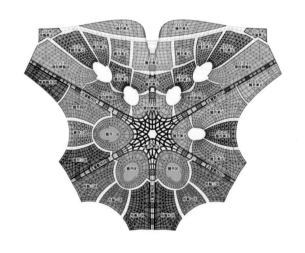

图2-23 钢结构网架分块安装方案示意图

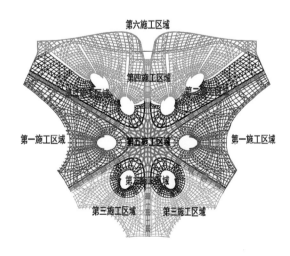

图2-24 钢结构网架整体施工顺序图

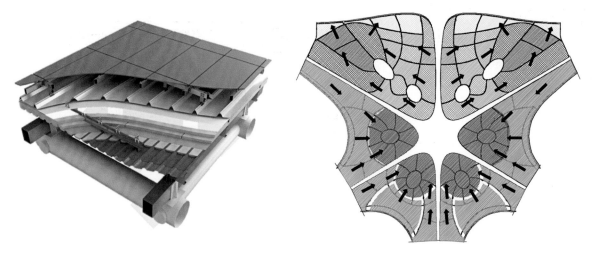

图2-25　金属屋面系统图　　　　　　　　　图2-26　屋面的分区及施工顺序图

施工顺序图如图2-26所示。

（3）幕墙施工方法及施工顺序

幕墙主要包括立面幕墙和天窗幕墙。

立面幕墙根据立面位置被划分为：东立面、西立面、西南立面、东南立面、北立面施工区，如图2-27所示。

立面幕墙施工使用室外吊篮配合捯链安装幕墙龙骨、玻璃、装饰扣条，借助曲臂车打胶缝，施工方法如图2-28所示。

天窗幕墙按照工作界面及幕墙系统类型被划分为：中心采光顶施工区、C形柱采光顶施工区、条形采光顶施工区，如图2-29所示。

立面幕墙与天窗幕墙的平行施工组成了幕墙的整体施工。幕墙施工分区图如图2-30所示。

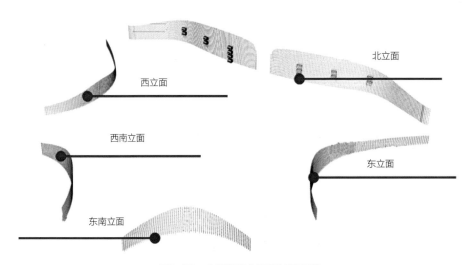

图2-27　立面幕墙施工区域划分图

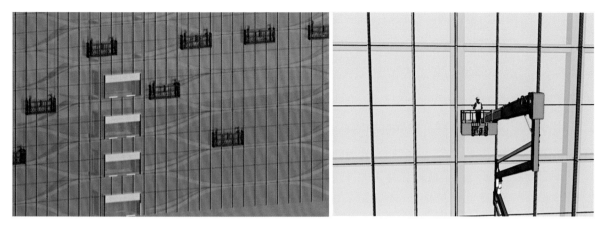

图2-28　立面幕墙施工方法

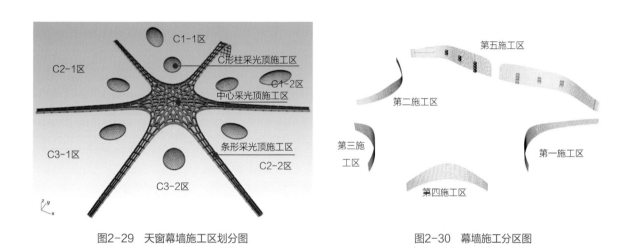

图2-29　天窗幕墙施工区划分图　　　　　　　　图2-30　幕墙施工分区图

3. 现场平面布置

（1）本阶段的整体平面布置

为使现场施工合理有序，减少各专业之间的交叉、干扰，对现场平面进行合理分配，规划钢结构场外拼装场地、场内组装场地，规划材料运输通道、构件堆放区，合理安排网架拼装、小合拢、总装等施工工序场地，确保了各工序之间不相互干扰，形成流水施工，使施工有条不紊，高效、安全地进行。

整体平面布置原则为：

1）各专业留出充足的材料、构件存放场地，保证现场材料的供应，避免因运输问题影响现场施工。

2）根据施工进展，将材料场地尽量布置在施工建筑项目附近。

3）将各类场地临近现场道路布置，有利于材料的运输。

（2）结构周边及楼内运输通道

本工程构件、材料运输上楼主要采取两种方式。

1）在结构周边搭设两座临时钢栈桥（图2-31），运输车由室外地坪将构件、材料直接运送至二层楼板，再将它们运送至各分区所在的位置，再在二层楼板上搭设一座可通往三层楼板的临时钢栈桥，符合结构承载力要求的起重机、运输车均可由此上楼，减少了起重机倒运材料的时间，提高了施工效率。

2）使用大型履带式起重机或汽车式起重机在已完成的房屋结构边，直接将构件吊至所需位置，如图2-32所示。

（3）屋面檩条、采光顶材料及人员上下屋面通道

1）将屋面檩条及采光顶材料用起重机吊运至屋面，放置在卸料平台，以便各施工区使用。

为了保证人员在屋面上行走的安全，在屋面未形成可靠通道前，搭设人员行走和材料运输的、有安全保护措施的临时通道，如图2-33所示。

2）为了保证施工人员上下屋面的安全，

图2-31 临时钢栈桥

图2-32 大型起重机吊运超重、超规格材料

在结构上搭设马道，派专人值守马道，上屋面的人要佩戴安全带，保证在屋盖施工时的安全，如图2-34所示。

（a）网架预留吊装位置及卸料平台

（b）屋面临时通道 　　　　　　　　　　　（c）网架下满挂安全网

图2-33　屋面上方运输通道及安全保护措施

（a）马道 　　　　　　　　　　　（b）马道出入口有专人值守

图2-34　马道实物照片

2.3.3.4 协调管理

协调管理机构、职责及管理制度

为了加强封顶封围阶段的各项工作的协调管理，总承包单位增设了钢结构部负责屋盖钢结构、屋面、幕墙专业工程的现场协调管理工作，包括：施工组织、计划管理、技术问题、材料物资、质量检查及报验等，以及与其他专业的界面管理。

为了做好各项的管理工作，总承包单位制定了以下针对性的管理制度：

（1）施工安全条件检查会签制度

由于屋盖钢结构、屋面、幕墙的施工存在大量的高处作业、焊接作业，危险性高，通过执行施工安全条件检查会签制度，禁止不具备安全条件的施工，让安全生产变成习惯，消除现场施工安全隐患。通过日常检查，确保封顶封围阶段施工的安全。

（2）专项生产例会制度

除了每周总承包单位召开的各专业生产例会外，钢结构部每隔一天组织专项生产例会，除管理人员以外，要各专业劳务队长、班组长共同参会，对照施工计划检查施工进度，协调解决影响施工的各项问题。将施工管理内容和总承包单位指令直接传达到各班组长，确保了施工进度可控。

（3）分区管理制度

封顶封围阶段延续结构施工期间的区域总承包管理制度，总承包单位详细划分了屋盖钢结构、屋面、幕墙施工单位的责任区域，上述施工单位负责本区域内与其他专业施工的协调配合，做到"提前规划、早做沟通、规定时间、相互配合、活完场清"的原则。专门编制了封顶封围阶段分区管理制度，下发给各专业施工单位，解决绝大多数的界面管理问题。

（4）样板先行制度

在屋盖钢结构、屋面、幕墙施工时，要严格执行样板先行制度，必须提前制作工艺样板，验证技术方案的可行性、节点设置的合理性、施工方法的可操作性，通过样板解决技术、质量问题，确定质量标准，消除质量隐患。

由于本阶段存在大量的焊接作业，焊接质量是施工质量控制的重点，为此，明确了焊接防风样板，确定了焊前预热、焊前打磨的样板。总承包单位组织所有焊工进行考试，确保焊工水平满足要求，见图2-35。

（5）奖励制度

为激励各专业分包单位施工热情，在本阶段组织劳动竞赛，对各专业标段进行综合评比，并进行优秀焊工、优秀班组的专项评选，奖励施工过程中表现优秀的班组和个人（图2-36）。

（6）工作面移交制度

要合理制定施工总体部署和工作面移交制度，优先完成有工作面交叉的工序，让各专业施工并行，不冲突，有序开展。

（7）突击队管理制度

为实现结构封顶封围，确保施工关键线路的如期完成，在封顶封围最后2个月的关键期，总

（a）焊接防风样板

（b）焊前预热样板

（c）焊前打磨样板

（d）焊工考试

图2-35　样板焊接及焊工考试

承包单位组织成立由主要领导为队长的多支突击队，每支突击队配备技术、质量、安全、材料等人员。对突击队加强专业分包管理力量，调集一切可用的力量和资源，在工作面上解决一切困难和问题，最终前2天完成封顶封围工作。

2.3.3.5　成品管理

本阶段成品保护的重点主要包括屋面施工对立面和采光顶幕墙玻璃的保护，屋面各后续工序对前道工序的保护（尤其是防水层）等方面，针对成品保护重点，精准策划，制定成品保护制度，加强保护措施。

图2-36　奖励优秀班组和个人

1. 成品保护责任的划分

成品保护责任的划分原则："谁施工谁负责，谁破坏谁负责。"

（1）屋面、幕墙专业分包单位承担成品保护责任（谁施工谁负责）

1）屋面、幕墙专业分包单位为屋面、幕墙成品保护的负责人，承担各自施工范围内的成品保护职责。

2）根据现场的实际情况编制成品保护方案，制定主动的成品保护措施。

3）有专人负责成品看护，禁止成品被破坏。

（2）其他相关施工单位承担破坏赔偿责任（谁破坏谁负责）

1）与屋面、幕墙相关或相邻的其他专业分包单位，在施工前和施工过程中，负责自己施工区及影响区的屋面、幕墙的成品保护。

2）在屋面、幕墙施工时，需服从屋面、幕墙专业分包单位成品保护负责人的管理。

3）施工时，如果对屋面、幕墙的成品造成了破坏，立即停止作业，并进行赔偿。

2. 成品保护实施措施

（1）主次檩条

确保檩条表面镀锌层或油漆层在施工过程中不被损坏，当檩条堆场附近或上方有电焊、切割、油漆等作业时，要将可能被污染到的檩条进行覆盖。檩条在吊运的过程中要系缆风绳，禁止随意在檩条上焊接临时设施。

（2）钢底板

钢底板在堆放时，要用木枋垫起，并用防水布覆盖。在吊装时使用布吊带，防止吊带将钢底板勒变形。安装钢底板后，在固定螺栓数未达到施工图要求时，禁止非施工人员在钢底板上行走；螺栓数达到施工图要求时，人员在钢底板上行走时，尽量踩在钢底板波谷檩条处，每平方面积的钢底板所承受人员不得超过两人；人员行走时尽量在天沟里行走。在人员经常行走的区域，在成品钢底板上再铺一块板作为施工行走通道；用吸尘器及时清理施工时留下的铁屑和其他垃圾。

（3）衬檩支托及衬檩

在切割衬檩时，要将衬檩端部切割整齐，不得强行安装衬檩。

（4）无纺布、隔汽膜

屋面施工人员穿软底鞋施工，施工之后的无纺布或隔汽膜接口，必须被衬檩或木跳板压好，防止被风吹起。尖锐物品掉落在屋面时，要及时清理。及时用吸尘器吸干净隔汽膜上的铁屑，禁止在无纺布及隔汽膜上方进行电焊等作业。

（5）玻璃棉及岩棉

对保温层及时做好苫盖和封闭，防止岩棉被弄湿。当玻璃丝棉及岩棉铺设后，及时铺设TPO防水层，以免岩棉及玻璃丝棉被雨淋湿。

（6）TPO防水层

防水层的保护是屋面成品保护的重点，必须做到万无一失，主要有以下几点措施：

1）施工人员要穿软底鞋施工。

2）每天施工完成的区域，要留出卷材接口。

3）不得在防水卷材上方或附近区域进行无防护措施的电焊作业，防止焊渣烧坏卷材。

4）在安装完成的防水卷材屋面上，不得直接堆放其他设备和物品，要用木板或其他材料隔离屋面，以免破坏卷材。

5）应禁止不必要的人员进入防水成品区域。

图2-37　现场倒运屋面板

（7）直立锁边屋面系统

屋面板也是屋面防水的构造层，防止直立锁边屋面板的变形和损坏，是确保屋面不漏水的第一道防线。

1）在吊装屋面板时，用柔性材料将屋面板与吊带隔离，防止吊带将屋面板勒坏。

2）工人在倒运屋面板时，人员间距不超过3m，由专人统一指挥，保持步调一致，防止折坏屋面板，现场倒运屋面板见图2-37。

3）不得在屋面板上方或附近区域进行无防护措施的动火或电焊，防止焊渣烧坏屋面板。

4）铺板完成后，未咬边锁定前，禁止无关人员在屋面板上行走，施工人员在屋面板上行走时尽量踩在板肋上。

（8）不锈钢天沟

1）不锈钢天沟常被用作行走通道，荷载不超过300kg/m。

2）在不锈钢天沟里的螺栓、塑料袋、铁屑等需被及时清理。

3）不锈钢天沟里不得被放置尖锐的物品。

4）不得将油漆倾倒在不锈钢天沟。

（9）采光顶玻璃

完成采光顶玻璃安装后，避免不了它被作为人员行走和材料运输的通道，但要做好成品保护，主要措施有：

1）规划固定人员行走和材料运输路线，不得踩踏其他区域，做好成品保护，如图2-38所示。

2）不得在采光顶玻璃上堆放施工材料。

3）焊接时，将采光顶玻璃做好遮挡，将玻璃上覆盖防火布，防止焊花飞溅烧伤玻璃表面（图2-39）。

（10）立面玻璃

施工时，防止立面玻璃被油漆污染。在焊接作业时，将立面玻璃上方用防火布遮挡，在焊点下部挂接火盆，兜防火布。立面玻璃保护措施如图2-40所示。

3. 成品保护管理措施

（1）在工程竣工验收前，由屋面、幕墙专业分包单位负责各自范围内全过程的成品保护。

（2）未按照方案采取有效成品保护措施的，严禁进行后续施工。

（3）成品被破坏，应及时返修、更换遭破坏的成品，不得拖延。

图2-38　采光顶玻璃的成品保护

图2-39　采光顶玻璃周边焊接施工保护措施

图2-40　立面玻璃保护措施

2.3.4 二次结构及非公共区装修施工

2.3.4.1 管理模式

二次结构及非公共区装修施工采用了总承包单位组织专业分包单位施工的模式进行管理。

分区组织

根据所在区域、工程量、专业协同、施工组织等因素将本工程分为四个施工区，与机电的施工分区基本对应，以利协调配合。每个施工区由一个专业分包单位负责，施工内容包括二次结构砌筑、轻质隔墙安装和非公共区的装修工程。二次结构及非公共区装修施工阶段分区划分表见表2-11及表2-12。各楼层区段平面图见图2-41。

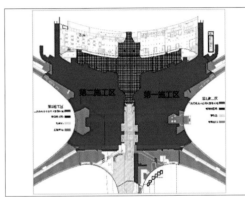

（a）B1层施工区域划分图

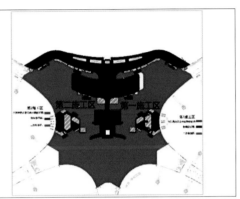

（b）F1层施工区域划分图

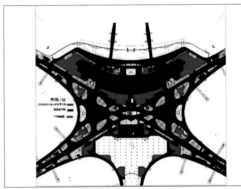

（c）F2层施工区域划分图

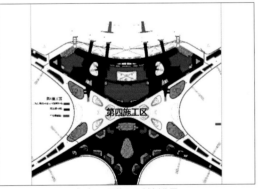

（d）F3层施工区域划分图

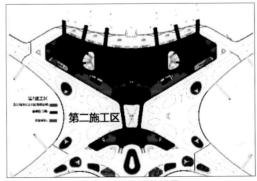

（e）F4层施工区域划分图

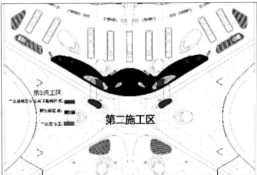

（f）F5层施工区域划分图

图2-41 二次结构及非公共区装修施工阶段各楼层区段平面图

二次结构施工阶段分区划分表

表2-11

序号	二次结构分区	施工范围	备注
1	第一施工区	B1、F1层东半部分二次结构	包含B2局部坡道
2	第二施工区	B1、F1层西半部分及F4、F5层二次结构	包含B2局部坡道
3	第三施工区	F2层二次结构	
4	第四施工区	F3层二次结构	

非公共区装修施工阶段分区划分表

表2-12

序号	非公共区装修分区	施工范围
1	第一施工区	B1、F1层x轴东侧的非公共区装修
2	第二施工区	B1、F1层x轴西侧、F4层、F5层的非公共区装修
3	第三施工区	F2层非公共区装修
4	第四施工区	F3层非公共区装修

2.3.4.2 资源管理

1. 二次结构及非公共区装修管理组织体系见图2-42。

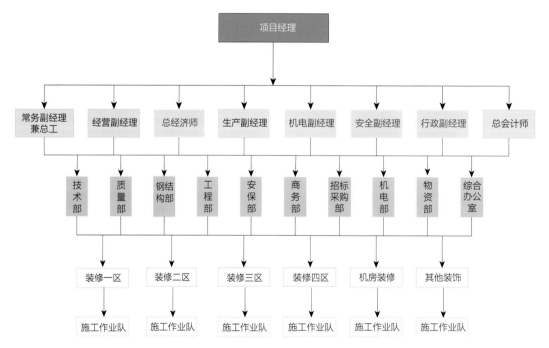

图2-42 二次结构及非公共区装修管理组织体系

2. 劳动力准备

（1）管理团队和专业施工队配置

同2.3.2.2内容中2.劳动力准备（1）的内容。

（2）人员劳动力的组织措施

同2.3.2.2内容中2.劳动力准备（2）的内容。

3. 机械保障

同2.3.2.2内容中3.机械保障的内容。

4. 材料保障

同2.3.2.2内容中4.材料保障的内容。

2.3.4.3 施工组织

1. 施工顺序的安排

二次结构及非公共区装修施工按照层、区分步实施。完成湿作业后，以样板间带动面层饰面的施工，按照先机电用房、后办公用房的顺序实施。每个房间内按照先墙面、再吊顶、最后施工地面的土建施工顺序，按照土建、机电、弱电的工序先后协调实施，保证了机电施工末端与土建施工对位准确，避免相互损坏成品。

2. 材料的水平、垂直运输

B1层材料的运输可通过西北、东北两处服务车道入口进入，F1层材料的运输可通过现有坡道将材料运输至楼层内。在二次结构施工前期，利用钢栈桥将二次结构材料运输至F2层、F3层；当钢栈桥被拆除后，将材料运输至F1层，然后利用结构电梯井道内布置的10台施工电梯运抵施工楼层。施工电梯的主要参数如表2-13所示。

施工电梯的主要参数 表2-13

施工电梯编号	井道净尺寸（mm）（开间×进深）	停靠楼层	运行高度（m）	顶层至井道顶板高度（m）	所在部位（核心筒编号）	载重量（t）
1	3300×3200	B1~F4	19	4.75	C-A-05	2.0
2	3300×3200	B1~F4	19	4.75	C-A-06	2.0
3	3300×3200	F1~F3	12.5	11.25	C-A-11	2.0
4	3300×3200	F1~F3	12.5	11.25	C-A-12	2.0
5	2500×2900	B1~F5	30.5	4.45	C-A-07	2.0
6	2500×2900	B1~F5	30.5	4.45	C-A-10	2.0
7	3000×2900	B1~F4	25.5	2.95	C-B-04	2.0
8	3000×2900	B1~F4	25.5	2.95	C-B-05	2.0
9	3000×2900	B1~F4	25.5	2.95	C-B-06	2.0
10	3000×2900	B1~F4	25.5	2.95	C-B-07	2.0

1~10号施工电梯布置图如图2-43所示。

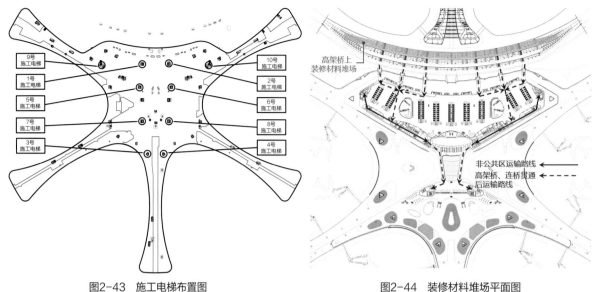

<table>
<tr><td>图2-43 施工电梯布置图</td><td>图2-44 装修材料堆场平面图</td></tr>
</table>

当楼前高架桥贯通后，为峡谷区北侧的非公共区装修材料提供了堆场、仓库，如图2-44所示。

3. 施工难点及解决办法

非公共区的装修面积约为23万m²，非公共区的施工范围为B1～F5层，施工面积大，作业范围广，施工协调、管理难度较大。非公共区装修施工期间，航站楼核心区东侧、东南、西南、西侧的场地将被陆续移交给飞行区，装修材料需要从北侧进楼，需要专门组织楼内的材料运输。非公共区分布在B1～F5层，核心区内各楼层均为非标准层，材料运输有困难。

（1）临时运输路线

利用现有场地内道路作为材料的临时运输道路，统一由总承包单位协调。

楼层内各施工区段的施工队伍，要根据机电专业施工时留置的通道，布置临时材料运输通道，布置临时材料运输通道时，要考虑货梯的位置。各楼层材料运输路线见图2-45。

（2）临时用水

在现场设置砂浆罐，不在楼层内拌制混凝土、砂浆。楼内临时用水同消防用水同步设置，并适当布置临时取水点作为混凝土、砂浆的养护用水取水点。

施工临时用水、消防用水根据统一规划，按照各楼层及砌筑位置设置取水点，在取水点设置接水容器，容器用玻璃钢拼装制成，可被再次利用。取水时，由总承包管理人员刷卡放水，既满足了施工用水、节水的要求，又满足了消防额外用水的要求。

（3）临时用电

1）临时用电的布置

施工现场实施三级配电，变压器及一、二级配电箱按照核心区临时用电施工方案的要求布置完成。

2）施工电气的管理

各种施工作业的电、气机具，需经过验收，合格后才能进场。指派专人使用施工作业电、气

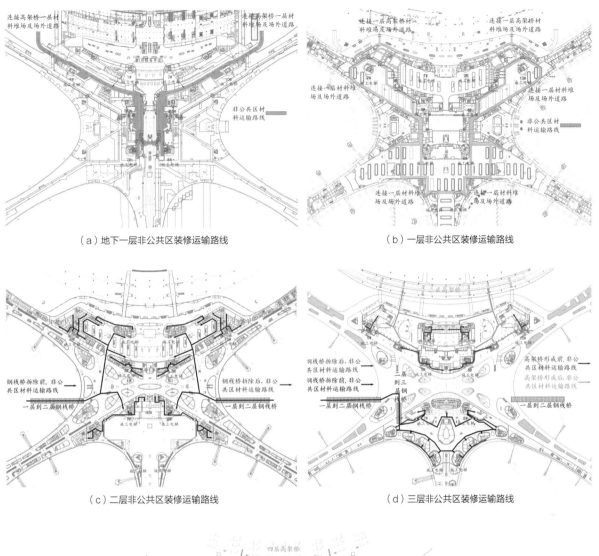

（a）地下一层非公共区装修运输路线　　　　　　　　（b）一层非公共区装修运输路线

（c）二层非公共区装修运输路线　　　　　　　　（d）三层非公共区装修运输路线

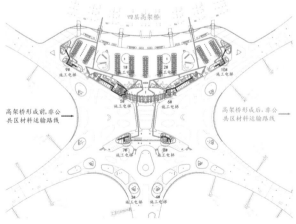

（e）四层、五层非公共区装修运输路线

图2-45　各楼层材料运输路线

机具，并对使用人进行专门的安全操作培训和考核，考核合格并取得上岗证后，方可上岗作业。

3）临时照明的管理

地下室、楼梯间、楼层通道等公共区域内设置了36V的低压LED施工照明灯具，房间内的施工区域根据作业情况设置临时照明灯，线路的敷设要符合安全用电的要求。

2.3.4.4 进度协调管理

1. 进度保证的组织措施

同2.3.2.4中1.进度保证的组织措施内容。

2. 进度保证的管理措施

同2.3.2.4中2.进度保证的管理措施中（4）的内容，同2.3.2.4中3.进度保证的技术措施中（1）、（2）、（4）的内容。

装修主要工序施工流程图见图2-46。

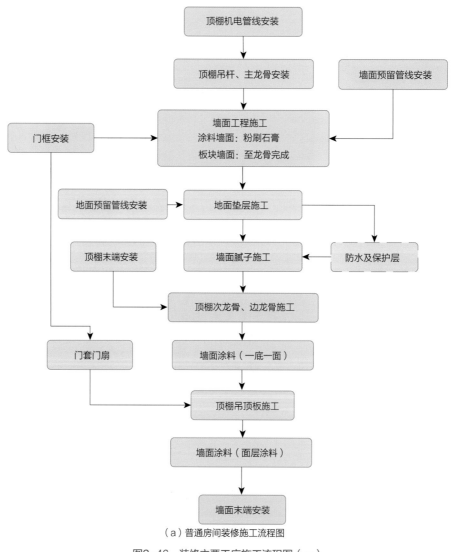

（a）普通房间装修施工流程图

图2-46 装修主要工序施工流程图（一）

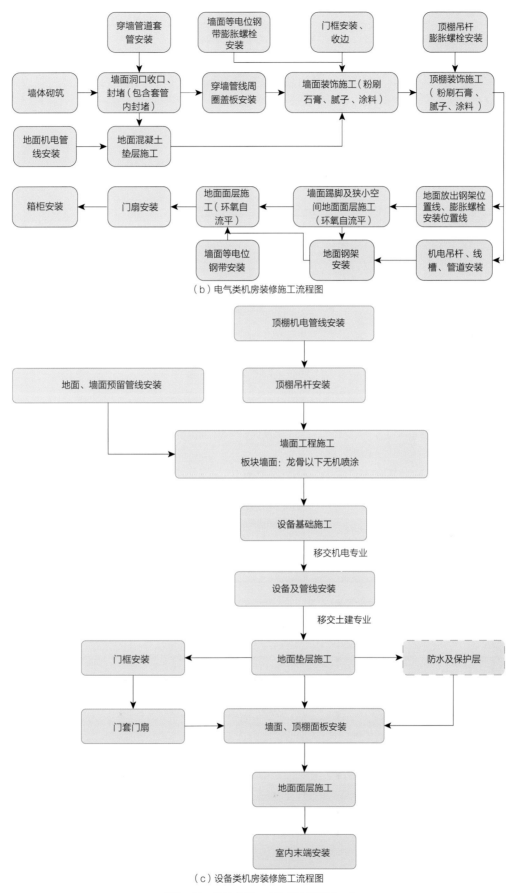

（b）电气类机房装修施工流程图

（c）设备类机房装修施工流程图

图2-46　装修主要工序施工流程图（二）

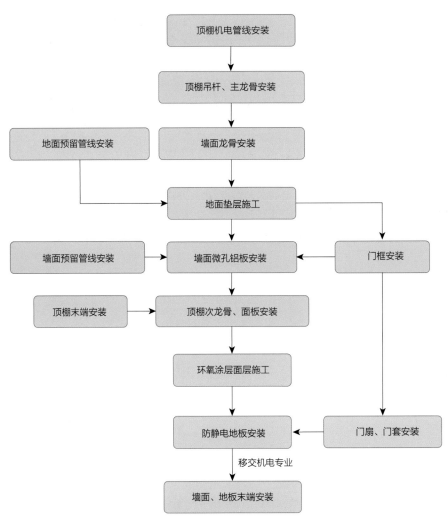

（d）抗静电地板房间装修施工流程图

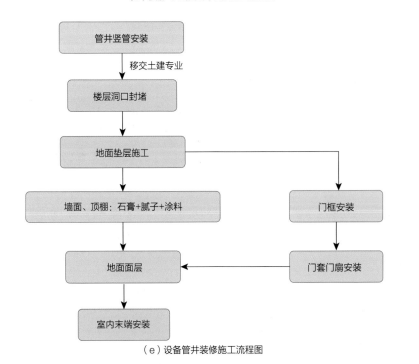

（e）设备管井装修施工流程图

图2-46　装修主要工序施工流程图（三）

2.3.5 机电施工

2.3.5.1 管理模式

（1）非公共区机电组织模式：配合装修施工，按照层、区分步实施，以样板引领机电、弱电和土建的工序先后协调实施，保证机电与土建施工有序。以控制计划为目标，以施工顺序为原则，以工序交接为依据，避免相互损坏成品。

（2）公共区机电组织模式：公共区装修与机电末端安装关系密切，作为施工协调的重点，合理安排深化设计图与机电图的衔接，以及墙、顶、地的交叉施工和末端设备的安装。机电分区各专业对应各区域精装修展开施工，以精装修定位及工序交接为依据，有序地推进计划，做好各自的成品保护工作。

2.3.5.2 资源管理

1. 专业队伍的选定与划分

本工程区域的专业施工队伍是从企业内部合格施工队名录中，以投标的形式选出。最终，经综合评定，择优选定了16支有类似工程经验的、高素质的施工队伍，选定了8支专业分包的施工队伍和2支独立分包的施工队伍。

区域管理：航站楼核心区以公共开闭站（KB1、KB2、KB3、KB4）供电为依据，被划分为四个施工区域（AL区、AR区、BL区、BR区），行李开闭站（KB5）也被划分为四个施工区域。四个施工区域内的机电系统相对独立，施工面积大致相同，相互影响少，满足分区平行施工、同步调试的要求。在四个施工区域内，安排了固定的专业施工队伍，有利于不同施工队伍间的配合，有利于施工机具调配。

专业分包有：电梯、扶梯、步道（含安装），楼宇自控系统（含照明监控、电力监控、电扶梯步道监控），消防监控系统（含气体灭火系统），辐射空调系统（绿色机场措施项目），设备管廊系统（含冷热水、消防、给水），室外排水系统（含雨水、污水）。

独立分包有：民航弱电信息系统（不含综合布线桥架、楼宇自控系统、消防监控系统），行李系统。

2. 劳动力配置及保障措施

（1）劳动力配置

由于配置了16支专业施工队伍、8支专业分包施工队伍和2支独立分包施工队伍；每支施工队伍含风、水、电专业，根据工程量、定额工日和不同阶段情况配置了不同人数的劳动力。

1）配合二次结构及机电主管线施工阶段，劳动力为700～900人。

2）设备、管线安装阶段，劳动力为1700～2100人。

3）系统完善、末端设备安装阶段，劳动力为1400～1700人。

4）收尾、调试阶段，劳动力为700～900人。

（2）保障措施

1）每季度做专业施工人员和施工队的紧急更换和调整预案。

2）通过各种方法保证在节假日、农忙收种时，施工人员不减少，满足施工的需要。

3. 机电施工阶段机械设备投入

见表2-14。

机电施工阶段机械设备投入表　　　　　　　　　　　　　表2-14

分区	配电箱（个）	电焊机（台）	切割机（台）	台钻（台）	套丝机（台）	风管加工流水线（条）	升降平台（台）	其他（个）
AL区	191	24	10	10	7	2	66	20
AR区	158	16	8	8	7	2	54	35
BL区	80	5	5	5	5	1	28	5
BR区	58	13	4	4	8	1	21	5
专业分包	320	85	36	28	15	0	285	50
合计	807	143	63	55	42	6	454	115

4. 主要材料设备保障

（1）实现"零仓储"。要严控各类机房、施工工作面的交接安装，保障设备材料能够及时被安装，降低仓储费用和不必要的二次搬运。将所有设备、材料就近放置在安装场地，按规定进行堆放，并做好防护措施。

（2）实现施工计划的连续性。要分期分批组织各阶段所需的材料设备进场，仔细核查各类设备材料供应周期，对设备材料进场时间、运输工具、运输路线及吊装方案进行审批，务必保证及时将设备运到现场的指定位置。

（3）保障设备材料性能完好。设备进场后，应按规定进行验收和见证取样、试验等，合格后方可被用于工程中。大型设备必须在工厂验收和监造；对电机或国外产品验收时，要有报关手续和质量合格证明文件。

（4）实现一次调试到位。要严格按照厂家提供的操作规程进行进场设备单机试车，首次试车必须由厂家派人操作和指导。调试人员在经过厂家培训合格后，拿到培训合格文件，方可独立操作。厂家要出具所有设备的操作培训文件，文件中要详尽描述设备的操作、保养、故障维修方法。

（5）主要设备进场计划

主要设备进场计划包括：

1）编制说明。含设备安装计划与机电里程碑节点、阶段施工安排的关系。

2）机房（设备用房）施工计划。包括分层分系统机房分布图和统计表、机房施工计划，分布图标注机房编号。

3）设备进场计划。分系统、分机房制订设备进场计划。对每个机房逐项统计，将机房编号和设备编号对应，将设备进场前的图纸设计准备、技术参数审批、生产备料时间、施工条件准备之间的逻辑关系梳理清楚，落实零仓储理念。

在施工过程中，逐月更新、调整机电设备机房安装计划，控制资源投入。结合劳动力、施工条件、生产状况，与厂家共同调整设备进场计划，满足施工管理要求。2018年3月1日至2018年8月30日安装基本完成。机电施工主要设备进场计划表见表2-15。

机电施工主要设备进场计划表　　　　　　　　　　　　　　表2-15

序号	主要机房	主要设备	进场控制
1	空调机房（42间）	空调机组（385台）	分四批进场
2	通风机房（59间）	风机（706台）	分五批进场
3	水机房（23间）、雨（污）水泵坑123处	循环泵（113台）、潜水泵（204台）、消防泵（12台）、热水循环泵（24台）、报警阀（163套）、水炮（162套）、卫生洁具（2638套）	分五批进场
4	电气机房（210间）	含开闭站（1间）、变配电室（16间）、强电小间及MCC（177间）。高低压柜、变压器、配电箱柜等有7374台（套）	分六批进场
5	弱电机房（182间）	弱电小间（97间）、信息弱电机房（85间）	机房机柜等，分六批进场

2.3.5.3 施工组织

1. 部署原则

（1）有利于形成机电、信息、弱电各系统"同步施工、同步调试、同步验收"施工的原则。

（2）有利于机电施工的"分区、分层、分专业"交叉施工的原则。

（3）有利于尽早实现"供电、供水、供冷、供热"，提供行李、民航信息、弱电、精装修等专业施工条件。

（4）有利于核心区标段内外机电系统的协调与统一。

2. 流水划分

（1）针对工程体量大的特点，合理划分流水段。将工程分为AL区、AR区、BL区、BR区四大流水段平行组织施工，各流水段内有分层、分区、分系统的小流水施工，形成各专业、各工序有序施工。

（2）充分发挥总承包单位管理的核心作用，设置强有力的管理组织机构，制定各项管理内容的目标、制度和流程。编制统一的技术实施方案，合理组织和分配资源，协调各专业进场时间。精心采用各种先进的管理手段对工序等进行组织，实现工程总体目标。

（3）核心区首层单层面积约为16万m²，地下有2层，地上有5层，每层面积递减。按照建筑功能和机电功能被划分为四个施工分区，每个分区内的机电同步施工，形成风、水、电各专业流水作业，形成独立机电功能。优先开展机房外机电的干线安装，其次开展主要机房设备的安装，最后配合精装修进行末端安装和单机调试。

以AL区为例说明机电配电层次关系，对应的组织流程，见图2-47。

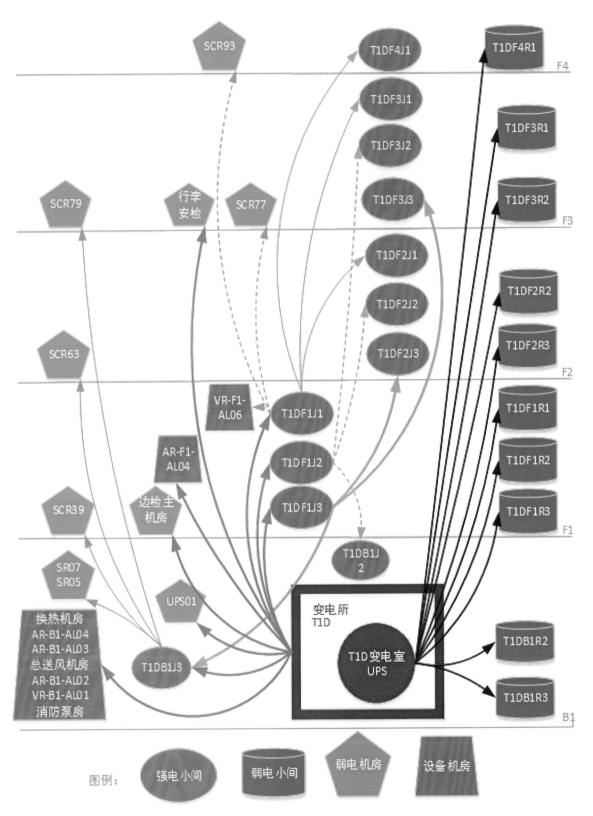

图2-47 机电电气组织流程

3. 施工顺序

（1）施工原则：按楼层的先地下后地上，按单层的先顶部后下部，按设备、管径的先大后小。按管道的有压让无压，先主干管线、其次机房设备、最后支线及末端的施工原则。

（2）施工顺序：结合机场所特有的机电系统，确定以消防类设备、管线为关键线路，以供电为重要里程碑节点展开安装施工。以开闭站所辖区域为施工分区、变配电站所辖区域为大流水、配电小间所辖区域为小流水的分区、分层的施工组织。优先提供了行李、民航信息、弱电系统的供电和供冷，保障雨期排水的总体部署思路。按照总体部署思想，给（排）水、暖通、装修等专业围绕供电干线及所辖区域有序组织、穿插施工，在具备供电条件时，所辖区域给（排）水、暖通等系统可被调试和联动。

4. 平面布置

材料场及加工区布置

1）机械加工区：机具下方垫方形（或长方形）绝缘橡胶垫，非操作人员勿入。机具漏油部位放置接油桶（或槽），避免污染地面。机械加工区布置图见图2-48。

2）废料收集区：加工合适尺寸的方形箱体，将废料统一放置在箱体中待回收，在回收前分拣废料，可重复利用的废料被单独码放，不得乱丢废料。废料收集区布置示意图见图2-49。

3）供电区：做好各配电箱的接地，在配电箱表面贴好标识，整齐摆放配电箱，非用电人员不得进入供电区域。配电箱布置示意图见图2-50。

4）材料堆放区：材料严禁被直接放在地面上，要按规格大小和种类分类码放材料，做好材料标识及材料的成品保护。材料堆放区布置示意图见图2-51。

5）成品材料堆放区：加工好的成品材料需按

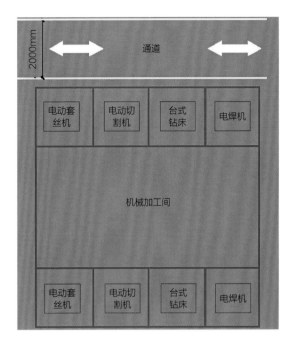

图2-48 机械加工区布置图

图2-49 废料收集区布置示意图

图2-50 配电箱布置区示意图

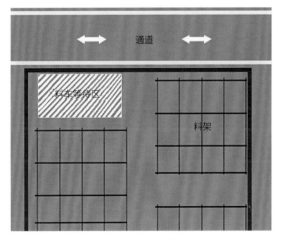

图2-51 材料堆放区布置示意图

类型码放整齐，标识齐全。成品材料堆放区布置示意图见图2-52。

6）危险品存放区：气瓶仓库内不得有地沟、暗道，严禁有明火和其他热源。仓库内应通风、干燥，避免阳光直射。空瓶与实瓶应分开放置。毒性气体气瓶或瓶内气体相互接触能引起燃烧、爆炸、产生毒物的气瓶，应被分室存放。气瓶应有"仓库重地，禁止烟火""禁止吸烟"等明显警示标识。空瓶与满瓶应有明显标识。危险化学品应当被储存在专用仓库，仓库应有明显的标识，危险化学品由专人负责管理，并根据危险品性能分区、分类、分库贮存。各类危险品不得与禁忌物料混合贮存。贮存易燃、易爆危险化学品的建筑，必须安装避雷设备，必须安装通风设备。危险化学品存储容器上应张贴中文标识。剧毒化学品应被专库贮存，库房耐火等级不能低于二级，并实行双人双锁、双人收发、双人保管、专人管理的制度。库房门应安装防盗安全门，窗应安装防护栏，库房配备温湿度计。剧毒化学品容器上应有中文安全标识，剧毒化学品仓库门口应设置警示标识，仓库内必须设置安全周知卡。剧毒化学品入库后不得就地堆码，货垛下应有隔潮设施，垫板不低于15cm。剧毒化学品收发时，应认真验收、填写专用账目和出入库流向记录，由经手保管员和使用人共同在流向记录上签字，记录应至少保存一年。仓库必须安装通风设备，配置足够的灭火器材及沙箱。危险品存放区布置示意图见图2-53。

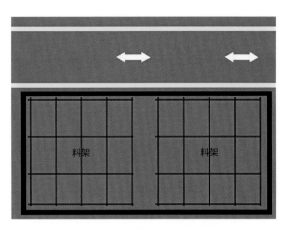

图2-52　成品材料堆放区布置示意图

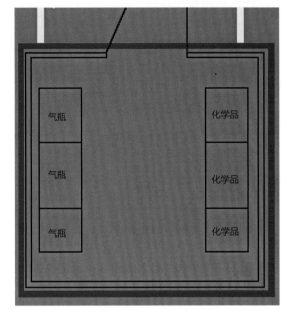

图2-53　危险品存放区布置示意图

7）所有区域需挂牌标明区域功能。

8）每天安排一人打扫卫生。

9）同等宽度区域边框需在一条直线上。

10）地板胶带颜色以地板划分颜色要求为准。

11）按劳务队数量及专业，分开布置材料区。

12）劳务人员按要求佩戴安全帽、穿工作服，工作服要有标签。

5. 物料运输

（1）结合管道施工顺序和支架安装情况进行管道运输。

（2）在首层地面选择就近的吊装口预留4个预留洞口（3m×5m），作为向地下一层运送管道的进口。在二层顶部搭设横梁，采用2根16号槽钢制作横梁，横梁上系挂滑轮和钢索。在首层地面设置1台卷扬机，以结构柱做锚点加以固定。另在地面设导向滑轮，并通过绳索与上部起重滑轮构成滑轮系统，以卷扬机做牵引，将管道提升后从洞口送入至地下一层。

（3）将吊入管廊的管道通过自制小车运输至安装位置。

（4）道路规划：运输道路的选择，主要考虑地下一层和首层的大型设备运输。

在地下一层的设备，要考虑从核心区北侧、东西两侧的地下一层服务车道入口进入，通过服务车道运输至设备机房。

首层的设备，要考虑从东西侧行李通道进入，沿行李通道运输至设备机房。

1）运输设备之前，仔细踏勘现场运输路线，对运输路线上的障碍物进行清理，对不能满足运输条件的道路进行修复。

2）按设备安装时间及安装顺序。设备进场时尽量做到随进场随安装，避免设备在室外临时堆放。如设备在室外临时堆放，要对设备进行临时维护，堆放的设备上空应无人施工，如必须施工时，需采取防高处坠落的措施。

3）严格执行准运证制度，按规定为运输车辆办理相关证件，运输车辆应按规定路线运行。

4）被吊装的机具必须是完好无损的，材料必须符合国家标准的要求，必须有出厂合格证。

5）一切吊装设备必须在有资格证的起重工的指挥下工作，在吊装过程中，现场必须由有持证的起重工统一指挥。吊装前，必须向参加人员明确旗语、手势、哨声等。

6）在吊装作业范围内设置安全警示牌，并设专人对其监管。

7）严格按吊装程序吊装。在吊装前必须验明设备的外形尺寸，明确被吊装物的重量，不能超载起吊，确认无误后方可进行吊装。起重作业时坚持做到"五不吊"。

8）卷扬机要被固定，其所带电气设备必须接地、接零。操作人员要熟悉卷扬机机械性能，严禁无证人员操作卷扬机，下班后必须关电源。在作业时，钢丝绳卷筒不得有扭转、压绳等现象，绳与绳之间排列应紧密，否则不准起吊。定期对卷扬机进行维护保养，定期检查卷扬机钢丝绳的磨损情况，及时消除安全隐患。

9）在起吊过程中，各岗位人员应精力集中，随时以听、闻、摸、看的方法监督机械工作情况，确保起吊工作的顺利进行。在起吊过程中，发现异常，要及时通知指挥人员。

10）在吊装平台四周搭设安全栏杆，将吊装平台搭设完成后，应组织人员对其进行安全性能检测，检测合格后才能进行吊装作业。

11）在设备的运输过程中，应采取防止设备碰撞、倾斜的措施。

6. 重点及难点措施

（1）工期紧，各项分部工程前后衔接是组织管理的重点。本工程机房主要集中在地下一层、首层，优先保证设备机房区域的二次砌筑、基础施工及临时封闭、现场交通组织等工作。及时完成设备选型订货，提供设备基础、机房洞口等深化设计图纸。

（2）保障工期安排科学性。工程施工历经3个春节、3个冬季、3个雨期。根据季节和气候条件，做好季节性施工方案；做好春节农民工返乡的部署，合理配置劳动力。永临结合，设置临时用水、消防、供电、通风、照明等设备，对场区内的防洪、排水做到有序规划。

（3）做好对专业分包单位的招标，以及重点材料、设备的提前订货、加工、进场。

1）提前做好招标采购计划和材料进场计划，按照计划定标、考察、定设备材料，指派专人监督生产。

2）及时与建设单位、设计单位、监理单位沟通，明确设备材料的详细要求，组织厂家提供完善的深化图纸及技术参数，提前完成设备的选型、参数确认等工作。

3）提前部署样板施工，做好样板的审定工作。

4）做好材料预付款项支付工作。

5）机电材料设备需求量大，遍布整个航站楼，现场的运输条件差，要做好运输路线的策划，进场和存放的策划。

（4）劳动力需求量大，工种配套要合理。

1）选择优秀的劳务公司和优秀的劳务队伍，确保电气焊工、水暖工、通风钳工、高低压电工、保温工有足够的人数。

2）合理划分施工段，在一定范围内确保流水施工。

3）尽量用先进的机械设备代替人工作业。

4）减少二次进场。

2.3.5.4 协调管理

在机电施工中，由于结构、屋面、幕墙、装修、机电等专业交叉进行，合理安排专业施工程序，解决各专业和专业工种在时间上的搭接施工，是非常重要的。

施工现场的协调管理

本工程设计独特、新颖，涉及专业广泛，汇集了多项新技术和智能化设施，由于工期紧，在施工中存在大量穿插作业的现象。

（1）施工现场协调配合

1）确定各专业施工界面的划分，由建设单位、监理单位共同做好会签、盖章确认的工作。

2）做好综合管网图纸的深化，利用BIM技术把设计、加工制造、运输吊装和施工拼装的各类问题呈现，提高深化设计质量及效率。确定各预留孔洞的尺寸、位置，确定各专业的施工顺序及支吊架形式。

3）各设备机房要核对设备基础尺寸，确定设备吊装运输方案，确定装修机房的交接时间，确定机房内的接驳点，配电位置，电气控制方式，机组接线形式，排水点、给水点，接地位置及时间，做好相应的接驳及工序交接。

4）对消防监控系统、楼宇自控系统、行李值机系统、安防门禁等要明确其进场时间和进场人数，协商交叉部分的施工顺序、施工界面，由监理单位做好见证，做好相应的交接工作。

（2）施工现场的协调措施

1）设置协调部对专业分包单位之间的交叉施工作业进行管理，在交叉施工作业时，实行施工许可证制度。各专业分包单位在进行施工时，必须向总承包单位专业工程师申请施工许可证，施工许可证被批复后报请协调部审批，方可施工。

2）充分考虑影响工期的各种因素，编制详细、组织合理的施工进度计划，明确各分包单位的插入施工时间，明确关键施工线路上的施工项目，以次要施工项目服从关键施工项目的原则进行组织和协调。

3）加强对各类专业分包单位的施工现场、施工技术、质量、进度、安全的管理，定期召开各分包单位的工程协调会，通过发现问题、解决问题，推动工程的进展。

4）做好总控测量放线、交线工作，控制好质量。及早确定各系统测量放线需求并签认。在装修完成面上的盒口、检修口、末端设备点，尤其是公共区墙顶、地面，做好末端定位图。明确装修放线定位、机电等复核校验。杜绝二次墙体预留洞口、装饰面完成线、各类钢骨架、设备钢基础与设备连接时的多类型碰撞。

5）机电与装修的协调。原则上管线路由机电专业确定，末端设备点位由装修单位根据设计效果和规范间距要求确定。特别需要注意的是管线在墙内的暗敷、装饰墙面与二次墙体之间的暗装、墙面末端设备定位的协调工作。

2.3.5.5 成品管理

本工程机电施工专业、交叉作业多，做好机电末端和装饰的成品保护工作是成品保护工作的重点。

1. 成品保护管理机构及职责

（1）管理机构

根据本工程的特点和成品保护的重点，建立以项目经理为组长，项目部全员参与的成品保护机构，并设立成品保护专职巡查队负责施工现场各施工部位、分项工程的成品保护。

（2）成品保护分工及职责

1）成品保护职责：总承包单位负责整个工程的成品保护管理，专业分包单位和独立承包单位负责各施工区域的成品保护；专业分包单位和独立承包单位的未完工程，由其自行负责成品保护。

2）成品保护管理分工

为了做好成品保护的工作，总承部单位成立了成品保护小组，做到了保护内容及分工明确、责任落实到人。成品保护小组各成员职责见表2-16。

成品保护小组各成员职责

表2-16

序号	部门	职责内容
1	项目经理	全面负责施工范围内的成品保护工作，并负责与建设单位沟通，协商本单位与其他单位之间的成品保护配合工作
2	项目总工	负责审批本工程成品保护的施工方案，并组织方案交底会，向总承包单位的成品保护小组内所有成员进行施工方案交底

序号	部门	职责内容
3	生产副经理	负责成品保护各项措施在本工程的落实
4	商务副经理	负责成品保护各项措施实施过程中发生费用的保障工作
5	专职巡查员	负责根据成品保护施工方案中各分项工程成品保护措施的要求,对施工现场各分项工程进行巡视、检查,并形成记录
6	施工班组	负责严格按照施工方案中成品保护措施进行施工

2. 成品保护管理制度

（1）成品保护管理制度

为了保证成品保护各项措施能够被顺利地实施,达到成品保护的预期效果,特制定了成品保护管理制度,并在施工过程中严格按照本制度执行。

1）现场物资管理制度

①对堆放的各类物资要明确标识,并标明其检验和试验状态。

②必须严格按现场平面布置图规划现场材料的码放,分规格、品种将现场材料码放整齐,使之符合文明施工的管理要求。

③物资堆放场地要平整、无积水,有上盖下垫措施。物资的使用由上至下、清底使用,严禁抛撒、浪费。

④在现场堆放物资时,要符合防火、防雨、防潮、防冻等保管要求,对易损、易爆、易燃、易锈蚀的物资或危险品应单独设库保管。

⑤对施工垃圾要及时筛选、分拣,清出现场。

2）工序交叉协调制度

各工序在施工过程中,不可避免地有交叉作业的情况发生,由总承包单位根据工序实际情况进行协调解决,使交叉作业的各工序能够顺利进行。各施工班组必须遵循成品保护的原则,对上道工序已完工作进行成品保护。

3）工序交接制度:各工序完成后必须进行书面工序交接,交接时必须明确成品保护的要求,确保成品保护各工序到位,由成品保护负责人履行签字手续。

4）作业审批制度:在各工序施工完成后,在进行下道工序之前必须进行报批,有关人员在审批时,必须对被报批部位进行检查,做到审批资料真实有效。

5）专人负责制度:各项工序施工完毕并经监理单位验收合格后,必须设专人看守,避免破坏成品。必须有正式文件并有相关人员签字,方可对已做好的成品进行改动。

（2）成品保护奖罚制度

1）对破坏成品的人员要记录在册,注明破坏事件发生日期、破损部位、造成的损失,并对人员进行教育。初次破坏成品者要照价赔偿成品,二次破坏成品者被双倍罚款,第三次破坏成品者被开除。

2）定期召开成品保护分析会，表扬好的班组或个人，并给予个人50～200元的现金奖励，对成品保护表现差的班组或个人要公开批评，并对个人处以50～200元罚款。造成较大损失的人员，还要对其所属施工队进行罚款。

3）成品保护不仅是省工省料的问题，也体现了文明施工，是确保工程质量、工程进度的重要方面，要被高度重视。除了以上制度、措施外，还应科学合理地安排工序交接。成品保护小组及专职保护成品巡视员要加强监督成品保护措施的落实，对违反保护措施、故意破坏的人或行为要及时纠正和严肃处理。

3. 主要工序的成品保护措施

（1）防水工程成品保护措施

1）施工防水层时，施工人员要穿平底鞋作业，穿过地面及墙面等处的管件和套管、地漏、固定卡子等，不得被碰损。涂防水涂膜时，不得污染其他部位的墙地面、门窗、电气线盒、管道、卫生洁具等。

2）穿过地面、墙面等处的管根、地漏不得有碰损、变位。穿过屋面的管道不得被碰撞、损坏。

3）在施工中采取措施保证地漏、排水口通畅。排水沟、变形缝等处因施工需要而临时堵塞的纸袋、麻绳、塑料布等，最后要被彻底清除干净。

（2）电气系统成品保护措施

1）室内桥架或托盘的电缆敷设，宜在管道及空调工程基本施工完毕后进行，防止其他专业施工时损伤电缆。

2）灯具进入现场后应被码放整齐、稳固，注意防潮。搬运灯具时应轻放轻拿，以免损坏表面油漆及玻璃罩。安装灯具时不得破坏建筑物的门窗及墙面，安装完毕后不得再次喷浆，防止灯具被污染。

3）安装开关、插座及配电箱时不得损坏墙面，要保持墙面的清洁。

4）安装配电箱面板后，用尼龙纸贴面保护配电箱面板。

5）桥架进场后必须被单独堆放，并禁止各类酸碱水浸入，防止破坏桥架。桥架在安装完后用尼龙纸包盖。

6）现场各类焊接不得采用桥架做接地线，防止破坏镀锌层而损坏桥架内线缆。

7）安装封闭式母线后，立即用尼龙纸将其包扎好，并挂好明显的标志牌，以防灰尘进入和被人为损坏。

8）母线安装场所应保持封闭。

（3）给（排）水系统成品保护措施

1）预制加工好的干、立、支管管段，应加临时管箍或用水泥袋（纸）将管口包好，以防丝头生锈，并分类按编号将其排放整齐，不允许大管压小管的码放，禁止脚踏。

2）经除锈、刷油防腐处理后的管材、管件、型钢、托吊、卡架等金属制品宜被放在运输畅通的专用场地，其周围不应堆放杂物。

3）不得将安装好的管道用作支撑或在其上放脚手板，不得踏压管道，其支托、卡架不得被作为其他用途的受力点。

4）水表、压力表、温度计等易碎件应作好保护措施，为防止损坏，统一在交工前安装。

5）搬运材料、机具及施焊时，采取具体防护措施，不得将已做好的墙面或地面脏污、砸坏。

6）管道被安装好后，应将阀门的手轮卸下，保管好手轮，竣工时再装好手轮。

7）不得随意打开预留管口的临时丝堵，以防掉进杂物造成管道堵塞。

8）墙面油漆粉刷前应将管道用纸包裹，以免污染管道。

（4）消防系统成品保护措施

1）当消防系统施工完毕后，对消防系统的设备组件要有保护，防止被碰坏造成跑水，损坏成品。

2）报警阀配件、消火栓箱内附件、各部位的仪表等均应在竣工前被统一配置。

3）消防管道与土建工程及其他管道发生冲突时，不得私自拆改消防管道，要经过设计方同意，办理变更洽商后才可拆改消防管道。

4）喷头安装时不得污染和损坏吊顶装饰面。

（5）送排风与防排烟系统成品保护措施

1）要保持镀锌钢板表面光滑洁净，将镀锌钢板放在干燥的木头垫架上，叠放整齐。

2）风管部件及成品应被码放在平整、无积水、宽敞的场地，不与其他材料、设备等混放在一起，并有防雨措施。应整齐、合理码放并编号，便于装运。

3）应保证安装完的风管表面光滑清洁，封闭被暂停施工的风管开口，防止进入杂物。

4）在交叉作业较多的场地内，严禁将安装好的风管作为支架，不允许将其他支、吊架焊在或挂在风管法兰和风管支、吊架上。

5）安装阀部件时，应避免由于碰撞而使得执行机构和叶片变形；对防火阀执行机构加装保护罩，防止执行机构受损或丢失。

6）空调机、通风机进出风管、阀部件、调节装置均应被单独设置支撑，阀部件与风管连接必须有可靠加固。

（6）空调系统成品保护措施

1）在预制加工好的管段，加管箍或用防火材料将管口包好，防止丝头生锈；按编号将加工好的管段排放整齐，用方木垫好，不允许大管压小管码放，禁止脚踏。

2）经除锈、刷油、防腐处理后的管材、管件型钢、托架等金属制品宜被放在有防雨措施的场地，其周围不应堆放杂物。

3）对自动调节系统的自控仪表元件、控制盘箱做特殊保护措施，防止丢失和被损坏。

4）空调系统被全部测定调整完毕后，应及时办理交接手续，由使用单位启用并负责空调系统的成品保护。

（7）行李系统成品保护措施

1）施工阶段：对作业区域实行封闭式管理，采取相关安全防护措施，设置安保人员巡视看护。其他专业施工人员进入行李区域施工时，必须办理施工证；完成施工后，对重要设备采取防尘、防火的保护措施。

2）调试阶段：凡需进入行李区域施工的单位，必须填写工作联系单，明确作业部位、内容、人员、施工时间、负责人等信息，签订安全协议书，报安保部审批后方可进入，并设专人监督。

（8）电梯、扶梯、步道梯成品保护措施

1）在电梯未进场前对井道采取封闭保护。

2）在完成电梯安装后，对电梯门套用细木工板包装保护（含施工用梯）。

3）在扶梯、步道梯安装时，如未完成精装修，应在扶梯、步道梯安装施工作业区搭设脚手架，并满铺脚手板，保护扶梯、步道梯。

4）电梯、步道梯在安装调试完成后，未被投入使用前，应用防尘、防火布对其进行成品保护。

（9）室外工程成品保护措施

1）合理安排好室外管线施工工序，尽量安排室外管线同槽施工。

2）对先期施工的管线，视具体情况对其采取护、包、盖等措施，避免管线间的污染和损伤。

3）在地下管线之上的地面放置大型设备时，在地面铺设路基箱或钢板保护地下管线。地下管线施工时应有标识，夜间也应有警示标识。

（10）机场商户成品保护措施

1）根据建设单位的规划和要求，做好商户的进场、水电、运输等配合服务工作。

2）给予商户一定的场地存放材料，并配合商户做好材料的看管。

3）经商户同意才能进入商户的施工区域，对装修成品要保护。

（11）竣工移交成品保护措施

1）装修、设备安装阶段，特别是最后收尾和竣工阶段的成品保护工作尤为重要，土建施工和水电施工必须按照成品保护方案进行作业。

2）在工程收尾阶段，分层、分区设置专职成品保护员。施工作业人员应执"入户作业申请单"，经总承包单位批准后，准许进入作业。施工完成后，要经成品保护员检查确认没有成品损坏或丢失。

3）要办理上道工序与下道工序的交接手续。交接工作在各分包单位之间进行，总承包单位起协调、监督作用，总承包单位各责任人要把交接情况记录在施工日志中。

4）作业人员必须严格遵守现场各项管理制度，必须取得用火证后方可用火，所有入户作业的人员必须接受成品保护人员的监督。

5）要根据总进度计划科学合理地制订季度计划、月度计划。避免工序的倒置和不合理赶工期的现象，避免使用不当的防护手段而造成的损坏、污染等现象。

6）对所有入场分包单位要进行定期的成品保护教育，依据合同、规章制度、各项保护措施，对分包单位进行成品保护管理，使分包单位认识到做好成品保护工作的重要性。

7）必须按照成品保护制度及方案开展成品保护工作。

8）指派专职的成品保护巡查员对已有的成品保护工作进行定期巡查。

9）利用现场监控摄像头对施工现场进行全覆盖、全时段监控。

2.3.6　公共区装修施工

2.3.6.1　管理模式

该阶段是航站楼工程参建分包单位最多、组织难度最大、管理工作量最大的施工阶段。该阶段施工内容包括：精装修施工、粗装修施工、机电安装施工、机场特有专业施工。

1. 划分公共区精装修标段

公共区精装修共被划分为八个标段，非公共区精装修共被划分为四个标段。

对精装修标段划分时应考虑：工程量大小、施工区是否相对独立、物资运输是否便利。在招标前还对电梯、扶梯、楼梯、板边、栏杆、栏板等跨楼层设施进行了详细的标段划分。

2. 精装修与其他专业界面的划分

为了明确不同专业间的界面划分，招标前对各专业间的界面进行了详细的划分，并形成了书面文件，以便各专业依据界面划分开展各自的工作，具体包括：

精装修与土建界面划分。

精装修与非公共区次装修界面划分。

精装修与幕墙界面划分。

精装修与室外工程的界面划分。

精装修与电梯、扶梯、楼梯工程的界面划分。

值机岛系统与非公共区装修界面划分。

精装修与行李系统的界面划分。

精装修与其他专业的界面划分。

精装修各标段间界面划分。

精装修与机电工程的界面划分。

2.3.6.2　资源管理

1. 机械设备保障措施

在精装修阶段用到的特殊机械设备有：轻集料垫层泵送设备、高空车、移动升降车、水磨石打磨设备等。鉴于本工程精装修工程量大、标段多、机械使用量大的特点，根据不同工序采取了相应的机械保障措施。

轻集料垫层泵送设备：总承包单位要求各分包单位统一与供应单位洽谈，选用综合实力强的供应单位，设备安装位置由总承包单位统一布置。

高空车：因大量使用高空车施工，为了保证有足够数量的高空车，总承包单位与中国工程机械工业协会工程机械租赁分会取得联系，得到他们的支持，由他们协助调动国内有实力的租赁单位提供高空车，保证了施工进度。

淘汰落后的移动操作架，改用先进安全的移动升降车。

根据工程需求引进了国外最先进的无噪声、无扬尘的打磨石打磨机械，辅以国产轻巧的机械打磨水磨石的边角部位。

2. 劳动力保障措施

在精装修施工用工高峰期，在场劳动力为3000人，对此的劳动力保障措施主要有：

精装修施工时的面层材料安装是精细工艺，在施工前要求分包单位选择参与过类似工程建设的施工队伍，并派遣责任心强、工作能力强的管理人员组建劳务分包项目经理部参与管理。

倡导各标段间同工艺、同专业选用相同的施工队伍，保证连续作业，保持队伍稳定，保证施工质量。

及时发放工人工资，减少人员流动，吸引高水平工人持续参与施工。

3. 物资、材料保障措施

精装修施工材料品种多、数量大、质量要求高。在施工期间应采取各种措施保证材料的正常供应，具体做法如下：

在招标前，确定各种材料的性能指标，对材料供应单位的生产能力、履约能力进行综合考察。

对重要材料设专人驻厂监造、检查质量、督促进度，保证材料满足现场的需求。

对材料的申请、订货、采购、送料等，以施工计划为依据执行。

采取先进的基于BIM的数字建造、物流跟踪、三维扫描、测量定位等技术，提高材料的下料精度、下料速度和安装精度。

2.3.6.3 施工组织

1. BIM技术应用

由于室内各部位造型设计新颖，各种自由曲面、自由曲线被大量采用，给建造带来全新的挑战。大吊顶、C形柱外饰面被设计为自由双曲面，各部位板边、浮岛等被设计为无规律自由曲线，对自由曲面、自由曲线的设计，用传统的二维图示无法完成，精装修在结构复测——面层设计——材料下单——现场安装的全过程内应用了BIM技术，深化设计人员与设计单位人员的交流，材料下单、加工、现场定位均在三维图形的基础上完成。

2. 测量定位放线控制措施

测量定位依据总承包单位总控，采用先进的基于BIM的测量机器人、全站仪、三维扫描仪完成。所有装修单位依据总承包单位提供的基准点、线为基础，进行定位放线，相邻区域各标段实施统一放线、相互校核。放线结果由总承包单位验收后，方可进行下一步施工。

3. 特殊部位施工方法

（1）大吊顶系统

大吊顶通过8处C形柱及12处落地柱下卷，与地面相接，形成如意祥云的设计理念。大吊顶设计与航站楼整体定位网格相符，形成建筑、结构、装饰一体化设计。

大吊顶系统由外到内被分为：面板——单元框——次龙骨——主龙骨——球节点抱箍。大吊顶施工采用了反吊技术，用高空车配合安装，与传统满堂脚手架工艺相比，该工艺可以节约措施造价、节省工期、节省施工空间，可以做到吊顶与地面的同时施工。

（2）层间吊顶

层间吊顶材料主要为蜂窝板，平面排布为曲线设计，板缝为无缝设计，施工组织难度大。

层间吊顶面板的安装要与机电各专业密切配合，统一制定工序流程，严格遵守。由于吊顶面板规格、形状不规律，面板具有唯一性，施工过程的计划、部署要做到精细，面板加工必须与现场进度有机结合，面板安装必须做到成片、连续，面板安装时，用全站仪全程跟踪、定位。

（3）墙面系统

墙体龙骨在施工前，根据图纸完成墙面风口的定位。在面板安装前，完成风口追位。由于有大量弧形墙，部分面板要被加工成曲面板，曲面板的加工周期长、难度大，在施工过程中应被重点关注。

（4）金属冷辐射吊顶

采用常规供热空调循环水作为冷热媒，利用辐射原理与室内进行换热，从而达到调节室内温度的效果。

金属冷辐射吊顶主要由以下几部分组成：铝合金吊顶面板、防火吸声布、铜盘管网栅、铝翅片、保温棉、接头管件，按需求配备丝扣或快插接口。

为了实现热传导，金属冷辐射吊顶的面板采用了铝单板，面板的平整度是施工过程的控制重点，为此，在安装前，做了同规格实体试验，并根据试验结果对铝单板进行了针对性的加强。现场安装时，做到面板安装与水管连接的同步完成，并及时进行了压力试验。

（5）GRG板

GRG板是玻璃纤维增强石膏板，是一种特殊改良纤维石膏装饰材料，造型的随意性使其成为要求个性化的首选，它独特的材料构成方式足以抵御外部环境造成的破损、变形和开裂。而其外形凹凸线条及曲面变化复杂，设计新颖、别致，因此其施工难度高。

本工程的GRG板在调研国内类似工程的基础上，明确了将伸缩缝控制在6~9mm。

为了实现凹凸线条及曲面变化，所有工序利用BIM、三维扫描等先进技术控制各施工环节。

2.3.6.4 协调管理

1. 与设计单位的协调、配合

（1）精装修单位进场后，建立深化设计周例会制度，例会参加方有：建设单位、总承包单位、设计单位。例会讨论推进深化方案，签订深化图纸，选定材料等事宜。在非例会期间，由总承包单位牵头，带领各精装修单位到设计单位讨论具体问题。

（2）设计单位安排人员驻场。

（3）对特殊分项工程要提前制作设计样板、施工样板，样板效果达到建设单位及设计要求标准后，方可进行大面积施工。

2. 与机电专业的协调、配合

（1）总承包单位成立深化设计工作室。深化设计的范围、深度、精度要提前由技术部牵头，由商务部、工程部、材料部统一确定。精装修与机电专业深化人员集中办公、统一协调、集中合图、相互确认，提高深化效率。

（2）在装修图上精确排布机电末端。在精装修面层材料安装前，应完成机电专业的管路验收。在机电末端安装前，完成精装修的定位，完成机电专业的追位。在面板安装时，不同专业应同步配合，完成安装。

（3）尽早选定不同机电的末端。精装修专业与机电专业共同确定不同末端的安装方式，在面层材料上，需要被开孔的末端，要明确开孔大小，以便在材料生产时预留开孔。

（4）在各标段层间吊顶、墙面面层材料安装前，总承包单位的精装修和机电负责人组织现场协调会，建立现场沟通机制、会签机制，推进面层材料安装进程。

2.3.6.5 成品保护

1. 考虑到精装修区域相对对立，施工期间精装修各标段实行了相对封闭的管理，因此赋予精装修标段在其施工范围的区域管理权。

2. 引入专业成品保护队伍，派人在现场进行24小时巡逻监管。成品保护员统一着装、佩戴醒目标识。

3. 对卫生间等小空间区域实行封闭挂锁管理，人员未经许可，不得进入。在施工前后，进行交接检查。

4. 在施工用水取水点统一设置水箱，由所在区域人员负责管理，保证施工用水不"跑冒滴漏"，不污染、损坏现场。

5. 在进场前对登高梯、小推车等各种施工工具和设施采取包覆处理。

6. 统一规划物资堆放区，动态管理物资堆放区。随进度进场各种物资，减少现场大量堆放物资，无用物资被及时退场，保证施工环境整洁。

7. 在运输及搬运过程中，包装、保护各项材料、成品。

8. 在装修前完成所有的消防、给（排）水系统及空调水系统主系统的试压调试工作，避免后期的水管爆水。

2.3.7 调试、检测、验收

2.3.7.1 实施概况

按照实施范围分解，本工程包括图纸范围内的给（排）水及采暖、通风与空调、建筑电气、智能建筑、电梯工程、节能工程、高架桥以及室外工程等图纸显示的全部工程。地下二层及地下一层的轨道交通部分为结构代建工程，在结构施工验收后进行了移交。餐饮、零售、两舱休息、CIP休息室等二次精装修工程不在本工程的合同范围内。

调试、检测是为了使建筑服务功能达到设计和施工规范的要求，保证建筑设施能够正常运行的必须程序。验收是在施工自行质量检查评定的基础上，对检验批、分项、分部、单位工程的质量进行抽样复验，根据标准对工程质量合格与否做出确认。根据本工程勘察设计文件、合同文件以及《中华人民共和国建筑法》《建设工程质量管理条例》《房屋建筑和市政基础设施工程竣工验收规定》和北京市工程建设管理相关规定、办法等，结合北京市对北京大兴国际机场工程竣工

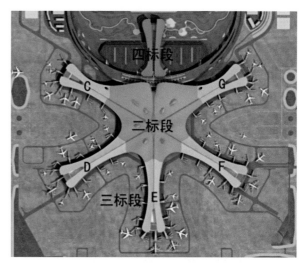

图2-54　航站区标段划分图

验收工作的相关要求，确保北京大兴国际机场航站区工程的验收工作做到规范、有序、严格、严谨。

北京大兴国际机场航站区工程共有四个标段：一标段的航站楼及综合换乘中心核心区基础工程已于2015年竣工（在图2-54中无法显示），二标段为旅客航站楼核心区工程，三标段为旅客航站楼指廊工程，四标段为停车楼及综合服务楼工程（图2-54）。另外，还有配套工作区的信息中心、锅炉房、市政管廊、高架桥等工程。每个标段包含了区域范围内的所有子分部、分项工程，B1、B2层范围内的轨道部分只包含结构工程。

（1）主要内容及范围

机电工程的测试、调试包括了通风空调专业、电气专业、消防专业、给（排）水专业、电梯专业、机场系统各专业设备材料及现场施工内容的检查、测试，涵盖了设备、材料、元器件的性能测试，现场施工全过程质量的检查，设备运转状态及功能的检查及测试，以及全部系统实现设计意图的测试和调试，包括了本专业设备单机运转及系统调试，包括了本合同范围内消防联合调试、建筑自动化系统联合调试以及机场系统的联合调试，以及与其他合同配合进行的调试。

第一类：建筑电气，建筑给水排水及采暖，通风与空调，电梯，建筑智能化（消防、建筑自动化系统、信息弱电）等调试和检测。实现建筑服务系统的给水、排水、供电、供冷、供热、电梯、消防安全、智能运行等功能，包括实现这些功能所关联民航系统的调试和检测。在建筑物内，需要分先后、分主次顺序调试，当供电、供水、排水、供冷、供热这些功能具备以后，可进行调试。

第二类：民航专业调试和检测。包括：海关、检验检疫、边检、安检等政府部门安装设备系统的各类调试和检测。实现出入境管理和国内口岸的管理系统要正常运行。在第一类调试的基础上，将调试领域深入到运行、安全、服务、交通、商业、货运、经营管理等全业务领域，全面实现了数据共享和多方协同，呈现享誉世界的"智慧机场"。

（2）主要工作量统计

1）按照系统分解统计主要工作量。包括调试涉及的专业分包设备厂家，系统设备，管道系统，缆线系统，接口等。在施工阶段务求统计详尽，保证开始调试后方法正确、不漏项，尤其是

涉及工厂测试的内容，应安排专人制定专项方案监督执行。机房数量统计表见表2-17。

2）按照工作面统计分解调试任务。包括公共区、非公共区、机房、系统服务管廊等。核心机房，核心设备的单机、单系统调试，尤其应注意设计要求的不同阶段调试内容的分解，工作量分解适当，界面清晰，保障移交时要求调试试运行到位。

3）按照专业实施分解任务，包括从设备调试到联合调试的各项内容。主要系统调试内容统计表见表2-29。

4）第三方强制性检测和验收项目分解任务。第三方强制性检测和验收项目一览表主要内容见表2-30。调试合格后，建设单位委托的第三方强制性检测和验收项目主要有：规划验收、电梯验收、消防验收、节能验收、室内环境验收、无障碍设施验收、防雷装置验收、供水（防疫）验收、供电验收、燃气验收、工程档案预验收。

机房数量统计表　　　　　　　　　　　表2-17

序号	电气机房		暖通机房		给水排水机房		信息弱电机房	
	机房名称	数量	机房名称	数量	机房名称	数量	机房名称	数量
1	变配电站	12间	热交换站	4间	生活给水、热水换热机房	5间	弱电小房间	97间
2	发电机房	4间	空调机房	42间	消防泵房、屋顶水箱间	3间	弱电信息机房工程PCR\DCR\SCR等	65间
3	行李开闭站	1间	通风机房	59间	报警阀室	17间	弱电信息机房工程其他机房（TOC、航空公司机房、安检机房、行李中控室、判读室）	11间
4	行李变电站	4间			气瓶间	17间		
5	UPS房间	12间			隔油器间	20间		
6	强电小房间	137间			污水泵房	20间		
7	MCC间	40间			集水井	103间	UPS房间	16间
合计		210间		105间		185间		189间
总计					689间			

（3）重点关注事项及保证措施

1）大空间通风空调工况的调试：机场部分公共区域以及BHS大厅等部位空间大、人员流量情况多变、工况复杂，不同的季节、不同的工况要求空调机组及阀门有不同的工作状态，需要空调系统与建筑自动化系统配合，对各种工况进行长时间的模拟及试运行，记录并分析各工况的运行参数，最终确定系统在不同工况下最佳的运行状态。

2）通风空调、给水排水等系统设备机电一体化运行的调试：提前与建筑自动化系统控制等相关专业进行协调，按深化设计的图纸对调试的具体内容及时间作统筹安排，尽早完成设备本身的运行调试，以便及时开展联合调试工作。

3）DALI灯具的调试：作为可调光的照明设施，需要按照设计意图对DALI灯具进行不同场景照明效果的调试，与周边环境的协调、照明效果的实现以及接入建筑自动化系统是调试的重点。需根据深化设计的要求，将所在区域装饰等工作尽早完工，以便尽早开始DALI灯具效果的调试，为效果调试预留充足的时间。

4）对饮用水、清洁水的检测：重点关注饮用水、清洁水在使用前的检测，严格执行检测技术规范。

5）楼控系统联合调试：涉及机电各专业，参与联合调试的设备多、接口多、末端点位多，功能复杂，需要制定专项的调试方案。在调试时间、调试人员、调试配合等方面要进行重点保证，同时划分调试区域，分区域同时调试，缩短调试周期。

6）机场系统的调试：子系统之间的配合、协同难度大，与其他专业接口多，对环境的要求高，对配套的政府部门系统应提前完成测试。

7）行李处理系统的配合调试：行李处理系统为机场特有系统。该系统接口多、情况复杂，对供电、照明、通风、消防等有很高要求。因此，设立专门的调试配合及协调小组完成该专项调试工作。

8）屋盖及屋面上施工工作的检查、测试：屋盖及屋面属于高空危险区域，不便上人，不利于检查、测试工作的进行，不易完成施工质量的验证工作，必须由人员登高进行检查、测试，因此需要有合适的登高条件，做好必要的防护措施。

9）联合调试的管理：根据消防系统、建筑自动化系统、民航系统联调内容多，系统间设备多，检测多，接口多，安全风险大的特点，明确工作流程及各方责任，明确协调人员及职责。

（4）验收单位及验收依据

本工程的竣工验收，由北京市住房和城乡建设委员会负责。本工程的消防验收，由公安消防部门移交给北京市住房和城乡建设委员会负责。2019年1月31日收到建设单位转发的京建发〔2018〕481号文件，北京市住房和城乡建设委员会制定了《北京市建设工程竣工联合验收实施细则（试行）》，要求施工方认真遵照执行。由于2019年将北京大兴国际机场航站楼作为国家重点工程，消防验收申报仍在大兴区消防支队进行，消防验收由北京市住房和城乡建设委员会、北京市公安局消防局共同完成，由施工方准备相应的消防验收资料。本工程为北京市行政审批改革后001号消防验收项目。

严格执行技术规范、设计文件和国家和地方的法规等文件中与调试、检测、验收相关的要求，确保将设计功能及建设单位意图实现。

（5）本工程调试、检测、验收阶段划分（图2-55）

1）制造阶段：是机房的部件制造和在场外装配的阶段，包括工厂测试，电机、空调设备等出厂的节能检测，消防合格产品的检测，饮用水产品卫生合格产品检测等。

2）安装阶段：是机房的部件制造和在场内装配的阶段，包括大部分的现场测试，例如，设备吊挂安装安全测试、强度严密性试验，消防防火体系构造检测等。

图2-55 本工程调试、检测、验收阶段划分

3）设备调试阶段：是为准备设备调试阶段而对设备或设备的某一部件进行试验、调试、检测、验收的阶段，包括某些单个设备调试和试运行。

4）单系统调试阶段：是确保设备完全符合合同的设计和运行要求而进行调试、可靠性试验、检测、验收的阶段。

5）联合调试阶段：是签发竣工证书之前的阶段，在该阶段进行设备系统集成测试和调试，以使设备与建筑自动化、消防、民航等其他系统进行联合调试、可靠性试验、检测、验收，使其完全符合国家规范、设计和合同约定的要求。

6）系统试运行阶段：部分系统在竣工前，开始带部分或者全部负荷运行，以保证合同约定的调试符合要求，工况能够达到设计要求和交付要求。例如，供电、电梯、行李、弱电信息、采暖、送排风、空调通风等系统。

7）运维保驾阶段：项目竣工移交给建设单位后，在合同约定质量缺陷责任期内由承包单位负责的质量保修阶段。

（6）联合调试阶段相关的接口

联合调试阶段相关的接口内容见表2-18。

联合调试阶段相关的接口内容　　　　　　　表2-18

主要专业＼被服务专业	电气	给水排水	通风空调	电梯	消防	建筑自动化系统	机场系统
电气	为本专业系统调试提供保障	提供电源，配合进行设备及系统的调试、试运转	提供电源，配合进行设备、阀门及系统的调试、试运转	提供电源，配合进行设备及系统的调试、试运转	提供电源及箱柜内接口，疏散照明的功能及逃生方向符合消防要求，配合进行设备及系统的调试、试运转	提供电源及箱柜内接口，配合进行设备及系统的调试、试运转	提供电源及箱柜内接口，配合进行设备及系统的调试、试运转
给水排水	为设备及系统调试提供避免水淹的保障	为打压、冲洗、调试提供水源及排水条件	为打压、冲洗、调试提供水源及排水条件	为设备及系统调试提供避免水淹的保障	为打压、冲洗、调试提供水源及排水条件，为设备及系统调试提供避免水淹的保障	为设备及系统调试提供避免水淹的保障	为设备及系统调试提供避免水淹的保障
消防	与电气系统形成端接和通信接口协议，形成单机、系统及联动调试确认书。组织完成消防联合调试	—	与通风空调系统形成端接和通信接口协议，明确消防和各类防火阀接线的方式和方法、信号传输协议等，形成单机和系统及联动调试确认书。组织完成消防联合调试	与电梯系统形成端接和通信接口协议，形成单机和系统及联动调试确认书。组织完成消防联合调试	与消防水系统形成端接和通信接口协议，形成单机和单系统调试工艺确认书，提供联合调试条件，组织完成消防联合调试	与建筑自动化系统形成接口、单机、系统及联动调试确认书，确保消防系统控制对于建筑自动化系统控制的优先权，组织完成消防联合调试	与机场系统形成端接和通信接口协议，明确广播、门禁等信号传输协议，形成单机和系统及联动调试确认书。组织完成消防联合调试

主要专业 ＼ 被服务专业	电气	给水排水	通风空调	电梯	消防	建筑自动化系统	机场系统
通风空调	为系统调试提供散热、降温保障	—	使用停车楼冷源，对换热站、空调机房等设备和系统调试。供冷系统常年提供冷源给信息机房的恒温恒湿空调。多联机调试为消防分控室和边检机房等	—	完成本系统的调试，完成排烟测试，提供联合调试条件。为系统调试提供散热、降温保障	与BAS形成端接和通信接口协议（明确电控阀门接线的方式和方法、信号传输协议等），形成单系统调试及联动工艺确认书，提供联合调试条件。为系统调试提供散热、降温保障	—
电梯	—	—	—	—	根据接口协议提供配电柜内接口，按消防电梯与非消防电梯的不同功能要求，完成自身系统调试，提供联合调试条件	根据接口协议提供配电柜内接口，根据电梯监控系统等要求，完成自身系统调试，提供联合调试条件	—
建筑自动化系统	电力监控系统和智能照明系统。与电气系统形成端接和通信接口协议，形成单机和系统及联动调试确认书。组织完成建筑自动化系统联合调试	设备监控系统。与给水排水系统形成端接和通信接口协议，形成单机和系统及联动调试确认书。组织完成建筑自动化系统联合调试	设备监控系统。与通风空调系统形成端接和通信接口协议，形成单机和系统及联动调试确认书。组织完成建筑自动化系统联合调试	电梯监控系统。与电梯形成端接和通信接口协议，形成单机和系统及联动调试确认书。组织完成建筑自动化系统联合调试	参与消防联合调试，验证消防系统控制的优先权	—	—
机场系统	U电和市政电源的供应	机房空调的冷凝水或者空调管道排水系统调试	常年供冷系统的调试	—	完成自身广播、门禁等系统的调试，为消防联合调试提供条件	进行系统内部的测试、调试，详见机场系统专项方案	进行系统内部的测试、调试
精装修	为电气防雷接地提供部分电气通路及测试条件	—	为暖通系统提供部分结构风道，参与整个系统的测试，调试	电梯呼叫装置和装修。扶梯顶部与吊顶层高控制，防撞柱间距、疏散空间等	完成卷帘门、挡烟垂壁、防火门等测试调整，参与消防联合调试	完成电控门的测试、调整，参与建筑自动化系统联合调试	末端设备安装定位和设备功能的保障

（7）本合同与其他专业、其他合同的外部配合接口

本合同与其他专业、其他合同的外部配合接口内容见表2-19。

本合同与其他专业、其他合同的外部配合接口内容　　　　表2-19

专业接口 ＼ 服务对象	行李系统区域	B2、B1层轨道区域	指廊标段	停车楼标段	高架桥/AB线
电气系统	为BHS系统调试提供供电保障	为轨道区域的系统调试提供供电保障	开闭站线缆敷设压接，高压供电测试，送电测试	—	桥区照明系统调试，保证安全、可靠运行
通风空调系统	空调系统排烟测试需包括BHS区域。为行李控制室、判读室等提供恒温恒湿等环境条件	—	空调系统调试需使用指廊承包单位的空调水系统	航站楼正常情况下均使用停车楼的冷冻机供冷	—
建筑自动化系统	—	—	在西北指廊，与指廊建筑自动化系统为同一个系统	接口的连接	—
消防系统	消防调试需包含BHS区域内喷淋等消防设施，消防联合调试需包括BHS区域内消防设施联合调试	做好疏散和防火隔离装置的调试。配合轨道区域的消防调试	—	—	—
机场系统	测试和调试工作应包括与BHS系统的系统集成工作等	测试和调试工作。新系统及备用系统的系统集成工作等	—	测试和调试工作应包括与ITC楼系统及备用系统的系统集成工作等	—

2.3.7.2　工作流程及实施时间

（1）确定工作流程及实施时间的原则

1）依据机电整体施工部署、管理区域的划分，以及预制化、模块化的安排。

2）考虑土建、装饰提供工作面的时间。

3）考虑各专业分包单位的选择情况，以及相互的协调、配合。

4）按照整体进度安排，2018年6月30日正式通水，2018年6月30日高压全部通电，2018年9月30日低压全部通电。在机电调试和检测的工作流程及实施时间安排上，充分考虑将以上时间安排为设备调试、单系统调试和系统联调提供的时间节点。

5）验收安排

验收内容表见表2-20。

		验收内容表		表2-20	
序号	检测、验收项目	计划完成时间	专业	验收/监督单位（简称）	
1	供电	2019年5月10日	建筑电气	大兴区供电局	
2	供水	2019年5月10日	建筑给水排水	大兴区自来水公司	
3	供气	2019年5月10日	燃气	大兴区燃气公司、机场燃气运维公司	
4	特种设备验收	2019年5月10日	通风与空调、采暖	北京市质量技术监督局	
5	电梯验收	2019年5月10日	电梯	北京市质量技术监督局	
6	消检电检	2019年5月10日	通风与空调、建筑电气、建筑给水排水及采暖、电梯、建筑、消防、门禁、广播	建设单位委托第三方	
7	无障碍设施验收	2019年5月20日	建筑给水排水、救援电话、电梯	北京市质监总站、大兴区住建委	
8	水质检测	2019年5月20日	给水、饮用水	建设单位委托第三方/北京市出入境检验检疫局	
9	防雷检测	2019年5月20日	建筑电气防雷接地系统	建设单位委托第三方	
10	工程档案预验收	2019年5月20日	各专业	北京市城建档案馆	
11	质量分部验收	2019年5月21日	各专业	五方验收/北京市质监总站	
12	规划验收	2019年5月25日	—	北京市规自委	
13	节能检测	2019年5月25日	节能分部	建设单位委托第三方	
14	消防验收	2019年5月30日	通风与空调、建筑电气、建筑给水排水及采暖、电梯、建筑、消防、门禁、广播	北京市住建委、大兴区消防支队	
15	室内环境检测	2019年5月31日	建筑、暖通等各专业	建设单位委托第三方	
16	竣工预验收	2019年6月10日	各专业	监理、施工、设计、勘察单位	
17	竣工验收	2019年6月30日	各专业	五方验收/北京市质监总站	

（2）工作流程及实施时间流程图

依据上述原则，将机电专业在建设单位验收以及移交前各阶段检测、试验、调试时间安排如图2-56所示。

项目整体工期要求紧，为了最大限度地压缩调试工期，分区域根据不同的条件安排调试，条件允许时可先用临时用电调试单机，正式接电后立即分区开始进行本区域的联合调试。

2.3.7.3 调试、检测和验收组织机构

按照建设单位指令和合同要求，本工程调试工作完成至负荷联合调试完成时。单机无负荷调试、无负荷联动调试仅由总承包单位负责组织工作，带负荷联动调试和移交完成后的投料带负荷

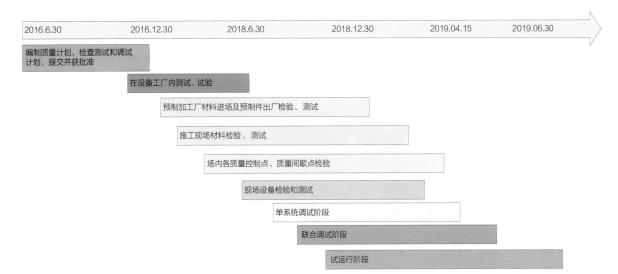

| 2016.6.30 | 2016.12.30 | 2018.6.30 | 2018.12.30 | 2019.04.15 | 2019.06.30 |

编制质量计划、检查测试和调试
计划，提交并获批准

在设备工厂内测试、试验

预制加工厂材料进场及预制件出厂检验、测试

施工现场材料检验、测试

场内各质量控制点、质量间歇点检验

现场设备检验和测试

单系统调试阶段

联合调试阶段

试运行阶段

图2-56　工作流程及实施时间流程图

试运行由建设单位组织，承包单位负责配合。

（1）建设单位、监理单位等管理单位

在建设单位组织体系内设置了五个部室，管理与航站楼机电施工有关的内容。航站楼工程部管理航站楼给水排水、暖通、电气、电梯等常规机电。信息部管理综合布线，广播，安防，蓝牙，800M，通信运营商（负责铁塔施工，含移动、联通、电信、自助值机）等20多个信息弱电系统。设备部管理航站区行李系统、安检系统、登机桥活动端等大型设备及系统。配套工作部管理航站楼（含楼前高架桥区）外陆侧的公共管廊、市政管线、高压供电、供水等附属配套。飞行区工作部管理航站楼空侧有关的站坪排水、泊位引导、助航灯光、空管、400Hz机务用电、高杆灯等设施和系统。

监理单位按照不同的标段划分，与建设单位对接。

（2）总承包单位

为了应对内容多、技术手段繁杂的工作内容，总承包单位设置了由质量部牵头，由技术部、机电部、工程部、协调部、物资部、招标采购部、商务部、安保部、综合办公室分职责管理的组织架构，负责协调调试、检测和验收工作。

由质量部牵头进行工程的竣工验收组织工作，由机电部牵头进行机电施工的组织工作，由工程部和技术部牵头土建施工的组织工作，由协调部牵头装修和精装修施工的组织工作，由安保部牵头安全文明施工组织工作，由综合办公室负责后勤组织和支持工作。

在调试、检测和验收期间，在总承包单位机电系统负责人的组织领导下，由物资部、招标采购部、商务部配合，协调所有的材料设备厂家、暂估价设备厂家、各类分包单位等，安排专项支持和管理人员。

（3）调试、检测和验收团队及职责

1）根据现场不同阶段的实际需求，将工程整体实施过程划分为两大阶段，分别配备了不同数量的人员，见图2-57。

2）设置弱电信息系统和BHS区域专属调试小组，配备专属人员协调完成所需配合的接口调试内容。

3）除消防专业外，机电专业均按施工管理的四个区域各自设置小组，配备相应人员。

4）消防专业生产阶段和安装阶段按照施工管理分区设置四个小组，各阶段按照防火分区设置四个小组，分别配备相应人员。

5）在调试过程中，对各专业按三级人员进行配置，即：工程师、技术工人、配合劳动力。

6）架构所列组织形式及人员仅限于常规情况的调试，在实施过程中如遇特殊情况，将从专业人才库中及时抽调补充相应人员。

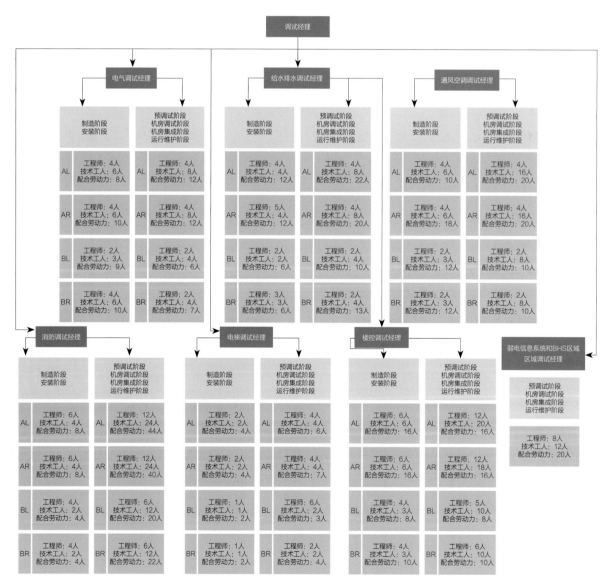

图2-57 调试、检测和验收团队组织架构图

（4）对团队成员的要求

1）有丰富的本专业施工、检验及调试经验，有良好的沟通和协调能力。

2）充分了解工程全过程的检查、测试、调试的相关要求。

3）充分了解建设单位的需求。

4）熟悉与其他专业联合调试的配合，充分了解需实现的设计要求。

5）充分了解与其他合同的分工界面及配合要求。

6）配备调试和测试专家。

7）各专业配备足够的熟练技工，协助进行必要的测试、操作、调整、调试和验证工作。

（5）团队职责

1）生产和安装阶段

①制订全面的计划，包括但不限于质量目标，各项工作须进行的检验、测试及调试程序及内容，检验、测试的频率，检验、测试方法或对相关试验标准的参考，将上述计划提交项目经理和项目总工，并获得批准。

②对设备、材料的合格性进行检测、试验，确保进场设备、材料合格且符合合同要求。

③监督及检查各制造商的工作，包括工厂内以及现场安装的工作。

④分阶段管理所有工作，并定期进行检查。

⑤就涉及承包单位检验、测试及调试的质量控制点、质量间歇点，在自我检查合格的前提下，向项目工程师发出通知。

⑥参与项目经理的见证工作，执行项目经理对通知及见证工作的回应。

⑦提交检验、测试阶段报告。

⑧根据现场情况，及时填写质量控制登记手册。

2）设备调试阶段、单系统调试阶段、联合调试阶段、试运行阶段、运维保驾阶段

①对单体设备及元器件进行测试及调试。

②对单系统进行调试、可靠性测试及试运行，确保工程设备符合设计及运行要求。

③各专业、各承包单位要相互配合，完成各系统的调试。

④在各机电系统涉及消防、建筑自动化系统的调试完成后，分别对消防、建筑自动化系统功能进行各机电系统的联合调试，确保整体性能及运行达到建设单位要求。

⑤负责测试、调试过程中的设备复位、故障排除、设备维护，在紧急情况下应立即停车，在出现问题时，及时与各分包、各专业、各合同以及设备制造单位、设计单位、建设单位沟通，制定解决方案并实施。

⑥严格按照计划、规范要求、工作流程及操作规程完成工作，并做好相应的记录。

⑦完成所有资料，并按规范要求，分不同时间节点提交给相应的部门。

⑧与建设单位共同进行带负荷试运行测试。

2.3.7.4 调试、检测和验收部署

（1）组织方式

1）以分部工程验收推动分项和分部工程的调试、检测和验收。将单位工程验收工作分解到各分部工程验收，进而确定最终的调试和检测时间，确保工作安排有序。

2）以竣工验收系统推进整体工程验收。确定竣工验收安排和各验收重要时间表。

3）总承包单位负责各项验收前的组织协调，负责组织完工、调试、整改和配合检测工作。预留足够的时间给消防联合调试和检测。

4）监理单位按照分部工程验收计划，进行分部工程的预验收和最终验收，督促现场缺陷和未完成整改工作的，按期保质完成。

（2）组织原则

1）分部分项工程验收。推进完成各系统调试、供电检测、供水检测、压力管道和压力容器检测、电梯检测、无障碍设施、防雷检测、节能检测等工作。

2）消防验收。推进完成消防有关系统项的调试，电气火灾检测、消防检测和消防验收。包括：防火隔离及封堵（防火门、挡烟垂壁、防火卷帘门、墙顶和地面装修装饰封堵），疏散（楼梯及走道、标识、应急照明、正压送风），电梯（消防梯），排烟（排烟风系统、排烟窗、排烟补风），灭火（消火栓、喷淋、水炮、气体灭火），供电，行李系统试运行、报警及联动等。

3）建筑自动化系统验收。推进机场投运所需要的设备设施调试、检测和验收。

4）民航专业系统验收。包括行李、安保设备、通信、800M、标识、民航信息弱电系统的联调联试、检测和验收，联合航站楼管理中心推进商业租户、餐饮、广告等部分的验收。

5）竣工验收。推进完成所有单位工程的第三方强制性检测和政府验收项目。

（3）主要检测和调试工具、设备及仪器仪表的管理

1）各种检测和调试工具、设备及仪器仪表均分区配备，有特殊情况时可在各分区内调配。

2）所用的工具、设备及仪表均经过校准检定，处在检定合格期内。

3）仪器的校准应在测试和调试完成前后立即进行演示，并将校准证书提交总承包单位备案。

4）测试及调试仪器尽量使用电子传感器、数字显示器和类似装置，将现场测量误差降至最低。

5）仪表的端对端精度，应根据相应要求进行验证。

6）缺陷责任期内将提供一套完整的、经校准的测试、调试仪表及配件，以便随时进行重新测试。

7）拟投入的主要检测和调试工具、设备及仪器仪表一览表，见表2-21。

序号	仪器设备名称	单位	数量	序号	仪器设备名称	单位	数量
1	经纬仪	台	3	13	红外线温度计	支	7
2	水平尺	把	15	14	试压泵	台	20
3	钢卷尺	把	25	15	数字压力表	块	40
4	数字万用表	块	10	16	温度计	支	40
5	数字钳形电流表	块	4	17	叶轮式风速仪	台	16
6	数字接地摇表	块	3	18	噪声计	支	4
7	数字兆欧表	块	7	19	风量捕捉罩	个	3
8	漏电开关测试仪	个	4	20	漏风量测试仪	个	3
9	卡尺	把	6	21	手持式超声波流量计	支	3
10	塞尺	把	6	22	智能光电转速表、频闪仪	块	3
11	数字电笔	支	40	23	毕托管及微压计	支	3
12	数字游标卡尺	把	4				

（4）分部分项工程调试、验收的组织

1）延续施工阶段分区、分层、分系统施工的组织模式，按机电专业系统在项目机电部组建调试和验收领导机构。同时按照四个分区组建各分区的调试组。

2）对行李、民航等专业分包单位，以及冷辐射空调等特殊系统专业分包单位，按照系统进行组织调试，同时也按照四个分区进行分区配合管理。

3）项目的分部工程机电系统验收涉及了很多分包单位，包括：暂估价专业分包单位（含建筑自动化系统、消防、电梯、辐射板、屋面、8家装修单位等），自有专业分包单位（含变配电、管廊、市政管线、高架桥道路等），独立承包单位（7家）。

各专业密切配合，按照制订的计划，通过内部预验收，逐区域销项，达到分部工程验收的条件。

（5）制订各分部工程验收计划

包括：建筑给水排水及供暖分部分项验收计划、通风与空调分部分项验收计划、建筑电气分部分项验收计划、智能建筑分部分项验收计划、建筑节能分部分项验收计划、电梯分部分项验收计划。

（6）制定验收工作进度督办表

验收工作进度督办表（分区系统填写）见表2-22。

序号	调试、检测、验收	对接部门（简称）	完成时间	手续负责人（施工/监理）		目前进展及存在的问题（每周更新）
1	屋面分部	—	5.20	—	—	—
2	建筑装饰分部	—	5.30	—	—	—
3	室外工程分部	—	5.20	—	—	—
4	给水排水/空调采暖分部	—	5.30	—	—	—
5	建筑电气分部	—	5.30	—	—	正配合精装末端灯具安装、系统调试，消电检工作
6	智能建筑分部	—	5.30	—	—	
7	高架桥分部	—	5.30	—	—	已基本完成沥青路面
8	电梯验收	质监局	5.30	—	—	4月30日前具备消防验收条件
9	压力容器验收	质监局	5.30	—	—	已报备，根据变更图纸，重新进行检测
10	节能验收	—	5.30	—	—	冷源进楼后，进行空调系统节能监测
11	无障碍设施验收	—	6.10	—	—	未完成
12	防雷装置验收	—	5.30	—	—	完成了除机房接地以外的所有测试工作，预计本月底进行剩余测试工作
13	供水（防疫）验收	大兴水务局	5.30	—	—	4月30日前由建设单位统一牵头全厂区消毒
14	供电验收	大兴供电局	5.30	—	—	4月16日KB5现场验收已完成
15	燃气验收	大兴燃气公司	5.30	—	—	隐蔽验收和过程验收已完成

验收工作进度督办表（分区分系统填写）　　　　　　表2-22

　　服从建设单位整体工程安排，在2019年6月28日北京大兴国际机场航站楼工程整体质量竣工验收前，各标段完成全部分部分项验收、第三方检测和强制性验收（消电检、水检、雷检、空气检测、规划验收、消防验收、档案预验收）和专项工程验收（电梯验收、供电验收、燃气验收、供水验收、压力容器验收、特种设备验收、无障碍设施设备验收）。

　　（7）其他管理措施

　　1）制定应急预案，明确遇到各种紧急情况或故障时的处理方案、处理流程、处理人员及所需配备的物资，减少对设备、人员的损害。

　　2）制定联调专项管理措施，明确工作流程及各方责任，确定协调人员及职责。

　　3）配备足够的合格人员，配备足额的检验、测试和调试工具、设备及仪器仪表。

　　4）各专业按照本专业的机房及设备所服务区域的情况，划分调试区域，每完成一个区域或子系统的施工，立即调试，加快整体系统的形成，确保各功能按设计要求尽早运行，实现各区域之间施工、调试、验收同步进行。

　　5）在带电调试期间，要制定详细的用电管理办法，包括送（停）电的流程及手续，对操作人员的要求等。

6）提前制定正式电接入后的代维护方案，包括巡视人员的分组、巡视内容、巡视频次的要求。

2.3.7.5 消防调试、检测及验收组织

（1）构成

为保障北京大兴国际机场按时进行竣工验收和消防验收，特别组成了消防调试和验收组。设置消防调试和验收委员会，委员会组成名单见表2-23。为了应对如此大体量工程的消防调试和验收，为了缩短消防调试的时间，便于协调同层、同系统的消防调试，在四个分区的基础上，将现场又按照东西两侧，分别设置了联合调试和验收两个大组。设置防火隔离和疏散组、防排烟组、消防灭火组、电气组、报警联动组、广播和安防组。

消防调试和验收委员会组成名单　　　　　　　　　　表2-23

单位	职务	姓名	联系方式
北京城建	项目经理	—	—
北京城建	项目总工	—	—
北京城建	机电副经理	—	—
北京城建	项目副总工	—	—
北京城建	机电部长	—	—
北京城建	消防负责人	—	—

（2）现场调试和验收分组

将核心区分为两组，在东西两侧划分。由项目部主管生产和技术质量的机电副经理总体协调组织。分组人员组成表见表2-24。

分组人员组成表　　　　　　　　　　表2-24

序号	姓名	岗位或主要职责	联系方式	备注
1	—	组长	—	—
2	—	机电副组长	—	—
3	—	土建副组长	—	—
4	—	电气组负责人	—	—
5	—	防排烟组负责人	—	—
6	—	消防灭火组负责人	—	—
7	—	消防报警及联动组负责人	—	—
8	—	广播、安防、弱电信息组负责人	—	—
9	—	隔离及疏散组负责人	—	—
10	—	消防问题记录	—	—
11	—	土建问题记录	—	—

（3）建立联络沟通机制

1）涉及各分区、各普通装修单位、精装修单位等，均需要仔细分析，把人员按照系统匹配到位。

2）设置现场消防验收联合办公室。定期召开消防调试、检测和验收协调会，在调试、检测和验收期间，在每周一、三、五，下午5点开会，按照销项表，核查各项工作的推进状况。每天早8：30和晚7点，在四层大厅中轴线集合，进行联合调试的现场启动和布置协调。

（4）消防检测组织

1）按照防火分区、防火舱、防火单元对消防检测进行安排。与消防联合调试的组织机构一致，各设备厂家和分包单位要全程参与，对已经完成联合调试的区域先进行检测，在检测时，电气检测和消防检测一同进行。消防检测计划表见表2-25。

消防检测计划表 表2-25

序号	楼层	区域编号	检查日期	备注
1	B1、F4、F5	F4-1、F4-2、F5-1　B1-1	—	—
2	F3	F3-1、F3-6、F3-7	—	—
3	F3	F3-2、F3-8、F3-9	—	—
4	F2	F2-1、F2-2、F2-3	—	—
5	B1、F2、F3、F4、F5	B1-1、F2-1、F2-2、F2-5、F3-1、F3-2、F3-6、F3-7、F3-8、F3-9、F4-1、F4-2、F5-1	—	第一次复查
6	F2	F2-4、F2-5	—	—
7	F1	F1-1、F1-2、F1-3、F1-4、F1-5	—	—
8	B1	FX-03、FX-04	—	地下一层的车道和管廊
9	B1、F1、F2、F3	FX-02	—	各层行李大厅
10	B1、F1、F2、各层行李大厅	F1-1、F1-2、F1-3、F1-4、F1-5、F2-3、F2-4、FX-02、FX-03、FX-04	—	第二次复查

2）消防材料设备选择

消防工程主要材料设备的选择要严格按照合同文件执行，材料设备厂家要有齐全的资质、检测报告、各类强制认证证书。

确认消防材料进场参数，严格进行消防材料进场验收工作，确保进场材料设备合格。消防材料进场检查见图2-58。

严格按照施工合同、图纸及验收规范施工，服从建设单位、设计单位、监理单位及政府职能部门监管，确保每项消防工程验收合格（图2-59）。

到2019年3月底，消防工程完成施工，火灾报警及联动系统调试完成（图2-60）。

图2-58 消防材料进场检查

图2-59 消防工程验收

图2-60 火灾报警及联动系统调试

2019年4月，陆续完成了全部的消防电气检测工作。电气检测见图2-61，消防电气检测计划及完成情况对比统计表见表2-26。

图2-61 电气检测

消防电气检测计划及完成情况对比统计表 表2-26

序号	检测区域	检测内容	检测完成时间
1	5层	消防检测	2019年4月10日
2	4层		
3	3~5层	电气检测	2019年4月11日
4	3层	消防检测	2019年4月13日
5	2层及以下层	电气检测	2019年4月14日
6	2层	消防检测	2019年4月16日
7	1层	消防检测	2019年4月20日
8	B1层	消防检测	2019年4月20日
9	整改复测区域	消防检测、电气检测	2019年4月15日、4月23日

火灾自动报警系统、自动喷水灭火系统、室内消火栓系统、消防水炮系统、防排烟系统、防火卷帘与防火门、消防车道、安全疏散、消防电梯、应急照明、消防广播、电气火灾、建筑装修材料和灭火器配备均经过了第三方消防电气检测。

3）材料防火性能检测

在消防检测前，以下材料防火性能应检测合格，达到消防验收条件：

正压送风机和排烟风机，防火阀，防火门，防火玻璃，装修使用的防火材料，防火堵料，消防水泵，报警阀、水流指示器、信号蝶阀、压力开关、喷头，消火栓和室外水泵接合器，消防电梯，保温材料（含复试报告），钢结构（含第三方出具的防火喷涂后的现场涂敷厚度的报告），建筑内部装修材料等。

4）消防验收组织

①经协调，由大兴区消防局提前介入北京大兴国际机场航站楼消防系统的验收工作，确定现场检查时间。

②主要验收内容准备：防火隔离设计及施工；疏散设计及施工；检查各防火分区消防设施完成情况；机电已具备验收条件系统的测试，包括系统联动。

③验收实施注意区域、工具等事项：每组消防验收人员有3名。消防支队人员的检查工具包括：对讲机（20台）、激光笔、梯子、杆子（长不小于3m）、盒尺、激光测距仪等。中控室保持复位待机状态，现场各疏散标识、灯具均就位，完全按照正式验收标准检查验收，各项试验按相应的比例抽查。

④定期召开北京大兴国际机场航站楼工程消防验收推进会。

2.3.7.6 竣工验收的组织

在竣工前六个月制定竣工验收方案，方案批复后，经各级协调，成立验收组织机构，制订可靠的执行计划。按照计划有序地完成分部工程验收、消防验收和竣工验收。

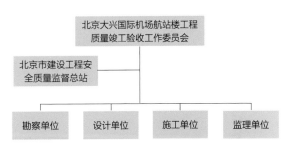

图2-62　工程质量竣工验收组织机构

由建设单位牵头组织设立航站楼工程质量竣工验收工作委员会。在北京市建设工程安全质量监督总站监督下，由建设单位组织勘察、设计、施工、监理单位进行工程质量竣工验收。工程质量竣工验收组织机构见图2-62。

确定北京大兴国际机场航站楼工程质量竣工验收工作委员会主任、副主任和工作委员会成员。

（1）验收分组情况

航站楼二、三标段共同组成一个单位工程进行验收。工程质量竣工验收按专业划分为：土建组、水暖组、电气组、资料组，每一个专业验收组设置一名总负责人，另设后勤组保障验收工作。由机电部牵头，相关部门配合，负责水暖、电气的相关资料准备。

（2）竣工验收工作销项组织机构表

竣工验收工作销项组织机构表见表2-27。

竣工验收工作销项组织机构表　　　　　　　　　　　表2-27

序号	检测、验收工作	对接单位（简称）	获得文件	计划完成时间	牵头组织方（简称）	责任人单位				
						建设单位	总承包单位	设计单位	监理单位	专业单位
1	各分部工程验收	—	分部工程竣工合格报告	5.20	华城监理	—	—	—	—	—

序号	检测、验收工作	对接单位（简称）	获得文件	计划完成时间	牵头组织方（简称）	责任人单位				
						建设单位	总承包单位	设计单位	监理单位	专业单位
2	规划验收	北京市规自委	规划许可证件附件上签章	5.30	规设部	—	—	—	—	—
3	消防验收	北京市消防局	建筑工程消防验收意见书	5.30	建设单位	—	—	—	—	—
4	电梯验收、压力容器验收	北京市场监管局	《安全检验合格》标识	5.30	北京城建	—	—	—	—	—
5	节能验收	北京市质监总站	民用建筑节能专项验收报告	5.30	北京城建	—	—	—	—	—
6	室内环境验收	—	《室内环境污染物浓度检测报告》	6.15	北京城建	—	—	—	—	—
7	无障碍设施验收	—	—	6.10	北京城建	—	—	—	—	—
8	防雷装置验收	市气象局	《防雷装置验收合格证》	5.30	北京城建	—	—	—	—	—
9	供水（防疫）验收	大兴区水务局	—	5.30	北京城建	—	—	—	—	—
10	供电验收	大兴区供电局	—	5.30	北京城建	—	—	—	—	—
11	燃气验收	大兴区燃气公司	—	5.30	北京城建	—	—	—	—	—
12	工程档案预验收	北京市城建档案馆	《建设工程竣工档案预验收意见》	6.10	北京城建	—	—	—	—	—
13	工程质量竣工预验收	—	《单位工程质量竣工预验收记录表》	6.15	华城监理	—	—	—	—	—
14	工程质量竣工验收	北京市质监总站	《单位工程质量竣工验收记录表》	6.30	建设单位	—	—	—	—	—

（3）确定会议时间、会议地点、会议主持人和验收流程。

（4）参加单位：略。

（5）竣工验收组织时的注意事项

1）建设单位牵头编制质量竣工验收方案。方案内容包括：编制说明，工程概况（设计概况、参加单位、标段划分），验收范围，验收依据，验收准备，验收组织（组织机构、分组等），验收流程和会议安排。明确各专业组验收表格、勘察和设计单位质量检查报告、监理单位工程质量评估报告、施工单位质量竣工报告。

2）建设单位工程质量竣工验收汇报

汇报内容包括：工程概况，工程建设程序履行情况，工程建设基本情况，工程合同履行情况，工程安全、质量管控情况，工程质量竣工验收综合评价。

3）监理单位北京大兴国际机场航站楼工程质量竣工评估报告

内容包括：基本情况，承包单位基本情况，质量保证体系评估，分部、分项工程质量状况，安全和功能及实体试验资料，工程观感质量检查情况，施工资料管理及完成情况，评估依据，监理过程中履行职责情况，对工程质量的综合评估意见。

4）总承包单位北京大兴国际机场航站楼竣工质量竣工报告

内容包括：工程概况，工程建设管理概况，施工及质量自评价依据，工程施工质量管理情况（组织、技术、质量、资料），安全生产情况，主要设备、系统调试情况，安全和功能检验资料核查和主要功能抽查情况，工程质量情况自评，单位工程质量自评结论。

5）在实施过程中，不断地推进各项工作。包括召开竣工验收工作协调推进会，对竣工验收工作的《任务分解表》进行梳理，对相关问题进行了研究和讨论，由各家单位充分表达了意见。

6）在各单位层面，由主要领导亲自推进北京大兴国际机场航站楼工程验收工作，确保北京大兴国际机场航站楼按期完成竣工验收。

7）对于《任务分解表》中的各项验收工作，各标段、各单位要安排专人对接，每周更新各项验收工作进度，反馈问题，并制定《验收工作进度督办表》（表2-28）。

验收工作进度督办表   表2-28

序号	问题描述	责任单位	责任人	处理情况
1				
2				
3				

（6）民航验收与竣工验收的管理注意事项

每半个月针对建设单位、总承包单位分项验收计划，对广播、安防、行李、安检、综合布线等各专业系统的施工进展、存在的问题和下一步工作安排，进行总结及讨论，排查目前施工进展与竣工验收计划的差距。为确保验收工作能够顺利完成，需确定如下事宜：

消防检测前完成的消防电气检测工作应包括广播、安防、行李系统所有的工作，包括消防广播、疏散门禁的末端设备安装、机房设备安装、系统调试，包括行李与消防弱电系统联动停机、卷帘门降低轧断等功能实现，包括各系统消防联动所需要的工作，确保消防电气检测、消防验收不受影响。

由建设单位核实并督办路侧、空侧市政工程中监控系统是否与市政工程一并验收，及其所涉路面开槽后的回填修补工作等是否满足验收需要。涉及信息弱电机房的防雷等电位联结，需要在消防检测前完成。

民航相关单位组织民航专业分包单独报审验收。民航质监站、建设单位、监理公司等组织所有民航专业竣工验收。

铁塔公司施工内容由相关部门自行组织验收。空管800M施工由相关部门自行组织验收。

2.3.7.7　附件表

（1）主要系统调试内容统计表，见表2-29。

（2）第三方强制性检测和验收项目一览表，见表2-30。

主要系统调试内容统计表　表2-29

序号	专业	主要设备名称	主要调试内容	位置
1	建筑电气	高低压柜、动力柜、照明柜、互投柜等	1. 对操作部件进行调试。 2. 按电气原理图进行模拟动作试验，即通电试验。注意断路器合闸、分闸是否正常，按钮操作及相关的指示灯是否正常，手动投切是否正常。 3. 通电，检查操作机构与门的联锁，抽屉与门的联锁是否正常。 4. 双电源间的机械或电气联锁在电源正常供电时，备用电源的断路器不能合闸，在主电源切断时，备用电源自动完成互投。 5. 开关柜的主开关在断开位置时，同极的进线和出线之间；主开关闭合时，不同极的带电部件之间；主电路和控制电路之间；各带电元件与柜体金属框架之间的。测试电阻必须达到0.5MΩ	变配电室、MCC、强电间
2		变压器	1. 一个计算系统中的变压器本体、高压开关及隔离开关、电流互感器、测量仪表、继电保护等一次回路及二次回路试验。 2. 变压器高压侧的绝缘子、电缆试验亦包括在变压器系统试验之内，包括绝缘子和电缆等单体试验	变配电室
3		柴油发电机组	1. 启动机组，检查排烟管是否漏烟。 2. 在空载状态下观察机组水温、机油压力，观察机组有无异常振动，观察有无异响、漏油、漏水，观察机组排烟是否正常，观察发电机输出电压、频率是否正常。 3. 记录机组的输出电流、输出电压、频率、功率、温度、柴油机油压、冷却水温度、柴油机转速等	发电机房
4		电动机	1. 检查定子、转子和轴承，调整和研磨电刷。 2. 检查电动机转动、接地、空载试运转情况。 3. 电动机的开关、保护装置、电缆以及一、二次回路调试	各设备机房
5		普通灯具	1. 确认每个回路的负荷，不要超载，然后准备试电。 2. 灯具正常工作，针对每只灯，对其角度、投射方向等进行微调。 3. 对灯具表面进行清理、擦拭，注意发光表面不要有灰尘、异物。 4. 灯具出现明显光衰、闪烁、光色偏移时，进行更换	公共区、非公共区
6		UPS电池组	1. 检查无异常，用万用表检测电池组直流电压。 2. 无异常，则进行下一步安装步骤。 3. 将电池组与UPS电源连接在一起，接通UPS电源后部的空气开关，检测各连接部位电压，无异常开机现象	UPS室供弱电小间

序号	专业	主要设备名称	主要调试内容	位置
7	建筑电气	消防巡检柜	1. 检查回路设备、电路设置是否安全。 2. 消防泵应按消防方法逐个运行，每台泵的运行时间不少于2min。巡检中发现故障时，应发出声光报警。具备故障记忆功能的设备，记录故障类型和故障发生时间。 3. 设备应具有自动和手动巡检功能，自动巡检间隔应遵照需要设置。 4. 消防检查柜应配备电动阀门，以调节供水压力，所用的电动阀门应被检查	消防泵房
8	建筑给水排水及采暖	箱式无负压给水设备	监控无负压给水泵的故障状态、工频变频状态、手（自）动状态、运行状态、无水停机报警、变频器报警、进出水压力、设定压力及运行电流	给水机房
9		消防泵	自动启动或手动启动消防泵时，消防泵应在55s内正常运行，且应无不良噪声和振动。以备用电源切换方式或备用泵切换启动消防泵时，消防泵应分别在1min或2min内投入正常运行	消防泵房
10		屋顶稳压水箱及稳压泵	监控屋顶稳压水箱高、低报警液位。当稳压泵达到设计启动压力时，应立即启动稳压泵；当达到系统停泵压力时，稳压泵应自动停止运行。稳压泵在正常工作时，每小时的启停次数应符合设计要求，且不应大于15次/h，能满足系统自动启动要求。当消防泵主泵启动时，稳压泵应停止运行。稳压泵启停时，系统压力应平稳，且稳压泵不应频繁启停	屋顶水箱间
11		热水循环泵	监控热水循环泵的故障状态，工频变频状态，手自动状态，运行状态，水流状态，管路流量，末端最不利压差，设备运行电流、电压、频率、累计运行时间及启停控制	热水换热机房
12		半容积式换热器	监测半容积式换热器的水温、电动阀的反馈。根据半容积式换热器的水温设定值，控制电动阀的开度	热水换热机房
13		潜水泵	监测潜水泵手（自）动状态，运行状态，故障状态，低液位、高液位及超高液位报警	泵坑和泵房
14		冷热混水器	混水器感应出水时间及出水量、压力，无漏水现象	卫生间
15	通风与空调	空调机组	1. 监测送（排）风机手（自）动状态，变频工频状态，运行状态，故障状态，压差监测，过滤器堵塞信号，冷热盘管水温，新风温湿度，送风温湿度，回风温湿度，风机运行电流、电压、频率，防冻监测，运行时间监测，$PM_{2.5}$监测，CO_2监测，送（排）风机控制及频率输出控制，冷热盘管电动阀调节控制及反馈，加湿阀控制。 2. 空调机组中的风机、叶轮旋转方向应正确，运转应平稳，应无异常振动与声响。电动机运行功率应符合设备技术文件要求。在额定转速下连续运转2h后，轴承外壳最高温度不得大于70℃，轴承最高温度不得大于80℃	空调机房
16		四管制热回收螺杆冷水机组	1. 监测冷水机组的压缩机运行电流、运行时间、运行负荷、排气温度、冷冻供回水温度、冷却水温度、机组运行状态、本地远程状态、故障代码、远程供冷、热水温度设定。 2. 机组运转应平稳，应无异常振动与声响；各连接和密封部位不应有松动、漏气、漏油等现象。 3. 吸（排）气的压力和温度应在正常工作范围内，能量调节装置及各保护继电器、安全装置的动作应正确、灵敏、可靠，正常运转不应少于8h	常年供冷机房

序号	专业	主要设备名称	主要调试内容	位置
17	通风与空调	定压补水装置	1. 监测定压补水装置的手（自）动状态、运行状态、故障状态、系统压力及远程启停。 2. 调节系统水体由于温度波动而引起的膨胀及收缩，使系统某点压力恒定。当系统发生泄漏时，向系统补水。补水泵叶轮旋转方向应正确，应无异常振动和声响，紧固连接部位应无松动	换热站
18		加药装置	1. 监测加药装置的泵运行状态、低液位状态、pH值。 2. 加药箱冲洗结束后，进行加药泵试运转。加药系统应严密、无泄漏	换热站
19		循环水泵	1. 监控循环泵的故障状态，工频变频状态，手（自）动状态，运行状态，水流状态，管路流量，末端最不利压差，设备运行电流、电压、频率，累计运行时间及启停控制。 2. 水泵叶轮旋转方向应正确，应无异常振动和声响，紧固连接部位应无松动，电机运行功率应符合设备技术文件要求。水泵连续运转2h后，轴承外壳最高温度不得大于70℃，轴承最高温度不得大于75℃	换热站
20		排烟风机、风机组	1. 监控风机手（自）动状态、运行状态、故障状态、风阀状态及风机启停控制。 2. 排烟风机、风机组中的风机、叶轮旋转方向应正确，运转应平稳、无异常振动与声响，电动机运行功率应符合设备技术文件要求。在额定转速下连续运转2h后，轴承外壳最高温度不得大于70℃，轴承最高温度不得大于80℃	风机房、空调机房
21		地沟散热器	1. 运转应平稳，无异常振动与声响，各连接和密封部位不应有松动、漏气等现象。 2. 吸（排）气的压力和温度应在正常工作范围内	—
22		地沟风机盘管	风机盘管机组的调速、温控阀的动作应正确，并应与机组运行状态一一对应。中档风量的实测值应符合要求，产生的噪声不应大于设计及设备技术文件的要求	—
23		冷辐射板及控制器	冷辐射板的水量应满足供冷要求，逐层进行整个系统调试，再进行整个区域的调试。进行自动控制系统的试运行，进行送风、回风、新风风量的测定，进行送风、回风、新风干、湿球温度的测定	—
24	电梯	垂直电梯	1. 对供电电源确认，确认电梯主要零件是否完成安装，确认对重架上的对重块数量是否足够。 2. 低速试运行、高速试运行的检查和调整。 3. 功能试验，电梯各安全开关试验。 4. 确认电梯消防功能、电梯对讲功能、电梯停电照明	电梯
25		扶梯、自动人行步道	1. 供电电源确认，确认电梯主要零件是否完成安装。 2. 低速试运行、高速试运行的检查和调整。 3. 功能试验，电梯安全开关试验	公共区
26	消防	火灾报警系统探测器	烟感、温感、红外对射、手动报警按钮、消火栓报警按钮、声光报警（和广播交替）、楼梯间压差传感器调试。 监视模块（输入）、控制模块（输出）、控制器主机、楼层显示器调试。 测试设备发出报警信号或故障信号状态下，控制器应发出正确的声光报警信息、设备编号地址信息、时间信息，并具有火警优先功能	各区

序号	专业	主要设备名称	主要调试内容	位置
27		燃气报警	燃气探测器报警启动，切断燃气阀，启动事故风机	厨房
28		电气火灾报警控制器、探测器	温度探测器（电缆和低压配电柜）、剩余电流探测器、电弧探测器。设备测试发出报警信号或故障信号状态下，控制器应发出正确的声光报警信息、设备编号地址信息、时间信息	配电间、网架
29		气体灭火设备	气体灭火钢瓶间、信息机房、变电室等的气体灭火控制盘、声光报警器、气体灭火瓶组、放气指示灯、启停按钮、手（自）动转换开关。系统需按照相关规范要求实现自动及手动控制功能	变配电室弱电机房通信机房
30		空气采样设备	空气采样报警主机+采样管，控制室图形显示系统。设备测试发出报警信号或故障信号状态下，控制器应发出正确的声光报警信息、设备编号地址信息、时间信息	屋顶网架
31		喷淋系统设备	喷淋泵系统、喷淋稳压系统、报警阀组、水流指示器、信号阀、末端放气阀、水池液位报警、高位水箱间流量开关报警。测试实现压力开关报警联动启动喷淋泵组，并停止稳压系统。测试水流报警信号控制器应发出相应的声光报警信息、设备编号地址信息、正确的时间信息	各区
32	消防	消防电源监控设备	消防电源控制器、消防电源监控模块。系统实时显示消防电源电压，高于或低于规范要求及出现缺项、断电等情况，控制器应发出正确的声光报警信息、设备编号地址信息、时间信息	消防设备配电箱柜、全区
33		防火门系统监控设备	主机、常闭门监视模块、常开门控制模块、常开门电动闭门器。主机监视常开防火门闭门状态，当常闭防火门为正常关闭时，控制器应发出正确的声光报警信息、设备编号地址信息、时间信息。当防火分区出现火情，控制器应通过常开防火门模块，控制常开门电动闭门器实现常开防火门自动关闭，并接收闭门信息，控制器应发出正确的声光报警信息、设备编号地址信息、时间信息	全区
34		消防广播	控制接口、广播控制器、声源、功放、扬声器、手动呼叫站。当防火分区出现火情，控制器应通过控制接口向广播控制器发出切断航班广播、启动消防疏散广播的指令。广播系统手动呼叫站应能够实现手动选取、人工呼叫，指导人员疏散的功能	全区
35		红线门	控制主机在消防控制室。控制室实现远程手动开门，并在门开启时，同步调用摄像头。当红线门非正常开启，门两侧声光报警鸣响，控制室内控制器应发出正确的声光报警信息，并记录相应设备位置信息及时间信息，并同步调用摄像头	红线通道
36		水炮联动及报警设备	主机、现场控制盘及手动控制盘、声光报警器、双波段火灾探测器、电动阀、水炮、摄像机、水流指示器、电磁阀。火警测试探测器发出报警信号或故障信号时，控制器应发出正确的声光报警信息、设备编号地址信息、时间信息，水炮控制器应控制水炮系统进行定位，并喷水灭火。控制器应同步显示相应位置视频信息	大空间

序号	专业	主要设备名称	主要调试内容	位置
37	消防	楼梯间正压系统设备	正压风机、加压口、压力传感器，防火调节阀，加压机房模块，旁通泄压阀。 消防控制器应通过控制模块打开相关加压风口，启动相应加压风机，并显示风机、风口状态信息。当压力传感器发出超压报警时，控制器应控制旁通阀打开、泄压	全区楼梯
38		密闭空间补风及排烟设备	补风机给无自然通风条件的走道、行李提取区等空间进行机械补风。为了快速排烟，火灾控制主机通过模块监控，在启动排烟系统同时，打开相关补风阀，启动补风机	全区
39		排烟系统设备	排烟风机、排烟阀、排烟口、排烟窗。 消防控制器应通过控制模块打开相关排烟阀（排烟口），启动相应排烟风机，并显示风机、风口状态信息	全区、网架
40		应急照明和强切电源	应急照明控制器、集中电源、分配电控制器、应急照明灯具。 火灾控制器，通过接口控制应急照明主机，点亮应急照明灯。控制智能疏散主机可显示各灯具工作状态。通过模块控制非消防电控制柜脱扣器动作，切断非消防用电。报警系统接收脱扣器动作反馈信号，并发出相应声光报警信息，记录相应设备位置信息及时间信息	全区
41		疏散	智能疏散控制器、集中电源、分配电控制器、壁装疏散指示灯、导流灯、安全出口灯、旗帜灯、地埋指示灯。 火灾控制器通过接口控制智能疏散主机，各疏散指示灯按疏散预案要求指引疏散方向。控制智能疏散主机可显示各灯具工作状态	全区
42	建筑自动化	网络交换机	接入交换机、汇聚交换机、核心交换机组成的工业环网	弱电小间
43		电力监控系统通信管理机	开闭站及变配电室：保护，遥测（将数据上传），遥信，断路器位置信号，手车位置信号，接地刀，PT小车，质量表，电流、电压，谐波信号，低压开关信号，故障信号，储能信号等。 三箱：ASCO的遥测及遥信位置信号。电度表：有功功率，正向有功电能，三箱表费率。 变压器：温度显示器的A、B、C三箱测温信号。 柴油发电机组：低压柜体遥测，遥信开关位置信号，断路器故障信号，弹簧储能信号，电度，正向有功总，正向无功总，反向有功总，反向无功总，部分发电机组信号	弱电小间、变电室、开闭站、发电机房
44		DDC箱	AI、AO、DI、DO共计85152个点，涵盖空调机组、普通风机、循环水泵、排污泵、群控风机盘管、厨房排风机、电动水阀、真空排气装置、加药装置、补水装置、稳压装置、高压微雾主机、雨水回用系统、隔油器、热风幕、地板辐射空调、吊顶辐射空调、恒温恒湿机组等设备监视和控制	弱电小间、空调机房、热交换站、风机房
45		智能照明系统	智能面板，感应器（人体感应器、照度传感器），开闭模块，DALI网关，IP网关	全楼

表2-30

第三方强制性检测和验收项目一览表

项目	规划验收	电梯验收	消防验收	节能验收	室内环境验收	无障碍设施验收	防雷装置验收	供水（防疫）验收	供电验收	燃气验收	工程档案预验收
依据	《中华人民共和国城市规划法》《中华人民共和国建筑法》《建设工程质量管理条例》	《中华人民共和国特种设备安全法》	《中华人民共和国消防法》《建设工程消防监督管理规定》	《民用建筑节能条例》《建筑节能工程施工质量验收规程》GB 50411—2019、《公共建筑节能工程施工质量验收规程》DB 11/510—2017	《民用建筑工程室内环境污染控制规范（2013版）》GB 50325—2010	《北京市无障碍设施建设和管理条例》	《防雷装置设计审核和竣工验收规定》	《北京市城市公共供水管理办法》	《电力设备应与使用条例》	《城市燃气管理办法》	《城市建设档案管理规定》
时间	竣工验收前	使用前	竣工验收前	竣工验收前	竣工验收前	竣工验收同时	竣工验收前	竣工使用前	使用前	使用前	竣工验收前
条件	1. 工程主体和外立面完成。 2. 建设单位委托有资质机构的测绘，并出具建设工程竣工测量成果报告书。 3. 消防主管部门已出具建筑工程消防验收意见书	1. 安装施工完毕，经施工单位自查合格。 2. 经核准的开工报告	室内防火分区（含封堵）、防火（卷帘）门、消火栓、喷淋（气体）灭火、消防指示灯、消防报警、电气等系统完成联动调试、室外幕墙、庭院环形路、室外接合器等完成，自检有资质的消防检测机构检测，并出具消防检测报告书	1. 施工单位已完成施工合同内容，且各分部工程验收合格。 2. 外窗气密性检测应在监理（建设）人员见证下取样，委托有资质的检测机构的检测。 3. 采暖、通风与空调、配电与照明工程安装完成后，应进行系统节能性能的检测，且应由建设单位委托检测资质机构检测，出具检测报告	1. 室内装饰完成设计内容，建设单位委托有资质的环境检测机构检测，并签订合同。 2. 对民用建筑工程室内环境中游离甲醛、苯、氨、总挥发性有机化合物（TVOC）浓度检测时，对采用集中空调的民用建筑工程，应在空调正常运转的条件下进行检测；对采用自然通风的民用建筑工程，应在房间外门窗关闭1h后进行。 3. 在民用建筑室内环境时，对采用集中空调的民用建筑工程，应在空调正常运转的条件下进行检测；对采用自然通风的民用建筑工程，检测应在对外门窗关闭24h后进行	完成设计图纸无障碍内容，施工自检合格	屋面、幕墙、金属门窗避雷系统完成设计内容，并自检合格；建设单位委托有相应资质的防雷检测单位出具报告	经批准的中水设施已联合调试，运转正常，给水系统管道已安装完成，并已冲洗并消毒	受（送）电装置设计图纸完成，并自检合格，使用单位签订"供电用电合同"	施工、供货单位按照供燃气设计图纸内容完成，并自检合格，使用单位签订"供用气合同"	承包单位已完成施工合同内容，且各分部工程验收合格，按照工程资料（含工程图）竣工，工程资料（含竣工图）准确、完整

项目	规划验收	电梯验收检测	消防验收	节能验收	室内环境验收	无障碍设施验收	防雷装置验收	供水（防疫）验收	供电验收	燃气验收	工程档案预验收
验收内容	《建设工程规划验收申报表》	检验检测	1. 建设工程消防验收申报表。 2. 工程质量竣工验收报告。 3. 消防产品质量合格证明文件。 4. 有防火性能要求的建筑构件、建筑材料、室内装修装饰材料符合国家标准或者行业标准的证明文件、出厂合格证。 5. 消防设施、电气防火技术检测合格证明文件。 6. 施工、监理、检测单位的合法身份证明和资质等级证明文件。 7. 其他依法需要提供的材料。	1. 建筑节能设计文件和设计变更文件。 2. 节能工程所用的材料、半成品和成品产品质量证明文件，出厂合格证、产品质量验收报告、部分材料和产品的进场复验报告。 3. 隐蔽工程验收记录。 4. 检验批质量验收记录，分项工程质量验收记录。 5. 外墙、外窗和建筑设备工程现场验收的工程现场检测报告。 6. 风管及系统严密性工程现场检验记录。 7. 现场组装式空调机组的漏风量测试记录。 8. 设备单机试运转及调试记录。 9. 系统联合试运转及调试记录。 10. 建筑设备工程系统节能性能检验报告。 11. 工程质量问题的处理方案和验收记录。 12. 其他必要的文件和记录。	1. 民用建筑工程室内环境中游离甲醛、苯、氨、氡、总挥发性有机化合物（TVOC）浓度检测。 2. 民用建筑工程室内环境中氡浓度检测	1. 坡道、缘石坡道、盲道。 2. 无障碍垂直电梯、升降台等升降装置。 3. 警示信号、提示音、指示装置。 4. 低位装置、专用停车位、专用观众席、安全扶手。 5. 无障碍厕所、厕位。 6. 无障碍标识。 7. 其他便于残疾人、老年人、儿童及其他行动不便者使用的设施。	1. 防雷装置竣工验收申请。 2. 防雷装置设计核准书。 3. 防雷工程专业施工单位和资质人员的资格证书和资质证书。 4. 由省、自治区、直辖市气象主管机构认定具有防雷装置检测资质的《防雷装置检测报告》。 5. 防雷装置等技术资料。 6. 防雷产品出厂产品合格证、安装记录和由国家认可的防雷产品测试机构出具的测试报告	建设单位委托有资质检测部门取样检验，并出具《水质检测报告》	—	—	1. 建设单位、监理单位、总承包单位按照分工，分别编制《基建文件卷》《监理文件卷》《施工文件卷》。各分包单位合同范围内工程内容的《施工文件卷》，提交总包单位汇总。其中，竣工图由总包单位绘制，或另行委托其他单位完成。 2. 建设单位汇总各类资料，形成初步《竣工图档案》《建设工程质量竣工验收档案》，在组织工程质量竣工验收前，提请北京市城建档案馆对工程档案进行预验收，并出具《建设工程竣工验收档案意见》

项目	规划验收	电梯验收	消防验收	节能验收	室内环境验收	无障碍设施验收	防雷装置验收	供水（防疫）验收	供电验收	燃气验收	工程档案预案验收
验收部门	规划行政主管部门	北京市质量技术监督局（简称）	北京市住建委（简称）	—	—	—	北京市气象局（简称）	大兴水务局（简称）	大兴供电局（简称）	大兴燃气公司（简称）	北京市城建档案馆（简称）
出具文件	规划许可证及附件上的盖章	《安全检验合格》标识	建筑工程消防验收意见书	民用建筑节能专项验收报告	《室内环境污染物浓度检测报告》	—	《防雷装置验收合格证》	—	—	—	《建设工程竣工档案预案验收意见》
第三方检测	有资质的测绘单位	无	有资质的消防检测机构	1. 材料复试（保温材料、散热器、风机盘管、热水循环泵、电线电缆等）。2. 系统节能性能的检测	有资质的环境检测机构	无	气象主管机构认定有防雷装置检测资质的机构	有资质的水样检测部门并出具《水质检测报告》	无	—	无
委托方	建设单位	建设单位	建设单位、施工单位	施工单位（复试）、建设单位（系统检测）	建设单位	建设单位	建设单位	建设单位	建设单位	建设单位	建设单位

第3章

§

技术管理

3.1 概述

技术管理是从技术保证的角度实现对工期、质量、成本的有效控制。技术管理贯穿于项目施工的全周期，包括施工准备阶段、施工阶段、竣工阶段。

在施工准备阶段，针对项目特点、难点，通过对图纸、材料、地理位置等各类工程相关资料进行调查、研究、分析，编制科学、经济、适用的施工组织设计。施工前，由技术部门对图纸进行审查，发现图纸中的问题，提出优化节点建议，并通过全面的图纸会审解决图纸问题、优化节点，形成经过建设单位、设计单位、监理单位、施工单位签字确认的图纸会审记录，并作为施工依据。

在施工阶段，通过编制各类专项施工方案，进行各专业图纸深化设计，并利用科技创新手段有效地解决工程重点、难点，科学地指导现场施工。对现场施工过程全程检查、验收，同步形成技术管理资料，对现场问题进行分析，提出解决方案，在安全状态下保证施工质量及施工进度。

在竣工阶段，对各类技术管理资料进行整理、归档，按照竣工验收程序向各相关单位、部门提供相应的竣工验收资料。

3.2 技术管理策划

3.2.1 技术管理工作

技术管理作为项目日常管理工作之一，对工程实施起到了关键性作用，技术管理的成效直接影响到工程的进度、质量、安全、成本等各个方面。技术管理的主要工作包括以下内容：

（1）贯彻执行国家、行业、地方的法律法规、管理办法、标准、图集等规范性文件，落实企业标准、规章制度及其他技术管理文件的要求。

（2）建立健全技术管理体系、落实技术资源配备、制定各项实施性规章制度。

（3）施工前审核监理下发的施工图纸，提出图纸问题，办理设计变更、图纸会审、工程洽商等技术文件。

（4）严格管控升版图纸发放流程，保证总承包单位各部门，各分包单位、各劳务单位所使用图纸均为完全正确的图纸。

（5）对于精装修、幕墙、钢结构等专业图纸进行深化设计，根据审核审批流程、制度完成深化图纸签字、盖章。

（6）编制施工组织设计、专项施工方案，根据审批流程、审批制度完成方案审批，针对超过一定规模的危险性较大的分部分项工程组织专家论证会。

（7）对总承包单位各部门、专业分包单位、施工作业班组进行方案交底、技术交底，指导现场施工。

（8）施工过程中应参与工程施工工序验收、形成工程技术资料，解决工程施工过程中出现的各类问题。

（9）针对工程重点、难点，积极进行科技创新，使用新技术、新工艺、新材料、新设备进行施工。

（10）参与设备、材料采购，提出符合法律、规范、图集、合同等文件技术参数的要求。

3.2.2 技术管理体系

北京城建集团新机场航站楼工程总承包部（为了叙述方便，本章用"项目部"代称）由项目经理、项目总工组织建立完整的技术管理体系，以满足本工程技术管理需求。制定技术管理各项规章制度，明确技术管理体系中每个成员的职责、任务。

劳务分包人员、专业分包人员在进场后，建立项目技术管理体系，纳入到项目部技术管理体系中。

3.3 图纸及深化设计管理

3.3.1 图纸及深化设计管理制度

3.3.1.1 图纸管理工作

1. 图纸收发与保管

1）图纸合法性

项目部应依据有效、合法的图纸施工，图纸的合法性需从图纸的收发流程、图纸签字盖章齐全两个方面控制。图纸收发流程：由设计单位将审查合格且签字、盖章齐全的纸质版图纸及电子版图纸发至建设单位；然后，由建设单位正式下发给监理单位；之后，由监理单位下发给项目部；最后，由项目部下发给各专业单位。整个流程收发文签字齐全，具有可追溯性。

2）图纸收发与保管

项目部文档管理部门依据施工合同及时向建设单位申请、接收施工图纸，并分专业发放给各专业技术负责人及相关部门，并做好图纸收发记录，注明收图日期、图纸名称、图纸版本、图纸目录。

将旧版图纸及时收回，并加盖"图纸作废"字样图章，避免错用旧版图纸。项目部应建立设计文件全员阅读制度，并设置相应工作场所。

2．图纸审查

1）总体部署：图纸会审前，由项目部总工程师（为了叙述方便，以下简称项目总工）组织各专业技术负责人、生产、经营及有关部门和人员对图纸进行审查，确定有关各方的责任人，确定内部预审时间。

2）各专业自审：技术人员要认真审阅本专业图纸，最大限度地发现施工图中存在的问题，结合现场施工条件做到心中有数。

3）内部预审：各专业自审后，项目总工要组织各专业技术人员进行内部预审，注意各专业之间交圈，由技术部将图纸问题整理、汇总，填写图纸会审记录，并在图纸会审前上报建设单位、监理单位各一份。

3.3.1.2　深化设计管理工作

1．深化设计管理工作模式

1）项目部深化设计工作包括：总承包施工范围内自行深化设计工作、协调管理专业分包范围内的专业系统深化设计。

2）深化设计工作由项目总工牵头，并由专业技术人员负责深化设计的技术管理工作。重点关注钢结构、幕墙、屋面、精装修、机电等专业工程。

2．工作程序

1）深化设计工作计划

项目部技术人员根据工程施工总进度计划节点要求，提前编制各专业的出图计划，经项目总工审核批准后，随工程进度下达给相关单位严格执行。项目总工在专业工程施工前，要根据施工图，结合现场情况及建设单位要求，编制深化设计工作计划，召开深化设计安排会，进行专业分工，明确专项完成责任人、完成时间等，形成专题会议纪要。

2）深化设计工作技术条件确定

项目总工配合建设单位，组织设计单位、监理单位及专业分包单位的有关部门和人员，通过深化设计例会的形式共同确定深化设计技术条件，作为深化设计依据。

3）深化设计图绘制

项目部确定深化设计的范围、深度、精度。项目部自行深化设计范围由技术人员绘制深化设计图纸，报项目总工审核。专业分包范围内的深化设计由分包单位技术人员绘制深化设计图纸，经专业分包单位技术负责人审核并加盖设计图章。项目部项目经理组织深化设计图纸会审，各专业责任人进行交圈核对，形成图纸审查记录。

4）深化设计图报批

深化设计图经项目总工同意后提交建设单位，由建设单位组织专业设计师审核、签字、盖章，形成正式深化设计图。

5）深化设计图纸管理

项目部技术人员将正式深化设计图下发至项目部相关部门及各专业单位，按照图纸管理要求存档作为现场施工、竣工资料及结算依据。深化设计图的变更要及时报设计人员确认，将设计变更改绘到图纸上，形成最终版本以利于工程施工管理。

3.3.2 图纸会审组织

1. 图纸会审

1）召开图纸会审会

①图纸会审以设计交底会形式进行，由建设单位主持，设计、监理、施工单位等有关人员参加。项目经理，项目总工，分包单位的项目经理、技术人员必须参加。对于大型、复杂工程，根据建设单位要求由北京城建集团工程总承包部技术部派人参加。

②会上设计单位就总承包单位提出的图纸问题进行答复，要注意各专业之间的交圈。由项目部技术人员负责将设计交底内容按专业汇总、整理形成图纸会审记录。参加会审的建设单位、监理单位、设计单位、总承包单位要签字确认。

2）图纸会审的管理与实施

①图纸会审交底

项目部专业技术负责人及时、准确地将图纸会审记录的内容向生产管理人员（工长）、质量、安全、物资等主管人员和施工队相关负责人进行技术交底，形成书面交底记录（并后附设计变更/工程洽商记录复印件一份）。交底主要内容应包括：图纸会审、设计变更（或洽商）的内容，涉及的工艺规程、操作方法、质量及验收标准等内容。

②图纸会审实施

会审记录生效后，项目部有关人员及时将图纸会审记录中修改的内容改绘在图纸上，以指导施工。

③图纸会审记录存档

项目部技术人员将图纸会审记录交由项目部资料员按照工程资料管理要求存档保管。

2. 图纸过程管理

项目部各专业技术人员应及时、准确地将设计交底记录、设计变更和技术洽商等内容按竣工图编制要求改绘在有关图纸上，以指导施工和方便将来竣工图的绘制。具体改绘方法：在施工蓝图上一般采用杠改、叉改法，局部修改可以圈出部位，在原图空白处绘出更改内容，所有变更部位均应加画带箭头索引线注明变更依据。在施工图上改绘，不得使用涂改液、刀刮、补贴等方法修改图纸。

3.3.3 专业图纸协调

3.3.3.1 各专业图纸会审交底

提高设计图纸质量，减少因技术错误带来的协调问题。设计人员对本专业的设计比较严密和完整，但与其他专业的设计协调往往有疏忽，这就需要施工单位在图纸会审时找出问题。施工单位要根据设计单位提供的管线图，协同电气、暖通、消防、弱电等专业，与结构、建筑专业共同审图，如图纸有不完善、不协调之处，提出修改意见，并提交设计单位确认。

各专业的设计图纸通过图纸交底的方式相互沟通，要保证施工队、班组充分理解设计人员的意图，了解施工各个环节，从而减少交叉协调问题。

3.3.3.2 施工前管理协调

对每一个工程项目的管理，首先要做好施工前的准备工作，必须熟悉施工图纸，针对具体的施工合同要求，掌握图纸要求，研究科学的施工组织设计。最大限度地优化每一道工序、每一分项（部）工程，同时考虑自身的资源条件，认真、合理地做好施工组织计划。避免各专业间的空间冲突，防止返工。

3.3.4 外围护工程深化设计管理

北京大兴国际机场外围护结构主要包括金属屋面、采光顶、立面玻璃幕墙、立面铝板幕墙。金属屋面系统主要包括：镀铝锌直立锁边板、檐口铝板、吊顶铝板、天沟、屋顶装饰板、排烟窗、室内外封堵、防坠落挡雪、虹吸及电伴热等子系统。外围护结构示意图见图3-1。

外围护结构通过深化设计，通过对结构的整体安全性计算、重要节点的受力核验等保证了结构的安全，并通过对节点构造的优化达到施工的可行性和成本合理的更优方案。

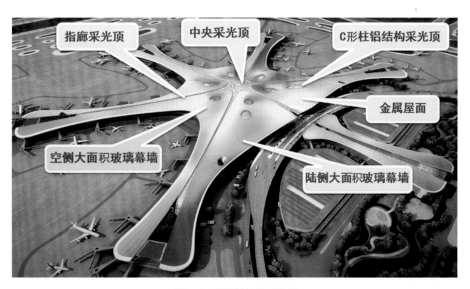

图3-1 外围护结构示意图

在深化设计中，将深化设计与测量、建模、下料加工和现场施工进行统一管理。根据理论模型进行现场测量放线，对于结构等误差，通过修正模型或进行误差调整和修改，再进行放线。在放线的同时，将模型转化为构件的加工图，进行料单的编制。在施工过程中，保持对结构的测量，并与模型比对，及时修正施工及结构变形产生的误差。工作模式示意图见图3-2。

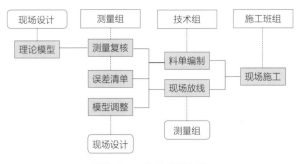

图3-2 工作模式示意图

在金属屋面结构深化设计时，需要根据规范、风洞试验结果和抗风揭试验数据计算、分析和验证屋面的结构安全，需要进行天沟龙骨、檐口装饰铝板龙骨、虹吸结构和屋面主次檩条等多项结构计算，由于屋面的造型复杂，针对不同的区域、不同的位置，都需要进行相关的设计计算。金属屋面涉及的设计计算和试验内容见表3-1，金属屋面相关试验见图3-3。

金属屋面涉及的设计计算和试验内容　　　　　　表3-1

主要结构系统	涉及专业	设计计算和试验
镀铝锌屋面系统	钢结构	抗风揭试验、风洞试验
天沟系统	给水排水	排水计算、虹吸计算
排烟窗系统	机电设备、幕墙	抗风计算、消防认证
各式铝板系统	外装饰	抗风计算、热工计算

图3-3 金属屋面相关试验

在立面玻璃幕墙结构深化设计时，设计重点在于幕墙同结构的连接方式，立面的分隔，幕墙的防火、收口节点及不同材料的交接处理等。首先，通过对幕墙结构的安全性，热工性能计算、验算，核查幕墙的各项性能指标是否满足设计要求。其次，根据深化设计和材料选型结果，选取立面幕墙典型部位进行四性试验，验证幕墙的气密、水密、抗风压、平面内变形的性能是否能够满足设计要求。最后，将深化设计结果报设计单位的建筑设计师和建设单位审核确定。玻璃幕墙四性试验见图3-4。

图3-4 玻璃幕墙四性试验

外围护结构的深化设计要建立完整的三维模型，并对各关键工序进行三维模型的可视化模拟分析和交底，让施工管理人员和施工工人一目了然。金属屋面关键工序安装三维模型模拟图如图3-5所示、玻璃采光顶关键工序安装三维模型模拟图如图3-6所示、立面玻璃幕墙关键工序安装三维模型模拟图如图3-7所示。

外围护结构的深化设计应当作为核心工作，贯穿施工过程的始终，合理的深化设计才是保障施工质量的基础和重要前提，因此在外围护工程中应加大对深化设计的高度重视和投入。

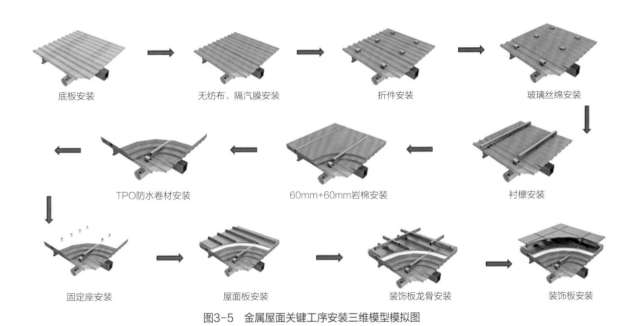

底板安装	无纺布、隔汽膜安装	折件安装	玻璃丝绵安装
TPO防水卷材安装	60mm+60mm岩棉安装		衬檩安装
固定座安装	屋面板安装	装饰板龙骨安装	装饰板安装

图3-5　金属屋面关键工序安装三维模型模拟图

（a）安装铝合金结构　　　（b）安装节点盘及高强度螺栓　　　（c）安装附属铝合金型材

（d）安装玻璃板块　　　（e）安装玻璃固定压块等附件　　　（f）安装胶条、灌注密封胶

图3-6　玻璃采光顶关键工序安装三维模型模拟图

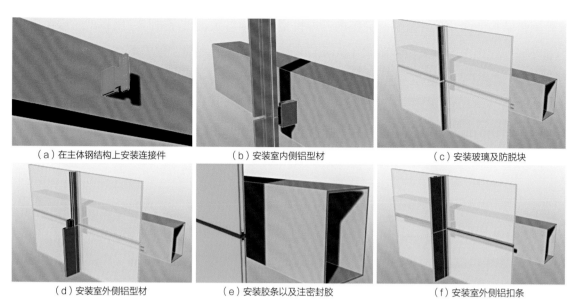

（a）在主体钢结构上安装连接件	（b）安装室内侧铝型材	（c）安装玻璃及防脱块
（d）安装室外侧铝型材	（e）安装胶条以及注密封胶	（f）安装室外侧铝扣条

图3-7　立面玻璃幕墙关键工序安装三维模型模拟图

3.3.5　机电工程深化设计管理

3.3.5.1　整体概况

北京大兴国际机场航站楼工程机电系统包括：变配电系统、动力照明系统、给水排水系统、消防系统、通风系统、防排烟系统、综合布线系统、安防监控系统、建筑自动化系统、有线电视系统、火灾报警系统等108个系统。需进行二次深化的专业系统多且复杂，包括：机电各专业管线综合深化设计、机房深化设计、抗震支架深化设计、管道隔震系统深化设计、消声器深化设计、电伴热深化设计、吊顶机电末端深化设计等。

3.3.5.2　深化设计组织

根据以上工程情况及重难点，结合项目各项管理需求，组建了以项目经理为主管领导，机电主管和项目总工为项目领导小组，包含各专业工程师和各专业系统厂家技术人员的深化设计团队。各团队成员均具有专业的施工管理经验和技术水平。

机电深化设计组织机构图见3-8。

3.3.5.3　工作制度建立

1. 例会制度

项目部机电部召集深化设计所有成员，每周召开一次专题会议，汇报工作进展情况、遇到的困难以及需要项目部协调解决的问题，并且针对本周工作进展情况和遇到的问题，制定下周工作目标。

2. 文件会签制度

机电深化设计过程文件及成果多，项目部建立文件会签制度，明确过程文件及成果文件责任

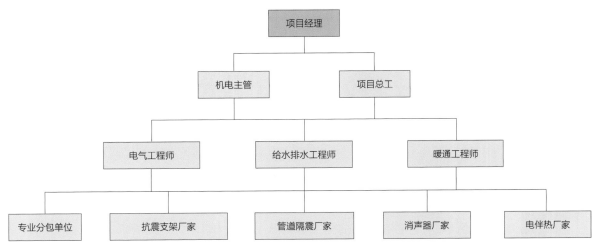

图3-8 机电深化设计组织机构图

人、签收及文件存档流程，让往来文件有可追溯性，让成果文件有逻辑性。

3. 质量管理体系

建立质量管理体系，明确质量保证流程、成果交付标准、质量管理责任人和质量控制组织机构。在深化设计前、深化设计过程中和深化设计完成后，对深化设计质量进行监督和控制。

4. 图纸三级审核制度

建立深化设计图纸三级审核制度，明确深化设计人员在深化设计图纸完成后进行自查，自查无误后将深化设计图纸提交项目部机电部各专业工程师进行审核，各专业工程师审核无误后，将深化设计图纸提交设计单位进行最终审核，经设计单位审核无误后，对深化设计图纸签章确认。

3.3.5.4 深化设计成果管理

机电深化设计成果包括：图纸会审文件、设计变更文件、深化设计过程中的成果，以及最终深化设计图纸。深化设计过程中的成果按专业汇编整理成册，作为过程文件保留。最终深化设计图纸按专业装订成册，由建设单位统一下发至监理单位和施工单位，作为施工、验收和结算的依据。

3.3.6 装修装饰工程深化设计管理

3.3.6.1 深化设计概况

北京大兴国际机场核心区的公共区精装修工程共分为八个标段，采用建设单位与总承包单位联合招标，总承包单位统一管理的模式。还包括了后期确定的首都机场集团委托代建，由总承包单位实施的首都机场贵宾公司业务板块的国内、国际嘉宾休息区（CIP）和首都机场集团地面服务公司国内休息区（BGS）的精装修。核心区精装修工程的深化设计的制度设计，由总承包单位制定，为保障北京大兴国际机场核心区的精装修工作顺利进行，奠定了基础。

总承包单位在精装修深化设计组织、管理中的主要工作有：

1. 各标段之间节点做法统一、面层效果统一、收边收口方式统一。

2．与砌筑、非公共区装修、幕墙、室外车道等总承包土建专业的设计协调。

3．与总承包单位管理的风、水、电、建筑自动化、消防专业的协调。

4．与建设单位弱电信息部管理的综合布线、广播、安防摄像头、空管800Hz天线、航显、行李信息、WiFi、手机运营商信号、旅客流量系统的协调。

5．与建设单位机械设备部管理的行李设备、行李安检设备单位的协调。

6．由建设单位航站区工程部管理的标识系统，由新机场管理中心（现已更名为北京大兴国际机场）商业管理部管理的广告、商铺、餐饮、中转酒店、免税店，由航空公司自建的两舱休息区的协调。

7．与驻场单位的设施、设备合约商的施工协调。

8．航站楼公共区综合体的专项协调设计有：值机岛、罗盘箱、独立消火栓箱、值机柜台与问询柜台、无障碍设施。

3.3.6.2　深化设计流程

装修装饰的深化设计共分为以下七个主要步骤。

1．深化设计制度的建立

针对大总承包制度下的单体航站楼建设的技术管理特点，总承包单位建立了分系统深化设计与牵头标段制度，深化设计例会制度，与精装修配合的专业每周巡场制度，系统样板与材料封样制度，深化图签认、发放制度。

2．分系统样板深化设计

为了对航站楼装修装饰工程的外观、施工难度、施工质量取得共识，总承包单位将精装修工程分成了多个系统，按系统进行精装样板的深化设计。总承包单位与设计单位选择样板类型、位置。确定配合系统样板施工的厂家，并与厂家一道进行系统样板的深化设计，系统样板材料签认，系统样板深化图签认，系统样板制作、验收，将样板的深化图与各标段分享。

3．节点深化设计

精装修各系统的牵头标段深化设计通用节点，并由设计单位人员签认，牵头标段分享通用节点成果，各标段根据标段自身情况和面板厂家需求，深化设计特殊位置节点，设计单位人员签认。

4．装修面层排版图深化设计

设计单位下发排版原则和末端排布高度、位置的原则。根据设计单位下发的排版原则，结合机电、标识、广告等末端单位的实际尺寸进行排版图深化设计，进行连接节点深化设计。总承包单位对位置冲突的末端单位进行协调，最终取得各末端单位可安装的合理位置。末端单位将调整信息反馈至其对应的设计单位，审核批准。

5．航站楼复杂综合体专项深化设计

航站楼有许多特有的功能集合体，既涉及精装修面层的外观深化设计和建筑功能的深化设计，又涉及各个机电专业的功能集成。主要的航站楼综合体有：值机岛、罗盘箱、独立消火栓箱、值机柜台、问询柜台、联检区域、门斗和连桥、无障碍设施。

6. 收边收口做法统筹、面层下单图审核

精装修单位与各土建专业，机电专业，民航专业，驻场单位，标识、广告的收口方式协调设计。精装修标段内部、标段与标段之间的交界处协调、收口方式应统一。

7. 深化过程局部设计变更

总承包单位审核精装修面板深化图与设计单位下发施工图有局部变化的内容，设计单位以正式变更的名义下发。

装修装饰深化设计流程图见图3-9。

3.3.6.3 深化设计流程

自精装修各标段接受工作任务以后，立即展开精装修深化设计的工作制度设计工作。在结合建设单位需求之后，为本工程的精装修深化设计量身制定了牵头标段制度，深化设计例会制度，视觉样板引领精装修深化设计制度，每周巡现场制度，深化图签认制度，精装修排版图发放、交底制度。

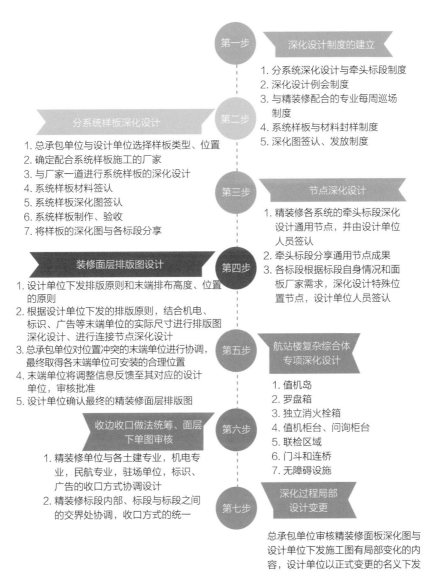

图3-9 装修装饰深化设计流程图

1. 牵头标段制度

由于精装修深化设计繁杂琐碎，有不少的深化设计工作在各标段之间有重复，所以依据设计图纸，将航站楼各公共区的精装修工程分成若干个系统：大吊顶系统、层间吊顶系统、墙面系统、地面系统、公共卫生间系统等。在深化设计的初期，由一个标段负责一个系统的系统样板、通用节点深化设计，获得设计单位人员签认之后，将通用节点与各标段分享，再由各标段针对各自标段的特殊部位，有针对性地进行深化设计。系统样板、通用节点、深化设计分工见图3-10。

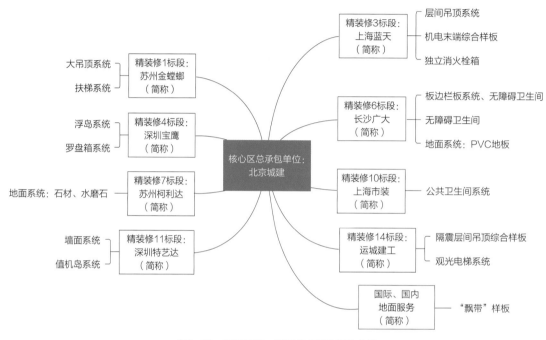

图3-10　系统样板、通用节点深化设计分工

2. 深化设计例会制度

精装修深化设计例会由总承包单位召开。在例会中，各精装修标段每周深化设计的进度、取得的成果和存在的问题向总承包单位、设计单位汇报。从2017年12月精装修单位进场，至2018年底大面积深化设计工作结束，共举行深化设计例会38次。该制度有效地解决了在精装修施工中的各种复杂技术问题，保证了施工单位在充分理解设计意图的前提下，完美地将设计图转化为可加工、可施工的深化设计图。

3. 系统样板制度

系统样板是在局部典型系统图纸深化设计完成后，为了使建设单位、设计单位、监理单位能够更加直观地审查设计图纸是否达到了预期的视觉效果，是否保证了优良的施工质量，在现场实施的实物样板。按照设计师需求、按照精装修的系统划分，主要的系统样板有：大吊顶系统、层间吊顶综合样板、浮岛样板等。在总承包单位的统一协调、部署下，系统样板制作的位置由设计师选择确定。首先，由牵头标段完成系统样板的深化设计并得到设计单位人员签认。其次，系统样板现场制作完成后，由总承包单位组织建设单位、设计单位、监理单位验收，验收通过后，牵头标段向各精装修标段分享样板的深化设计成果，展开该系统的全面深化设计工作。

4. 每周巡场制度

每周由总承包单位组织建设单位、设计单位、监理单位与精装修存在界面交叉的施工单位进行现场巡场。将一周内发现的现场问题进行集中协调处理。总承包单位共组织了26次周例巡会，解决现场问题435个。

5. 深化图签认制度

深化图是精装修标段根据设计单位下发的施工图，结合现场实际情况进行的进一步设计图，是给工人交底的技术文件之一。图纸必须有设计师签字、盖章。总承包单位制定了分阶段签图的制度，根据施工先后顺序，确定解决技术问题的顺序，保证龙骨、吊顶转换层、地面垫层施工的深化图优先签认，然后再签认面层的排版图。深化设计到一定阶段，设计单位将与施工图有差异部分的内容汇总成设计变更，作为施工资料和商务结算的依据。

6. 精装修排版图发放、交底制度

各机电专业的点位布置图往往是以一个图标进行示意，既无末端实物的尺寸造型图，也无末端的重量、节点安装方法。在总承包单位的组织下，多次进行末端的专项协调会，明确面层末端的尺寸、重量、安装方式，对有冲突的末端进行重新排布，并与专业设计单位往复沟通，最后得到一版既获得建筑设计单位认可的精装面层排版图和安装节点图，又得到各末端专业工程师认可的末端点位图，并对机电管线图进行更新，以专业变更的名义下发。

3.4 施组方案管理

3.4.1 施工组织设计管理

3.4.1.1 施工组织设计的编制

施工组织设计由项目经理主持、项目总工组织，项目部技术部牵头，工程、质量、安全、商务、物资等各相关部门分工编制。施工组织设计编制任务分工见表3-2。

施工组织设计编制任务分工 表3-2

序号	施工组织设计内容	责任部门
1	编制依据	技术部
2	工程概况（总体简介、设计概况、特点难点分析等）	技术部

序号	施工组织设计内容	责任部门
3	施工部署（项目组织机构、工程管理目标、施工任务划分、施工流程及流水段划分、大型机械设备选择、施工进度计划、主要原材料、构配件、设备加工及采购计划）	工程、技术、质量、物资部
4	施工准备	—
4.1	技术准备	技术、质量部
4.2	现场准备	工程部
5	主要施工方法	技术部
6	主要施工管理措施	—
6.1	总承包、分包管理措施，工期控制措施，成品保护措施	工程部
6.2	质量保证措施	质量部
6.3	技术管理措施	技术部
6.4	安全、消防保卫、环境保护、文明施工措施	安全部
6.5	成本控制措施	商务部
7	施工平面布置	工程部
8	附图、表	工程部

3.4.1.2　施工组织设计的审批

自施项目施工组织设计编制完成后，由项目技术、工程、机电、质量、安全、商务、物资、项目总工、项目生产副经理、项目经理签字，形成项目部的施工组织设计编制会签表，报北京城建集团工程总承包部审批。北京城建集团工程总承包部技术质量部组织会签，施工组织设计的会签、报批通过项目管理系统完成。对技术难度大、风险较高的工程施工组织总设计，要报北京城建集团总工程师，并召开专家论证会审定。

3.4.1.3　施工组织设计的修改与补充

在施工过程中，当工程条件、总体施工部署或主要施工方法发生变化时，项目经理或项目总工应组织相关单位和人员进行研究，如需调整施工方法、施工顺序、保证措施等，应及时对原施工组织（总）设计或（专项）施工方案进行修改和补充，并履行报批手续。

3.4.1.4　施工组织设计的中间检查

项目实施过程中应进行中间检查，中间检查可按照工程施工阶段进行。通常将建筑工程划分为地基基础、主体结构、装修装饰、机电安装等阶段。中间检查的次数和检查时间，可根据工程规模大小、技术复杂程度和施工组织设计的实施情况等因素自行确定。并应当做好现场检查、整改的过程记录，通常可按表3-3组织中间检查。根据中间检查提出的整改意见，如需对原施工组织设计进行修改与补充的，执行对原施工组织设计的修改与补充。

施工组织设计中间检查表				表3-3
项目文件名称	主持人	参加人	检查内容	检查结果与处理
施工组织设计	单位技术负责人或相关部门负责人	承包单位相关部门负责人或主管人员，项目部相关人员	施工部署、施工方法的落实和执行情况	如对工期、质量、效益有较大影响应及时调整，并提出修改意见

3.4.2 施工方案的分类

施工方案按类别可划分为：一般分部分项施工方案、专项施工方案、危险性较大分部分项施工方案。超过一定规模的危险性较大分部分项施工方案要组织专家论证。方案类别划分统计表见表3-4。

方案类别划分统计表			表3-4

序号	方案类别	所属方案
1	一般分部分项施工方案	钢筋、混凝土、模板、防水、二次结构、装修、给水排水、电气、通风空调、消防方案等
2	专项施工方案	临时用电组织设计
		临时用水施工方案、试验管理方案、测量管理方案、质量创优方案、资料管理方案、季节性施工方案
3	危险性较大分部分项施工方案	住房和城乡建设部87号文规定的方案范围，超过一定规模的危险性较大分部分项施工方案需要组织专家论证

3.4.3 危险性较大方案管理

在危险性较大工程施工前，项目部技术人员根据设计文件、标准规范、施工组织设计要求编制专项施工方案。经项目部内部会签，项目部安全、生产、商务负责人，项目总工程、项目经理审核后，报北京城建集团工程总承包部技术质量部组织会签，由北京城建集团总工程师审批。超过一定规模的危险性较大的分部分项工程施工方案由项目部组织专家论证。

3.4.4 一般分部分项施工方案管理

项目部技术人员根据设计文件、标准规范、施工组织设计要求编制一般、专项施工方案，组织相关部门会签，项目总工审批后报监理审批。临时用电组织设计要报北京城建集团工程总承包部技术质量部组织会签，由北京城建集团工程总承包部总工程师审批。季节施工方案要在冬、雨期来临之前完成编制，经项目部内部会签后报监理审批，并报北京城建集团工程总承包部备案。

3.4.5　专业分包方案管理

实行专业工程分包的，其专项方案由专业承包单位组织编制，由分包单位总工程审批并加盖分包单位公章，报总承包单位项目经理部审核。一般施工方案需经项目总工审核后报监理批准。危险性较大的分部分项工程施工方案，经项目总工审核后，报北京城建集团工程总承包部履行会签程序。超过一定规模的危险性较大的分部分项工程施工方案由项目部组织专家论证。

3.5　科技创新管理

3.5.1　管理目标的设计

工程施工难点众多，科技含量高。在项目之初，就进行了科技创新的管理规划，设立管理目标。科技管理的总体目标为住房和城乡建设部绿色施工科技示范工程、全国建筑业新技术应用示范工程、中国土木工程詹天佑大奖、北京市科技进步奖，争创国家科学技术进步奖。

围绕工程建设的需求，结合工程的特点、难点，进行工程科技创新及管理的策划，建立项目的科技管理体系，搭建项目科技管理团队，制订项目科技工作计划，分步骤、分阶段推进项目科技工作，打造成国内工程施工领域科技的新标杆。主要工作内容包括：

1. 工程关键技术攻关。协助项目主管领导，协调北京城建集团内外相关资源开展科技攻关，保证工程建设的顺利、优质推进。

2. 信息化、智慧工地建设。实现项目人、材、机等的数字化管理、施工技术的智能集成是建筑施工企业转型、升级的重要抓手。通过有序地推进项目智慧工地基础设施、项目协同工作平台、项目信息化管理平台等建设，支撑工程实现精细化管理。

3. BIM相关工作的组织实施。首先按照"以我为主，以外为辅"的思路，整合北京城建集团内外相关资源搭建工程BIM团队；依照项目应用需求，调研相关工程的应用情况，制定本工程BIM应用的实施方案（包括：基本应用、行业领先应用、创新性应用）；联合项目各部门按步、有序地推进项目的BIM应用，为工程精益建造提供手段、工具。为项目创优、创奖提供素材支撑。

4. 科技课题立项及组织实施。整合北京城建集团内外资源，搭建科技创新团队，结合工程建造难点及可能创新点，联合相关单位组织申报各类科研课题，牵头组织相关科研课题的实施。

5. 工程科技创优、创奖。按照工程科技管理目标的要求，对工程科技创优、创奖任务进行分解，分步组织实施。

6. 科技成果总结。结合工程建设，在专利、工法、工程标准、专业论文、科技报奖等方面与项目各部室协同开展工作，为工程最终的创优、创奖奠定基础。

7. 工程的科技成果宣传、展示。通过工程观摩、行业会议交流、学术会议交流、制作宣传材料等多种方式进行工程科技成果宣传，提升工程的社会知名度。

3.5.2　管理体系的构建与管理

依托北京城建集团、北京城建集团工程总承包部两级科技创新与管理体系，建立项目主管领导牵头的科技管理体系。建立项目信息化管理、BIM、科技管理等相关的规章、制度、流程、机制等。搭建项目科技管理团队，团队人员要求具备较强的技术、科技管理经验，建议人员编制不少于5人，可考虑专职和其他部门人员兼职的形式。搭建覆盖总承包单位、分包单位的BIM团队，各分包单位搭建自己的BIM实施团队，团队人员应具有相关专业的施工经验和BIM实施经验，人员编制以满足开展相关工作为准。联合建设单位、设计单位、国内相关科研院所，搭建产、学、研、用相结合的科技攻关与创新团队。聘请施工技术、绿色施工、BIM、信息化等国内知名专家担任顾问，对工程关键科技环节把关、指导。

建立以项目经理为首、项目管理团队全员参与，产学研相结合的科技创新体系。项目组建科技开发领导小组，项目经理担任科技开发领导小组组长，项目技术系统领导担任副组长，在科技开发领导小组办公室内设置科技中心。

3.5.3　制订科技开发工作计划

依据项目整体科技开发目标规划，结合施工生产任务的需要，编制年度科技实施计划。列入年度科技开发的项目（简称科研项目）包括：新技术（包括新产品、新工艺），科技项目研究开发、施工技术革新、技术改造项目，在技术引进基础上的自主创新项目等。年度计划的内容包括：项目名称，主要研究内容，分阶段进度与技术指标，项目起止时间，完成项目所需计划资金，项目负责人，保证条件（试验、设备等）以及成果形式等。积极申报北京城建集团、北京城建集团工程总承包部的各项科技开发项目，积极参与其他单位的相关科研课题。项目科技中心作为科技开发的归口管理部门，负责项目科技计划的制订，科技开发项目的申报、立项、过程管理和验收、总结。

3.5.4　科技开发经费管理

科技开发经费的使用必须遵守国家的有关法律、法规和相关财务制度，坚持科学立项、择优支持、公正透明的原则。经费的申请和使用，应当勤俭节约、专款专用，充分利用现有科技资源，使有限的经费可发挥最大的效益。经费使用应严格遵守北京城建集团公司财务制度中关于科技经费管理的相关规定，执行相关管理流程。经费支出范围包括：人员费用、试验外协费、合作费、设备购置费、材料费、资料印刷费、调研费、租赁费和其他相关费用等。

1. 人员费用：指直接参加项目研究的人员工资性费用，包括专职人员费用及外聘人员费用。列入的人员要与项目合同中参加的人员一致，其中：项目组人员所在单位有事业费拨款的，由所在单位按照北京城建集团公司规定的标准从事业费中及时足额支付给项目组成员，并按规定在项目预算的相关科目中列支，不得在北京城建集团资助的项目经费中重复列支。

2. 试验外协费：指研究、开发项目所发生的带料外加工或本单位不具备条件而委托外单位进行试验、加工、测试、计算等发生的费用。发生试验外协费时，必须与协作单位签订相关的合同。

3. 合作费：指项目研究过程中需与其他单位开展合作研究所发生的费用。发生合作费时，必须与合作单位签订相关的合同。

4. 设备购置费：指项目研究中必要的专用仪器设备购置和维修费用，样品、样机购置费用，以及为此发生的运输、安装费用。其中，从国外引进的仪器、设备、样品、样机的购置费包括海关关税和运输保险费用。单台价值在5万元以上（含5万元）的仪器设备单独列支，单台价值在10万元以上的仪器设备原则上通过协作共用的方式解决购置费，如确需购买，需报北京城建集团技术质量部、技术中心批准。

5. 材料费：指进行项目研究中所需的原材料、辅助材料、低值易耗品、零配件的购置费用，以及为此发生的运杂包装费用。

6. 资料印刷费：指项目研究过程中发生的专用书刊、资料、翻译、复印、印刷的费用。

7. 调研费：指项目研究过程中必须进行的调研、考察、咨询、培训所发生的费用以及召开与项目有关的专题技术、学术会议的费用。

8. 租赁费：指为项目租赁外单位的专用仪器、设备、场地、试验基地等发生的费用。

9. 其他相关费用：指除上述各项费用外与项目研究、开发直接有关的必要开支。

科研项目立项时应编制项目经费来源预算和成本支出预算，同时按照项目实施进度编制年度（或阶段）用款计划。项目经费来源中有其他配套资金的，出资方应出具相关证明。项目经费按合同约定的用款计划拨付。项目自筹部分应按合同约定及时足额到位。项目经费预算获批准后，必须严格执行，原则上不做调整。由于项目研究目标、研究内容调整以及不可抗力等原因，对项目经费预算造成较大影响的，需要调整项目经费预算时，要按相关途径申请进行调整。

3.5.5　科研档案管理

科研档案是指课题组在开展科学研究和实践活动中直接形成的具有保存价值的文字、图表及声像等各种载体的材料。科研档案必须实行集中统一管理，确保档案的完整、准确、系统、安全，便于开发利用。凡列入上级主管部门和北京城建集团立项的研究课题（项目），所形成的科研档案均应归入北京城建集团档案室。科研档案是科研管理工作的重要组成部分，是科研活动的重要环节，要与科研计划管理、课题管理、成果管理等工作紧密结合，实行科研工作与建档工作"四同步"管理，即：下达任务与提出归档要求同步，检查计划进度与检查科研文件材料形成情况同步，验收、鉴定成果与验收、鉴定科研档案材料同步，上报登记、评审科技成果与档案部门出具科研课题归档情况的证明材料同步。

科研档案是审核评议科研成果的一项重要依据。从课题获准立项起，课题负责人应指定专人负责科研技术档案工作，按规定认真积累、收集、整理本课题形成的技术档案材料，如实反映研究的全过程。

1. 上级对课题的指示和审批意见，专家建议，计划任务书，开题报告，实施方案，研究计划，合同（协议）书，课题中断的论证材料，科研成果鉴定资料及鉴定证书，评审报奖材料，推广应用情况、工程应用证明及经济效益证明，以及与该课题有关的会议材料等。

2. 年度计划执行情况，包括阶段总结、年终总结、试验研究报告、论文（专著）等。

3. 课题研究过程中形成的各种原始记录、实施小结、计算数据、各种专项方案、测试分析材料等。

4. 与课题有关的具有保存价值的资料，包括照片、幻灯片、光盘，讨论记录，调查访问记录等；还包括各种获奖证书，如专利证书、科技进步奖证书等。

5. 科研项目一旦结束或告一段落，应及时写出工作小结或总结，并组织研究课题有关人员对研究所形成的材料进行整理，经课题负责人审核后，移交到北京城建集团档案室，由档案室的管理人员审查和指导立卷，审查合格的科研档案方可办理移交手续。

3.5.6　科技成果申报管理

北京城建集团设立科技奖励项目，包括科技进步奖、优秀施工组织设计奖、优秀方案奖、优秀模板设计与应用奖。申报北京城建集团科技进步奖，必须按规定填报《北京城建集团科学技术奖励申报推荐书》，并与科技成果技术总结及应用证明等材料装订成册（一式三份），按规定时间上报北京城建集团技术质量部。

申报行业及协会的科学技术奖励，按行业及协会的有关科技奖励文件办理。

申报北京市科学技术进步奖，按《北京市科学技术奖励办法》的要求办理。申报项目须在网上填报《北京市科学技术进步奖励申报推荐书》，提供有关附件材料，并办理有关申报手续等。

申报国家科学技术进步奖、国家技术发明奖等国家科学技术奖励项目，要按《国家科学技术奖励条例》的要求办理。申报国家科学技术奖必须经住房和城乡建设部和北京市科学技术委员会推荐，并填报国家科学技术奖励推荐书和有关材料，国家科学技术进步奖每年申报、评审一次。

3.5.7 科技成果管理

科技成果是指在科学技术研究、开发、试验和应用推广等方面取得的收获，必须具有一定的新颖性、先进性、实用性和学术意义。科技成果主要包括：理论研究成果（指基础理论及应用理论研究成果，主要为研究论文、研究报告及科学专著），应用技术研究成果（指新产品、新技术、新工艺、新材料和新设计等研究成果），推动决策科学化和管理现代化的软科学研究成果。

对形成的科技成果可进行科技成果验收（或鉴定）及评审，科技成果鉴定是指由有鉴定权的科技行政管理机关聘请同行专家，按照规定的形式和程序，对科技成果进行审查和评价，并做出相应的结论。科技成果验收（或鉴定）的主要内容包括：

1. 是否完成合同或计划任务书要求的指标。

2. 应用技术成果的创造性、先进性和成熟程度。

3. 应用技术的应用价值及维护的条件和前景。

4. 技术资料是否齐全、完整，并符合规定；存在的问题和改进意见。

申请验收或鉴定应具备的条件为：

1. 课题达到合同或计划任务书规定的指标要求。

2. 技术文件齐全，包括研制报告、技术报告、测试报告、查新报告、有关图纸和用户报告（或用户意见书）。

3. 科技成果的权属不存在争议。

4. 科技成果验收或鉴定通常以会议形式召开，由同行专家听取项目课题组汇报、答疑后才能对科技成果作出评价。

各单位对于需要申请鉴定的项目要认真做好各项准备工作，并填写鉴定申请表报送北京城建集团技术中心，经北京城建集团总工程师批准后，上报上级管理部门召开成果验收或鉴定会。经过鉴定的科技成果必须办理成果登记手续，经过省、部及国家有关管理部门登记后，才能申请奖励。科技成果鉴定后应及时报北京城建集团技术中心办公室登记，报送的材料要齐全，包括技术鉴定证书及有关资料（技术报告、论文、试验报告、使用报告、技术经济效果，有关图纸和照片）等。

第 **4** 章

§

质量管理

4.1 概述

（1）把工程建设成为"精品工程、样板工程、平安工程、廉洁工程"。

（2）深入贯彻、严格落实，从各级项目负责人做起，牢固树立样板意识，统一质量认识，坚持"零缺陷"，精益求精、一丝不苟、源头抓起、过程严控、严格验收。

（3）集成最先进的技术方案措施，采用先进的数字质量控制手段，选用先进的施工装备，精心、精细、精准管理。

4.2 质量管理策划

4.2.1 质量目标

4.2.1.1 总体质量目标

确保工程获得北京市结构长城杯金质奖、北京市建筑长城杯金质奖、中国钢结构金奖、中国建设工程鲁班奖、国家优质工程奖。

4.2.1.2 过程质量控制目标

（1）对进场原材料、成品、半成品100%检查、验收。

（2）原材料要按规定时间进行全部的检验与试验。

（3）分部、分项、检验批质量检验、评定、报验一次通过率为100%。

（4）分部、分项、检验批施工质量精品率为80%以上。

（5）完成各项施工记录、工程技术资料等按部位、施工进度及时、准确、完整的收集。

（6）计量、检测、试验等设备、器具的送检，鉴定率和合格率均为100%。

4.2.1.3 分部分项质量目标划分

分部分项质量目标划分见表4-1。

分部分项质量目标划分 表4-1

序号	分部工程	子分部工程	分项工程	质量等级
1	地基与基础	无支护土方	土方开挖、回填	合格
		有支护土方	排桩、土钉墙、锚杆、降水、排水	合格

序号	分部工程	子分部工程	分项工程	质量等级
1	地基与基础	桩基础	混凝土灌注桩（成孔、钢筋笼、清孔、水下混凝土灌注）	合格
		地下防水	防水混凝土、卷材防水层、涂料防水层、细部构造	合格
		混凝土基础	模板、钢筋、混凝土、后浇带混凝土、混凝土结构缝处理	合格
2	主体结构	混凝土结构	模板、钢筋、混凝土、预应力、现浇结构	合格
		型钢混凝土结构	型钢焊接、螺栓连接、型钢与钢筋的连接，型钢制作，安装，混凝土	合格
		砌体结构	混凝土砌块、页岩砖	合格
		钢结构	钢结构焊接、紧固件连接、钢零部件加工、钢结构涂装、钢结构构件组装、钢结构构件预拼装	合格
3	建筑装修装饰	楼（地）面	通体玻化防滑地砖地面、水泥混凝土面层、水泥砂浆面层、彩色水泥自流平涂料地面、耐磨混凝土地面、细石混凝土楼（地）面、抗静电活动地板楼（地）面、花岗石石材楼（地）面等	合格
		门、窗	木质防火门、木门、夹板装饰门、钢质门、钢框玻璃门、铝合金框玻璃门、钢质防火门、钢质三防门、钢质卷帘门、全玻璃门、铝合金框玻璃窗、铝合金百叶窗、钢筋混凝土防护密闭门、钢筋混凝土密闭门、防射线辐射门等	合格
		内墙	防火涂料、轻钢龙骨矿棉吸声板、釉面砖防水墙面、抗菌防霉可擦洗高级涂料、轻钢龙骨石膏板刷乳胶漆	合格
		外墙	铝板幕墙、玻璃幕墙、石材幕墙	合格
		顶棚	矿棉吸声板顶棚、板底喷涂顶棚、板底刮腻子抹灰顶棚、轻钢龙骨硅钙板、水性耐擦洗涂料、轻钢龙骨穿孔吸声石膏板顶棚等	合格
		幕墙	玻璃幕墙、石材幕墙、铝板幕墙	合格
4	建筑屋面	卷材、采光顶屋面	保温层、找平层、卷材防水层、压型钢板、金属夹芯板、细部构造	合格
5	通风与空调	送排风系统	风管与配件制作、风管系统安装、消声设备安装、风管防腐、风机安装、系统调试	合格
		防排烟系统	风管与配件制作、风管系统安装、防排烟风口、常闭正压风口与设备安装、风管防腐、风机安装、系统调试	合格
		空调风系统	风管与配件制作、风管系统安装、消声设备安装、风管防腐、风机安装、风管与设备绝热、系统调试	合格
		空调水系统	管道冷热水系统安装、冷却水系统安装、冷凝水系统安装、阀门及部件安装、冷却塔安装、水泵及附属设备安装、管道及设备的防腐与绝热、系统调试	合格
		制冷设备系统	制冷机组安装、制冷管道及配件安装、制冷附属设备安装、管道防腐与绝热、系统调试	合格

序号	分部工程	子分部工程	分项工程	质量等级
6	建筑电气	变配电室	变压器安装,成套配电柜、控制柜和动力配电箱安装,封闭母线安装,电缆夹层内电缆敷设,电缆头制作,导线连接和线路电气试验,接地装置安装,接地干线敷设	合格
		供电干线	插接式母线安装,桥架安装和桥架内电缆敷设,电缆竖井内电缆敷设,电线、电缆导管和线槽敷设,电线、电缆穿管和线槽敷线,电缆头制作,导线连接和线路电气试验	合格
		电气动力	成套配电柜、控制柜和动力控制柜安装,低压电动机及电动执行机构检查、接线,低压动力设备检测、试验和空载试运行,桥架安装和桥架内电缆敷设,电线、电缆导管和线槽敷设,电缆头制作,导线连接和线路电气试验,插座、开关、风扇安装	合格
		备用和不间断电源安装	成套配电柜、控制柜和动力控制柜安装,柴油发电机组安装,不间断电源的其他功能单元安装,封闭母线安装,电线、电缆导管和线槽敷设,电线、电缆穿管和线槽敷线,电缆头制作,导线连接和线路电气试验,接地装置安装	合格
7	智能建筑	通信网络系统	通信系统、卫星及有线电视系统、公共广播系统	合格
		建筑设备监控系统	空调与通风系统、变配电系统、照明系统、给水排水系统、热源和热交换系统、冷冻和冷却系统、子系统通信接口	合格
		火灾报警及消防联动系统	火灾和可燃气体探测系统、火灾报警控制系统、消防联动系统	合格
		安全防范系统	电视监控系统、巡更系统、门禁系统、停车管理系统	合格
		综合布线系统	缆线敷设,机柜、机架、配线架的安装,信息插座和光缆芯线终端的安装	合格
8	建筑给水排水及供暖	室内给水系统	给水管道及配件安装、室内消火栓系统安装、给水设备安装	合格
		室内排水系统	排水管道及配件安装、雨水管道及配件安装	合格
		室内热水供应系统	热水设备安装,热水管道及配件安装,管道防腐、绝热	合格
		建筑中水系统	中水管道及配件安装	合格
		室外给水管网	消防水泵接合器及室外消火栓安装	合格
		自动喷水灭火系统	消防水箱安装,消防泵安装,报警阀组安装,管网安装,系统水压试验、冲洗等,单项调试、联动试验	合格
		气体灭火系统	灭火剂存储装置安装、输送管道安装、选择阀及信号装置安装、附件安装、系统调试	合格
		固定水炮灭火系统	管道及配件安装、设备安装、系统水压试验、系统调试	合格

4.2.2 创优策划

4.2.2.1 创优策划文件

根据项目部《质量管理规划大纲》，编制《质量创优策划方案》，对各施工阶段创优目标进行分解，对重点工序设置合理和必要的质量控制点及质量控制措施，并对作业人员进行培训、交底。《质量创优策划方案》见图4-1。

4.2.2.2 样板展示策划

为确保整个工程施工质量达到预期策划创优目标，整个施工过程质量管理达到预控管理，整个过程均按预期样板策划、指导施工，使最终的施工及管理成果达到创优质量目标效果。主要从施工前期原材料、加工制作、工序操作、分部分项各专业等方面，提前在现场进行样板制作展示，样板展示实施效果见表4-2。

北京新机场旅客航站楼及综合换乘中心工程

质量创优策划方案

北京城建集团有限责任公司
2016 年 4 月

图4-1 《质量创优策划方案》

样板展示实施效果　　　　　　　　　　　　表4-2

结构施工阶段：

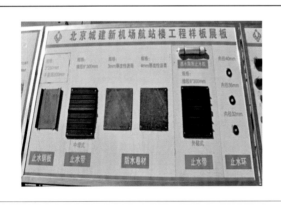

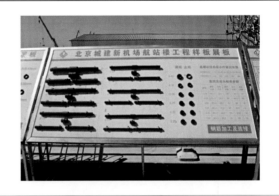

装修施工阶段：

4.2.2.3　实体样板策划

（1）为了保证工程质量，统一施工做法，减少施工中的返工与材料浪费现象的发生，预防和消除质量通病，创建精品工程，最终实现创优的质量目标。所有分项工程必须先做首件实体样板，样板应采用先进的施工技术，并获得一流的施工质量，样板在通过验收后，方可大面积开展施工。

（2）主要工序实体样板计划

总体施工样板计划见表4-3，实体样板实施效果见表4-4。

序号	部位	责任单位	时间
1	桩头剔凿	主体结构施工单位	2016年3月
2	基坑清槽	主体结构施工单位	2016年3月
3	垫层	主体结构施工单位	2016年3月
4	防水（桩头防水、卷材防水、超前止水防水）	主体结构、防水专业施工单位	2016年4月
5	底板、墙体、柱、顶板钢筋绑扎、预应力筋布设	主体结构、预应力专业施工单位	2016年4月
6	底板、墙体、柱、顶板模板支设	主体结构施工单位	2016年5月
7	底板、墙体、柱、顶板混凝土	主体结构施工单位	2016年6月
8	隔震支座埋件安装、二次灌浆、支座安装	主体结构施工单位	2016年7月
9	肥槽回填	主体结构施工单位	2016年8月
10	墙体砌筑及抹灰	二次结构施工单位	2017年4月
11	钢结构	钢结构施工单位	2016年12月
12	水泥地面，砖（石材）贴地、墙面	装修施工单位	2018年8月
13	粉刷	装修施工单位	2018年8月
14	吊顶	装修施工单位	2018年10月
15	门、窗安装	装修施工单位	2019年3月
16	机电管线安装、管道安装	机电安装公司	2017年3月
17	机电设备安装	机电安装公司	2017年7月
18	玻璃幕墙	幕墙施工单位	2017年8月
19	屋面工程	屋面施工单位	2017年8月

总体施工样板计划 表4-3

实体样板实施效果 表4-4

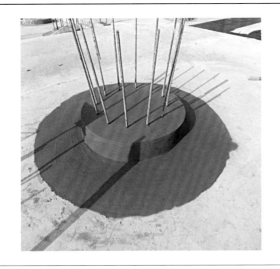

（3）样板验收组织

1）样板工序、部位应由项目负责人和技术负责人研究决定，承担施工任务的班组应及时组织施工，完工后应进行自检，自检合格后填写样板工程检查验收会签表报总承包单位质量部，由质量部邀请建设单位、监理单位和设计单位进行验收并办理验收手续；同时各有关的分包单位必须参加验收。样板未经过正式验收前不得进行大面积施工。

2）重点部位和特殊部位的样板应请总承包单位的质量部、技术部、工程部等有关部门及人员联合进行验收，确认符合要求后方可大面积施工。

3）样板验收完毕后必须填写样板验收记录表，样板验收记录表见表4-5。

样板验收记录表   表4-5

工程名称：
施工单位：   编号：

工序名称		样板部位	

检查情况：

自检结果		自检时间		作业队申报人	
技术负责人		生产负责人		质检员	
总承包检查人			监理检查人		

申报资料：
    1. 原材试验资料（　）   4. 施工方案（　）
    2. 施工作业队资质（　）   5. 技术交底（　）
    3. 操作人员上岗证（　）   6. 其他

复查时间：年　月　日	复查意见：
复查人：	

结论：

年　月　日

注明：此表在总承包单位留置2份，表后附施工工序及验收照片。

（4）质量标识

1）在样板施工过程中实行挂牌制度，包括技术交底挂牌，施工部位挂牌，质量标准挂牌，操作管理制度挂牌，成品、半成品挂牌。

2）样板验收合格后，为了确保样板达到预期的作用和宣传效果，按照质量标识策划方案进行样板的技术指标内容标识，并粘贴标识牌。

（5）实体质量控制

1）大面积展开施工时的施工质量不得低于样板质量，样板质量标准应作为工程质量的最低标准。

2）施工完成的部位与样板进行对比，达不到样板质量标准的，对作业班组进行教育培训。

4.2.2.4 创优质量控制点及亮点策划

1. 创优质量控制点

（1）施工准备阶段创优质量控制内容见表4-6。

施工准备阶段创优质量控制内容　　　　表4-6

控制环节	控制要点	责任人	控制内容	控制依据	控制资料
图纸熟悉	图纸自审	专业工程师	检查图纸问题和专业交圈情况	施工图	自审记录
	设计交底	专业工程师	了解设计意图	施工图	设计交底记录
	图纸会审	专业工程师	针对图纸自审中发现的问题进行会审	施工图	图纸会审记录
施工工艺	施工组织设计	项目总工	编制施工组织设计并报建设单位、监理审批	图纸、规范	批准的施工组织设计
	施工方案	专业工程师	编制施工方案并报建设单位、监理审批	图纸、规范	批准的施工方案
项目班子建设	项目班子成员	项目经理	懂技术、会管理	项目法管理文件	任命文件
现场布置	施工平面布置	生产经理	临时用水、临时用电布置，加工及材料堆放场地布置，测量控制点布置	设计图纸及现场情况	施工总平面布置图
物资设备准备	计划	商务部、物资部	物资设备计划及进场组织	设计图纸、施工方案	批准的物资及设备计划
材料收发	设备开箱检查	专业工程师	核对规格型号，检查配件是否齐全，检查资料是否齐全	供货清单、产品说明书	材料验收单
	材料验收	专业工程师、物资部	审核质量保证书、核对数量、检查外观质量、进行检验和试验	材料计划	材料验收登记
	材料保管	物资部	分类存放、进账、立卡	设备材料计划	进料单
	材料发放	物资部	核对数量、规格型号	材料预算	领料单

控制环节	控制要点	责任人	控制内容	控制依据	控制资料
开工报告	确认施工条件	项目经理	公司资质、人员岗位证书，设备材料、机具进场	施工文件	批准的开工报告
技术交底	各工种技术交底	专业工程师	施工图纸、规范、操作规程	图纸、规范标准	交底记录
选择分包单位	适应本工程施工	项目经理	技术、质量管理人员业务素质	施工业绩	劳务合同、总（分）包合同

（2）施工过程创优质量控制内容见表4-7。

施工过程创优质量控制内容表 　　　　　　表4-7

控制环节	控制要点	责任人	控制内容	控制依据	控制资料
测量定位	轴线、标高控制	测量工程师	复核轴线、标高和细部线	施工图纸、原始测量成果	测量放线相关记录
钢筋工程	钢筋制作	土建工程师	钢筋原材料复试，下料长度、弯钩尺寸	设计图纸、图集及下料单	验收记录
	钢筋绑扎	土建工程师	钢筋接头位置，钢筋规格、型号、数量、间距、保护层厚度	设计图纸有关图集、规范	检验批及隐蔽验收记录
模板工程	模板安装	土建工程师	截面尺寸、垂直度、平整度、支撑加固情况	设计图纸、施工方案	检验批及隐蔽验收
	模板拆除	土建工程师	拆除时间、模板清理修整	施工方案、混凝土试块强度	拆模申请
砌块墙体	加气块墙体砌筑	土建工程师	混凝土砌块质量、轴线位置、垂直度、灰缝饱满度、梁底塞缝、构造措施	设计图纸、规范	验收记录
装修工程	装饰工程施工质量	装饰工程师	装饰材料选样、装饰施工方案、平整度、观感，线条、细部处理	施工方案、施工图纸及规范	验收记录
门窗工程	木门、铝合金窗及钢门窗安装	装饰工程师	成品半成品质量、安装位置、框边塞缝、框体牢固	设计图纸、规范	验收记录
楼地面	面层质量	土建工程师	楼面标高、面层平整度	设计图纸、规范	验收记录
回填土	密实度	土建工程师	土质情况，土的干密度、含水率、夯实情况	设计图纸、规范	密实度试验报告
设计变更	设计变更合理	专业工程师	确认下达执行设计变更的合理性	设计变更单	批准后设计变更通知单
材料代用	材料代用合理	项目总工	代用文件、申请审批	材料代用通知单	变更后的材料预算
隐蔽验收	分项工程	专业工程师	隐蔽内容质量标准	图纸规范	隐检记录

（3）竣工验收过程质量创优控制内容见表4-8。

竣工验收过程质量创优控制内容
表4-8

控制环节	控制要点	责任人	控制内容	控制依据	控制资料
质量评定	分项工程	专业质监工程师	保证、基本、允许偏差项目	验评标准	验评记录
	分部工程	专业质监工程师	各分项工程资料	验评标准	验评记录
	单位工程	项目总工	所含分部质量保证资料、观感	验评标准	验评记录
最终检验和试验	最终检验和试验	项目经理、项目总工	交工前的各项工作	图纸、规范、标准、合同	各种检验资料
成品保护	成品保护措施得力	项目经理、项目总工	竣工工程做好看护，做好保护措施，确保成品不被损坏	图纸和合同	成品无损坏、无污染
资料整理	资料整理齐全	项目总工、各专业工程师	所有质量保证资料、技术管理资料、验评资料齐全	图纸、规范、标准、相关文件	各种见证资料
工程交工	办理交工	项目经理等组成的交工领导小组	组织工程交工、文件资料归档、办理移交手续	图纸、合同	交工验收记录、竣工验收证明书
工程回访	质量情况	项目经理、项目总工	了解用户意见，提出组织实施	质量管理手册	整改报告

2. 创优亮点及策划措施

创优亮点及策划措施内容见表4-9。

创优亮点及策划措施内容
表4-9

序号	亮点描述	策划措施
1	现浇混凝土结构全部达到"免抹灰"的效果	（1）重点保证钢筋位置准确，不发生偏位；（2）确保模板及支撑的强度、刚度和稳定性；（3）采用木工字梁作为墙体模板背楞，保证模板的刚度和平整度；（4）重点控制模板的垂直度、平整度，拼缝是否严密；（5）加强预拌混凝土质量控制
2	大体积、超长混凝土结构无有害裂缝	（1）合理确定混凝土配合比，严格控制混凝土原材料质量，对混凝土拌合过程进行监督，从源头上确保预拌混凝土质量；（2）严格控制混凝土坍落度，控制混凝土出机温度和浇筑温度；（3）混凝土浇筑前，对混凝土的调度、浇筑顺序、机械设备、混凝土振捣、抹压等各个环节精心部署，确保混凝土浇筑质量；（4）采取保温、保湿养护措施，控制混凝土内外温差，防止温度裂缝的产生
3	地下结构无渗漏	（1）做好防水材料选材、材料的检验试验工作；（2）优选防水专业队伍和操作工人，严格样板引路制；（3）制定防水成品保护措施；（4）优化混凝土配合比，严格控制混凝土坍落度；（5）采取二次振捣，增加混凝土振捣的密实度；（6）制定养护措施，加强混凝土养护
4	金属屋面无渗漏、防风效果好	（1）屋面结构体系上防水效果好，防风性能强；（2）屋面板在现场压型，减少纵向搭接；（3）加强细部节点做法；（4）检测固定座连接性能

序号	亮点描述	策划措施
5	幕墙整体美观大方、胶缝顺直、均匀、饱满	（1）材料及构件的检验；（2）准备工作的落实；（3）施工质量控制；（4）细部节点构造
6	卫生间装修美观实用、整体协调	（1）卫生间排砖及吊顶的排布设计；（2）墙地砖、吊顶与洁具、机电末端的协调；（3）卫生间管道排布及检修口设计；（4）施工过程控制措施；（5）成品保护
7	公共区精装修美观精致	（1）精装修方案设计；（2）材料选样；（3）样板施工；（4）施工过程控制措施；（5）成品保护
8	机房设备、管道布置合理、排列有序、安装精细	（1）机房设备、管线综合排布设计；（2）材料、设备选择；（3）样板施工；（4）施工过程控制措施；（5）成品保护

4.2.2.5 质量管理培训及观摩

（1）积极组织各分包单位学习《工程质量安全提升行动方案》《关于加强北京新机场工程质量管理的通知》等质量管理文件，将质量管理落实到实处。质量管理文件宣贯会见图4-2。

（2）特别邀请评优专家对总承包和专业分包单位管理人员进行"长城杯""鲁班奖"质量培训，提高管理人员的质量意识及业务能力；组织对各专业分包劳务队进行培训。质量培训及优质工程观摩见图4-3。

4.2.2.6 质量宣传策划

为了进一步提高工程建设施工水平，切实增强全体人员严格管理、精心施工的质量意识，创造质量管理氛围，在施工现场、醒目位置设置质量宣传标语进行质量宣传，让所有参施人员了解本工程的质量管理目标及质量标准，激发参施人员的质量意识和责任心。质量宣传标语见图4-4。

图4-2 质量管理文件宣贯会

图4-3　质量培训及优质工程观摩

图4-4　质量宣传标语

4.3 质量管理体系及管理制度

4.3.1 质量管理体系

4.3.1.1 总承包质量管理体系

（1）本工程为国家重点工程，对于北京市、河北省及周边地区发展有重要的意义，北京城建集团高度重视，选派了具有丰富施工经验的管理人员组建总承包项目经理部（总承部项目经理部就是北京城建集团新机场航站楼工程总承包部）。项目经理由具有同类工程施工经验的高级工程师担任，项目总工由具有同类工程施工经验、技术水平较高的教授级高级工程师担任。

（2）建立了以项目经理为第一责任人的质量管理体系，并要求钢结构、屋面、幕墙、精装修、机电等专业分包单位选派业绩突出、责任心强的业务骨干参与质量管理工作，使得质量管理体系能够正常、有效地运行。总承包质量管理体系见图4-5。

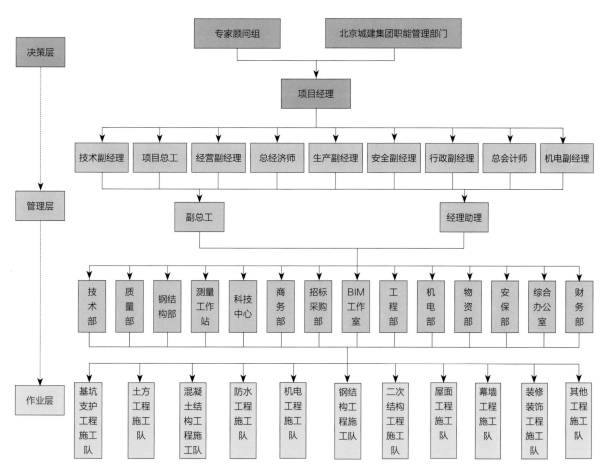

图4-5　总承包质量管理体系

（3）总承包质量部在各分部工程统筹分工管理的基础上，设置专门的质量分管人员对各分包单位的质量进行日常管理，按照现场各项质量管理制度，运用取样复试、旁站、实测实量、专题分析会、奖罚等一系列手段，主要对过程监督检查、组织验收、质量资料填写等质量行为进行管控。

4.3.1.2　对分包单位质量管理体系的要求

（1）要求各分包单位也建立完备的质量管理体系，分包单位的项目经理、技术负责人必须有类似大型工程施工经历，所有质量管理人员必须有2个以上的工程经历，有质量管理经验和创优经验，责任心强，业务能力强，每家分包单位必须配备不少于2名专职质量管理人员。同时，各分包单位的总部应设置针对本工程的质量管理督导小组，至少由总部内一名负责技术质量的领导担任组长，定期对现场施工质量进行检查督导，从总部层面做好本工程质量控制。

（2）总承包质量部对进场的分包单位质量管理体系及人员资格进行审核。

4.3.1.3　主要质量管理人员及部门职责

根据质量管理体系，建立项目质量岗位责任制，明确各主要岗位和部门的质量管理职责，见表4-10。

主要质量管理人员和部门职责

表4-10

序号	岗位/部门	职责
1	项目经理	（1）对项目实行全面管理，对项目质量负全面责任，是项目工程质量的第一责任人，对项目施工质量负终身责任。 （2）负责建立健全项目质量管理体系，设置项目质量管理部门，配备数量、资质满足项目管理需要的质量管理人员。选择合格的分包单位、劳务单位。 （3）组织工程创优策划，审批工程创优方案，组织工程创优工作。 （4）负责与项目相关方协调，解决项目实施中出现的质量问题。 （5）负责按照经审查合格的施工图设计文件和使用技术标准进行施工，组织对进场材料、构件、设备、预拌混凝土等按照规定进行检验。 （6）组织施工样板验收；组织参加监理单位组织的分部（子分部）工程质量验收；组织企业的单位工程竣工预验收；参加监理单位组织的单位工程竣工预验收，参加建设单位组织的单位工程质量竣工验收，参加单位工程竣工验收。 （7）主持项目质量分析会，组织项目质量宣传、质量培训、创优评奖及QC小组等活动。 （8）落实在各级质量检查、验收中所提出的质量问题的整改
2	技术副经理	（1）全面负责项目部的技术质量工作。 （2）贯彻执行国家及地方相关法律、法规、文件、标准、规范、工艺标准等，组织落实《技术质量管理分手册》的要求，确保技术、质量管理目标的实现。 （3）主持编制施工组织设计和重大技术方案的研讨、论证、编制和审核工作。 （4）侧重设计工作的沟通协调，参加建设单位组织的设计交底和图纸会审会议
3	项目总工	（1）对项目工程质量负技术责任。 （2）组织工程创优策划、审核工程创优方案。 （3）参加项目质量分析会，项目质量宣传、质量培训、创优评奖及QC小组等活动。 （4）参加工程质量问题、质量事故和质量投诉的调查，负责审定技术处理方案

序号	岗位/部门	职责
4	副总工（主管质量）	（1）参与工程质量策划和质量计划的编制，指导和监督项目质量工作的实施。 （2）制订施工样板计划，参加施工样板验收；参加分项、分部（子分部）、单位工程质量的检验与验收。 （3）组织项目质量分析会、项目质量宣传、质量培训、创优评奖及QC小组等活动
5	生产副经理	（1）负责工程施工过程质量控制，对项目施工质量负直接责任。 （2）组织实施施工组织设计、施工方案质量控制措施，并监督检查。 （3）参加施工样板验收；组织工程质量预验收。 （4）参加项目质量分析会。 （5）参加项目质量宣传、质量培训、创优评奖及QC小组等活动。 （6）参加工程质量问题、质量事故和质量投诉的调查，落实整改措施
6	质量部长	（1）全面负责质量部的管理工作，组织质量部人员履行质量部的管理职责。 （2）负责施工的过程质量检查、检验、监控和管理工作。 （3）负责与外部相关单位的质量协调工作，完成本专业质量业务与其他业务和专业的配合工作
7	技术部	（1）负责工程材料、设备技术标准的选用。 （2）负责工程创优方案中技术内容的编制。 （3）参加施工样板、分项、分部（子分部）工程质量的验收，参加单位工程的竣工预验收。 （4）参加项目质量宣传、质量培训、创优评奖及QC小组等活动。 （5）参加质量分析会，参加工程质量问题、质量事故和质量投诉的调查处理，负责编制技术处理方案
8	质量部	（1）负责本工程总体质量计划的编制工作，组织制定各分部分项工程的质量验收标准。按质量文件与合同要求，实施全过程的质量控制和检查、监督工作。 （2）负责对分部、分项工程及最终产品的检验，并参与最终产品的质量评定工作，独立行使施工过程中的质量监督权力。 （3）会同监理单位、设计单位、建设单位代表检查现场工程质量。 （4）对施工全过程进行质量控制，严格控制无质量保证文件和不符合技术规范要求的材料设备进入现场
9	工程部	（1）编制施工进度计划，合理安排施工搭接，确保每道工序按施工方案和技术要求施工，最终形成优质产品。 （2）负责作业过程中的指导、监督和管理，确保工序管理严格实施
10	物资部	（1）负责本工程的材料采购、供应，负责机械设备的管理、维修、保养，对其工作质量负责。 （2）负责不合格物资的处置和记录
11	钢结构部	（1）对钢结构的加工制作工艺和质量负责监督，负责钢结构专业分包单位现场施工的技术、质量管理事务。 （2）负责钢结构施工包含的新技术、新工艺、新材料的推广和应用
12	机电部	（1）负责机电安装工程的技术质量管理工作。 （2）负责本工程总体质量计划中机电安装部分的编制工作；组织制定各分部分项工程的质量验收标准。按质量文件与合同要求，实施全过程的质量控制和检查、监督工作，对不合格产品坚决不予放行，待其整改后再行检查验收。 （3）负责对分部、分项工程的检验和评定及最终产品的检验，并参与最终产品的质量评定工作，独立行使施工过程中的质量监督权力
13	商务部	（1）选择合格分包单位、劳务单位。 （2）负责分包单位资质资料的收集和报验

4.3.1.4　施工劳务队的选择及质量管理

（1）从已有的劳务队名单中择优选择有类似工程经验的高素质劳务队作为土建施工队。从国内业绩好的专业公司中，经招标选择专业施工队，确保专业施工队的数量和劳务人员的数量、素质。

（2）劳务队进场后，立即组织对各劳务队全体人员进行安全教育、培训和考核，合格后方可进行施工作业。

（3）对各作业队班组长和技术工种进行详尽的技术交底，进行规范和规定学习，对工艺、质量进行培训。

（4）现场设置工人夜校，定期根据现场工程的进度和施工质量情况，针对性地对工人进行技术质量培训，提高现场施工质量。

（5）按照"调配充足"的原则配置和组织人员和施工队，并做好人员和施工队的紧急更换和调整预案。

（6）通过合同约定、经济奖励等手段调动工人的主观能动性，不断提高施工质量。

4.3.2　质量管理制度

为了保证质量保证体系的有效运行，做到项目质量管理规范化、科学化、制度化，提高项目质量管理水平，实现工程创优目标，根据质量管理手册的要求，结合项目施工特点，制定相应的质量管理制度，见表4-11。质量管理制度实施效果见图4-6。

质量管理制度　　　　　　　　　　　　　　　　表4-11

序号	制度名称	制度主要内容
1	样板引路制度	在每项工作开始之前，必须进行样板施工。通过样板施工，实现统一做法、统一标准。施工样板包括加工样板、工序样板、细部做法样板、样板间等。 在样板施工中严格执行既定的施工方案，在样板施工过程中跟踪检查方案的执行情况，考核其是否具有可操作性及针对性，对照成品质量，总结既定施工方案的应用效果，并根据实际情况、施工图纸、实际条件（现场条件、操作队伍的素质、质量目标、工期进度等），预见施工中将要发生的问题，完善施工方案
2	封样管理制度	对应用于工程的建筑材料、设备，需根据设计图纸、施工技术标准的要求选样，经建设单位、监理单位和施工单位共同签字确认后进行封样，对影响外观效果的重要装饰材料，需设计单位确认。封样的样品需妥善保管，作为进场物资验收的重要依据
3	挂牌制度	材料挂牌：进场材料必须挂牌标识，注明材料名称、型号、规格、数量、检验状态、使用部位等。 工序挂牌：工序施工时，根据规范、评定标准、工艺要求等将质量控制标准写在牌子上，并注明施工责任人、班组、日期。牌子要挂在醒目部位，有利于每一名操作工人掌握和理解所施工项目的标准，也便于管理者的监督检查。 关键节点挂牌：对关键节点现场挂牌，便于操作人员和管理人员检查，避免出错

序号	制度名称	制度主要内容
4	奖罚制度	为了强化质量管理，提高管理人员和施工操作人员的质量意识和责任意识，在项目开工前，需制定具有针对性、可操作性的质量奖罚制度，并建立质量奖罚基金，组织质量考核，督促质量奖罚制度的执行落实。 总承包单位与各劳务分包单位、专业分包单位签订合同时，要约定所分包施工项目的质量标准及需达到的创优目标，并设定质量目标保证金
5	三检制	工序验收严格执行"三检制"，专业工长应督促班组长自检，并对班组操作质量进行中间检查。所有检验批必须按程序，报专检人员进行质量检验评定。上道工序完成后，下道工序施工前，由专业工长组织班组长进行交接检查，填写交接检查表，经双方签字，方准进入下道工序
6	原材料检验制度	建立原材料进场检验制度，所有进场材料必须按照规定进行检验和试验，合格后方可使用。应用于工程的材料必须先通过招标确定合格的供应商和品牌，并按确定的品牌进行采购，不得中途随意更换
7	教育培训制度	在工程开工前及施工过程中，积极开展质量教育、培训活动，使受培训人员掌握一定的质量管理知识，在工作中严格按照项目部的质量管理规定开展工作，使质量管理体系得到切实、有效地运行和完善，实现质量全员管理的要求
8	分析会制度	以质量例会、专题质量分析会的形式组织质量分析会。 质量例会每周召开1次，定期进行，由项目经理主持；针对施工过程中存在的专项质量问题和质量通病召开专题分析会，不定期进行，由项目总工主持
9	专业会签制度	检验批或分项工程中各专业交叉作业同时隐蔽，隐蔽前进行各专业的检查验收，并按照《会签单》进行会签，以确保各专业施工质量
10	实测实量制度	配置检测工具，对实体进行实测实量。根据实测实量的结果提出整改意见、编写整改方案、布置整改工作、决定奖罚处理措施和监督整改，确保施工质量
11	交底制度	各专项施工方案审批后，分项工程施工作业前，编制有针对性的技术质量交底，交底以书面形式向全体工作人员进行。技术质量交底的交底人、接受交底人、审核人签字齐全，签字完备的技术质量交底在项目技术质量部备案
12	成品保护制度	分阶段、分专业制定专项成品保护措施，设专人负责成品保护工作。管理者合理安排工序，上、下工序之间做好交接工作和相应的记录。采取"护、包、盖、封"的保护措施，对成品和半成品防护，派专人巡视检查，发现现有保护措施损坏时要及时恢复

（a）样板引路

（b）封样

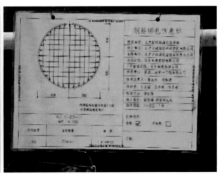
（c）挂牌

图4-6　质量管理制度实施效果一

（d）奖罚　　　　　　　　　　（e）三检　　　　　　　　　　（f）原材料检验

（g）教育培训　　　　　　　　（h）分析会　　　　　　　　　（i）专业会签

（j）实测实量　　　　　　　　（k）交底　　　　　　　　　　（l）成品保护

图4-6　质量管理制度实施效果二

4.4 主要分部分项工程质量控制

4.4.1　原材料质量控制

（1）进场编制《材料试验计划》，报总承包、监理单位进行审批。

（2）结构施工阶段设置现场试验站，编制了《施工试验方案》《施工试验管理办法》。各结构分区的试验人员持证，经过考试合格后上岗，保证上岗人员的专业能力。同时，对各区到岗试验人员进行试验交底，使用统一格式的各项试验台账，保证试验工作的正确性、一致性。

（3）所有材料和构件进场必须进行入场验收，验收流程如图4-7所示。

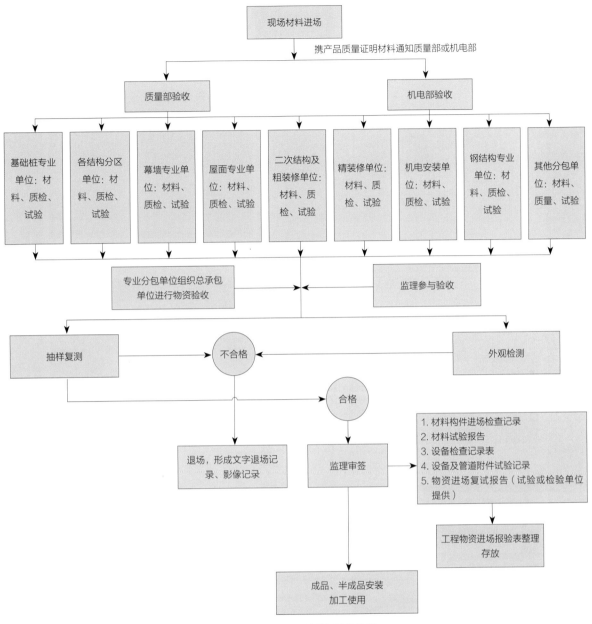

图4-7 材料和构件进场验收流程

（4）所有涉及功能和安全的材料，质量证明资料必须齐全，进场必须按照试验计划进行见证取样，进行复试检验，合格后可正式使用，不合格材料严禁使用于本工程。

（5）总承包单位在施工过程中有权要求分包单位对可疑材料进行取样抽检复试，分包单位必须无条件配合。

（6）样品封样管理。对于影响建筑整体外观效果，以及有特殊需求的建筑材料、设备，需根据设计图纸、施工技术标准以及相关方要求进行选样，组织建设单位、总承包单位、监理单位等对材料厂商进行考察调研，并经建设单位、监理单位和施工单位共同签字确认后进行封样，对影响外观效果的重要装饰材料，同时需设计单位确认。封样的样品需妥善保管，放入指定的封样室，作为进场物资对比验收的重要依据。

（7）材料质量控制实施效果见表4-12。

材料质量控制实施效果 表4-12

施工试验管理文件

现场试验站混凝土试块标准养护

搅拌站原材料抽检

材料厂家考察

材料封样

材料进场验收一

材料进场验收二

材料见证取样

4.4.2　基础桩工程质量控制

4.4.2.1　基础桩概述

本工程基础桩为钻孔灌注后压浆桩，采用旋挖钻孔灌注桩施工工艺，桩侧、桩端复式注浆，主要分为A、B、C、D四种桩型，见表4-13。基础桩分布见图4-8。

桩型设计表　　　　　　　　　　　　　　　　　　　　　表4-13

建筑区域	基础形式	结构板顶标高（m）	基础桩编号	桩径（mm）	有效桩长（m）（不小于下列数值）	桩端持力层	单桩承载力特征值（kN）		后注浆	桩身混凝土强度等级	主筋配置
							抗压	抗拔			
轨道交通区域	桩筏	-18.25	Px-L40-A	1000	40	粉质黏土-重粉质黏土⑧层，细砂⑧₁层，黏质粉土-砂质粉土⑧₂层	7500	/	桩侧、桩端	C40	12⚄20/8⚄20
			Px-L21-B	800	21	细砂-中砂⑦层	3000	1600	桩侧、桩端	C40	20⚄28/10⚄28
航站楼非轨道区域	独立承台+抗水板	-11.00	Px-L32-C	1000	32	细砂-中砂⑦层	5000	/	桩侧、桩端	C40	12⚄20/8⚄20
	独立承台+抗水板	-8.20	Px-L34-D	1000	34	细砂-中砂⑦层	5500	/	桩侧、桩端	C40	12⚄20/8⚄20
	独立承台+抗水板	-7.60	Px-L35-D	1000	35	细砂-中砂⑦层	5500	/	桩侧、桩端	C40	12⚄20/8⚄20
	独立承台+抗水板	-6.70	Px-L36-D	1000	36	细砂-中砂⑦层	5500	/	桩侧、桩端	C40	12⚄20/8⚄20
	独立承台	-4.00	Px-L39-D	1000	39	细砂-中砂⑦层	5500	/	桩侧、桩端	C40	12⚄20/8⚄20

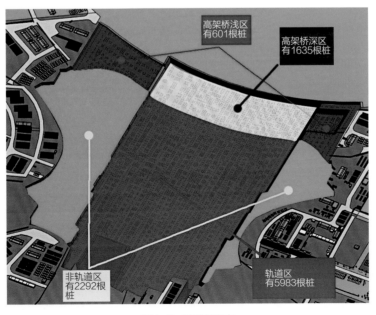

图4-8　基础桩分布

4.4.2.2 基础桩质量控制

基础桩施工质量控制要点见表4-14。

基础桩施工质量控制要点　　　　　　　　表4-14

序号	项目	质量控制要点
1	旋挖成孔	（1）开钻前的施工场地应平整、坚实，调整好钻机垂直度，并在施工过程中随时校正钻头位置。 （2）在砂类地层中，护筒埋置深度不小于3m，在施工钻进过程中，护筒内的泥浆面要高出地下水位1m以上。 （3）在提土、下钻过程中，要控制好钻头速度。
2	钢筋笼施工	（1）吊放时，先吊直、扶稳钢筋笼，保证钢筋笼不弯曲、扭转。在下沉过程中避免钢筋笼碰撞孔壁。 （2）检验合格后的钢筋笼按规格编号分层码放，每个钢筋笼单独编号挂标识牌，保证钢筋笼与孔位一一对应。 （3）沿钢筋笼外圈自上而下每隔4m设置一道钢筋支架，控制钢筋笼保护层厚度，支架采用直径为10mm的圆钢制作，焊接于主钢筋上。 （4）钢筋笼采用四点起吊，吊点沿钢筋笼长度均匀分布，避免钢筋笼变形
3	水下混凝土浇筑	（1）浇筑水下混凝土的导管拼接应严密、不漏水，内壁光滑。装配好的导管在使用前采用充水、加压的方式进行检查。 （2）混凝土应搅拌均匀、和易性好、坍落度符合要求。 （3）每根基础桩需连续浇筑，混凝土浇筑间歇时间控制在30min以内。 （4）导管应竖向徐徐提升，每次提升高度与混凝土浇筑速度相适应，保证导管内有足够的混凝土
4	后压浆	（1）钢筋笼与后压浆导管采用套管焊接。 （2）后压浆所用材料和设备必须符合设计要求，压力表等设备在周期检定有效期以内。 （3）为方便对水灰比的控制与检查，应在搅拌桶上刻画配制水灰比浆液面的位置线

4.4.2.3 过程质量控制

基础桩施工过程质量控制实施效果见表4-15。

基础桩施工过程质量控制实施效果　　　　　　　　表4-15

旋挖钻机施工作业

钢筋笼定位钢筋

钢筋笼箍筋起止一圈半

钢筋笼注浆管分色标识

钢筋笼压浆管端部长度检测

现场孔深检测

吊装钢筋笼、导管后测沉渣厚度

二次清孔

钢筋笼四点起吊

浆液密度、砂率、黏稠度检测

第三方成孔检测

水下混凝土浇筑施工

拌制浆液水泥用量控制

低应变检测

超声波检测

静载检测

检测数量：低应变检测10511根桩，静载检测146根桩，超声波检测1068根桩。
检测结果：基础桩委托第三方进行检测，竖向承载力静载检测均符合设计及相关规范要求。
静载检测承压桩沉降量为3.69~20.49mm，抗拔桩沉降量（上拔量）为2.43~7.44mm

4.4.3　防水工程质量控制

4.4.3.1　防水概述

本工程地下防水工程防水等级为Ⅰ级，防水材料种类较多，主要防水设计做法见表4-16。

防水设计做法　　　　　　　　　　　　　　　　表4-16

部位	防水做法
桩头防水	水泥基渗透结晶防水涂膜+20mm厚聚合物水泥防水砂浆+止水环
基础底板	3mm+4mm SBS改性沥青防水卷材
外墙后浇带	止水钢板
地下室外墙、架空层部分外围护墙体（有覆土）	3mm+4mm SBS改性沥青防水卷材

4.4.3.2　防水质量控制

防水施工质量控制要点见表4-17。

序号	项目	质量控制要点
1	清理基层	基层清理、找平,表面无明水
2	节点细部处理	附加层处理、穿墙节点处理
3	弹线	在基层上弹基准线,确定防水卷材铺设位置
4	铺贴SBS卷材	(1)卷材长向搭接:两幅卷材短边、长边的搭接宽度均不得小于100mm。 (2)同一层相邻两幅卷材铺贴时横向接头错开不小于1500mm。待第一层卷材验收后,再进行第二层卷材铺贴。上下层和相邻两幅卷材接缝应错开1/3~1/2幅宽,相邻两幅卷材的接缝相互错开500mm以上,且卷材不得相互垂直铺贴。 (3)卷材边缘封压密实,避免脱落、开口。 (4)使用条粘法时,用压辊排出卷材下的空气
5	水泥基渗透结晶防水涂膜	2~3遍涂刷至设计厚度,施工12h后终凝,喷雾养护2~3d
6	成品保护	验收合格后,及时进行结构或保护层施工,避免破坏防水层

4.4.3.3 过程质量控制

防水施工过程质量控制实施效果见表4-18。

防水施工过程质量控制实施效果 表4-18

桩头环切及剔凿

桩头渗透结晶涂刷均匀(宽度为250mm)

桩头防水砂浆表面平整

桩头防水砂浆覆膜养护

底板超前止水带安装牢固

外墙超前止水带安装牢固

底板后浇带止水钢板安装牢固、焊接严密

外墙水平及竖向施工缝止水钢板安装牢固、焊接严密

基层含水率检查

阴阳角附加层

搭接长度检查

接缝挤出油，密封质量好

底板防水层铺贴平整、严密

外墙防水层铺贴

4.4.4　混凝土结构工程质量控制

4.4.4.1　钢筋工程质量控制

1. 钢筋工程概述

钢筋设计概述见表4-19。

钢筋设计概述

表4-19

部位	主筋类型	规格
基础、底板、墙、柱、梁、板	HPB300	6.5～8mm
	HRB400E	8～40mm
连接形式		直径≥20mm钢筋采用直螺纹连接，直径<20mm钢筋采用绑扎搭接
直螺纹套筒		标准型套筒、正反丝扣型套筒
预应力筋		预应力筋：直径为15.2mm的高强度低松弛钢绞线，抗拉强度标准值 f_{ptk}=1860 N/mm^2。 张拉端：无粘结筋采用单孔夹片锚，有粘结筋采用多孔夹片锚。 固定端：采用单束挤压锚

2. 钢筋工程质量控制

钢筋工程质量控制要点见表4-20。

钢筋工程质量控制要点

表4-20

序号	项目	质量控制要点
1	钢筋原材质量控制	（1）原材进场必须提供产品质量证明书，产品质量证明书中的炉批号需与钢牌的炉批号对应。 （2）钢筋进场经外观检查合格后，按规定抽取试件做力学性能检验，合格后方可使用，钢筋原材必须挂标识牌，注明检验状态，避免将尚未检验的钢筋应用于工程。 （3）梁柱纵向钢筋采用HRB400E级钢筋，重点注意钢筋抗拉强度实测值与屈服强度实测值的比值不小于1.25，钢筋的屈服强度实测值与强度标准值的比值不大于1.3，钢筋在最大拉力下的总伸长率实测值不小于9%
2	钢筋加工质量控制	（1）安排专人卜料，下料单经技术人员审核通过后，严格按下料单加工钢筋。 （2）因大量采用高强度钢筋，重点控制钢筋弯曲直径，防止弯曲直径偏小影响钢筋延性。 （3）每种箍筋先进行试加工，箍筋的尺寸、弯钩平直长度符合要求后，再大面积加工，保证箍筋加工尺寸准确。 （4）墙柱钢筋封顶时，提前对下部甩筋的高度实测、实量后再下料，方便控制钢筋的高度。 （5）钢筋直螺纹连接由技术提供单位安排技术人员在现场指导与服务，套丝工人必须经培训合格后颁发操作证，持证上岗。钢筋端头用无齿锯切割整齐，钢筋丝头加工时，保证丝头长度和丝扣数量符合要求，对滚丝刀片要及时更换，防止刀片磨损，严重影响加工质量。 （6）加强钢筋半成品检查、预检验收，避免将加工不合格的钢筋半成品应用于工程
3	钢筋连接质量控制	（1）钢筋直螺纹连接套丝机和套筒选用同一厂家产品，保证钢筋连接质量的稳定。 （2）钢筋接头套筒两端外露丝扣控制在规定范围以内，以外露半个完整丝扣为宜，保证套筒内钢筋两端相互被顶紧。 （3）连接钢筋时，对正轴线，将钢筋拧入连接套筒内，然后用力矩扳手拧紧。拧紧接头，在自检合格后点红油漆标记，与未拧紧的接头区分，以防漏拧。 （4）接头检验：按规范要求对接头进行外观及力学性能检验，并用力矩扳手对接头的拧紧力矩进行抽检
4	钢筋定位	（1）严格控制钢筋起步位置：墙体竖筋自柱边50mm起步；柱箍筋、墙体水平筋自结构楼板面（地面）上50mm起步；框架梁箍筋自柱边50mm起步；板钢筋自梁边50mm起步。 （2）钢筋定距措施：对墙体竖筋、水平筋、梯子筋控制间距，梯子筋设顶模棍控制墙体钢筋保护层厚度；柱纵筋采用定距框定位；楼板钢筋规格较小时（楼板上铁直径不超过14mm）采用成品马凳控制间距，其余楼板钢筋采用现场焊接工字形马凳控制间距。 （3）梁上部纵筋多排设置时，每排钢筋之间设置横向短钢筋头控制间距，避免两排（或多排）钢筋位置过低影响受力，短钢筋头直径不小于25mm，且不小于梁纵筋直径。 （4）楼板上铁在支座部位及后浇带两侧均设马凳，对上铁保护层进行重点控制

序号	项目	质量控制要点
5	预应力筋制作与安装	（1）预应力筋下料：预应力筋应采用砂轮锯切断，下料长度通过计算确定。 （2）后张法有粘结预应力筋预留孔道：预留孔道的定位应准确、牢固，浇筑混凝土时不应出现移位或变形；孔道应平顺通畅，端部的预埋垫板应垂直于孔道中心线；成孔用管道应密封良好，接头应严密，不得漏浆。 （3）预应力筋铺设：在后张法施工中，对于浇筑混凝土前穿入孔道的预应力筋，应有防锈措施。无粘结预应力筋的护套应完整，局部破损处用防水塑料胶带缠绕紧密、修补好。无粘结预应力筋应定位牢固，防止浇筑混凝土时出现移位和变形，端部的预埋垫板垂直于预应力筋，内埋式固定端垫板不应重叠，锚具与垫块应贴紧。无粘结预应力筋成束布置时，数量及排列形状应能保证混凝土密实，并能够握裹住预应力筋

3. 过程质量控制

钢筋施工过程质量控制实施效果见表4-21。

钢筋施工过程质量控制实施效果　　　　　　　　　　　　　　表4-21

钢筋进场检查

钢筋码放整齐并设标牌

钢筋原材见证取样复试

作业人员持证上岗

直螺纹钢筋头用砂轮切割平整

直螺纹丝扣通规检测

直螺纹丝扣止规检测

T形卡尺检测

直螺纹丝头毛刺打磨

直螺纹丝头扣上保护帽

使用相应弯弧内直径的弯曲轴

检查箍筋外包尺寸

检查弯钩平直段长度

钢筋班组质检员对半成品进行100%检验

钢筋连接现场见证取样

现场直螺纹连接质量外露一个完整丝扣

墙水平筋起步筋检查

梁箍筋起步筋检查

板钢筋起步筋检查

墙钢筋设置梯子筋定位（带顶模棍，棍端头刷防锈漆）

钢筋直螺纹连接检查验收

钢筋搭接焊长度规范

底板下铁保护层

墙钢筋保护层

底板马凳

楼板钢筋设工字形马凳

板钢筋画线控制间距

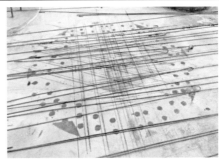

柱插筋不等距位置现场放样

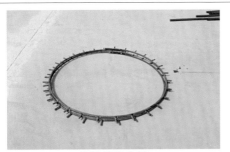

柱插筋定位箍

劲性钢结构构件设钢筋连接件

劲性钢结构套筒连接

劲性钢结构接驳器连接

梁箍筋间距检查

墙钢筋间距检查

板钢筋间距检查

柱螺旋箍筋间距检查

底板筋间距均匀、顶面平整

顶板筋间距均匀、顶面平整

梁钢筋绑扎间距均匀、规范

圆柱钢筋绑扎间距均匀、规范

方柱钢筋绑扎间距均匀、规范

内墙甩筋规范

墙体钢筋绑扎间距均匀、规范

支座支墩钢筋绑扎间距均匀、规范

板筋防踩踏措施

柱插筋防污染措施

预应力管道固定牢靠、布设规范

预应力筋布设间距均匀、规范

4.4.4.2 模板工程质量控制

1. 模板工程概述

模板设计概述见表4-22。

模板设计概述

表4-22

部位		模板配置方案
墙	地下室墙体	面板为18mm厚覆膜多层板，竖肋为100mm×100mm方木、50mm×100mm方钢管，横肋为双50mm×100mm方钢管、双10号槽钢，支撑采用φ48钢管及木枋等。模板上设置φ16对拉穿墙螺栓
	洞口	采用定型木模板，模板整体用木枋制作。采用18mm厚覆膜多层板，四角用角钢封闭
梁、板		梁、楼板模板采用木模板体系，用盘扣式脚手架、碗扣式脚手架支撑
柱	方形柱	面板为18mm厚覆膜多层板，竖肋为50mm×100mm方木，横肋为双10号槽钢，支撑采用φ48钢管及木枋等。模板上设置φ16对拉穿墙螺栓
	圆形柱	采用定型钢模板

2. 模板工程质量控制

模板施工质量控制要点见表4-23。

序号	项目	质量控制要点
1	轴线位移控制	（1）模板轴线及边线测放后需组织验线，确认无误后再支模板。 （2）墙、柱根部内侧设"顶模棍"控制墙柱位置及截面，外侧设钢筋地锚并用方木和木楔将模板下口卡紧，防止跑模。墙体木模板顶部设通长横龙骨控制墙体顺直度，也便于调节墙体垂直度，防止墙顶偏位。 （3）对模板轴线、垂直度、支撑、对拉螺栓进行认真检查，发现问题及时处理
2	柱模板	（1）柱支模板前必须先校正钢筋位置。 （2）柱模板根部与混凝土接触面，在楼板混凝土浇筑时应精确找平，保证模板下口与楼板面贴严。 （3）钢柱模板由下至上安装，模板之间用楔形插销插紧。钢柱模板采用钢丝绳+花篮螺栓调节和控制垂直度。 （4）圆柱钢模板变形，特别是边框变形，要及时修整。拆模板后，及时清除模板上的遗留混凝土残浆。模板拼缝部位粘贴双面胶条保证拼缝严密
3	梁板模板	（1）梁板模板支撑严格按方案要求搭设，重点做好剪刀撑、抱柱拉结措施，以保证支撑的稳定性。 （2）严格按先支设梁底模板，安装梁钢筋，再支梁侧模板的施工顺序。梁底模板和侧模板先预拼装，后安装。 （3）圆形柱与梁节点部位用圆柱木模板按需要锯成相应尺寸拼装。 （4）梁底模板预留清扫口，在混凝土浇筑前将模板内残留的垃圾清理干净后，将清扫口堵严。 （5）木胶合板模板安装周期不宜过长。浇筑混凝土时，木模板要提前浇水湿润。 （6）对跨度超过4m的现浇钢筋混凝土梁、板，其模板应按设计或规范要求起拱。 （7）后浇带部位梁板模板采用独立支撑体系

3. 过程质量控制

模板施工过程质量控制实施效果见表4-24。

柱根部在边线内3mm弹切割线，切割10mm深，剔除软弱层，露出石子	墙根部在边线内3mm弹切割线，切割10mm深，剔除软弱层，露出石子

连墙柱侧弹线、剔凿、贴密封条

柱头弹线、剔凿（在梁板混凝土底面上5mm弹切割线，切割10mm深，剔除软弱层，露出石子）

底板后浇带模板牢固、规范

钢包木

墙体模板成型

阴阳角模板切坡口现场硬拼装

柱钢模板进场检查

钢模板打磨

柱钢模板拼缝严密、无错台

柱钢模板用砂浆封底

模板螺栓及定位销安装紧固

连墙柱模板安装可靠

柱钢模板安装完成

柱钢模板垂直度检测

梁底模板

梁侧木模板龙骨、对拉螺栓间距均匀、规范

板底模板龙骨设置规范

板模板边拉线控制

板模板硬拼接，表面平整、拼缝严密

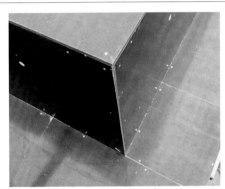

木模板阴阳角顺直

木模板拼缝严密

梁柱节点用定型木模板

柱高出梁底25mm，在梁板混凝土底面上弹5mm切割
线，切割10mm深，控制接缝在混凝土内部

高大模架经过专家论证

高大模架盘扣式脚手支撑体系搭设规范

盘扣式脚手架支撑体系顶部自由端尺寸满足规范要求

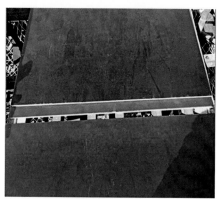

梁底清扫口留置

梁内用吸尘器清理

板面用空气压缩机清理

拆模申请

4.4.4.3　混凝土工程质量控制

1. 混凝土工程概述

混凝土设计概述见表4-25。

混凝土设计概述　　　　　　　　　　　　　　　　　表4-25

项目	内容	
混凝土强度等级	混凝土抗渗等级	P10、P8
	基础垫层	C15

项目	内容	
混凝土强度等级	桩、基础、底板、地下室侧壁	C40
	承台	C40
	普通框架柱、预应力框架柱	C60
	梁、板	C40
	构造柱、过梁	C25

2. 混凝土工程质量控制

混凝土施工质量控制要点见表4-26。

混凝土施工质量控制要点 表4-26

序号	项目	质量控制要点
1	预拌混凝土质量控制	（1）在供应合同中明确混凝土技术质量要求，包括设计要求、原材料要求、配合比要求、管理要求等内容。 （2）执行配合比报审制度，各种配合比经承包单位及监理单位审核后方可实施。 （3）要求搅拌站对专供北京大兴国际机场工程的原材料设存放料仓，并注明北京大兴国际机场专用，及时标明规格型号、产地、进场时间、检验状态等内容。 （4）要求各搅拌站各强度等级混凝土7d标准养护强度必须达到设计强度值80%以上，28d标准养护强度必须达到设计强度值115%以上。 （5）搅拌站须在每个施工浇筑区域设质检员和调度人员，参与混凝土的取样和试块制作
2	保证混凝土连续浇筑	（1）每次浇筑混凝土需准备备用搅拌站，安排专人调度，根据现场情况控制混凝土供应速度。 （2）加强技术交底工作，每次浇筑大方量混凝土，均需进行现场交底，强调混凝土浇筑顺序、分层浇筑的控制方法和要求，以保证混凝土接槎及时，避免有施工冷缝。 （3）安排专人负责混凝土浇筑。 （4）现场要有备用柴油发电机。大方量混凝土浇筑需安排两班人员交替进行，保证混凝土浇筑过程不停歇
3	施工缝留置及浇筑标高控制	（1）混凝土施工缝留置要求：基础底板、墙体、梁板的混凝土平面，按照设计要求留置后浇带和施工缝，楼梯的施工缝留置在休息平台以上3个踏步位置，柱顶部水平施工缝在梁底面上5mm处。 （2）楼板标高控制：用镀锌钢管作为冲筋，精确控制楼板顶标高，在混凝土收面时将镀锌钢管取出
4	混凝土浇筑振捣质量控制	（1）混凝土振捣人员，要经考核合格后方可上岗。 （2）墙柱、超厚底板及深梁混凝土浇筑重点要控制好混凝土分层厚度。 （3）竖向结构根部需先浇筑50～100mm厚与该部位混凝土相同配合比的细石混凝土。 （4）混凝土振捣控制要点：垂直插入、快插、慢拔、三不靠（不要靠住模板、钢筋和预埋件）、间距合理、保证振捣（振动）不漏振、不过振。 （5）梁柱、板不同强度等级混凝土同时浇筑时，应采取分隔措施，浇筑时先浇筑高强度等级的混凝土，再浇筑低强度等级的混凝土

序号	项目	质量控制要点
5	混凝土试块留置	每次浇筑混凝土时，按要求留置好混凝土试块
6	混凝土养护	（1）混凝土必须安排专人负责养护。 （2）大体积混凝土底板用毛毡覆盖，蓄水养护不少于14d。 （3）混凝土墙、柱用毛毡包裹后，再用塑料布包裹，顶部淋水保湿，养护不少于14d；梁、板蓄水养护，不少于7d。 （4）在冬期施工时，混凝土结构在拆模后，立即包裹塑料布及用保温被覆盖养护，不得浇水
7	预应力筋张拉和放张	（1）安装张拉设备时，对直线预应力筋，应使张拉力的作用线与孔道中心线重合；对曲线预应力筋，应使张拉力的作用线与孔道中心线末端的切线重合。 （2）预应力筋张拉或放张时，混凝土强度应符合设计要求。 （3）预应力筋的张拉力、张拉或放张顺序及张拉工艺应符合设计及施工技术方案的要求
8	灌浆及封锚	（1）孔道灌浆前应进行水泥浆配合比设计，控制好水泥浆的稠度和泌水率。 （2）灌浆前孔道应湿润、洁净。 （3）灌浆应缓慢均匀地进行，不能中断，直至出浆口排出的浆体稠度与进浆口浆体稠度一致。灌满孔道后，再继续加压0.5～0.6MPa，稍后封闭灌浆。 （4）张拉端锚具及外露预应力筋的封闭保护：锚固后的外露部分采用机械方法切割，外露长度不宜小于预应力筋直径的1.5倍，且不小于30mm；外露预应力筋及锚固端锚具的保护层厚度符合设计及规范要求

3. 过程质量控制

混凝土施工过程质量控制实施效果见表4-27。

混凝土施工过程质量控制实施效果　　　　　　　　　　　　　　表4-27

搅拌站设置专用料仓及专用生产线

混凝土振动棒配置

混凝土泵车浇筑设备准备就绪

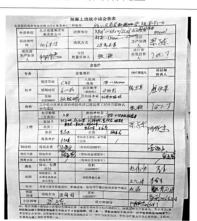

混凝土浇灌申请会签完毕

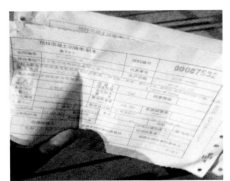

查验混凝土随车小票

坍落度的检查，查看混凝土的工作性能—黏聚性、保水性、和易性

制作混凝土试块

同条件试块

混凝土浇筑振捣快插慢拔，振捣密实且不过振

在混凝土面拉标高控制线

混凝土面用刮杠找平

混凝土面用磨光机抹平

混凝土柱采用毛毡包裹后，再用塑料布包裹，顶部采用淋水保湿养护不少于14d

混凝土墙采用毛毡包裹后，再用塑料布包裹，顶部采用淋水保湿养护不少于14d

底板大体积混凝土蓄水养护

顶板抗裂混凝土蓄水养护

冬季，柱包裹保温被养护

冬季，梁板覆盖保温被养护

混凝土梁效果

混凝土柱效果

混凝土梁柱节点效果

混凝土梁板效果

混凝土墙体效果

混凝土弧形梁效果

混凝土圆柱成品保护

混凝土方柱成品保护

混凝土楼梯成品保护

混凝土墙体阳角保护

混凝土结构实测实量

混凝土结构实测实量标识

混凝土结构实体强度回弹检测

混凝土结构实体保护层厚度检测

张拉设备配套标定

预应力张拉（张拉应力为1395MPa，实际伸长值与计算值允许偏差在±6%）

预应力灌浆（水泥浆抗压强度不小于30MPa）

预应力封锚（用高强度无收缩灌浆料进行封锚）

4.4.5 隔震层工程质量控制

4.4.5.1 隔震层工程概述

隔震层位于±0.00处，隔震层设有建筑隔震橡胶支座（包括铅芯橡胶支座和普通橡胶支座）、建筑隔震弹性滑板支座和阻尼器，设计概述见表4-28。

隔震层设计概述　　表4-28

序号	名称	规格型号	数量（套）	合计（套）	总计（套）
1	建筑隔震弹性滑板支座	ESB600	38	108	
2		ESB1500	70		
3	建筑隔震橡胶支座（铅芯橡胶支座）	LRB600	56	393	1232
4		LRB1200	337		
5	建筑隔震橡胶支座（天然橡胶支座）	LNR1200	448	731	
6		LNR1300	66		
7		LNR1500	217		
8	阻尼器	阻尼器VFD100	154	154	154

4.4.5.2　隔震支座工程质量控制

隔震层安装施工质量控制要点见表4-29。

隔震层安装施工质量控制要点　　表4-29

序号	项目	质量控制要点
1	深化设计	（1）支座与上、下部结构连接构造深化设计。 （2）支座锚固钢筋及定位预埋钢板的深化。 （3）支座与混凝土结构连接节点区深化设计。 （4）阻尼器预埋钢板布置深化设计
2	支座安装	（1）支撑隔震支座的支墩（柱），其顶面水平误差不宜大于3‰；在隔震支座安装后。隔震支座顶面的水平误差不宜大于8‰。 （2）隔震支座中心的平面位置与设计位置的偏差不应大于5.0mm。 （3）隔震支座中心的标高与设计标高的偏差不应大于5.0mm。 （4）安装隔震支座时，下支墩混凝土强度不应小于混凝土设计强度的75%。 （5）下支墩混凝土浇筑必须密实，下支墩顶面与支座接触面应密贴
3	阻尼器安装	（1）阻尼器与结构连接的预埋连接钢板定位轴线偏差不大于2mm。 （2）阻尼器底板中心线位置偏差不大于5mm
4	防火包封	（1）连接钢圈应紧密贴合法兰板外沿。 （2）防火板竖缝应嵌满填实，拼接密实，固定牢靠。 （3）自攻螺钉嵌入防火板中深度应不低于20mm，外端抹入防火砂浆，并与防火板外表面平齐。 （4）上下防火板之间的接缝宽度不小于5mm，防火柔性材料砌筑密实、平整。 （5）防火卷帘固定应牢靠，防火卷帘搭接重叠长度不少于100mm。 （6）锥形钢圈固定牢靠，应形成完整的支座防火构造包覆圈，内外表面防火涂料覆盖均匀，不应有漏涂和磨损，如有磨损应及时补涂。 （7）连接钢板、锥形钢圈焊接点距离不应大于300mm，点焊间隙不宜大于2mm

4.4.5.3　过程质量控制

隔震层施工过程质量控制实施效果见表4-30。

支座出场检测

水平极限变形见证检验

现场抽样检测

检测报告

环箍、埋板定位准确，安装牢固

套筒与定位预埋板贴合

埋件标高复测

埋件平整度检测

柱头剔凿出坚实面

剔凿高度控制在40mm

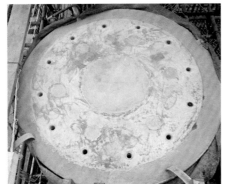

二次灌浆平整、密实

二次灌浆覆盖养护

支座安装平整

支座螺栓拧固控制

支座上板螺栓安装紧固

锚栓全部拧紧，上部用油毛毡全部覆盖

隔震支座安装效果

弹性滑板支座安装效果

防火包封材料进场见证取样

连接钢圈安装牢固

防火砖固定可靠，砂浆填缝饱满

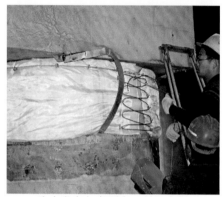

防火卷帘包裹严密，封口牢固

锥形钢圈安装牢固，防火涂料涂刷均匀一

锥形钢圈安装牢固，防火涂料涂刷均匀二

阻尼器进场检查

阻尼器连接埋板打磨除锈

阻尼器下节点板定位

节点板焊接

阻尼器及上节点板安装

阻尼器安装效果

4.4.6　钢结构工程质量控制

4.4.6.1　钢结构工程概述

本工程钢结构主要为劲性钢结构，屋顶钢网架结构，支撑钢结构，室内钢桥、楼前入口钢连桥，室内钢浮岛等。

1. 劲性转换钢结构设计特点

由于高铁和地铁车站结构柱的位置与航站楼结构柱的位置不同，因此，航站楼的地下结构柱要通过劲性钢结构进行转换，分布情况见图4-9。

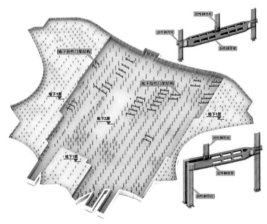

（a）地下劲性转换钢结构分布

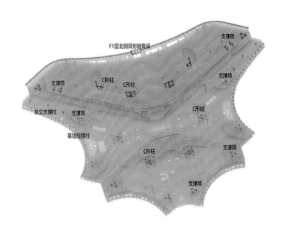

（b）地上劲性转换钢结构分布

图4-9　劲性转换钢结构分布情况

2. 屋盖支撑钢结构设计特点

北京大兴国际机场航站楼核心区屋盖荷载由内圈8组C形柱、中部12组支撑筒、外侧幕墙柱等承担。支撑钢结构分布情况见图4-10。

3. 屋盖钢结构设计特点

屋盖为不规则自由曲面空间网格钢结构，投影面积达18万m²，钢结构构件主要是圆钢管和焊接球，部分受力较大部位采用铸钢球节点。整个屋盖包括了中央天窗和条形天窗，屋盖钢结构重量约为3.3万t。屋盖钢结构效果见图4-11。

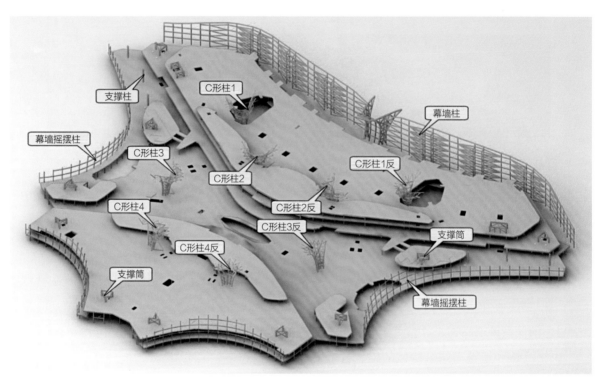

图4-10 支撑钢结构分布情况

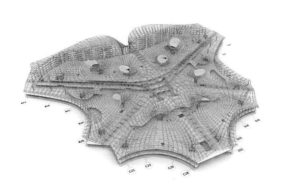

（a）屋盖钢结构三维轴测图

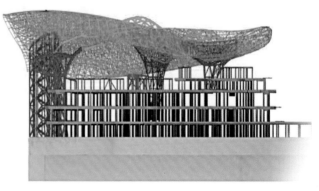

（b）网架剖面图

图4-11 屋盖钢结构效果

4.4.6.2 钢结构工程质量控制

钢结构施工质量控制要点见表4-31。

表4-31

钢结构施工质量控制要点

序号	项目	质量控制要点
1	深化设计	成立深化设计小组，负责钢结构深化设计工作。深化设计必须与土建、机电等专业充分协调
2	原材料及构件质量检测	采购阶段重点做好钢材的复验、钢管进场验收、焊材复验、栓钉复验、涂料复验。加工制作阶段主要是对构件尺寸的检测、焊接质量的检测。安装阶段主要有网架拼装的检测，钢柱、钢梁、网架安装的检测，高强度螺检紧固质量检测、涂装质量检测等
3	构件加工	（1）放样：在平整的放样台上进行，复杂构件按1：1放出实样；放样的样杆、样板材料必须平直，如有弯曲或不平，在使用前予以矫正。 （2）号料：按照样杆、样板的要求进行号料；在每一号料件上用漆笔写出号料件名称及号料件所在工程构件的编号，注明孔径规格及各种加工符号。 （3）切割：切割时，必须看清断线符号，确定切割程序；钢管采用五（六）维空间的自动切割机下料，以保证相贯线几何尺寸的精度，管口的光洁度。 （4）校正和成形：只对影响号料质量的钢材进行矫正，其余在各工序加工完毕后再矫正或成形。 （5）边缘加工：气割或机械剪切的零件，需要进行边缘加工时，其刨削量不应小于2.0mm。 （6）构件组装：构件组装时待焊部位清理应符合标准，焊缝的装配间隙和坡口尺寸控制在允许偏差以内；定位焊缝的质量必须完好，定位焊接后清除焊渣 （7）焊接质量：焊接施工前，根据本工程的焊接工艺评定结果，制定专门的焊接工艺规程，用于指导焊接施工。 （8）厚板焊接质量控制：单面焊尽量采用小坡口焊缝；尽量采用对称焊接、自动焊接；采用多层多道焊
4	现场安装	（1）预拼装质量控制：拼装前，先检查胎架模板的位置、角度，批量拼装胎架模板，复测后才能进行后续构件的拼装施工；构件整体组装应在部件拼装、焊接、矫正后进行；隐蔽部件应先行焊接、涂装，经检查合格后方可组合。 （2）焊缝表面质量应达到：外形均匀，焊道与焊道、焊道与基本金属间过度较平滑。 （3）顶升施工质量控制：在千斤顶选择时，对其液压行程进行严格控制，确保行程误差控制在0.5mm内，每台千斤顶的顶升速度相近。防止网架偏差措施：施工过程中发现千斤顶打滑，要及时通过其顶部的卡松装置进行支撑杆垂直的调整，每滑1m就对支撑杆加固一道，确保其稳定性。提升设备布置及承载能力：网架提升时受力情况尽量与设计受力情况接近，每个提升设备所受荷载尽可能接近，提升设备的承载力应取额定承载力乘以折减系数
5	构件涂装	喷涂过程中要随时检查刚刚喷过的漆膜是否存在针孔、气泡、鱼眼、流挂等缺陷，如有上述缺陷应马上停止喷涂施工，分析原因，检修设备，试喷成功后再继续喷涂。如发现露底，应立即补喷

4.4.6.3 过程质量控制

钢结构施工过程质量控制实施效果见表4-32。

请专家论证钢结构方案

钢结构施工班前交底

钢结构原材见证取样

编号	焊评编号	焊评材质		试件厚度 mm	适用厚度范围 mm	接头形式	焊接方法	焊接材料	焊接位置
		材质	类别						
1	BJJC-HP-01（新作）	Q460GJC	IV	25	3~50		GMAW	ER55-G	H
2	BJJC-HP-02（新作）	Q460GJC	IV	40	30~80		GMAW	ER55-G	H
3	BJJC-HP-03（新作）	Q460GJC	IV	25	3~50		GMAW+SAW	ER55-G + H08MnMoA (SJ101)	F
4	BJJC-HP-04（新作）	Q345C + Q460GJC	IV	25	3~50		GMAW	ER50-6	H

焊接工艺评定目录

编号：BJJC-HP-02焊评试件

对接接头弯曲试验

检查工厂焊缝间隙

检查工厂钢板坡口

工厂焊缝探伤

测量工厂构件尺寸

加工C形柱弧形管

C形柱第三方检测

驻厂工程师验收构件

工厂预拼装

构件进场验收

焊工实操考试

焊前打磨

焊接防护措施

焊材管理

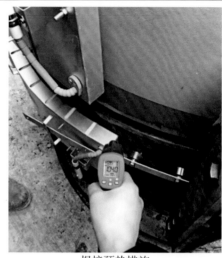

焊接预热措施

焊后打磨

严格管理隐蔽焊缝

用水平尺调平拼装胎架

用水平尺调平拼装码板

在胎架上画十字线，定位球中心

拼装前验收胎架

杆件拼装验收

网架拼装前焊缝检查

网架拼装前焊接验收合格

网架焊接防风措施

焊接过程中验收隐蔽焊缝

检测焊缝余高

焊缝外观成型效果

焊缝探伤检测

网架提升脱胎后，支托位置打磨除锈

提升前测量

提升到位后测量

实测数据对比

提升到位后进行局部微调

提升完嵌补杆件

分区分级同步卸载

吊装区域采用漏斗式砂箱卸载

涂装前对钢结构构件表面清理

在涂装前检测验收焊缝结点

焊缝节点油漆补涂

漆膜厚度检测

防火涂料厚度检测

用全站仪测量监测

用三维扫描仪测量监测

应力应变与温度监测

超声无损检测残余应力

应力应变监测点

地下劲性钢结构构件吊装效果

地上劲性钢结构构件吊装效果

屋盖网架实体效果一

屋盖网架实体效果二

屋盖网架实体效果三

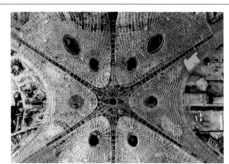
屋盖网架实体效果四

4.4.7 屋面工程质量控制

4.4.7.1 屋面工程概述

北京大兴国际机场航站楼屋面工程分为四个标段，平面投影造型被采光顶分为六个相对独立的单元，北区2片屋面东西向对称，南区4片屋面沿中心点环向对称，屋面标段划分见图4-12。

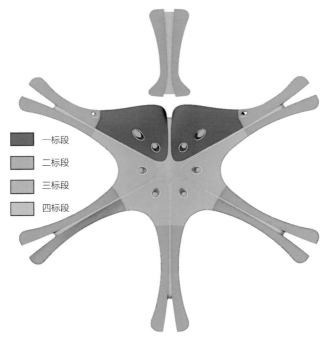

图4-12　屋面标段划分

　　屋面工程有三个标准构造做法，层面标准构造做法及分布见表4-33。

屋面标准构造做法及分布　　　　　　　　　　　　　表4-33

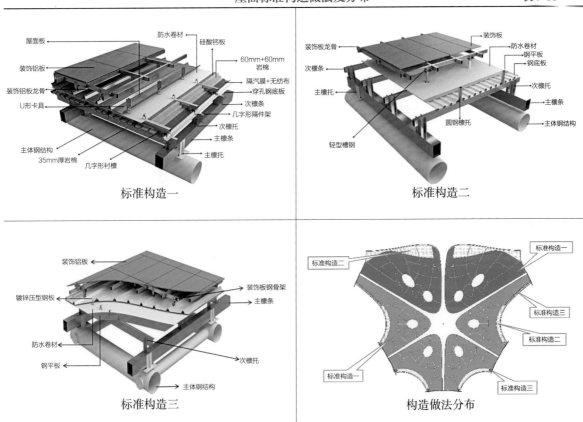

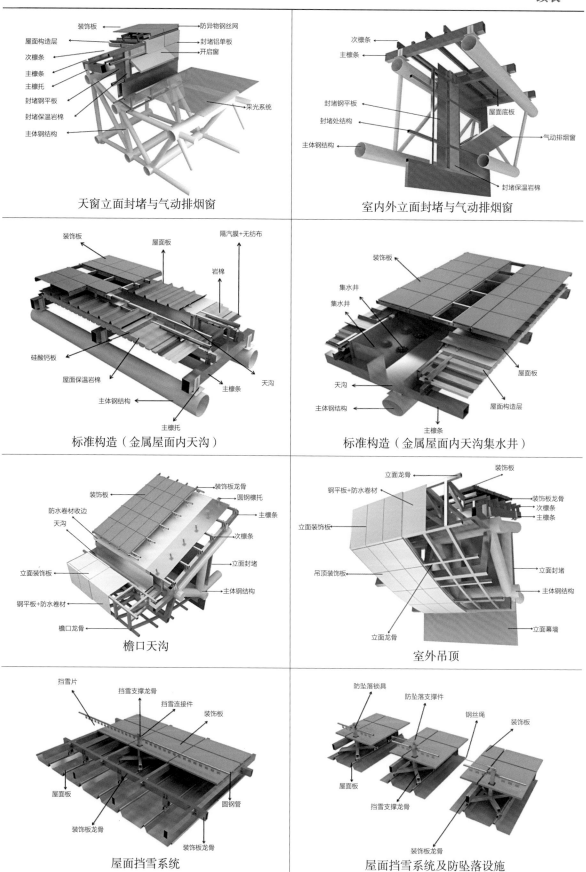

天窗立面封堵与气动排烟窗

室内外立面封堵与气动排烟窗

标准构造（金属屋面内天沟）

标准构造（金属屋面内天沟集水井）

檐口天沟

室外吊顶

屋面挡雪系统

屋面挡雪系统及防坠落设施

4.4.7.2 屋面工程质量控制

屋面工程施工质量控制要点见表4-34。

屋面工程施工质量控制要点

表4-34

序号	项目	质量控制要点
1	深化设计	屋面深化设计时注意钢网架结构、幕墙结构与屋面的连接形式，复核连接节点设计与屋面系统是否矛盾。此外，还应注意虹吸雨水系统和融雪电伴热，与机电工程在屋面结构的穿孔、连接设计，并提供相关图纸给关联专业参考，避免施工中发生矛盾
2	屋面板防水防风控制	（1）防风控制：屋面板两端防风设计、优选配件、檩条加密设计、屋脊处泛水板处理、檐口防风设计、支座螺钉加密、天沟边卷材设置通长防风压条、屋面紧固件加密。 （2）防水控制：确定屋面板铺设顺序、屋面板两端防水构造、天沟变形缝措施、收口防水措施。根据工程的具体情况和板长合理设置屋面板的固定点，提高天沟处焊缝的焊接质量。卷材铺设时，从坡度低处向高处铺设，做好卷材各细部收口处理。收口处应用专业收口压条、收口螺钉固定，用密封膏密封
3	加工质量控制	（1）板材加工质量控制：在板材压型机进场后，进行设备的调试，并进行首件产品的加工。屋面板在现场压板生产，根据现场需要下料，减少纵向搭接，提高屋面的整体性和美观性。 （2）金属屋面直立锁边缝合设备使用压型机器施工，自动化程度高。 （3）铝板加工制作：按板材的展开图样尺寸下料，下料块的尺寸偏差应符合要求；板块折弯前冲剪缺口，缺口尺寸符合设计图样的要求；圆弧形部分开切口槽，收口槽的数量、位置等根据圆弧板块图样确定；板块弯弧的尺寸同板块设计图样的要求；板块折弯接缝处，焊接、焊缝应平整，连接牢固；根据设计图样的要求，在加强型材连接处安装螺栓；装饰喷涂表面不得有明显的压痕、印痕和凹陷等残迹
4	屋面安装质量控制	（1）钢檩条的安装精度控制：将檩条钢连接件的安装孔设计成长条孔，消除主钢结构所带来的误差；加工一些非标准的檩托板，在误差较大处使用；在钢支撑端板与十字檩托板间，增加钢垫片调节钢支撑端板倾斜角度。 （2）钢底板的安装：安装顺序为由低处至高处，由边缘至中间安装。 （3）不锈钢天沟安装：安装龙骨前，先检查钢结构是否平直，根据天沟的深度及宽度测量放线，保证天沟在一条直线上。焊接时，要保证焊缝均匀，清除多余焊渣后进行防腐处理。 （4）保温层的铺设：保温岩棉板应充分紧贴，不得出现空气层，以减小雨水对屋面的击打声。 （5）防水卷材的铺设：铺贴方法和铺贴顺序应符合要求。机械固定件的规格必须符合设计要求，搭接宽度应正确，接缝应严密，搭接应牢固。一般细部节点及复杂细部节点的附加防水处理应符合要求。 （6）屋面板的安装：安装前应仔细检查固定座安装质量，按基准线安装屋面板。板的就位及安装：板抬到安装位置，就位时先对准板端控制线，然后将此板的搭接边用力压入前一块板的搭接边，就位后派专人检查铝合金固定座是否全部被压入了板肋，搭接是否紧密。检查后，用手动锁边器沿板肋方向每隔一段距离将盖帽临时固定。板的咬边：面板盖条收口、固定好后，对面板进行调整，然后用锁边机自动锁边。檐口板等应安装牢固，包封严密，棱角顺直

序号	项目	质量控制要点
4	屋面安装质量控制	（7）屋面装饰铝板的安装：在屋面板施工的同时，在有固定座的位置进行标记，在转换件施工安装前，需要对标记点复查。 （8）屋面淋水试验检查：屋面面积大、坡度大、造型复杂，难以长时间进行人工淋水试验，所以采用雨后观察法进行渗漏检查。在自然降雨（2h）后立即对渗漏情况进行详细检查。发现渗漏情况必须及时找出原因，并将检查情况及原因填入屋面系统淋水试验检查记录表，根据检查记录表的内容，及时组织人员按要求进行整改，并留置影像资料；再次降雨后除对现场进行详细检查外，需重点对上次出现的渗漏点进行复检，若仍存在渗漏问题，需再次分析原因并进行整改，直至渗漏问题被彻底解决

4.4.7.3 过程质量控制

屋面工程施工过程质量控制实施效果见表4-35。

屋面工程施工过程质量控制实施效果　　　　　　　　　　　　　表4-35

主檩条进场见证取样

穿孔底板进场检查

主檩托焊接可靠

主檩条连接板焊接可靠

主檩条焊缝防腐涂刷

主檩条安装

次檩托标准节点安装

次檩托特殊节点安装一

次檩托特殊节点安装二

次檩条、拉杆安装

主次檩条安装验收

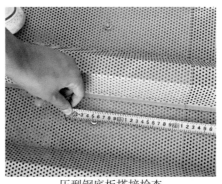

压型钢底板搭接检查

压型钢底板安装验收

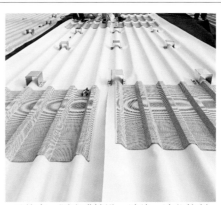

无纺布、隔汽膜铺设，波峰、波谷控制

衬檩条打钉检查

衬檩条完成安装

玻璃丝棉铺设严密、平整

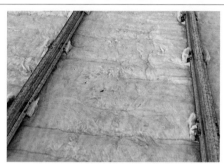

玻璃丝棉铺设严密、平整

自攻钉现场拉拔试验

首层保温岩棉铺设检查

二层保温岩棉错缝铺设

TPO焊接作业检查

TPO特殊节点热风焊接

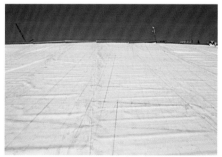

TPO铺设完成

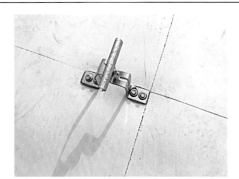

固定座弹线布设、打钉

固定座安装成型

固定座安装验收

金属屋面板多点吊运

金属屋面板完成安装

金属屋面板锁边机作业

天沟龙骨及底板完成安装

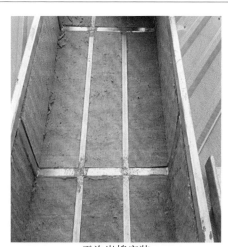

天沟岩棉安装

天沟不锈钢水槽安装

集水井龙骨及底板安装

集水井岩棉铺设

集水井不锈钢槽安装

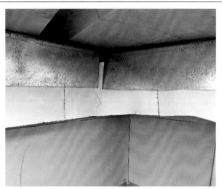

TPO入集水井收边

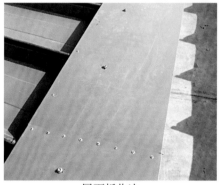

屋面板收边

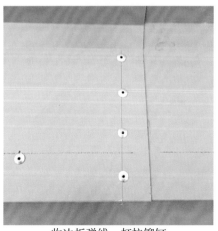

收边板弹线、打拉铆钉

集水井位置收边

室外屋面立柱与底板缝隙处理

室外屋面立柱TPO节点做法

装饰层龙骨基座安装牢固

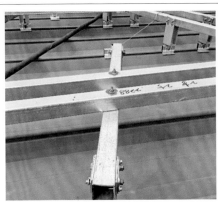

装饰层龙骨安装

防风夹安装

装饰层龙骨成型

装饰层龙骨验收

装饰板安装绝缘垫及打自攻钉

装饰板成型效果一

装饰板成型效果二

装饰板成型效果三

内隔墙龙骨、岩棉安装

内隔墙镀锌钢板安装

屋面隔墙安装

外隔墙龙骨检查

外隔墙穿网架封闭节点

挡雪系统安装

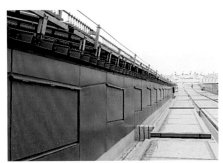

挡雪及防坠落系统安装

防坠落系统安装

天沟电伴热布设点位间距均匀、粘结牢固

挑檐龙骨地面拼装检查

挑檐龙骨吊装检查

挑檐龙骨验收

挑檐板固定安装检查

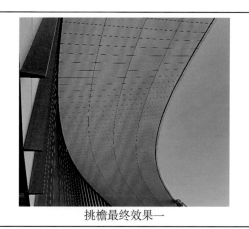
挑檐最终效果一

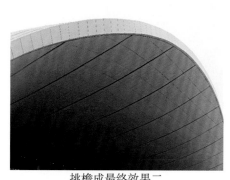
挑檐成最终效果二

4.4.8　幕墙工程质量控制

4.4.8.1　幕墙工程概述

本工程幕墙部分主要由立面幕墙和采光顶两部分组成。立面幕墙包括框架式玻璃幕墙及铝板幕墙两大部分，立面玻璃幕墙包括直立面玻璃幕墙和内倾立面玻璃幕墙两部分。采光顶分为钢结构体系玻璃采光顶及铝结构体系玻璃采光顶，两者区别在于底层受力结构体系不同。幕墙位置分布见图4-13。

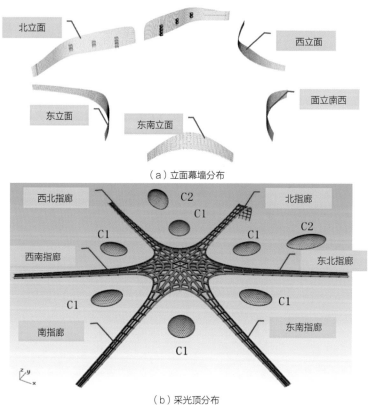

（a）立面幕墙分布

（b）采光顶分布

图4-13　幕墙位置分布

4.4.8.2 幕墙工程质量控制

幕墙工程施工质量控制要点见表4-36。

幕墙工程施工质量控制要点 表4-36

序号	项目	质量控制要点
1	安装前的质量控制	（1）施工前检查建筑结构及确认有无任何妨碍施工的问题。 （2）现场施工之前先到现场实地复核建筑尺寸及定位，发现现场尺寸与图纸尺寸不一致时，及时和土建专业沟通解决。 （3）现场预留干燥、有通风及有遮挡的空间来存放成品、半成品以及进行幕墙现场安装，尽量减少成品和半成品的搬运
2	安装过程中的质量控制	（1）幕墙在安装期间，不切割或焊接任何组件或配件而影响幕墙的刚度，损坏表面及外观或降低幕墙的性能。 （2）滴水线和排水孔安置在不显眼的位置。 （3）所有泛水应正确安装。 （4）所有支撑托架均可做多方向的调整，当幕墙调配正确后，连接点均牢固定位；可移动部分的金属件涂上润滑剂与其他金属分开，在移动时，保证不发出声响。 （5）尽量避免不同的金属材料相互直接接触，必须接触的，应在金属材料接触面涂上沥青漆、锌铬酸、保护胶膜。 （6）幕墙与主体结构连接的各种预埋件、连接件、紧固件必须安装牢固，其数量、规格、位置、连接方式和防腐处理符合设计要求。各种连接件、紧固件的螺栓应有防松动措施。焊接连接符合设计和规范要求。 （7）密封胶打注应饱满、密实、连续、均匀、无气泡，宽度和厚度应符合设计要求和技术标准的规定。胶缝应横平竖直、深浅一致、宽窄均匀、光滑顺直。 （8）有具备完整的排水系统，漏水和凝结水均排到外墙面。排水系统在每一层均被封闭。为了检验幕墙的防水性能，保证施工质量，在幕墙安装后进行喷淋试验
3	现场安装常见质量问题及预防	（1）龙骨安装误差及控制措施：对施工测量放线误差进行控制、消除，不能累积，以保证垂直度和平整度。材料在运输的过程中采取有效措施，避免因自重或受外力的影响产生变形。在安装前，对材料进行检查，对变形的材料经校正后再安装。龙骨安装完毕后，应按照规范规定的偏差值进行检测，凡发现超过允许偏差值的，应及时调整。 （2）变形缝处理的控制：变形缝必须按照施工大样图施工，并做好技术交底工作。加强工序间的检查，做好隐蔽工程的验收工作。 （3）防幕墙玻璃防碎裂措施：采用大面积玻璃时，应采取相应措施，减小玻璃中央与边缘的温差。玻璃裁割加工时，应按规范留出每边与构件槽口的配合角度，同时，裁割后边缘应磨边、倒棱、倒角处理后加工。玻璃安装时，按规定设置弹性定位垫块，使玻璃与框有一定的间隙。避免保温材料同玻璃接触，防止涂膜层破损，通过设计确定幕墙三维调节的能力。 （4）幕墙防渗漏措施：按净化要求将灰尘、污垢等清除干净后才能注胶。注胶时应仔细操作，速度不宜过快，以免出现针眼、细缝。根据槽口尺寸选用相应的密封条，密封条在转角处应呈45°割断，并在转角处和回边胶条间隔500mm处，用胶粘剂将胶条固定在槽内，接头处应密封严密。组装时，应注意各连接处连接严密，无阻水现象，保持内排水系统畅通、不渗漏。在开启部位和幕墙压顶及周边等构造复杂、易渗漏部位施工时，应特别重视，加强检查，发现密封不良、材料性能达不到要求时，及时整改或更换。在安装施工过程中，应进行淋水试验

4.4.8.3 过程质量控制

幕墙工程施工过程质量控制实施效果见表4-37。

幕墙工程施工过程质量控制实施效果 表4-37

玻璃取样

玻璃进场验收

型材进场厚度检测

连接螺栓见证取样

连接件绝缘漆膜厚度检测

后置埋件拉拔试验

转接件焊接

转接件防腐涂刷

连接板焊接

连接板防腐涂刷

连接板面漆涂刷

连接板涂刷厚度检测

立面幕墙型材连接节点

立面幕墙型材安装验收

角码安装胶垫

防脱块后加装胶垫

玻璃存放

玻璃胶缝检测

打胶前清理及粘贴美纹纸

打胶成型效果

立面玻璃安装效果一

立面玻璃安装效果二

采光顶基座焊前打磨

采光顶基座焊接第三方检测

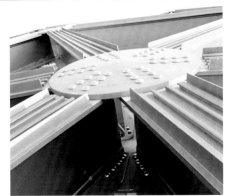

采光顶铝结构连接盘节点（外侧）　　　　　采光顶铝结构连接盘节点（内侧）

采光顶铝结构安装　　　　　　　　采光顶铝结构安装完成

采光顶铝结构安装验收　　　　　　　采光顶玻璃基座安装

采光顶玻璃安装检查　　　　　　　　采光顶玻璃安装效果

采光顶玻璃打胶前清理

采光顶玻璃打胶成型

胶缝厚度检测

采光顶天沟底板安装

采光顶天沟保温岩棉开始铺设

采光顶天沟不锈钢槽安装

采光顶主钢龙骨吊装

采光顶主钢龙骨连接节点

采光顶次龙骨连接节点

采光顶龙骨焊接第三方检测

采光顶龙骨验收

采光顶绝缘垫铺设

采光顶铝型材安装

采光顶玻璃安装

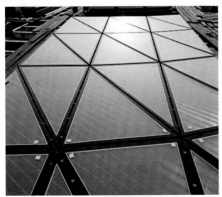

采光顶玻璃拼接

采光顶玻璃胶缝宽度检测

采光顶玻璃成品保护

天沟龙骨安装

天沟龙骨验收

天沟底板及二道龙骨验收

天沟保温岩棉完成铺设后的效果

天沟底板及TPO连接盘安装

TPO连接盘拉拔试验

TPO基层及连接盘验收

TPO铺装热风焊接

铝型材边框挂线调直安装

TPO铺设成型一

TPO铺设成型二

首层铝板幕墙龙骨焊接及防腐

首层铝板幕墙龙骨安装

首层吊顶保温岩棉安装

首层铝板幕墙保温岩棉安装

首层铝网幕墙安装

首层铝板安装

4.4.9 机电工程质量控制

4.4.9.1 机电工程质量控制点

机电工程质量控制要点见表4-38。

机电工程质量控制要点 表4-38

序号	项目	质量控制要点
1	管线综合	净高控制、水电分设、检修方便、综合支吊架设置、抗震支架设置、管线标识
2	末端排布	位置正确、间距恰当、排列规范
3	屋面	管线穿屋面防水、风机排布及安装、防雷接地
4	走道	净高控制、检修位置及检修口、管线排布、共用支架、抗震支架、末端排布、管线、孔洞封堵、防火封堵、管线标识
5	管井	套管、封堵、管线定位和间距、支架设置、保温、标识、排水、等电位联结
6	电井及小间	综合排布、箱柜及桥架接地、设备固定牢靠、线缆压接、回路标识、系统标识
7	配电室及电缆夹层	位置排布、管线排布、接地、安全照明、消防设施
8	柴油发电机房	设备及管线排布、油箱间尺寸、防爆措施
9	设备机房	总体排布、检修通道、标高控制、综合支架、减隔震措施、抗震支架、管道保温、管道穿墙点、管道与墙面关系、有组织排水、阀部件安装、设备保护接地、标识
10	卫生洁具安装	洁具间距、生根牢靠、地漏准确、墙地砖对缝或对称、安装高度、检修便捷、等电位联结

4.4.9.2 机电工程质量过程控制

为了确保机电工程施工质量，严控物资进场，坚持样板引路，强化工序管理和验收负责制，坚决执行质量奖惩和质量问题一票否决制度。机电工程质量过程控制见表4-39。

机电工程质量过程控制
表4-39

电缆工厂监造

喷砂除锈验收

卫生间施工样板

防火板包覆样板

机电主干管线施工样板

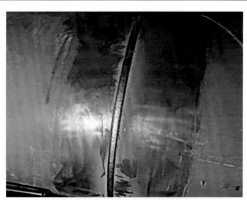

机器人焊接施工样板

设备管廊综合支架施工样板

水泵限位器施工样板

水炮功能试射

消火栓功能试射

供电验收

正压送风风量测试验收

防雷检测

消防检测

水质验收

无障碍设施验收

弱电信息工程验收

竣工验收

4.4.9.3 机电工程质量创优

机电工程施工质量目标明确，按照项目总体施工质量部署安排，提前做好质量创优策划，通过培训、观摩、学习、对标等方式，实现一次成优。机电工程质量创优见表4-40。

机电工程质量创优 表4-40

强电小间箱柜排布整齐，安装牢固

箱柜防火封堵严密，接地可靠

马道内槽盒排布整齐

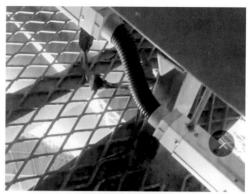

照明母线便于检修

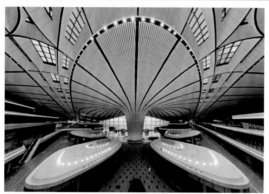

自然采光和DALI调光协调系统

大空间照度舒适

消防泵房布置合理，安装规范

空调机房布局紧凑，检修通畅

设备管道成排成线，标识清晰

风管保温棱角分明，成品美观

楼控末端设备整齐布置

明装消火栓功能齐全，与环境完美融合

值机岛功能完善，整齐美观

罗盘箱末端点位布置合理

机电末端点位弧线平滑，间距统一

机电末端点位布置合理，与装修协同融合

4.4.10 装修工程质量控制

4.4.10.1 大吊顶铝板工程质量控制

1. 大吊顶铝板工程概述

大吊顶铝板工程具有造型复杂、体形庞大、跨度大、配件零散、需大量高空组拼吊装的特点。主要设计做法见表4-41。

大吊顶铝板主要设计做法   表4-41

部位	材料做法
面层铝板	15mm厚金属蜂窝板，面板厚1.0mm，漫反射涂层铝板+13.3mm蜂窝芯+0.7mm厚聚酯预滚涂铝板
基层钢材	转换层龙骨钢材型号：120mm×60mm×3mm、90mm×60mm×3mm、160mm×80mm×4mm、120mm×80mm×3mm、200mm×100mm×4mm、150mm×100mm×3mm；主龙骨钢材型号：60mm×40mm×2mm；组框龙骨钢材型号：60mm×40mm×2mm
连接配件	圆盘、U形抱箍、几字形挂件、半球螺栓吊挂点、镀锌角钢、L形镀锌钢链接码、连接件等

2. 大吊顶铝板工程质量控制

大吊顶铝板施工质量控制要点见表4-42。

大吊顶铝板施工质量控制要点   表4-42

序号	项目	质量控制要点
1	圆盘、抱箍安装	按照设计图纸及现场测量数据进行安装，圆盘、抱箍连接牢固
2	转换层焊接吊装	转换层严格按照图纸进行焊接且焊接牢固，焊接处做好防腐处理，吊装时按现场测量数据进行吊装，连接件连接牢固
3	面板单元组拼吊装	（1）单元板块组拼：按照组拼图纸进行组拼，铝板缝隙为75mm，组框到边距离、组框到铝板板面距离，根据组拼图纸数据进行预留。 （2）铝板连接件与组框间使用橡胶垫片进行间隔。 （3）铝板安装连接牢固，用自攻螺钉固定到位。 （4）面板单元吊装：单元板块间距20mm，接缝处平顺
4	面板调整	按照现场测量数据进行面板调整，板面应平整、顺滑
5	成品保护	出厂包装必须完好，铝板面覆保护膜，施工时做好成品保护

3. 过程质量控制

大吊顶施工过程质量控制实施效果见表4-43。

转换层龙骨焊接牢固，焊接处做防腐处理

圆盘抱箍安装连接牢固

转换层吊装

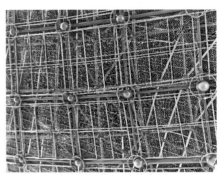

转换层固定、连接牢固

单元板块组拼合格标识

单元板块大面积吊装

大吊顶铝板初调

大吊顶铝板打点精调

| 完成后实景照片一 | 完成后实景照片二 |

4.4.10.2 地面工程质量控制

1. 地面工程概述

地面工程面层材料采用花岗石、水磨石、PVC地板，基层为轻骨料混凝土，地面设计做法见表4-44。

地面设计做法   表4-44

地面类型	具体做法
花岗石	140mm轻骨料混凝土+30mm1:3干硬性水泥砂浆铺找平层+花岗石
水磨石	130mm轻骨料混凝土+70mm厚水磨石找平层、面层一体化
PVC地板	173mmC20细石混凝土+20mm1:2.5砂浆+腻子+3mm自流平2.6mm+PVC地板
地垫	59mm轻骨料混凝土+20mm砂浆+5mm橡胶海绵衬垫+16mm地垫

2. 地面工程质量控制

地面工程施工质量控制要点见表4-45。

地面工程施工质量控制要点   表4-45

序号	项目	质量控制要点
花岗石地面		
1	清理基层	基层清理，表面无明水、垃圾及杂物
2	垫层浇筑	基层洒水湿润，标高控制准确，误差为±2mm，轻骨料混凝土养护7d
3	找平层	垫层表面无明水、垃圾及杂物，垫层洒水湿润
4	花岗石铺贴	（1）挑石材时要认真仔细，剔出不合格者，对厚薄不均匀的石材，加以注明，使施工人员施工时注意控制。 （2）先试铺，正式铺装时，要用水平尺对已铺装石材找平。 （3）养护期内，禁止上人、存放或移动重物

序号	项目	质量控制要点
5	成品保护	（1）成品保护值班人员，按项目领导指定的保护区范围进行值班保护工作。 （2）成品保护专职人员，按施工组织设计或项目质量保证计划中规定的成品保护职责、制度办法，做好保护范围内的所有成品检查保护工作
水磨石地面		
6	清理基层	基层清理，表面无明水、垃圾及杂物
7	垫层浇筑	基层洒水湿润，标高控制准确，轻骨料混凝土养护7d
8	面层及找平层一体化	所挑选石子必须大小均匀，水泥与石子比例控制准确，标高控制准确
9	成品保护	（1）水磨石未完全硬化时禁止上人踩踏，要派专人看守。 （2）做好面层养护
PVC地板地面		
10	清理基层	基层清理，表面无明水、垃圾及杂物
11	垫层浇筑	基层洒水湿润，标高控制准确，混凝土养护7d
12	PVC地板铺贴	铺贴平整，无起拱、凹陷；与垫层粘贴牢固，无松动
13	成品保护	胶粘剂未干透时，禁止上人员踏，要派专人看守

3. 过程质量控制

地面施工过程质量控制效果见表4-46。

地面施工过程质量控制效果　　　　　　　　　　表4-46

基层清理

垫层分缝及标高控制

垫层浇筑

垫层成型

考察花岗石厂家

石材进场检测

石材铺贴

石材拼花

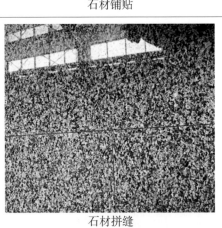

石材拼缝

石材护角

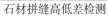

石材拼缝高低差检测

石材铺贴成型

水磨石拼花分格

水磨石用机械打磨

水磨石效果

PVC地板铺贴

4.5 验收组织管理

4.5.1 验收流程

1. 工程质量验收流程见图4-14

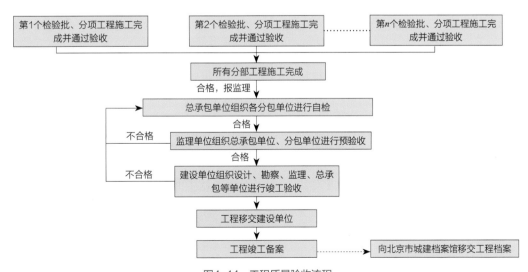

图4-14 工程质量验收流程

2. 工程竣工验收流程见图4-15

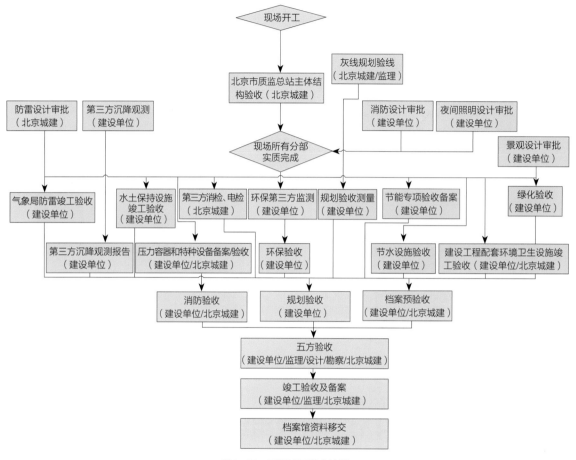

图4-15 工程竣工验收流程

4.5.2 检验批分项分部验收

4.5.2.1 验收组织基本规定

检验批由专业监理工程师组织施工单位专业质量员、专业工长等进行验收；分项工程由专业监理工程师组织施工单位专业技术负责人等进行验收；分部工程由总监理工程师组织建设、勘察、设计、施工等单位项目负责人和项目技术负责人等进行验收。

4.5.2.2 基本要求

（1）各分包单位应在各标段质量员组织下，在自检合格的基础上向总承包单位进行报验，在总承包单位的组织下向专业监理工程师进行报验。工序验收严格执行"三检制"，分包单位各标段工长和质量员应督促班组长自检，并对班组操作质量进行中间检查。所有检验批必须按程序，报专检人员进行质量检验评定。工种间的交接检，由各标段工长和质量员组织班组长进行交接检查，由总承包单位质检员做好督导和总体验收把控，填写交接检查表，经双方签字，方准进入下道工序。

（2）各分包单位质检员熟悉每道工序的做法和标准要求，盯在施工一线，随时掌握现场班组施工质量动态，编制材料报验计划和工序验收计划，做好材料报验和工序报验。及时总结现场质量问题，在班前会上与班组长一道对工人进行讲评和指导，辅助分包单位技术质量负责人对工人进行必要的培训。

（3）总承包单位区域质量主管熟悉图纸，掌握施工方案和技术交底要求，加强现场旁站和巡视，做好过程质量控制，把质量问题消灭在萌芽状态。提高工序检验批一次验收合格率，组织好向监理单位的报验，做好现场各项验收工作，并做好相应的记录。辅助总承包单位质量部对班组和分包单位管理人员进行质量和创优培训。

4.5.3 竣工验收组织

4.5.3.1 验收组织基本要求

（1）分部分项验收由监理单位和总承包单位进行组织验收，建设单位和设计单位派人参加，形成分部分项验收记录。

（2）第三方检测、强制性验收、专项验收由建设单位或部分专项由建设单位、总承包单位共同组织，总承包单位牵头，分包单位积极配合，形成最终的验收报告。

（3）为更好地把控工程质量，及时整改，对重大和关键性内容进行预验收。本工程拟进行预验收的项目有：消防预验收、质量预验收、竣工档案预验收等，由建设单位和总承包单位进行组织。

（4）最终的竣工验收由建设单位组织，依据国家标准《建筑工程施工质量验收统一标准》GB 50300—2013进行，五方责任主体参加，政府质量监督部门进行过程监督。

4.5.3.2 验收组织体系

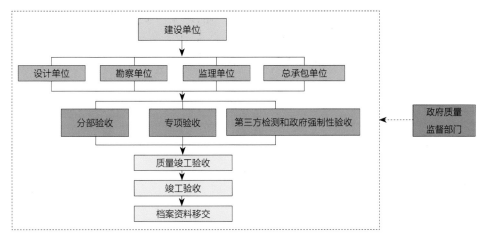

图4-16　工程竣工验收组织体系

4.5.3.3 验收时间计划安排

2019年5月10日供电、供水、供气、压力容器和特种设备完成验收。

2019年5月12消检电检完成。

2019年5月15日完成消防验收；无障碍设施完成验收。

2019年5月20日水检测、环境检测、防雷检测完成验收；陆侧、空侧市政工程完成验收。

2019年5月25日规划验收、电梯验收、节能验收完成。

2019年6月15日质量竣工验收。

2019年6月20日工程档案预验收。

2019年6月30日竣工验收完成。

4.5.3.4 验收形成的资料及结果

分部分项验收按照北京市建筑工程和市政工程的资料管理规程中的固有表格，形成最终的验收资料。各专项验收、第三方检测、强制性验收等，要形成最终的验收报告，报告的签字盖章齐全。竣工验收形成最终的竣工验收报告，五方责任主体签字盖章齐全，和过程验收、检测资料、图纸、洽商变更等形成完整的工程资料，最终向北京市城建档案馆进行验收移交。

4.6 质量奖罚办法

（1）每天对各区段的质量问题进行统计，形成每日质量检查报告，统计一次验收通过率，统计每日典型的质量问题，对出现2次以上要求整改的问题进行重点提醒，对质量问题提出整改要求和时间期限，对质量状况和质量水平进行点评。

（2）在施工过程中，每周由总承包质量部组织分包技术质量人员进行联合检查，并进行质量点评；每月对质量稳定的优秀班组进行奖励，并颁发优秀班组锦旗。

（3）对质量意识差，违反低级的、原则性质量问题的班组，要求进行培训教育，并对所属分包单位执行1000～20000元的罚款。

（4）施工班组第一次出现质量问题，总承包质量部将下发质量整改通知单；同一问题出现两次以上，视问题大小，将对所属分包单位罚款1000～5000元。

（5）对影响建筑功能和安全的重大质量问题，质量部要求对其限期整改，合格后将视影响的恶劣程度，根据合同约定和总承包质量奖罚制度，对分包单位进行处罚，罚款金额为5000～100000元。对于无力整改或整改不到位的分包单位，将按照合同约定对其进行索赔，并终止合同，将其清理出场。

（6）在质量问题整改通知单发出之日起，对所提质量问题和质量通病不按要求时间整改的分包单位，总承包质量部将在工程进度款支付过程中，扣除一定的工程款，直到问题被彻底整改。

（7）对质量水平差、质量波动大的分包单位和班组进行二次培训，重申质量意识、质量要求以及节点做法等，如若培训后还达不到质量要求，质量水平不过关，将按照合同约定和相关管理规定，勒令其退场，并进行必要的索赔。

（8）分包单位未组织原材料进场验收及取样复试合格，就投入本工程使用的，对所属分包单位进行10000~50000元的罚款；复试不合格的材料要退场处理，并做好退场记录；原材料弄虚作假，如有封样的，使用封样样品以外的原材料，要求分包单位返工重做，并对所属分包单位处以50000~200000元罚款，造成恶劣影响的，按照相关合同约定将其清退出场。

（9）严格执行质量奖罚制度。

4.7 质量成品保护

（1）各分包单位结合各自标段现场情况，分析各阶段的成品保护重点，组建成品保护机构，并编制切实可行的《成品保护措施方案》，报送总承包技术部和监理审批。成品保护机构及专职成品保护巡视员要加强监督成品保护措施的落实。

（2）各分包单位科学合理地安排工序，上、下工序之间做好交接工作和记录。采取"护、包、盖、封"的保护措施，对成品和半成品进行防护和专人巡视检查。

（3）成品保护奖罚措施：

1）对破坏成品的人员要记录在册，注明破坏事件的发生日期、发生破损的部位、造成的损失，并对破坏成品的人说服教育。初次违反者照价赔偿；对二次违反者处以双倍罚款；第三次违反者，将其开除。

2）定期召开成品保护分析会，表扬好的班组或个人，并给予个人1000~2000元的奖励，对成品保护表现差的班组或个人要公开批评，并对个人处以1000~2000元罚款。造成较大损失的还要对所属施工队进行罚款。

3）成品保护不仅是省工省料的问题，也是体现文明施工，确保工程质量、进度的一个很重要的方面，自始至终要高度重视。对违反保护措施、故意破坏的现象要及时纠正。

4.8 质量管理成果

（1）积极开展QC活动

对工程的质量控制难点和重点进行分析，建立课题，成立QC攻关小组，解决本工程质量控制难题，同时，做好以往QC成果的推广应用工作。QC活动成果展示见图4-17。

1）2017年度2个QC管理小组分别获全国工程建设优秀质量管理小组活动优秀成果；5项QC管理小组活动成果获"北京市工程建设优秀质量管理小组一等奖"。

2）2018年度10项QC质量活动成果，其中2项获北京市二等奖，8项获北京市一等奖，1项参加全国发布。

3）2019年度9项QC质量活动成果，其中4项获北京市二等奖，5项获北京市一等奖。

（2）本工程于2018年获得北京市结构长城杯金质奖，见图4-18。

（3）本工程于2019年先后获得第十三届第一批中国钢结构金奖工程（图4-19）、第十三届中国钢结构金奖杰出工程大奖。

（4）本工程于2020年先后获得北京市建筑长城杯金质奖、中国建设工程鲁班奖。

（5）本工程于2021年获得中国安装工程优质奖（中国安装之星）。

图4-17　QC活动成果展示

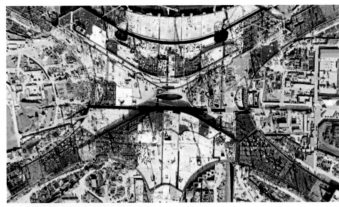

图4-18 北京市结构长城杯金质奖及成果展示图片

图4-19 钢结构奖项成果展示

第 **5** 章
§

成本管理

5.1 成本管理特点及难点

北京大兴国际机场航站楼及综合换乘中心工程分为四个标段：一标段为核心区土石方及桩基础工程；二标段为航站楼核心区工程；三、四标段为航站楼指廊和停车楼及综合服务楼工程。一标段和二标段均由北京城建集团中标施工，施工总合同额为69.65亿元，其中一标段合同额为5.75亿元，主要包括航站楼核心区土方、降水、护坡及桩基础施工，基坑开挖面积约为16万m²，基坑土方开挖量约为247万m³，护坡桩有1329根，预应力锚杆约为74000延米，基础桩有8275根。二标段合同额为63.9亿元，建筑面积为60万m²，地下二层，地上局部五层，施工范围主要包括：航站楼核心区工程主体结构、钢结构屋盖、屋面幕墙、装修装饰、机电安装、电扶梯步道、消防楼控、楼前高架桥以及室外工程等，合同总用工量达760多万工日，主体结构混凝土浇筑约为105万m³，钢结构施工总量约10万t，钢筋总用量约22万t，是北京城建集团承接工程有史以来单体体量最大、结构最复杂、技术含量最高的国家重点工程。同时也是代表21世纪、新水平的标志性样板工程。

5.1.1 设计理念世界领先

（1）航站楼核心区工程是国内首次使用层间隔震技术的工程，也是世界最大的单体隔震建筑，共使用了1152套隔震装置，包括：铅芯橡胶隔震支座、普通橡胶隔震支座、滑移橡胶隔震支座和粘滞阻尼器等，单个支座的重量创下国内之最。隔震支座直径最大为1.5m，每个隔震支座出厂前均需逐一接受第三方多次专业检测，合格后才能被送到施工现场。

（2）作为全球单体最大的航站楼，其屋盖钢架构的投影面积就达到了18万m²，相当于25个标准足球场大小。而如此庞大的屋盖，仅用了8根C形柱作为支撑体系，在视觉上展现出令人震撼的效果。单根C形柱重量为500多t，使得C形柱在采购、加工、运输、现场定位、吊装、预拼装、安装以及最后校对核验等各个环节有很大的难度，给成本控制带来前所未有的挑战。

（3）整个机场的建设采用了环保节能的理念，暖通系统、采光系统、供水系统都进行了绿色设计。为满足航站楼自然采光的需要，采光系统一共使用了12800块玻璃，其中仅屋顶部位就使用了8000块玻璃，白天室内几乎不需要灯光照明，屋顶的流线曲面构造，使得这8000块玻璃设计的规格尺寸均不相同。在加工、安装等实施环节，较常规标准尺寸的玻璃增加了很大的难度系数，直接导致成本大幅度增加。

5.1.2 管理标准要求高

大型基础设施是时代发展的重要象征，大型枢纽机场是国家发展水平的重要体现和综合实力的重要标志，在不同历史阶段承担着不同的历史使命。进入新时代，大型基础设施更是国家富强的集中体现，充分彰显国家综合实力。作为国际航空枢纽建设运营的新标杆，世界一流的、便捷高效的新国门，京津冀协同发展新引擎的"头号工程"，北京大兴国际机场是我国从民航大国迈向民航强国的重要标志，是举世瞩目的世纪工程，是习近平总书记亲自决策、亲自推动的国家重点项目，体现了党中央、国务院对大兴国际机场的高度重视。

2017年2月23日，在北京新机场建设的关键时期，习近平总书记视察了建设中的北京新机场，并做出重要指示。他强调，新机场是首都的重大标志性工程，是国家发展一个新的动力源，指示一定要建成精品工程、样板工程、平安工程、廉洁工程，特别是要建成安全工程。

习近平总书记强调，希望大家再接再厉、精益求精、善始善终、再创佳绩，创造一种世界先进水平，既展示了国际水准，同时又为我们国家的基础建设继续创造一个样板。[①]

北京大兴国际机场所承担的历史使命，以及党中央、国务院的高度重视，对项目建设提出了前所未有的高标准要求。

5.1.3　航站楼工程特殊措施

5.1.3.1　平面布局超长、超宽，空间超高超大，造型复杂，物料运输安装措施投入大

航站楼核心区平面布局超长、超宽（565m×437m），空间超高、超大，屋盖投影面积达18万m²，室内超大空间平均高度为32m，最大高度为48m，结构、二次结构、机电、装修等施工时的材料运输、安装施工的超常规措施投入大，超大空间作业的机械、人力投入大。

5.1.3.2　楼层少、单层面积超大，周转材料和施工装备无法周转

本工程地下两层，地上四层、局部五层，地下两层及首层平面面积超大，最大单层面积达16万m²。分区域平行施工，工程施工周转材料和施工设备无法正常周转、投入大。

5.1.3.3　设计新颖、功能先进，人力配置、投入大

本工程被国外媒体称为"新世界七大奇迹"之首。造型非常复杂多变，设计先进。大量采用三角形和弧形柱网，梁、柱结构截面大。为解决轨道与航站楼的受力转化，大量采用了劲性结构和层间隔震措施，采用了凤凰造型的屋盖钢结构、屋面体系、天窗，采用了"如意祥云""流光溢彩""繁花似锦"的室内装修设计，机电专业共有108个系统，工序的交叉和界面多。与一般建筑工程相比，本工程对管理人员和工人技能素质要求更高，单方用工量加大，投入增加。

5.1.3.4　设计先进，新技术、新材料创新应用多

本工程设计先进，大量新技术、新材料、新设备、新工艺均属首次使用，如层间隔震系统、超大跨度异形屋盖钢结构、采光顶铝结构、新型中空铝网遮阳玻璃、新型金属屋面体系、漫反射

---

① 牢记嘱托不负厚望 以优异成绩向总书记上交满意答卷-中国民航网 http://www.caacnews.com.cn/zk/zj/qunyantang/201703/t20170307_1210184.html.

涂层无焊接屋盖大吊顶体系、层间冷辐射吊顶系统等。新技术、新材料、新设备、新工艺的大量使用造成可参照的造价体系很少。

5.1.3.5 国家样板工程，管理标准要求高

在工程建设之初，中国民用航空局就确立了北京大兴国际机场"引领世界机场建设，打造全球空港标杆"的定位。习近平总书记视察北京新机场时，强调要创造一种世界先进水平，既展示了国际水准，同时又为我们国家的基础建设继续创造一个样板。一定要建成精品工程、样板工程、平安工程、廉洁工程。

由于党中央、国务院的高度重视，对项目建设管理有高标准的要求，在建设过程中，对职业健康安全、环境保护、质量、进度等管理，执行"最高标准、最严要求"，使得施工投入加大。

5.2 成本管理策划

随着我国基建规模的不断减小，建筑施工行业竞争日渐激烈，建筑企业在工程项目中的利润空间不断缩小。为了做好本项目的成本管理，提高本项目的商务管理水平，项目部通过建立商务策划为主线，实施全过程成本控制管理，联合技术、生产、质量、物资后勤等管理部门，形成立体化的商务管理思路，在收入和支出两个环节上，抓好事前、事中、事后三个过程，通过多种形式创效，实现多维度、全过程的立体化的商务成本管理。

5.2.1 成本管理目标

成本管理就是为了保证全面履行工程合同，促进项目精细化管理，降低项目管理风险，提高管理效益，圆满完成项目管理目标，确保经济效益达到预期目标。通过综合分析项目各种因素，找出盈利点、亏损点和风险点，结合技术和生产，通过预先策划形成完整的商务实施方案，减少亏损、化解风险、实现盈利。

5.2.2 成本管理依据

成本管理的依据为国家、地方政府相关法律法规及北京城建集团各项管理规定、工程承包合同、施工图纸、施工组织总设计等。

5.2.3 成本分析及策划

5.2.3.1 成本管理事前准备

北京城建集团新机场航站楼工程总承包部（本章以"项目部"代称）各个部门都是成本的控制者，利润的创造者，为了实现结算管理的目标，工程自中标开始便准备成本管理事宜。

（1）确定成本管理参与者

为了有效地落实全过程商务结算管理，明确结算管理主体应该是全员参与，多部门之间紧密联系，每个部门都是成本的控制者，利润的创造者。实施技术先行，合理优化方案，生产、物资部门负责落实施工过程管理，实现成本过程控制，为实现项目利润提供必要保证，形成良好的内控环境，强化技术、生产和商务三个系统相互联动，实现项目"铁三角"管理，不留成本管理盲区。

（2）分析合同利弊条款

项目部各部室通过了解承包范围、工期、质量标准、发承包单位的责任义务、计量、支付、结算、变更签证、索赔和违约处理的流程，分析合同中对商务管理和结算创效的有利条款和不利条款。

5.2.3.2 成本分析及策划

目标就是实现利益最大化，通过综合分析项目各种因素，找出盈利点、亏损点和风险点，结合技术和生产，通过预先策划形成完整的商务实施方案，充分利用有利条款，找依据、找方法，突破不利条款的限制。通过分析合同，找到扭亏点、扭亏思路，制定扭亏措施，扩大盈利，减少亏损，化解风险。

（1）针对合同清单，进行经营风险点的识别。

（2）对于大宗材料设备的招标采购，提早策划实施。

（3）技术和经营相结合，技术支持、工艺改进、合理优化、提前预控。

（4）保证重点工程资金到位，以加大付款条件降低采购成本。

5.2.4 工程结算策划

紧紧依据合同约定，预先考虑结算谋划、部署，在过程中推进、考核，为过程结算和最终结算赢得时间和效益。

策划要结合适用结算的各过程资料，包括但不限于政策法规、设计图纸、BIM、设计专用软件、施工深化图纸、变更洽商、现场签证、施工组织设计和施工方案、施工日志、施工技术资料、材料设备报验检测、质量验收、计量支付、调试验收等，全方位综合考虑协调推进结算的内容划分、时间划分、工作划分。

建立有效的沟通机制，取得参与方的支持认可，对重要的问题反复研讨，达成一致意见。加强各级、各层次的沟通理解，推进结算进度，保证结算质量。

5.3 成本管理措施

由于北京大兴国际机场工程属于超大型重点工程，在组建项目部初期，按照北京城建集团要求，会同集团多个二级单位共同制定了以五个创效为理念，抓好事前、事中、事后三个过程，抓住一条主线，在收入和支出两个环节上做好管理的工作思路。

5.3.1 创新管理模式

为保证特大型工程的顺利实施，响应看齐北京城建集团发展战略，协调发展，实现北京城建集团工程总承包部与二级成员单位施工管理的优势互补，主体结构及机电安装工程选用北京城建集团优良成员单位参与总承包管理，由成员单位选派具有丰富施工管理经验的人员实施区域管理，在大幅度提高工作效率的同时，也缩减了项目部管理人员的成本。

5.3.2 技术创新突破

项目部成立钢筋、模架、钢结构、机电专项小组，本着"利于施工、降本增利"的原则，对各项施工、措施方案进行合理优化，增加项目收入。例如，成立模架专项小组，反复研讨及测算各种模架体系，最终确立盘扣式脚手架与碗扣式脚手架结合的支撑体系。在地下二层及地上各楼层的高大空间使用盘扣式脚手架，在其他部位使用传统的碗扣式脚手架，既保证了现场技术与安全文明施工管理的要求，又保证了经济效益，实现了技术与经济效益的完美结合。成立了超大平面垂直运输方案讨论组，经反复论证采取利用结构后浇带空间，设置东西向贯穿结构的两座运输钢栈桥，铺设轨道，使用16台燃油小火车将场区加工好的材料直接运到塔式起重机的覆盖区域，解决超大平面中心塔式起重机无进料口的问题，减少了塔式起重机的工作盲区。

5.3.3 变更洽商签证管理

5.3.3.1 及时确认有效的资料

工程结算的主要依据除了设计单位签发的施工图纸就是变更、洽商和图纸会审，成本管理工作应该关注的重点是设计依据能否满足计量和组价的要求，即设计依据中描述的调整或新增工作内容、工作范围一定要准确，附图中的重要标注、轴线位置、尺寸要详细，不能仅是示意图，还应能达到满足计量的要求。新增材料、设备的规格型号、材质、品牌要求（如有）要明确，能够满足组价需求。

现场签证中要明确形成签证的设计依据或指令性文件的编号、名称、调整或新增工作的内容、已完成、已发生费用的工作内容和需要拆改的工作内容。尤其要特别注意的是：由于拆和改产生的措施费（包括安全文明施工费）的二次或多次投入的内容。再附上同角度的拆改前、过程中、拆改后的照片。可计量的附图要标注尺寸，不可计量的附图要签认工程量。

5.3.3.2 建立台账管理

建立变更洽商和签证的关联台账，通过台账反映出变更与签证的逻辑关系，通过台账检查变更、洽商等设计依据是否产生已完成线的工作内容，是否产生签证，避免结算时才发现缺资料、少依据。

5.3.4 重要分项工程成本管理措施

项目成本管理是一个动态的全过程管理，尤其对重要分部工程以及亏损项，事前要深入研究，详细测算成本，预测可能发生的问题、风险，提出预防措施和解决方案。在工程施工过程中，及时发现问题，解决问题，采取措施，预防纠偏。做好阶段性总结、分析、及时纠偏。最后，总结项目在管理过程中出了哪些问题，有哪些改进措施，项目经济管理工作应做到心中有数。项目策划主要包括前期的成本策划，进场后的商务策划，合同交底，施工过程中的方案调整、优化，以及随着收入支出的改变，及时进行动态成本调整和经济活动分析。重要分项工程成本管理控制措施见表5-1。

重要分项工程成本管理控制措施　　　　　　　　　　表5-1

控制阶段	控制措施
事前控制	在投标阶段，依据招标工程量清单、招标图纸，结合市场询价情况进行成本测算
	在施工准备阶段，进行经营策划、方案优化及合同交底工作，为后续施工过程中的经营工作做充分准备
事中控制	进场后，及时进行施工图预算，与原清单进行对比，动态调整投标阶段的成本测算，分析盈亏点
	推行五大创新，降本增效
	做好索赔、变更、洽商和现场签证工作
	成立专项小组，全过程控制采购、施工、结算等工作
	把控合同签订条款，降低成本风险，严格执行合同约定，控制分包合同外用工，坚决执行奖罚制度
	收集、整理过程资料，为结算工作做准备
	做好财务抵税工作，降低税款成本。与其他总承包单位加强沟通及协作
事后控制	在施工过程中，出现偏差之后，进行核算对比、分析总结，找出缺陷原因，采取控制措施、及时纠偏、改正问题

（1）材料设备、专业分包、劳务分包以及机械租赁均要统一比选、招标、签订合同，便于供方管理。

（2）在招标、比选及签订合同的过程中，各部门共同参与。

（3）利用资金杠杆，提前支付工程款，有利于在合同签订阶段的让利优惠，降低了成本。

（4）分析亏损项目，策划二次创效，通过主动变更和方案优化实现科技创效，通过以制度为前提，包括计划、流程、审核来实现管理创效，通过提前熟悉清单，运用报量技巧，有策略地上报形象进度，尽可能地提前回收资金。同时，通过关键时间节点控制分包分供资金支付，实现资金创效，实现资金价值最大化。

（5）对于提前策划仍无法避免的索赔事件，尽量将索赔转化为变更或往来信函等形式处理，保证过程中收集的资料和依据的有效性，根据最终的索赔依据确定结算索赔事项。结合成本策划和过程中的动态控制管理，及时梳理亏损的分项工程，将其提前列为竣工结算的侧重点和突破口。

5.3.5　分阶段结算

为了减轻竣工结算的压力、缩短结算周期、尽早回收工程款，项目部主动推动并实现了分阶段结算工作，在特大型工程中尚属首次，效果明显。双方签订了分阶段结算备忘录。分阶段结算工作的启动避免了一般工程结算期严重延期情况的发生，及时回收工程款，减轻资金支付压力。

5.3.6　数字化管理

5.3.6.1　严格遵守i城建平台信息化管理

按照北京集团经营管理细则，经营人员通过i城建平台100%完成分包分供招标投标、合同签订、计量付款以及结算等全部工作，实现业务规范化、数据化，合法合规。

5.3.6.2　利用专业软件配合算量

使用犀牛模型等行业软件，对于大量的曲面结构和构造，要及时计算工程量，作为付款以及对外计量的主要依据，从而做到按照实际发生及时收款，对内计量付款及时受控。

5.3.6.3　全面实现软件算量

提高计算机配置，请预算软件公司的相关人员多次到现场指导，有效地解决了计算机无法运行超大型工程算量模型，避免只能手算完成结算资料的编制问题，提高了结算文件算量效率，提高了算量精度，缩减了核算进程。

5.3.7 精细化管理

5.3.7.1 建立成本责任制

明确项目部各部门的成本控制责任及内容，并按照各自的职责分工开展施工生产工作。在日常工作中，将主动控制成本费用作为各相关部室的重要责任，实现成本预控管理的规范化、程序化、制度化，提高企业的经济效益和企业的核心竞争力。

5.3.7.2 制订成本实施计划

通过精心管理，严格控制成本，在已进行了项目成本核算的前提下，制订项目成本控制计划，对项目成本目标根据施工工序进行分解，确定控制方法和控制措施。项目部各部室对施工项目成本的发生或形成过程进行控制，以合同清单和施工图纸增减账为依据，严格控制分包、采购等施工所必需的经济合同的数量、单价和金额，切实做到"以收定支"。合理配置施工资源、控制物资和劳动消耗、挖潜提效、克服浪费、节支降本，制定计划目标成本，将落实项目施工过程中所发生的实际成本与计划成本的一致性为目标，在保持统计口径一致的前提下，进行对比，找出差异，及时调整，确保计划控制目标的落实，从而使成本控制从局部到整体都处于受控状态。

5.3.7.3 成本考核与奖惩

在项目实施工程中，按施工项目成本目标责任制的有关规定，将成本的实际指标与计划指标进行对比和考核，评定施工项目成本计划的完成情况和各责任者的业绩，并据此给以相应的奖励和处罚。

5.3.7.4 规范分包计量付款

分包工程管理是整个项目成本控制的重要组成部分。明确的施工范围划分，严谨的成本预控方案，优秀的分包队伍选用，按时、适量的工程进度款计量支付，完整的过程变更资料积累和过程影像资料积累，公正的结算审核，上述每一步的落实，对分包工程的施工进度、成本控制、完工结算都至关重要。

第6章

职业健康安全及环境保护管理

6.1 职业健康安全管理特点及难点

6.1.1 管理标准要求高

6.1.1.1 概述

作为民航高质量发展的"牛鼻子"工程，在建设之初，中国民用航空局就确立北京大兴国际机场"引领世界机场建设，打造全球空港标杆"的定位。

2017年2月23日，在北京大兴国际机场建设的关键时期，习近平总书记视察了建设中的北京大兴国际机场，指示一定要建成精品工程、样板工程、平安工程、廉洁工程，特别是要建成安全工程。

中国民用航空局的高标准定位，以及党和国家领导人的高度重视，为北京大兴国际机场的建设提出了史无前例的高标准要求。

6.1.1.2 职业健康安全及环保人员配备标准高

提高职业健康管理人员配备标准：

从专职管理人员配备上，总承包单位设置了1名安全经理，2名安全总监，1名安全部长，3名安全副部长，另设专职机械、临时用电、防护、环保、消防保卫管理人员，高峰期专职职业健康安全管理人员达30余人。分包单位按照施工人数50：1的原则配备专职安全管理人员，并单独设置机械、临时用电、防护、环保、消防保卫管理人员，与总承包单位形成对口管理。高峰期分包单位专职安全管理人员有170余人，其他职业健康管理人员有800余名。另设专职保洁人员、消防纠察队、治安保卫队、成品保护队，高峰期共有700余人。

总承包单位配备4名注册安全工程师，他们都参与过国家重点大型项目建设工作，有丰富的管理经验。分包单位安全管理人员实施面试考核准入制度，分包单位安全管理人员必须经总承包安保部面试考核通过后才可从事管理工作，并保留辞退权力，对于不具备相应经验、责任心不强，不能满足本工程管理要求的人员，随时予以清退。

6.1.1.3 职业健康安全及环保设施投入巨大

在安全培训方面：在施工现场设置大型安全体验基地、安全设施展示基地、可容纳700人同时培训的大型安全培训基地，提升施工人员安全意识和专业技能。

在劳保防护用品方面：使用的劳保防护用品全部在国家、国际标准内选取，要求所有进入现场的人员除必须佩戴安全帽外，还需穿反光背心、劳保鞋，在安全带的使用上，全部采用双钩五点式安全带，确保高处作业人员安全。

在安全防护方面：结构阶段全部采用强度高、可靠性强的定型化临边防护。在外防护架、模板支撑体系施工阶段，采用盘扣式、承插式脚手架，保证了架体的施工安全。

在机械选用方面：项目采用全自动加工机械、焊接机器人，减少了人工投入，从根本上降低了安全风险，特别是在装修装饰、机电安装、大吊顶施工等阶段，从安全角度优化施工工序，升降车平台、曲臂车等安全性能较高的机械，降低了高处坠落、机械伤害的风险。

在消防管理方面：现场每个重点区域设置灭火器集中存放处、"五五配置"消防架、微型消防站、多台消防水车，实现了临时消防水系统全覆盖，确保了消防安全。

在信息化运用方面：开发了安全管控平台，使用塔式起重机防碰撞系统、全覆盖监控系统、扬尘噪声自动监控系统、人脸识别系统等信息化手段，提升管理水平。

在临时用电管理方面：临时用电设施全部采用3C认证高标准配电设施，100%采用LED照明，自主设计电缆线标准化支架，全面推广使用。

在环境保护管理方面：建立污水处理厂、购置16t雾炮车、16t洒水车，充分采用固尘剂、空气热泵系统、废料利用一体化系统等，确保"四节一环保"的目标整体实现。

6.1.1.4　职业健康安全及环保管理标准高

实行全员安全管理理念，对于漠视安全管理，不服从总承包单位管理的单位及个人，清退处理。

安全监管的独立性也是项目文化之一，如安全管理人员在现场发现严重违章行为，将立即采取停工措施，最长时限为3天，分包单位需提交各种整改材料、培训资料，经验收合格后才可进行施工作业，安保系统的独立监管职能不受其他部门的约束。

最严格的现场管理措施，包括但不限于以下方面：全场严禁使用任何材质的自制登高工具；所有人、材、机进场必须履行进场审批程序；严格实行安全旁站制度，所有施工作业点必须有一名人员始终旁站监督，负责安全监管工作。

6.1.2　设计先进施工难度大

本工程结构复杂、施工难度高、实施难度大，例如深基坑、高支模板、超重构件安装、超高大吊顶和钢结构施工、钢结构整体提升等多为危险性较大分部分项工程，给安全工作来很大压力。

6.1.3　航站楼工程特殊安全管理

6.1.3.1　施工队伍多，施工人员素质参差不齐

主体结构高峰作业期间施工人数有近8000人，装修装饰阶段劳务分包单位、专业分包单位有近60余家，施工单位管理水平及施工人员素质参差不齐，"人的不安全行为"和"组织管理上的缺陷"给安全管理工作带来较大难度。

6.1.3.2　参建单位多，安全文化水平差异明显

参建单位数量多，各单位参建人员对安全生产的认识水平、行为习惯等安全文化具体方面均存在明显差距。由于参建单位和人员的流动性大，如何在进入项目后就能短时间内形成统一的、安全的认识，具有较大难度。

6.1.3.3　工程体量巨大，工期紧，施工范围广，交叉作业多

庞大的施工任务避免不了了交叉作业的产生，施工现场作业范围广、作业点分散、存在动态变化，导致现场不可控因素较多，一时疏忽，未监护到位，就可能发生生产安全事故。

6.1.3.4　工程结构复杂，难度大，危险性较大工程较多

基础结构、主体结构、钢结构及屋面施工多为危险性较大工程，造型新颖、结构独特与传统的房建结构形式有较大不同之处，大大增加安全措施的设置难度，给现场安全监管带来很大难度。

6.1.3.5　起重吊装设备多，钢结构安装难度大

高峰期塔式起重机有27台，汽车起重机有160余台。违章作业、防碰撞、防物体打击及塔式起重机司机、信号工安全管理尤为重要。除此之外，钢结构杆件多为超大、超高等异形结构，给起重吊装管理带来很大难度。

6.1.3.6　高处作业管理难度大

现场高支模、屋面施工多为大跨度超高作业，同时作业人数较多，危险程度大，再加上机电、二次结构施工阶段现场结构临边及预留洞口有3000多处，如果没有可靠的安全措施和管理手段，极易造成高处坠落事故的发生。

6.1.3.7　临时用电管理难度大

施工现场用电范围大，用电设备多、流动性大，供电设施、电缆很难合理布置。电工、用电人员违规操作给临时用电管理带来很大难度。

6.1.3.8　消防管理难度大

因超大钢网架结构多为焊接拼装施工，高峰期日用火作业点有1500处，存在点多、面广的特点。装修装饰阶段施工单位多，用火作业隐蔽性强，容易造成管理盲区，再加上易燃易爆等危险品大量进场，给消防管理带来很大压力。

6.1.3.9　治安保卫管理难度大

施工现场分包单位多，施工人员流动性大，外来人员复杂，贵重物品大量进场，并且在装修阶段受施工影响封闭围挡被陆续拆除，给施工现场保卫工作带来一定影响。

6.2 安全管理策划

编制安全管理策划是实现系统化、标准化、精细化管理的重要保证，突出事前风险评估，重在事故预防，安全策划的编制工作需要技术、工程、安保、机电、物资等部门全体参与编制和研讨，从全局把控安全整体要求，然后逐级分解至办公区、生活区、施工区，再细分至基础施工、

主体施工、装修装饰等阶段，指导现场管理，做到有的放矢，将安全管理策划与工作有机结合起来，保证安全管理策划的可操作性。

6.2.1 安全管理目标

职业健康安全及环保的目标是管理的核心，涉及各个系统，各个部门及每一个员工，是关系安全生产全局的关键工作，关系着安全管理的成效，影响着职工参加管理的积极性。

安全管理目标同样也是实现项目部安全文化的行动指南，在工程建设过程中，从上到下围绕项目安全生产的总目标，层层分解成小目标，制定有效组织措施，并对管理成果实施严格的管理制度，最终才能保证目标的顺利实现。

本工程是北京城建集团承接的单体体量最大、结构复杂、技术含量最高的国家重点工程。集团公司领导高度重视，对项目安全、消防及环保工作提出最高要求，要求把工程打造成机场建设领域的标杆。

因此，开工伊始，集团及项目领导研究决定将"安全零事故、环保零污染、消防零冒烟"作为总体目标，将"以人为本、生命至上、安全第一"放在管理首位，通过加强管理策划，创新安全管理，学习借鉴国内外先进的管理理念和手段，加强安全培训，以安全技术为保障，充分利用信息化手段，建设系统的管理体系和标准化安全设施，通过实施最严格的全员、全系统、全方位、全过程的管理实现以上目标。

6.2.2 安全管理理念

为了实现项目的精细化管理，提升管理标准，总承包单位实行了"九化"管理，即：

安全管理制度化：建立行之有效的管理制度，实行制度动态管理，实时分析生产作业流程和管理上的薄弱环节，结合安全新形势和上级部门的要求，及时更新安全管理制度。

安全设施标准化：针对不同施工阶段特点，编制安全设施策划，建立现场标识系统，同时在现场设置安全设施样板区，验收合格后推广使用。统一安全设施标准，建立标准化小组，严格检查分包单位标准化设施的落实情况。

安全教育人本化：成立安全培训基地、环保培训体系，"以人为中心"开展安全教育工作。对经常违章的人员从心理上、个性上分析其不安全行为产生的原因，有针对性地进行教育和引导，从而提升施工人员的安全意识。

管理手段智慧化：通过"人脸识别""移动电子平台""塔式起重机防碰撞""高清视频全覆盖"等信息化系统，集成项目管理手段，指导项目安全生产，有效地提高项目管理和现场管理水平。

日常管理精细化：结合现场实际要求，制定行之有效的管理流程和切实可行的安全管控措施。将安全管理渗透到施工过程的每一个环节、每一个人、每一件事、每一处，确保"人人、事事、时时、处处"都有规范的制度来约束。

行为作业规范化：通过编制简易的图形安全工作程序、树立5S管理文化，严格细化岗位标准和操作标准，不定期地对工人进行培训和指导，减少施工人员的盲目性和随意性，避免安全隐患的发生。建立治安巡逻队、消防巡查队、起重吊装巡查队，实施现场的消防保卫及起重吊装管理。

责任落实网格化：根据现场实际情况，将工程区域划分为多个区块，明确每一个区块的责任主体和职责分工，区块负责人为本区域职业健康安全及环保第一责任人，在做好本职工作的同时，负责职业健康安全及环保工作。

施工环境整洁化：总承包单位常态化成立80余人的专业保洁队，分包单位施工人员按照20：1配备保洁人员，每天清洁作业区域，保持现场卫生整洁。每周召开安全环保例会，对各承包单位文明施工进行考核评比。

安全监管独立化：为了确保目标的顺利实现，设置1名安全经理，2名安全总监，将安全环保部列为独立监管部门，直属项目经理统管，对于违章行为有停工和处罚权力，不受其他部门的约束。

6.2.3 安全管理体系

1. HSE管理重点与方法

（1）基本概述

HSE是由健康Health、安全Safety、环境Environment三个词语的首个英文字母组成，也是健康、安全、环境三个方面为一体的管理体系的简称。它是将组织实施健康、安全与环境管理的组织机构、职责、做法、程序、过程和资源等要素有机构成的整体，这些要素通过先进、科学、系统的运行模式有机地融合在一起，相互关联、相互作用，形成动态HSE管理体系。

健康（H）是指人身体上没有疾病，在心理上保持一种完好的状态；安全（S）是指在劳动生产过程中，不断改善劳动条件，克服不安全因素，保证劳动者健康、企业财产不受损失，保证人民生命安全；环境（E)是指与人类密切相关的、影响人类生活和生产活动的各种自然力量或作用的总和，它不仅包括各种自然因素的组合，还包括人类与自然因素间相互形成的生态关系的组合。

根据LCB安全理论（L，领导力Leadership；C，文化Culture；B，行为Behavior），对于建设项目的施工安全，管控全员在全过程中各类不安全行为是事故预防的关键目标。HSE管理体系是规范项目各方、各级人员开展与安全相关的管理行为和作业活动的重要安全依据，对各种行为安全问题起到指导与约束作用。HSE管理体系能否成功实施的重点是安全领导力和安全文化。

（2）重点任务

1）提升各方、各级管理者的安全领导力

科学的领导是HSE管理体系的基本要求和动力，安全领导力是领导者为达成集体安全目标，在管人、理事、用物等方面主动发起的激发下属智慧和思维或影响下属工作方式和行为的能力、技巧与艺术。安全领导力也对组织安全文化以及下属安全相关行为产生重要影响。具体表现为：一方面，在项目的主要管理人员能以更直接的方式（如言传身教、建立良好的互动关系、直接强化安全管控等）促进下属的安全行为优化、改善和管理水平的提升；另一方面，项目的主要领导者通过塑造项目安全文化，不断推进来自各方的安全文化实现互动和融合，从而更广泛和深入地影响本组织甚至其他利益相关方的安全绩效。

项目主要管理人员的安全领导力和高水平的安全文化是HSE管理体系成功实施的基础。因此，在项目初期就注重对项目主要管理人员进行安全领导力的培养与提升，并在后续过程中将提升对象扩展至各方、各级管理者，使项目各方、各级组织在安全管理实践中都能确保安全理念、方针、制度、规范的充分落实。

2）全面快速建构高水平的安全文化

安全文化是建构在一个集体中人、事、物上的安全信念和价值观的组合，反映着集体所有人均认同的对生命和安全的看法和行为习惯。它在整个组织中被认同和分享，并影响着所有人对生命和安全的看法，也影响着全体员工和相关组织的行为习惯。导致事故发生的原因有很多，究其根源在于人对于安全问题的认知和态度等，这些都属于安全文化的范畴。

项目在实施过程中坚持建设高水平的安全文化，领导明确的安全承诺、有效的安全沟通机制、整洁的现场秩序、完备的防护用具配置等多种多样的形式，对项目人员的安全意识与行为施加积极影响。在安全文化的这种持续潜移默化地对人的影响中，对待安全问题的观念、态度的转变，也会直接使人员在工作中更倾向于做出安全行为。因此，全方位、多元化地开展项目安全文化建构，是从源头上管控了人的不安全行为、预防施工安全事故。

3）深度管控人的不安全行为

安全行为是指人在与人、事、物的交互过程中，受安全目标驱使或安全要求约束而做出的管理行为和操作行为。工人的不安全行为是施工事故形成的重要原因，而管理人员的不安全管理行为也是不容忽视的产生事故的原因之一。而不安全行为不仅受心理、生理等微观因素影响，还与项目中的安全管理制度、安全文化水平、领导的安全决策能力等密切相关。

行为的源头管控是HSE管理体系实现事故预防的重要路径。对于绝大多数的施工安全事故，人不仅是事故的受害者，也是事故的重要肇因；而在事故预防中既扮演着责任主体，也是核心的实施主体。因此，及时、准确、有效地管控工人的不安全作业行为、规范管理者的不安全管理行为是不可或缺的。

（3）重要方法

1）安全领导力测评与提升方法

安全领导力测评是以提升负有领导职责的管理者的安全领导力以及组织安全绩效为目的，运用综合评价原理与方法，对管理者影响下属的领导风格、领导方式以及领导能力等进行综合分析，判断其对下属行为与工作方式的影响程度以及对组织安全绩效的影响结果，最终为针对性的提升与改善管理者的安全管理水平提供科学的参考依据。

在测评中，对管理人员自身情况的主观判断，也需要其下属对管理者的客观评价。因此，管理者自我评价与下属人员对他的评价相结合，是安全领导力测评的基本方式。总承包单位管理者的安全领导力主要通过其自我评价和分包单位项目管理者对他的评价实现；分包单位管理者（包括班组长）的安全领导力主要通过其自我评价和一线工人对他的评价实现。

安全领导力测评的流程由准备、测评、分析与研讨等四个基本阶段构成，并且定期开展测评以实现持续改进。在准备阶段中，明确了参与安全领导力测评的管理人员，如施工企业中负有直接安全职责的相关管理人员，抑或是建设项目中各方、各级负有安全职责的管理人员。在测评阶段中，首先，要对选定的参评人员进行针对性的安全领导力测评工作培训，对参评人员介绍安全领导力的概念、作用、意义以及测评方法与工具等基本情况，并强调测评工作为无记名调查以保证测评结果的真实性。然后，引导参评人员进行不同测评问卷的填写。在分析阶段，通过对收集到的安全领导力测评问卷进行数据统计分析，获得不同对象安全领导力总体、各维度、各指标等方面的测评结果，并向参评人员公布。在研讨阶段，主要通过召集参评人员参与安全领导力测评相关的工作会议，对测评结果进行深入研讨，发现问题、分析问题，共同探讨解决问题的对策与措施。

2）安全文化测评与改善方法

安全文化测评是以提升项目及全员安全文化水平及组织安全绩效为目的，对项目中的安全承诺、安全管理体系、安全沟通、安全参与、安全监督、安全培训等方面进行综合分析，为针对性地开展项目高水平安全文化的快速建构提供科学的参考依据。

安全文化的测评对象是项目的全体人员。在测评中，通过参评人员对安全文化的结构化与非结构化题项描述与项目实际情况进行对比，据此做出相应符合程度的判断。安全文化测评的流程分准备、测评、分析与研讨等四个基本阶段，并且应定期开展测评以实现持续改进。

3）不安全行为测评与管控方法

不安全行为测评既涉及工人的不安全作业行为，也涉及管理人员的不安全管理行为。对于工人的不安全行为测评，首先建立了施工作业中不安全行为清单和检查表，用以在日常安全检查中辨识和纠正工人的不安全作业行为。其次，通过采用主观性的行为测评工具调查分析工人在作业过程中的安全参与和安全遵守等方面的实际水平。再次，针对高频、高危的不安全行为，进一步开展心理和生理的深层次不安全行为致因的调查。其中，包括工人做出不安全行为的认知环节及失效情况调查和工人疲劳水平的全面调查。最后，针对工人做出不安全行为的致因分析结果，通过设施装备设置、奖惩措施制定、作业任务调节等方式实施管控，减少不安全行为的发生。

对于管理人员的不安全行为，主要是针对项目各方、各级管理人员在安全管理工作中的行为安全水平。主要通过对安全目标与考核、安全组织管理、安全教育与培训、安全检查与整改、事故调查与处理、安全信息管理、合作方管理、危险源与应急管理等方面的具体情况进行深入跟踪与调查。据此，根据测评结果，通过开展专项的专家研讨会等方式设计制定具体问题方面的改善措施。

2. 总承包管理职业健康安全体系

（1）合署办公

北京大兴国际机场航站楼核心区工程施工体量大、任务繁重，参与施工的单位众多，如果还是采取总承包—分包的直线管理，将给总承包管理工作带来很大难度，因此项目部创新管理模式，邀请二级公司作为二级管理团队，采用合署办公的形式，实行分区管理，减少管理层级，实现统筹管理。

二级管理团队为区域HSE管理的责任主体，二级管理团队项目经理为第一责任人。

（2）全员职业健康安全体系

建立健全的全员职业健康安全管理体系是项目部实现精细化管理的核心，项目经理是第一责任人，负责项目现场职业健康安全履约管理。另外以"管生产，必须管安全，管业务，必须管安全"的原则为主线，项目领导班子在做好本专业安全职责的同时，按区域划分责任区，对责任区职业健康安全管理负责。

（3）独立的职业健康安全管理部门

1）职业健康安全经理及部门

管理如此庞大的工程不但需要技术过硬、丰富经验的管理人员，更需要独立执法的权力。本工程在开工伊始借鉴国外管理经验，设立一名安全副经理在施工生产中有独立的决策权和话语权，不受其他管理部门的约束，职业健康安全管理部门对于违章行为有"一票否决"的权利，增强职业健康安全监管的权威性，充分发挥职业健康安全监管的作用。

2）职业健康安全分专业、分区管理

职业健康安全管理人员多为曾经参与国家重点大型项目建设、对职业健康安全管理有丰富经验的人员，职业健康安全经理之下有两名安全总监分别负责安全、消防管理，另委派一名安保部部长专门负责施工现场环境保护的管理。另外，在结构施工时，职业健康安全部门其他管理人员采取分专业管理原则，即机械、临时用电、安全防护、脚手架、消防、环境保护都由一名专业人员负责。同时根据二次结构、机电安装、装修装饰阶段施工隐蔽性强、不可控风险因素多的特点，职业健康安全部门管理人员在做好专业管理的基础上，按照分区管理的原则实施监管。

（4）建立特色巡查小组

项目部在施工过程中根据不同阶段的管理难点，成立各类专业巡查小组，由职业健康安全部门统一管理、调动，为现场安全保卫管理提供了有力保障。

1）起重吊装巡查小组（图6-1）

在主体结构及钢结构施工高峰期间，塔式起重机共有27台，流动式汽车起重机有110余台，仅凭总承包机械管理人员数量不能满足全覆盖管理要求，项目部抽调7名年轻保安人员，进行集中培训、考核，成立起重吊装巡查小组，不间断对吊索具及吊运违章进行专项检查，重点加强对塔式起重机司机、司索信号工的监管，对不合格人员进行教育。

2）消防检查队

针对钢结构期间用火作业数量多，装修期间易燃物大量进场，消防风险突出等特点，项目部设立消防检查队（图6-2），专职负责现场看火、消防巡查及应急处置工作。

3）专职保洁队

施工现场配备80余名专职保洁人员（图6-3），除做好施工现场公共区保洁工作外，重点捡拾现场的易燃可燃垃圾，减少消防隐患。

图6-1　起重吊装巡查小组现场检查图

图6-2　消防检查队

4）治安保卫队

施工现场、生活区及办公区封闭式管理尤为重要，施工高峰期施工现场出入口有10余个。在装修期间受施工因素影响，原有封闭围挡被陆续拆除，给现场保卫管理造成很大的压力，项目部组建100余人的治安保卫队（图6-4），负责出入口的看护、治安巡逻、人员的检查及突发事件的处理，减少了偷盗事件的发生。

图6-3　专职保洁队

5）成品保护队

在机电设备安装阶段，电缆、进口设备等大量贵重物品进场，如发生偷盗现象将对成品和施工进度造成很大影响，因此项目部成立了

图6-4　治安保卫队

成品保护队，制定了严格的领料收发管理制度，负责现场贵重物品的看护。

3. 分包职业健康安全管理体系

（1）职业健康安全管理人员选取和配备

为了保证本工程职业健康安全管理目标的顺利实现，需要分包职业健康安全管理人员不但要有过硬的管理经验和业务知识，还要有强烈的责任感、执行力和充足的体力。在分包职业健康安全管理人员的选取方面，实施"一对一"面试考核机制，将人员年龄控制在50岁以下，对不符合要求的人员将予以清退。在分包职业健康安全管理人员配备上从严要求，并在分包合同中提前约定：按照施工人数的50∶1配备专职安全管理人员，另外，必须配备消防、机械、环境保护、临时用电专职管理人员与总承包安保部实现对口管理，职业健康安全管理人员的配备情况将作为分包单位准许开工的前提条件。

（2）分包职业健康安全管理组织架构

分包单位项目经理作为本单位职业健康安全第一责任人，按照总承包全员管理体系要求，明确各级职业健康安全管理人员责任，签订责任书。

1）实行班组化管理体系

全场推行班组化管理，尤其针对危险性较大的工程，化整为零，要求分包单位安全生产管理体系落实到班组。班组长是最基层的安全管理负责人，要佩戴安全员袖标，负责本班组安全监督管理工作。

2）安全条块管理体系

为了让分包单位充分贯彻落实总承包全员安全管理的理念，营造"人人管安全"的良好氛围，项目部制定了《安全条块管理办法》，要求分包单位建立"纵到底、横到边、事事有人管、人人有专责"的安全管理体系，做到精确定位、合理分工、细化责任、量化考核，使安全管理渗透到每一个施工环节，从根本上提升施工现场的安全管理水平。定期组织施工现场隐患排查工作，形成排查记录，并由责任人负责到底，真正将排查工作落到实处。安全条块管理运行程序如下：

由总承包单位项目部与分包单位项目经理签订安全条块责任书→分包单位项目经理将各专业（如安全教育、机械、脚手架、安全防护、消防等），各区域（办公区、加工区、施工现场等）划分为若干个管理条块，对全体管理人员进行责任分工，明确每一个条块管理责任人→分包单位项目经理与条块责任人员签订责任书→条块管理人员每天进行职业健康安全检查，形成检查记录→每周上交至总承包单位，由总承包单位进行考核（图6-5）。

4. 职业健康安全管理责任制及考核

职业健康安全管理责任制是整个项目部安全体系运行和落实全员安全管理理念的重要组成部分。以"横向到边，纵向到底""管生产，必须管安全，管业务，必须管安全"的原则，明确全体人员职业健康安全管理责任、任务和权限。

（1）职业健康安全管理责任

下面以本工程生产副经理、技术副经理职业健康安全管理责任为例，说明职业健康安全管理责任制在全员安全体系运行中的重要性。

1）生产副经理安全责任

①生产系统未严格按照施工方案、技术交底组织施工，现场执行情况与方案、交底不符合，构成重大安全隐患或造成事故，生产副经理承担主要安全管理责任。

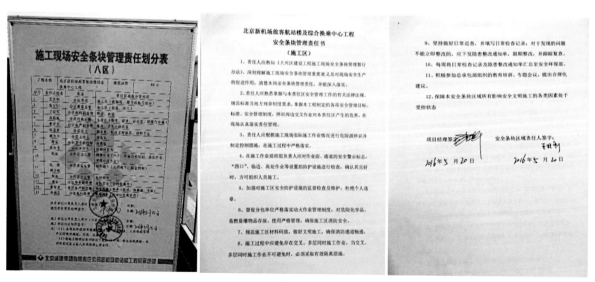

图6-5 安全条块管理责任划分表、管理责任书

②盲目组织施工，施工现场安全生产条件未进行验收，或现场实际情况与验收结果不相符，存在重大安全隐患，生产副经理承担主要安全管理责任。

③安保部门将检查出的安全隐患告知生产系统，未得到及时整改，生产副经理承担主要安全管理责任。

④生产系统未对分包单位施工人员进行书面安全技术交底，造成施工人员违反操作规程构成重大安全隐患或造成事故，生产副经理承担主要安全管理责任。

⑤生产系统安排使用不合格机械设备构成重大安全隐患或造成事故，生产副经理承担主要安全管理责任。

2）技术副经理安全责任

①无施工方案或方案、技术交底不可行、不完善、不齐全、不能指导施工，构成重大安全隐患或造成事故，技术副经理承担主要安全管理责任。

②现场施工技术系统未对方案、交底进行检查验收，构成重大安全隐患或造成事故，技术副经理承担主要安全管理责任。

③技术系统未对分包单位施工人员进行书面技术交底，造成施工人员违反技术规程施工，构成重大安全隐患或造成事故，技术副经理承担主要安全管理责任。

④技术系统未严格审核分包单位施工方案、专项安全方案，在施工过程中构成重大安全隐患或造成事故，技术副经理承担主要安全管理责任。

⑤技术系统人员签署虚假、错误技术文件构成重大安全隐患或造成事故，技术副经理承担主要安全管理责任。

⑥施工中不按照工程设计图纸或者施工技术标准施工，构成重大安全隐患或造成事故，技术副经理承担主要安全管理责任。

（2）职业健康安全管理责任制考核

重视职业健康安全管理责任制的考核是落实全员职业健康安全管理的有力保障。职业健康安全管理责任制的考核需要有部署、有组织，并且公开透明、客观而有效，不应仅凭一份责任考核管理办法、一张考核表代替考核工作应付差事，在本工程职业健康安全体系运行中，采取以下几个措施，确保全员职业健康安全管理落到实处。

1）总承包责任制考核

①建立总承包安全管理群

由项目经理主持组建总承包安全管理群（图6-6）。总承包安全管理群由各系统领导及各部室领导组成，除职业健康安全管理人员外，总承包其他各系统每周根据自身职业健康安全管理职责，检查施工现场存在的安全问题，督促整改，形成检查整改记录上传安全管理群，由项目经理和职业健康安全经理定期考评各系统职业健康安全管理责任制的落实情况。

②职业健康安全管理责任制落实情况与工作绩效关联。为了激发全员、全系统重视危险性较大的分部分项工程安全管理理念，项目部制定了《HSE责任考核奖罚实施细则》（图6-7），

将落实职业健康安全管理责任制情况作为日常绩效重要参考依据。对积极发现安全隐患、安全责任落实较好的单位及个人予以奖励，对不履行职业健康安全管理职责，对职业健康安全违章行为视而不见、思想意识淡薄的管理人员，严肃追究责任人责任并予以处罚。

2）分包职业健康安全管理责任制考核

航站楼核心区工程分包单位数量众多，管理水平参差不齐，严格、科学的责任制考核机制是管理分包单位的重要措施之一，因此项目部制定了《施工现场职业健康安全检查履职免责记分管理办法》（图6-8），将职业健康安全管理责任制考核内容以表格的形式进行量化，每周对分包单位进行考核、通报，采取12分制记分，对每周评分低于8分的分包单位予以经济处罚，并要求低于8分的分包单位主要负责人进行PPT

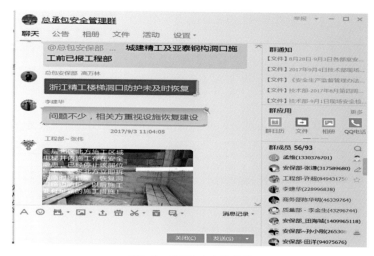

图6-6　总承包安全管理群

北京新机场旅客航站楼及核心区工程

HSE 责任考核奖罚实施细则

为激发项目部管理人员和一线工人的工作热情和创造力，更好地执行项目部制定的各项安全生产、文明施工管理制度，进一步提高施工现场安全文明施工、环境保护管理水平，激励全员、全系统重危大工程安全管理理念，确保本工程“零事故”“零冒烟”“零污染”目标顺利实现。

一、奖励对象

总包优秀管理单位：总包各系统部门及个人。

优秀工人：施工现场普通工人、电焊工、电工、信号工等特种作业人员。

优秀管理人员：各分区、分包单位优秀项目经理、生产经理、专职安全管理人员及班组长等。

优秀单位：各分区、分包单位及班组。

二、奖励措施

（一）系统管理奖励措施：

项目部与各系统签订安全生产责任制，项目领导班子对各系统、各岗位安全生产履职情况进行考核，结合劳动竞赛活动对于考核评比突出的系统及个人予以奖励。

（二）施工分区管理组、分包单位奖励措施：

安保部每周对分区、各分包单位安全文明施工环境保护工作进行考核评比，以专业不同划分为七个小组：钢结构、幕墙、屋面 5 家施工单位为一组；二次结构 4 家专业分包单位为一组；机电安装部 4 家及安装公司 5 家劳务分包单位为一组；建设公司 3 家及城建五公司 2 家劳务分包单位为一组；桥墩柱、浮岛 2 家施工单位为一组；无机喷涂、防火喷涂等零星施工单位为一组；各分区管理团队为一组。

1、一周内同时做好以下工作，分别予以 1000 元奖励，并向优秀分区管理组、优秀分包单位颁发流动红旗。

（1）施工区域无重大安全隐患，加工区及作业区域文明施工保持较好。

（2）相关责任人员严格按要求组织安全条件验收，履行会签手续，及时上报验收表。

（3）严格落实安全生产“两个五分钟”制度及新入场工人差别化管理工作。

（4）严格做好安全旁站制度，监护人佩戴袖标全程监护。

（5）每日做好安全生产展示板公示工作，及时更新，填写内容真实。

（6）做好自查自纠工作，检查问题全面、有针对性，整改措施到位，按时上报自查自纠记录。

图6-7　HSE责任考核奖罚实施细则

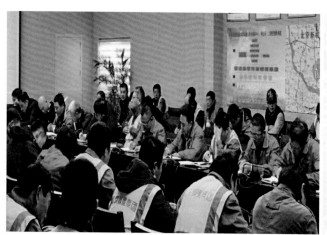

（a）召开安全责任考核评比会

施工现场安全生产检查履职免责记分标准

分包单位名称：城建建设　所属区域：　检查时间：2017年 8 月7日

序号	检查内容	扣除分值								
	责任人	项目经理	生产经理	技术负责	安全员责	施工队长	工长	技术员责	安全主管	备注
1	未执行周一检查、周三复查制度	3	1	0	1	1	0	0	1	
2	安全条件验收不符合要求	2	1	2	1	1	2	2	1	
3	安全条块管理检查表未及时上交或不符合要求	1	1	0	1	1	0	0	1	
4	现场防护设施缺陷、造成重大隐患的	1	2	0	2	2	1	0	2	
5	个人防护用品（未正确佩戴安全帽、安全带、未穿反光背心、现场吸烟）	1	1	0	2	2	2	0	2	
6	无方案、交底施工的	1	2	2	1	2	2	2	1	
7	现场存在严重违章作业的	2	2	0	2	2	2	0	2	
8	管理人员查处重大隐患未积极组织整改的	1	2	0	2	1	3	0	2	
	应得分	12	12	4	12	12	12	4	12	
	实得分	10	9		9	9	8		8	

注：1、低于8分的由分包项目经理、生产经理、劳务队长针对前一周的安全隐患整改情况进行ppt汇报，并分别处罚责任人分包项目经理、生产经理、劳务队相关责任人2000、1500、1000元经济处罚。

2、连续两周做PPT汇报的分包及劳务队进行经济处罚5000元，并以书面形式致函所属单位主管领导。

（b）施工现场安全生产检查履职免责记分标准

图6-8　施工现场职业健康安全生产检查履职免责记分管理办法

整改汇报。对连续两周做PPT汇报的分包单位处以高额处罚，对不称职的管理人员进行撤职、劝退，并以书面形式告知其所属单位的主管领导。考核使全员的安全理念深入人心，促进了职业健康安全管理工作被很好落实。

6.2.4 安全管理程序

6.2.4.1 系统化、标准化、制度化管理

系统化、标准化、制度化管理始终是北京大兴国际机场航站楼核心区项目职业健康安全管理的重要原则，从分包准入、设备设施报备、安全培训、安全检查及危险性较大分部分项管理等方面运用以上原则，遏制了生产安全事故的发生，取得了良好成效，并且得到了建设主管部门、集团公司的高度评价和极力推广。

优秀的职业健康安全管理离不开切实可行的管理制度，国家、行业的标准也是项目管理的基础，下面我们就航站楼施工在全过程职业健康安全管理中，如何实现程序化管理，结合相应的管理制度进行详细阐述。

1. 分包单位准入管理流程（图6-9）

（1）商务谈判、缴纳安全保证金

提交安全保证金是职业健康安全管理的重要举措之一，能够让分包单位对待职业健康安全管理工作更加重视，从而提高总承包管理的约束力，确保项目部职业健康安全管理目标顺利实现。

（2）分包单位资质审核

主要审核分包单位职业健康安全管理人员配备数量和资质证书是否符合本单位要求。

（3）职业健康安全管理人员考核

北京大兴国际机场航站楼核心区工程严格、创新的管理方法需要一支高效的职业健康安全管理团队去实施，因此，对于分包单位职业健康安全管理人员的考核和筛选极为重要。考核分为笔试和面试两部分，笔试方面，主要通过播放职业健康安全隐患照片，考核安全管理人员能否正确辨识问题项，并提出整改措施。面试方面，总承包单位将设置为期一周的考核期，主要考核安全管理人员的沟通能力、组织管理能力和执行力，对于不能满足要求的人员，将及时通知所在单位予以清退或更换人员。

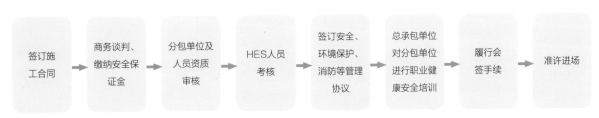

图6-9 分包单位准入管理流程

（4）签订职业健康安全管理协议

为了明确总承包单位、分包单位职业健康安全管理责任，做到"事事有人管"的目的，项目部分别编制了《职业健康安全管理协议》《环境保护管理协议》《机械安全管理协议》《临时用电安全管理协议》《治安交通、消防保卫安全管理协议》，并且根据不同施工阶段的特点每年更新完善协议内容，保证协议签订的完整性和实时性。

（5）总承包单位对分包单位进行职业健康安全交底和培训

北京大兴国际机场航站楼核心区工程高标准的管理要求和理念与传统施工项目不同，融入了许多创新管理方法和标准化设施，因此，总承包单位职业健康安全管理部门会定期对新进场的施工人员进行宣贯和培训，另外编制了《总承包对分包职业健康安全管理》总交底，详细说明本工程职业健康安全管理的具体要求，以便分包单位更好地理解和执行。

（6）履行施工会签手续

任何一家参施队伍的施工审批都必须经过商务、工程、职业健康安全管理、机电等有关职能部门的会签，保证参施队伍进场施工的合规性。

2. 施工人员准入程序（图6-10）

（1）提交分包单位人员进场计划

施工高峰期有新工人大量入场，给职业健康安全进场培训工作带来很大压力，因此要求分包单位提前上报人员进场计划，职业健康安全培训师根据进场计划编制培训计划，以便职业健康安全培训工作满足学时要求。

（2）职业健康安全培训师根据进场计划编制培训计划，开展三级安全培训教育。

为了保证新进场工人100%接受职业健康安全入场教育，项目部配备一名专职培训师，从事职业健康安全教育工作，确保职业健康安全教育起到真正作用。

（3）全员体检

新进场工人来自全国各地，无法确切地掌握每个人的身体状况，不可控因素大。施工期间将会存在不同的职业危害因素，因此，项目部要求凡是进场的施工人员必须经过三甲医院常规体检（图6-11），并将体检报告作为施工人员准入的重要依据之一。

（4）制作人员出入卡

必须凭借提交符合要求的三级安全培训教育资料和体检报告办理施工人员出入卡（图6-12）。

图6-10　施工人员准入程序

图6-11 常规体检

图6-12 人员出入卡

3. 机械设备进场程序（图6-13）

4. 用电管理程序（图6-14）

5. 日常职业健康安全工作管理程序（图6-15）

（1）班前教育

由班组长组织全体施工人员进行班前教育，告知当日施工任务、应急处置措施、危险因素及管控措施，检查不同工种相应劳动防护用品的佩戴情况。

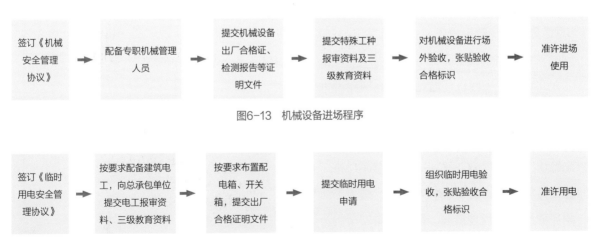

图6-13 机械设备进场程序

图6-14 用电管理程序

班前教育 → 班前安全条件验收 → 日常检查 → 班后安全条件验收 → 班后总结

图6-15　日常职业健康安全工作管理程序

（2）班前安全条件验收

班前安全条件验收工作是落实全员职业健康安全管理责任制和实现系统化管理的关键。北京大兴国际机场航站楼核心区项目以"谁安排生产任务，谁确认职业健康安全环境"为原则，要求班前安全条件验收工作由生产系统主管负责，生产负责人直接负责本施工区域各项施工作业环境安全状态的确认。同时，组织技术、安全负责人对施工区域进行验收，经验收合格后，由相关人员填写《安全条件验收表》并签字确认。职业健康安全管理部门每日检查时，对照条件验收表进行考核检查，未进行条件验收或条件验收与作业现场条件不相符的，总承包单位按照管理办法进行记分处理，并对责任人及相关单位进行经济处罚。

（3）班后安全条件验收

设备使用完毕后，要求分包单位每日对作业区域进行检查，确保设备恢复至安全状态，停在安全位置，做到工完场清。

（4）班后讲话

每日施工完毕后，由分包班组长对当日职业健康安全工作进行总结，提出改进措施。

6. 量化管理程序

量化管理就是将日常全部的职业健康安全管理工作都以量化的形式表现。在下达、安排安全工作任务时，对每一项工作都有数量的要求。检查、考核职业健康安全管理工作时，以完成工作量化后的数量作为考核依据。北京大兴国际机场航站楼核心区项目在实现职业健康安全管理时，要求各分包单位在各自责任区摆设安全生产展板，将每日安全条件验收、班前讲话记录、安全技术交底、用工情况、用火作业情况、重大危险源等施工信息进行展示（图6-16）。这样做的好处有：通过将职业健康安全管理工作量化，规范分包管理人员日常职业健康安全管理的组织落实；通过安全展板的展示，能够让施工人员熟知作业危险区域，从而让检查人员可以有针对性地进行检查。

7. 分包单位管控程序

（1）职业健康安全例会

在北京大兴国际机场航站楼核心区建设过程中，每周一必须召开职业健康安全例会，总承包单位、分包单位的项目经理、生产经理、职业健康安全经理必须参加。会议纪律严格，如有特殊情况不能参加会议的人员，必须提前向职业健康安全经理请假。职业健康安全例会是提高工作质量和工作效率的一种有效途径，

图6-16　安全文明施工、环境保护展示板

开会前要做好充分的准备，订立会议主题，通过开会解决问题，每次的职业健康安全例会纪要将以正式文件的形式下发，才能达到职业健康安全开会的目的。职业健康安全开会的主要内容有以下几个方面：

1）宣贯近期国家、行业及建设主管部门文件要求。

2）总结项目部职业健康安全总体情况，通报上周分包单位职业健康安全问题，并提出解决方案。

3）通报上周分包单位各级人员职业健康安全履职情况。

4）对于问题较多、不认真履职的人员当场处罚。

5）研讨下周施工内容及职业健康安全管控重点，部署下周职业健康安全管理工作。

6）推广优秀管理经验和做法。

（2）差别化管理

在北京大兴国际机场航站楼核心区工程建设过程中，施工单位整体安全管理水平参差不齐，个别施工单位领导对职业健康安全管理工作重视程度不够，针对职业健康安全管理部门提出的隐患问题整改不及时，对这些单位必须采取强有力的管控措施，实施差别化安全管理，即：对于职业健康安全问题较多的单位，由总承包职业健康安全管理部门指派专人每天对问题单位重点检查，对检查结果进行全场通报，并对当日和以往问题进行跟踪整改，以蓝色、黄色、红色进行标记，最长整改时限为三天。第三天未整改完成或存在重大安全隐患使用红色标记，将停止该区域施工。同时，实行隐患区域挂牌制度，挂黄色标牌为警告，挂红色标牌为停工整改，警示作业人员要实现规范化、精细化管理、差别化的安全管理措施（图6-17）。

北京新机场旅客航站楼及综合换乘中心（核心区）工程
2019年3月6日安全联合检查通报

（a）安全联合检查通报

北京新机场旅客航站楼及综合换乘中心（核心区）工程
2019年03月06日装饰装修工程差别化安全管理巡察报告

（b）安全"差别化"管理日常通报

（c）危险区域挂牌督办

图6-17 差别化的安全管理措施

（3）强有力的处罚处置程序（图6-18）

针对违章行为制定程序化的处罚处置措施，经济处罚和停工只是无奈之举，更不可以以罚代管，让分包单位领导重视职业健康安全管理工作，达到整改要求才是最终目的。

图6-18 处罚处置程序

8. 职业健康安全隐患检查程序

（1）职业健康安全检查原则

应坚持日常、定期、专业、不定期检查相结合的原则，检查与整改相结合的原则，要全员参与，做到职业健康安全检查制度化、标准化、经常化。

（2）职业健康安全隐患分级管控措施

1）生产安全事故隐患分级

参考建设行业生产安全事故案例数据，对施工现场安全隐患造成的影响程度进行分级，制定相应的管控措施，建立职业健康安全隐患治理库，主要可分为三个等级：可能造成较大以上级别安全事故的，为一级重大安全隐患；可能造成一般安全事故的，为二级重大安全隐患；其他为普通隐患。

2）隐患分级处置措施

存在一级重大安全隐患，立即停工，致函该单位，约谈该单位主要领导驻场整改。存在二级重大安全隐患（可能造成一般安全事故），约谈分包单位项目经理，对违章行为确认，由分包单位项目经理落实、上传整改后照片，将隐患分级及管控措施在施工现场明显位置公示。

（3）制订职业健康安全检查计划

每次的职业健康安全检查应成立检查组，制订检查计划。检查组应由有相应专业知识和经验、熟悉法规标准的人员组成，检查计划中应明确检查目的、内容、时间安排。

（4）职业健康安全检查基本要求

职业健康安全管理部门检查发现的问题和隐患，检查组应按照"三定"原则（定措施、定责任人、定完成期限）下发《安全检查通报》，督促被检查单位限期整改。对于逾期未整改的，按照施工安全管理规定应当采取相应处罚处置措施，直到整改完成，不得放任不管。

（5）职业健康安全检查形式

1）领导带班检查

北京大兴国际机场航站楼核心区项目制定了领导带班检查制度，总承包项目经理每周一组织联合安全检查，每周三进行隐患整改项目复查（图6-19）。通过领导带班检查，可以促进安全检查工作的实效性，使之更有威慑力，提升安全管理工作在分包单位心目中的重要性。

2）分包单位自查自纠

为了约束分包单位职业健康安全管理责任的落实，要求各分包项目经理每周带队开展自查自纠工作（图6-20），并于每周三将自查自纠报告报至安保部。安保部对照各单位自查自纠报告进行针对性检查，并在每周职业健康安全例会上进行点评，对于总承包安保部检查出来的重大安全隐患，分包单位自查自纠报告中未体现的，追究分包安全管理人员责任；对于分包单位自查自纠工作中检查出来的重大安全隐患未得到有效落实，总承包单位将追究分包生产管理人员安全管理的责任。

3）专业性检查

针对施工现场频发的安全隐患问题，有针对性地开展临时用电、消防、环境保护、机械等专业性检查（图6-21）。

4）季节性、重大政治活动期间检查

季节性安全检查是根据季节的气候特点开展的专项检查（图6-22）。春季检查以防雷、防静电、防解冻为重点；夏季检查以防暑降温、防食物中毒、防台风、防洪防汛、防雷为重点；秋季和冬季检查以防火、防爆、防中毒、防冻防凝、防滑为重点。另外，在国家重大政治活动期间将

图6-19　总承包项目经理带队检查

图6-20　分包项目经理带队自查自纠

图6-21 专业性检查

提升职业健康安全管理等级开展专项检查。

9. 职业健康安全培训程序

北京大兴国际机场航站楼核心区项目高峰期施工人员达8000余人，施工人员普遍文化程度不高，绝大多数施工人员未接受系统的安全教育，安全意识薄弱。分包管理人员及施工人员受施工作业时间的影响，对本工程的安全管理理念不能完全接受，往往出现抵触心理，因此，加强安全培训教育，提高施工人员的安全认识，解决"人"的不安全因素是施工安全管控的重要内容。在"硬件"上，项目部设立可以容纳700余人的安全培训室，从"软件"上配备一名专职安全培训师，专职负责日常安全培训工作，制订月、周安全培训计划，分包单位按照培训教育课程，每日开展各类安全培训，确保每一位施工人员都能够接受全面的安全生产教育培训。

图6-22 季节性安全检查

（1）职业健康安全培训频次及对象：特殊工种（电工、架子工、电焊工、司索工等）培训，每周一次；环境保护培训，每周一次；班组长每周轮训一次；全员安全教育，每十天一次。通过不断灌输安全思想的形式，使得工人安全意识得到较大的提升。

（2）安全体验式教育：为了让工人亲身参与、亲自体验，提高职工安全认识和安全技能，项目部将体验式教育作为三级教育主要组成部分，建立安全体验区（图6-23），

图6-23 安全体验区

包括安全帽撞击、综合用电、消防设施、安全带体验、洞口坠落体验、防护栏倾倒等体验设施。

（3）其他形式教育

1）安全警示案例教育

安全警示案例是最直观、最触动的安全教育，项目部为了更好地实现安全警示，特别购置了《安全事故警示教育合集》宣传片，定期为施工人员播放。

2）季节性教育

针对不同的季节变化，人对环境的适应能力变得不灵敏，做好季节性教育是十分必要的。

图6-24　新工人安全反光马甲

3）外来人员教育

北京大兴国际机场航站楼核心区项目在建设工程中接待外来人员参观调研2000余批次，总人数近3.7万人，外来人员复杂，由于施工过程中安全风险不可控因素多，容易造成生产安全事故，因此，在外来人员进场前将有一名职业健康安全人员对其进行职业健康安全教育。

4）项目部实行老工人带新工人制度。新入场工人进场后必须与经验丰富、有较强操作技能，且在本工程施工两周以上的班组长签订师徒协议，新工人必须在老工人的带领下上岗作业，没有老工人的带领，禁止新工人单独作业。要求新工人进场时穿戴新工人安全反光马甲，见图6-24，在现场工作满3个月后，方可更换马甲。

6.2.5　安全标准化管理

6.2.5.1　概述

安全生产标准化体现了"安全第一、预防为主、综合治理"的方针和"以人为本"的科学发展观，实现安全生产工作的规范化、科学化、系统化，也是推进全员、全方位、全过程安全管理的重要举措，本项目安全标准化主要内容包括：作业现场标准化、操作过程标准化、安全设施标准化。

6.2.5.2　安全标准化设施设计及管理

本项目开工前，将安全标准化设计作为施工管理策划的重要工作，成立由技术人员、生产人员、安全人员、物资人员、行政人员组成的临时标准化部，负责施工现场标准化设施的设计、管理及使用，安全标准化设施在使用前，先进行样板确认，建立安全设施展示区，统一标准、样式，在现场全面推行、实施（表6-25）。

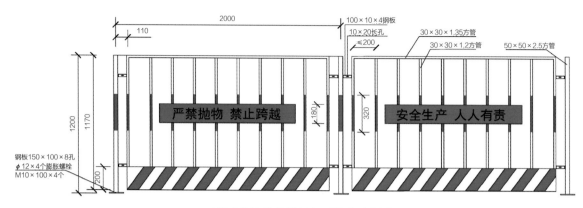

工具式临边防护栏杆立面做法示意图

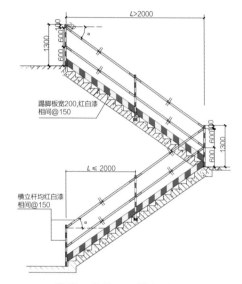

楼梯口防护立面做法图

楼梯防护示意图

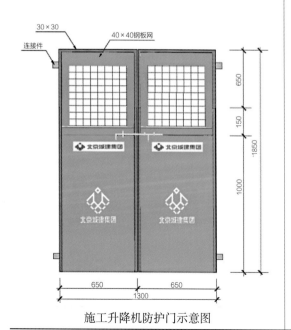

施工升降机防护门示意图

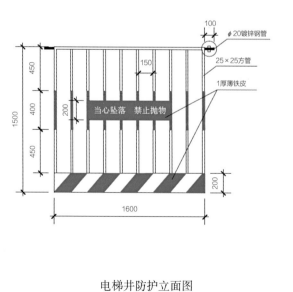

电梯井防护立面图

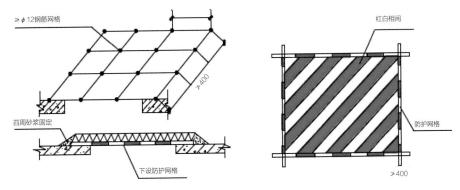

洞口防护做法图

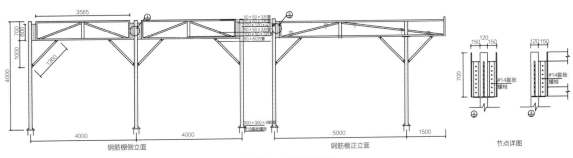

钢筋加工棚做法图

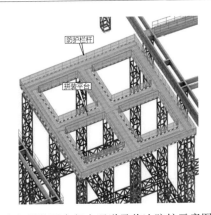

高空拼装平台行走通道及临边防护示意图

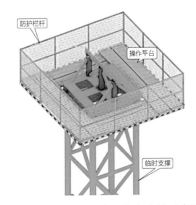

临时支撑顶部操作平台及安全防护示意图

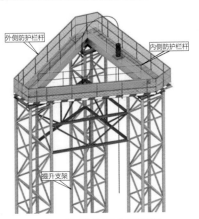

提升架顶部操作平台示意图

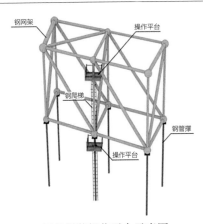

网架拼装操作平台示意图

安全标准化样板展示区

6.2.5.3 现场安全标准化设施

见表6-26。

安全标准化设施 表6-26

| 安全防护 |

临边防护

楼梯间防护

洞口防护设置可开启式钢筋箅子，并在四周设置工具式防护栏杆

1.5m以上洞口周边设置防护栏杆，内侧挂设安全网

结构竖向洞口采用全封闭措施

标准化安全通道

标准化钢筋加工棚

标准化双层防雨防砸棚

临时用电标准化设施

统一所有配电箱标准

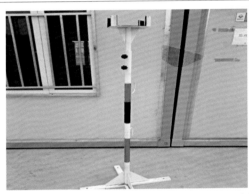

电缆线支架

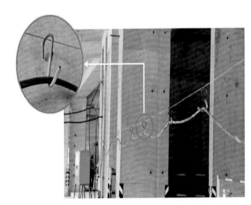

室内电缆钢索挂钩敷设

照明线路敷设标准

标准化灯架

照明器具的外露可导电部分做保护接零

消防设施标准化

标准化消防设施防护

气瓶存放架

气瓶存放笼

钢桥接口处焊接使用磁力接火斗

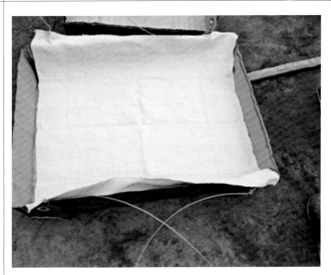

接火斗内侧设置石棉布

切割机防护罩

移动式接火斗

易燃垃圾储纳箱

6.2.6 安全信息化管理

6.2.6.1 安全管控平台

为了进一步加强施工现场安全系统化、标准化管理，邀请软件公司协同开发本工程安全管控平台（图6-27），每周分专业、分单位统计安全隐患数量，通过数据分析，确定下一步安全管控重点，同时通过每日安全条件验收、用工统计、用火上报等情况，了解每日安全重点管控内容，有效地开展日常安全管控措施。

6.2.6.2 BIM技术的应用

屋盖钢网架为放射形的不规则自由曲面，投影面积达18万m²，屋盖网架由63450根圆钢管、12300个球节点组成，钢结构总重为4.2万t。屋盖顶点标高约为50m，最大起伏高差约为30m，悬挑最大为47m。通过BIM技术模拟施工过程（图6-28），提前辨识安全风险，研讨具体管控措施，实现事前控制。

6.2.6.3 塔式起重机监控系统

施工区有27台塔式起重机作业，交叉作业安全风险高。在塔式起重机上安装了防碰撞系统，

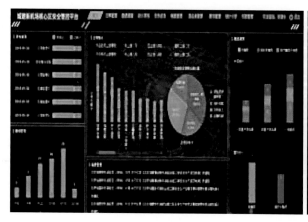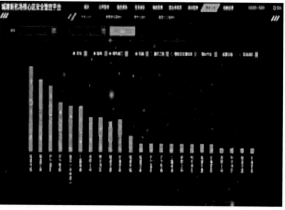

图6-27 安全管控平台

可实时监控塔式起重机的吊重、回转、群塔大臂运转位置（图6-29）。当出现违章作业时，系统自动发出警报，并将数据汇总到软件中，可以实时掌握信号工、塔式起重机驾驶员的作业情况，对违章操作人员进行教育处罚。

6.2.6.4 远程视频监控系统

针对不同部门、不同用户，根据管理者关心的区域不同，分别设置不同权限，通过系统平台可以实现远端操控（图6-30），实时查看施工现场情况。

6.2.6.5 扬尘、噪声自动监控系统

设置扬尘、噪声自动监控系统，实时对工程区域进行扬尘、噪声污染监控（图6-31）。

6.2.6.6 移动式语音摄像头

施工现场面积大、区域复杂的特点，针对重点区域设置了移动式语音摄像头（图6-32），对进入现场的工人进行语音安全提示，并随时关注重点部位施工的安全情况。

图6-28　BIM技术应用

图6-29　塔式起重机监控系统

图6-30　远程视频监控系统

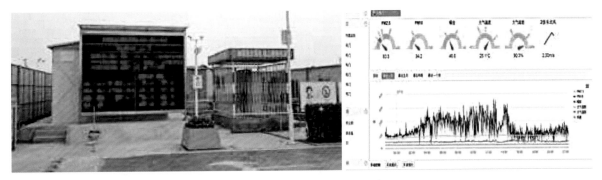

图6-31　扬尘、噪声自动监控系统

6.2.6.7 人机碰撞监测

在施工现场人机碰撞的高风险区域，设置人机碰撞监测装置，对碰撞危险区域进行实时监测。在人机相对位置达到高风险水平时，在检测装置向所在区域的人员发出报警，实现对危险情况的及时响应与处置。

图6-32　移动式语音摄像头

6.2.6.8 不安全行为识别监测

针对施工现场中工人易出现的各种不安全行为，在风险较高、交叉作业突出的位置，设置不安全行为识别装置，对工人开展高处作业等危险作业任务时的动作，进行实时捕捉与分析，在发生不安全行为出现的危险前置动作时报警。

6.3 职业健康安全环境保护管理措施

6.3.1 施工准备阶段管理措施

6.3.1.1 工程设计阶段

安全设计是降低和规避安全风险的前提，是施工组织设计编制、方案编制的重要任务。安全设计不仅包括结构本身的设计，更应从施工实施角度出发，进行安全风险识别、评估，确定安全管控措施，同时，确保周边环境的安全及正常使用。

1. 安全风险识别和评估

每一项施工开展前，必须编制专项方案或交底指导施工。方案或交底编制完成后，由项目领导牵头，由技术部组织生产、安全、质量、机电、物资等部门开展施工方案研讨会，围绕人的不安全行为和物的不安全状态，安全管理人员应针对施工过程的每一个环节的危险因素进行识别和评估，提出管控措施和改进建议。对于施工中用到的上人通道、操作平台等临时安全设施做到具体化和可视化，确保方案的完整性和可操作性。

2. 施工方案审查

施工方案必须经项目安全负责人审查，目的是确保施工方案符合研讨会确定的内容，同时符合国家、行业、企业的职业健康安全管理强制性规定。

6.3.1.2 资格预审及招标阶段

资格预审和招标阶段是考察施工管理团队能力的重要环节，考察的内容包括：公司事故记录、相似工程管理经验和业绩、职业健康安全管理体系建设情况及管理人员资历和经验、职业健康安全设施的配备情况，如有必要，应到投标公司承揽的正在施工的工程考察职业健康安全管理情况，经过对比，筛选出满足要求的单位。

6.3.1.3 合同签订、履行阶段职业健康安全管理

在招标阶段，应将本工程的人员配备要求、标准化设施要求、管理理念及重要的奖罚制度在合同文件中说明，对分包单位施工行为予以相应的激励和约束。同时，根据不同施工阶段的特点，有针对性地进行内容更新。安全负责人应对这些内容进行审查，保证合同中职业健康安全管理要求的有效性，在合同履行过程中不断督促施工单位的施工行为，必要时根据合同约定采取相应的处罚。

6.3.2 分部分项工程安全管理措施

6.3.2.1 桩基础施工阶段

1. 施工任务重、工期紧，施工单位多，受场地影响，易造成交叉作业

深基坑桩基础施工阶段，土方运输车辆有86辆，大型打桩机有63台，流动式起重机及塔式起重机数量达30台，人员密度高、人车混行、随意性大，再加上桩基础阶段施工的特点，人员、车辆穿插施工，避免不了交叉作业的产生。

应对措施：项目部编制了《桩基础施工分区的通知》，将施工现场划分为9个施工区域，明确安全文明具体责任人及责任范围，另外编制了《深基坑桩基础工程交叉作业安全管理办法》，存在交叉作业的单位必须做到以下几点：

（1）针对人车混流的问题，指定了4条道路，设置人车分流通道（图6-33），设专人指挥引导，要求各参建单位必须将道路找平。

（2）存在交叉作业的各施工单位，必须结合施工特点共同签订《安全生产管理协议》，因工作需要进入他人施工作业场所，必须向对方告知，说明作业性质、时间、人数、使用的设备及交叉作业区域范围内需要配合的事项等。在交叉作业前，双方应当以书面形式相互通知本方施工作业内容、安全注意事项等作业信息，并设专人监管协调指挥。各工序交接、穿插时，应进行作业面交接检查，确保前道工序施工人员、设备撤出后，后道工序施工人员、机械设备再进入场区施工，避免混合作业。

（3）同一区域内双方堆放的材料、设备应放到指定位置，保证交叉作业场所的道路畅通，且不得影响堆放作业。

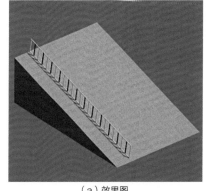

（a）效果图

（b）实景图

图6-33　人车分流通道图

在危险区域设置围栏、盖板或悬挂安全警示牌。

（4）无法避免在同一区域交叉作业时，对容易发生高处坠落、物体打击、机械伤害及起重伤害事故的区域，设置安全警戒线，并派专人进行监护。各单位的施工人员不得擅自拆除安全围栏、安全标志牌、警告牌等安全设施。

2. 打桩施工过程中，形成的桩口极易造成高处坠落事故

北京大兴国际机场航站楼桩基础施工阶段需要进行大量桩的施工，钻孔、桩孔浇筑及混凝土凝固周期较长，桩孔裸露时间较长，再加上地面松散、泥泞，高低不平，桩孔不易被人员发现，人员在行走过程中，稍有不慎就会造成安全坠落事故。

应对措施：

根据现场情况制定了Ⅰ、Ⅱ型桩孔防护措施（图6-34）。在施工过程严格按照"谁施工，谁负责"的原则，对每一个桩孔进行编号，明确具体责任人，每天进行巡查，填写日检表。

Ⅰ型桩孔防护措施，钢筋网片尺寸为900mm×900mm，用定型锥桶并刷警示色示警，锥桶采用铁丝穿过底座与钢筋网片绑扎的方式加固。

Ⅱ型桩孔防护措施，钢筋网片尺寸为1100mm×1100mm，用定型锥桶并刷警示色示警，锥桶采用铁丝穿过底座与钢筋网片绑扎的方式加固。

3. 地面湿滑、松散泥泞，汽车式起重机支立及施工车辆溜车的可能性极大，安全风险高

应对措施：汽车式起重机在施工前，必须有专人对其进行安全条件验收，确保其设备基础牢固、土地平整坚实，能承受一定的冲击力，不翻倒。汽车式起重机支立时，支腿及垫板（钢板或枕木）必须坚实牢固，各种限位齐全有效。5级以上风力或雨雪天气严禁起重吊装作业。各单位必须严格控制施工车辆土方（渣土）装载量、降低车辆行走车速、设专人指挥，确保施工人员及车辆、设备安全。

6.3.2.2 主体结构施工

1. 超高大跨度模板支撑体系坍塌、高处坠落风险大

应对措施：主体结构施工阶段，大多数模板支撑体系属于危险性较大的分部分项工程，利用

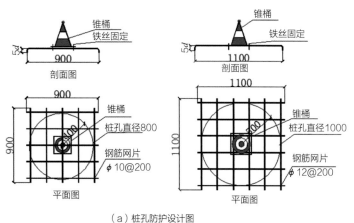

（a）桩孔防护设计图　　　　　　　　　　　（b）桩孔防护效果图

图6-34　桩孔防护措施

《施工现场安全条件验收》《模板支撑体系"四级"验收》《安全条块管理》《安全生产检查记分考核》等管理办法，通过制度约束人、管理人，同时实施严厉的处置问责手段，逐渐形成系统、程序化的管理，主要流程如下：

（1）模板支撑体系搭设的准备

按照《危险性较大的分部分项工程安全管理规定》要求，编制专项施工方案，由安全负责人认真审查方案，根据以往经验对施工过程进行模拟，辨识每一项危险因素，提出可靠的安全管理措施意见。

执行《安全条块管理制度》，针对模板支撑体系施工对各项安全条块进行分工，明确模板支撑体系、消防、临时用电、防高处坠落、防物体打击等责任人。相关安全条块管理人员协同生产经理、技术负责人、安全员进行危险源辨识、分析，确定重大危险源因素，研讨具体安全措施。

由项目技术人员根据已通过审批或论证的专项施工方案，对模板支撑体系进行搭设方法、拆除方法的安全技术交底，相关安全条块管理人员对施工人员进行教育，详细告知作业区域危险因素及危险点，审查脚手架搭设或拆除人员是否符合持证上岗的要求，办理相关的交底书面签字手续。将安全条块管理责任划分、每日班前讲话记录、安全技术交底、每日用工情况、用火作业情况、重大危险源等施工信息公示牌在现场明显位置公示，总承包安保部根据各分包单位安全活动公示内容，每日开展针对性检查，对相关责任人员履职情况进行考评。

（2）模板支撑体系搭设过程中管理

严格按照方案及交底要求，检查每一项搭设工序安全措施的落实情况，包括：架体垂直搭设时，工人攀爬、登高必须有可靠的爬梯；架体水平搭设时，必须为工人设置两块脚手板作为操作平台；为工人配备五点式双挂钩安全带，确保工人在架体行走过程中，安全带始终保持一个挂钩挂设在架体上，防止高处坠落事故发生（图6-35）。

为了保证钢筋绑扎期间作业环境的安全，在模板脚手架的碗扣式脚手架支撑搭设完毕后，在梁底横向钢管的标高位置满铺脚手板，形成作业平台。在作业面下方满挂安全网，设置人员上下人爬梯。在作业面四周搭设临边防护，保证作业环境安全（图6-36）。同时执行"谁安排生产任务，谁对安全条件进行确认"的制度，由生产负责人直接负责本施工区域各项施工作业环境安全状态的确认，同时组织技术、安全负责人，组织班组长对施工区域进行验收，经验收合格后由相关人员填写《安全条件验收表》，签字确认。

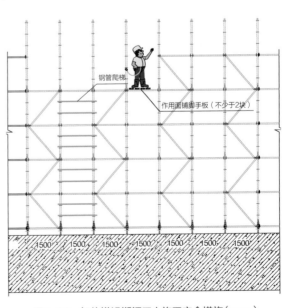

图6-35　架体搭设期间工人施工安全措施（mm）

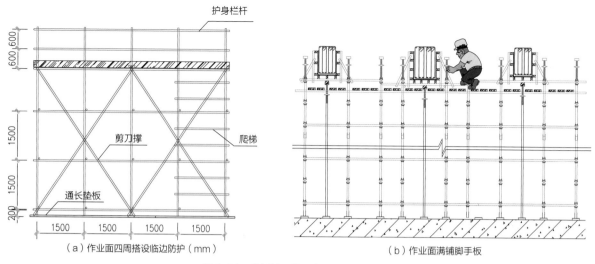

图6-36 模板体系施工期间安全保障体系

（3）模板支撑体系验收

待梁板钢筋绑扎完成后，对模板支撑体系由班组、施工分区、施工总承包单位、监理单位分别进行验收，确保模板支撑体系不发生坍塌、倾覆等重大安全事故。

验收合格后严格落实北京城建集团《危险性较大的分部分项工程验收挂牌安全管理规定》，履行验收手续，挂模板支撑体系合格牌。

2. 塔式起重机数量多，司索信号工、塔式起重机司机安全意识参差不齐，起重吊装风险大

在主体结构施工阶段，塔式起重机有27台，信号工、塔式起重机司机高峰期有100余人，再加上工期紧，施工任务重，塔式起重机及人员全天不间断地工作，容易因人员疲劳作业或机械设备连续不停运转，发生安全事故。

应对措施：

（1）成立7人吊装巡查小组，每日由安保部机械管理人员带领，对吊索具、吊装作业进行检查，对司索信号工及塔式起重机司机进行考核，对不符合要求的人员一律清退。

（2）严格把控塔式起重机自身运行状态。在塔式起重机租赁合同签订时，具体明确驻场人员数量及现场检查频次：要求租赁单位驻场维修人员不少于10名，每隔两天检查塔式起重机各项安全装置及机构的运行情况，同时总承包单位为维修保养人员配备影像记录设备，如维修保养人员未按合同要求进行检查，将按照合同相关条款进行罚款。

6.3.2.3 钢结构、屋面施工

1. 流动式起重机数量多，超大、超宽等异形钢结构吊装给安全管理工作带来很大难题

应对措施：编制《钢结构施工安全管理办法》，根据钢结构载重不同，实行分级安全验收管理，其中，吊重5t以下时，通过安全条件验收，确保安全吊装；吊重5～15t时，落实班组责任，由班组长确认安全条件，填写吊装申请单，组织屋面分包单位相关负责人进行验收；吊重15t以上时，由班组长确认安全条件，填写吊装申请单，组织屋面分包单位相关负责人进行验收后，屋

面分包单位组织总承包单位进行验收，有效地避免了违章吊装造成的起重伤害及物体打击事故。对于流动式起重机管理，特编制《钢结构吊装作业安全管理措施》，要求分包单位每日检查汽车式起重机的安全状况，并填写《起重吊车日检表》，留存影像资料，安保部对照分包单位《起重吊车日检表》检查，无日检表或现场与日检表检查结果不一致的，一律停止施工作业。吊装安全管控措施见图6-37。

2. 钢结构用火作业多，消防管理难度大

应对措施：

（1）强化消防安全管理

总承包单位设置1名安全总监、1名安全副部长及4名专职消防员负责现场的消防管理工作。同时由总承包单位各部室抽调2～3名管理人员到现场检查动火情况，并聘请70余名保安成立消防

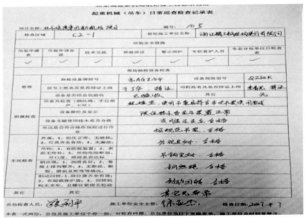

（a）钢结构安全施工管理办法　　　　　（b）钢结构吊装作业安全管理措施

（c）吊装作业日常安全检查表

图6-37　吊装安全管控措施

纠察队负责现场的看火、巡查及应急处置工作。设立消防保洁队负责现场易燃垃圾的清理。分包单位必须配备不少于一名的专职消防管理人员，且分包单位消防管理人员不得随意调动，从事与消防无关的管理工作。另外按施工总人数的10%建立义务消防队，负责各自区域易燃垃圾的捡拾及应急处置工作。义务消防队根据不同施工阶段开展各项消防应急演练活动。

1）强化用火作业管理措施

①动火情况备案

要求分包单位安全负责人、消防负责人必须全面掌握电焊工的情况，重新梳理电焊工、看火人员数量，建立人员信息台账。在每周日之前，及时将电焊工、看火人员数量台账报送安保部备案。

②动火证的开具

各专业分包单位消防负责人必须在前一天18:00前，将次日的动火情况报送安保部，由安保部对次日动火情况进行汇总，报送消防纠察队。由消防纠察队队长负责次日动火区域消防纠察队员布岗工作，确保消防纠察队点对点管控。

③用火作业分级管理

各分包单位在上报动火情况时，针对动火区域风险因素进行分级用火作业上报，将施工用火作业、高处用火作业、与其他单位交界处焊接作业列为一级用火作业，进行明确的标注。总承包单位针对一级动火区域进行重点管控，委派专人全程安全旁站监督。

④用火作业安全条件验收

用火作业前，必须由分包生产经理或项目经理组织相关人员对动火区域进行安全条件验收，经检查合格后，履行会签手续。用火作业后，必须由分包生产经理对动火区域及动火区域下方进行全面检查、安全验收，消防纠察队员必须留守动火区域，保证1小时内不脱岗，确保动火区域无阴燃现象才可撤离。

除此之外，涉及一级用火作业区域，必须由分包项目经理组织进行安全条件验收，派管理人员全程旁站监督，每2小时上报动火情况到消防管理群。消防纠察队队长必须派责任心强、有一级动火看火经验的队员看守。

⑤看火管理

用火作业时，总承包单位设置一名保安，分包单位设置一名看火人，两人同时看火（图6-38）。涉及高处动火时，由分包单位在上下位置各设置一名看火人，总承包单位在上下位置各设置一名保安，对用火作业及看火情况进行安全旁站监督。针对多层动火，要逐层按规定设置看火人。在与其他单位交界的施工部位动火时，必须提前书面告知相关单位，提醒相关单位及时清理易燃物、可燃物，确保双方分别做好防火措施。

图6-38 看火

⑥接火管理

为了保证高处用火作业时不发生火星外溅的现象，要求各分包单位在动火点下方设置 2m×2m 封闭防火布（图6-39）。

⑦电焊作业实行人机实名制

在每一台电焊机上张贴电焊机使用信息公示牌，将电焊机与看火人、电焊工一一对应，形成电焊机实名制管理，责任电焊工、看火人应承担相应的法律责任，严禁非责任焊工使用电焊机，人走停机、撤机。电焊机人机实名制见图6-40。

⑧重点特殊防火区域管控

A. 与其他单位施工区域交界处焊接

在与其他单位施工区域交接处动火时，必须提前书面告知相关单位，提醒相关单位及时清理易燃物、可燃物，确保双方分别做好防火措施。派保安人员全程安全旁站监督。

图6-39　封闭防火布

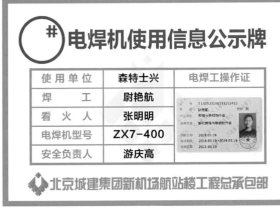

（a）电焊机使用信息公示牌　　　　（b）电焊机与看火人、电焊工一一对应

图6-40　电焊机人机实名制

B. 与已完成的防水施工形成动火交叉作业区域

在防水施工完成前动火，必须由动火单位所属总承包生产部协同工程部进行安全条件验收，保证动火区域防水材料无任何裸露，并在动火证上签署动火审批意见。安保部以总承包单位相关部门签署的施工意见，作为现场开具动火证的依据。对现场动火区域检查，符合要求后，才可开具动火证。

C. 防水施工区域

防水施工单位必须提前单独告知安保部相关负责人，严格履行动火现场审批手续，并由安保部派保安全程监督防水施工作业。在作业过程中，防水施工单位必须按照"随施工，随覆盖"原则，派专人处理裸露的防水。除防水施工外，任何时段不得存在防水材料裸露现象，如在检查中发现存在防水材料裸露而未采取任何防火隔离措施的，将予以处罚，并停止第二天动火证的开具。

⑨加大消防安全巡查频次

A. 充分利用消防纠察队开展有序的巡查工作。将30人分为10组、每组有3人，每组设置一名组长，每日分区域、逐层进行防火巡查，确保屋面、结构各层及与其他单位交界处被巡查到位、不留死角。消防纠察队各分组每日做好巡查记录工作，同时由各组组长在消防安全微信群中随时汇报检查情况以及督促落实整改情况。

B. 抽调6名具有一定消防知识及管理能力的保安人员，穿着总承包管理人员工作服，配合总承包安保部做好消防安全管理工作，每天对屋面安全、消防情况进行检查，并每日如实填写《屋面纠察管理人员日巡查记录》，发现问题及时纠正。对任何安全、消防违章行为有暂时停工的权力，并承担总承包消防安全管理人员监督检查责任。

C. 加强午间休息和下班时段安全检查力度。消防巡查人员中午必须坚守岗位，不得脱岗，坚决杜绝午间工人消防违章行为。安保部分区管理人员及总承包单位消防安全管理人员要比工人晚半小时下班，在下班前仔细检查作业区域消防安全状况，包括材料无续燃和阴燃现象、所有用电设备已断电、易燃易爆危险品及废料已被清理，使现场处于安全状态。

3. 钢结构屋面高处作业多

应对措施：

（1）要求各屋面施工单位所有施工人员必须体检合格才可上岗作业。

（2）在屋面上人马道下方设置保安，逐一检查工人证件、安全带佩戴情况，确保每人持证上岗。

（3）要求分包单位对钢结构全过程施工阶段安全设施进行策划，搭设样板（图6-41）。将安全设施提前在地面安装，避免工人在安装安全设施过程中，发生生产安全事故。

（4）规范施工安全程序。每日施工前，先由分包项目经理组织安全条件验收，确保工人有可靠的安全通道，确保安全带有稳固的系挂点、作业区域安全网无破损，才可进行施工作业。班后由生产经理组织安全、技术及班组长进行班后条件验收，确保恢复安全作业环境，才可下班。屋面施工安全保障体系见图6-42。

（a）全封闭式上人爬梯　　　　（b）爬梯上设置锁绳器，配合安全带使用　　　　（c）钢结构高处作业通道

（d）高处作业下方满挂安全网　　　　（e）全封闭式高处焊接作业平台　　　　（f）高处作业挂笼、安全钢丝绳

图6-41　钢结构施工期间的安全设施

（a）施工人员有可靠的安全通道　　　　（b）安全带有牢固的系挂点　　　　（c）作业区域满挂安全网

图6-42　屋面施工安全保障体系

6.3.2.4　二次结构及机电施工管控重点

1. 二次结构及机电施工阶段预留洞口有1200多个，工人随意拆除洞口防护未及时恢复，给安全管理工作造成很大压力

应对措施：针对以上问题编制了《临边、洞口作业安全管理规定》。首先，划分责任区及洞

口责任单位，与其签订《临边、洞口安全管理协议》，明确责任人及工作任务。其次，要求责任单位成立单独的临边、洞口防护安全管理组织机构，将安全责任落实至施工班组。分区域、分楼层对所有洞口进行详细统计、编号，建立台账，张贴临边、洞口标识牌，每天派专人检查洞口安全防护状况（图6-43），确保每个洞口安全防护有人抓、有人管、有人干。针对私自拆除洞口防护未及时恢复的问题，要求各分包单位如需拆除洞口防护，必须向总承包安保部提交申请，经现场探查，洞口作业安全措施到位后，才可拆除。洞口施工完毕后，分包单位向安保部提出洞口验收申请，待验收合格后，才可进行下一道工序。

2. 充电设备设施较多，违章充电造成消防安全隐患

应对措施：针对以上问题，总承包单位编制《施工现场、生活区、办公区电动车安全管理规定》。

（1）明确各区域管理职责。综合办公室负责办公区电动自行车充电处的用电监管。物业部负责生活区自行车充电处的用电监管。机电部负责施工现场电动施工车辆充电处的用电监管，同时负责施工现场、办公区、生活区电动自行车充电处的布置及配电箱、线缆的日常维修、维护。安保部负责定期监督检查施工现场、办公区、生活区电动车充电处的安全及消防状况。

（2）设置固定充电处及充电设施要求。分别设置施工电动车辆充电处，张贴临时充电标识牌（图6-44）。

（3）明确充电管理要求。充电车辆的所属分包单位必须填写《电动车充电申请单》，经分包单位项目经理批准，报总承包单位申请，同时设置专人对充电车辆、设施进行安全检查。

（4）充电过程中的管理要求。升降车、电动自行车、电动三轮车、手机、对讲机等设备充电时不得超过规定时间。机电部负责充电专用配电箱延时供电装置的设置，采用自动断启模式严格

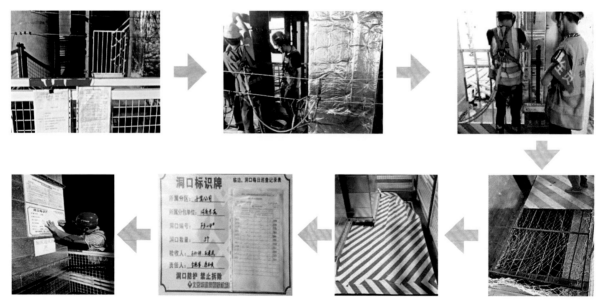

图6-43 检查洞口安全防护状况

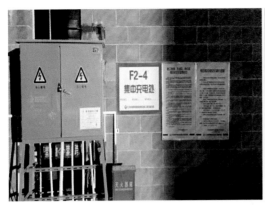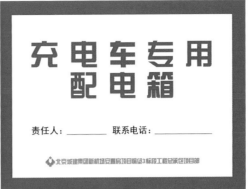

图6-44　固定充电处及临时充电标识牌

图6-45　固定充电处有专职人员全天值守

控制供电时间，供电时间为早上8点至下午5点。因车辆充电时间过长，充电器、电瓶、线路陈旧老化、电动车倾倒等不安全因素而引起的火灾及其他伤害，造成充电区域及他人人身伤害和经济损失的，由充电人员及充电人员所属单位承担全部责任及经济损失。

（5）设置专人进行看护。每个电动车充电处，总承包单位至少派备一名保安人员全天值守看管（图6-45），负责充电处的巡查、管理和应急处置工作。并且通过填写《保安队电瓶车日常检查表》约束保安监管行为。分包单位设专职管理人员，每天对充电车辆进行安全状态确认，对充电器、插座、插头、线路进行检查并填写检查记录，填写《分包单位电瓶车日常检查表》。坚持做到多闻、多看，防止因为插头虚接、线路过热引发火灾事故。

（6）在充电处设置摄像监控。科技中心负责在生活区、办公区及施工现场每个充电处安装摄像头，保安队派保安人员全天、全程监护，发现安全隐患及时上报。

6.3.2.5　装修装饰及屋面大吊顶施工

1. 使用高空作业平台从事超高大吊顶施工应对措施

（1）要求各分包单位项目经理为曲臂车、升降平台安全管理第一安全责任人，并确定一名专职人员负责机械设备安全管理。操作人员必须经过曲臂车、升降平台厂家培训，持证上岗。

（2）各分包单位曲臂车、升降平台要严格执行进场验收手续，由使用单位上交机械设备进场资料至安保部，由安保部审核通过后，现场验收并粘贴已验收的标识。

（3）坚持曲臂车、升降平台定期维修保养，分包单位保持每月不少于一次要求产权单位对现场的曲臂车、升降平台进行维修保养，并在每个月末将维修保养记录上报安保部，未上报的分包单位，会被停止次月曲臂车、升降平台的使用。

（4）各分包单位机械负责人负责每日作业前对现场的曲臂车、升降平台进行安全条件检查，在运行过程中实时对设备运行情况进行监督检查，将班前安全条件验收及运行记录张贴至车辆显眼位置或安全生产展板上公示，由安保部机械管理人员现场巡视检查。

（5）根据不同型号曲臂车，编制有针对性的操作规程（图6-46），要求曲臂车载人不得多于2人；曲臂车在上升到指定区域后，才可进行左右位置的调整，行驶曲臂车时严禁车上载人；使用曲臂车时，人员不得脱离平台，不得随意垫高平台。严禁使用曲臂车作为垂直运输工具。

（6）曲臂车作业区域必须用醒目警戒线与其他区域隔离，在场外临近区域设置"作业区域，严禁进入"的立式警示牌、曲臂车使用公示牌，公示牌内容包括：曲臂车使用安全操作规程、使用人证件、使用单位及负责人名称、曲臂车操作说明。保证人机相关信息对应，严禁非操作人员使用曲臂车。曲臂车、升降平台在使用过程中必须配备一名看护人员全程旁站监督（图6-47）。

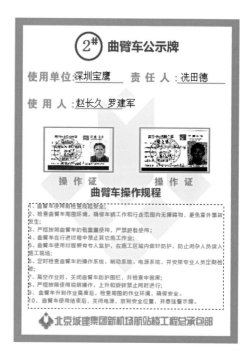

图6-46　曲臂车公示牌及操作规程

2. 大量易燃包装材料进场，造成消防安全隐患

应对措施：规范材料设备进场、存放、使用消防安全管理程序，落实消防安全主体责任，保证"零冒烟"目标顺利实现，制定《进场材料、设备易燃包装物管理办法》。

（1）对易燃包装材料进行界定：易燃、可燃材料、设备包括施工材料、设备本身及外包装存在木料、塑料、布料、编织袋等材料。

（2）明确易燃包装物进场程序

①必须提前上报材料进场计划。

②履行审批手续，需进行防火覆盖才可进场。

③必须在指定防火区存放。

（a）全程旁站监督

（b）施工使用公示牌

图6-47　全程旁站监督及施工使用公示牌

④按照"随施工、随清理"的原则，将易燃垃圾及时收集，放在阻燃垃圾箱内。

3. 超高大吊顶施工分布广、面积大，安全风险高

应对措施：

（1）在方案编制阶段，项目部对方案研讨，对施工过程全程模拟，对各施工阶段操作平台、安全带系挂点可靠性进行安全评估，同时对安全旁站、专项检查频次等内容进行细化。另外，按照《危险性较大的分部分项工程安全管理办法》邀请专家组对专项施工方案进行评审，确保方案的完整性、针对性、可操作性。

（2）针对大吊顶施工，要求分包单位单独成立安全管理体系，划分区域负责人及安全旁站人员，与其签订安全管理协议，明确具体工作任务及责任。

（3）为了做好对从事危险性较大施工的人员管理，总承包安保部对从事危险性较大施工的人员单独建档，集中培训，开展针对性安全技术交底。总承包安保部对大吊顶施工区域进行分工，明确具体责任人。在大吊顶施工期间，分包单位必须配备安全旁站人员全程旁站监督，填写旁站记录。安保部区域负责人每天检查各施工单位安全旁站情况及安全措施落实情况，发现问题及时处理。

（4）每天要求各分包单位上报大吊顶施工人员名册、班前讲话、安全技术交底、安全条件验收等内容，非备案人员严禁在大吊顶上施工。

（5）待安全网及安全绳挂设完成后，对安全网、安全绳进行冲击试验，班组、施工单位先对安全设施进行自查，自查合格后，联合总承包单位及监理单位进行安全设施的验收，履行签字手续。

（6）每日吊装施工点位有50余处，作业点分散，吊装管理难度大，所以要求各分包单位对每一个卷扬机及吊点（定滑轮）编号，张贴施工机械日检表，要求分包单位每天派专人巡查。

（7）设置安全可靠的上人通道、操作平台及生命线防坠落系统。吊顶施工安全设施见图6-48。

（8）在安全网拆除阶段，各施工单位应单独编制《安全网拆除安全管理措施》，经总承包单位审批合格后才可进行安全网的拆除工作。

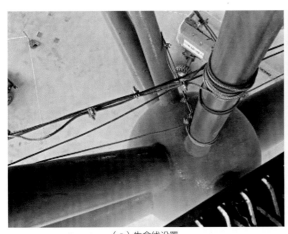
（a）生命线设置

（b）操作平台搭设

图6-48 吊顶施工安全设施

6.3.2.6 幕墙施工

本工程幕墙施工阶段施工吊篮有600余个,不可控因素多,管理难度大,要编制《电动吊篮安全管理办法》,将现场吊篮分区进行统计编号,按照分区管理原则,明确总承包、分包、租赁单位相应人员具体负责吊篮安全管理的数量(图6-49)。所有吊篮经验收挂牌,明确具体责任人。现场吊篮实行使用申请制及每日巡检制。吊篮四周设置警戒区域,并安排专人进行安

图6-49 吊篮有标识、标牌,设置2根独立安全绳

全旁站监督。落实操作人员岗前、岗中教育培训。总承包、分包、租赁单位每日进行专项安全巡视检查。制作吊篮每日作业信息公示牌。要求产权单位派驻5名专业人员驻场,对吊篮每日检查后,才可使用。每台吊篮设置两个独立的安全绳和锁绳器。要求产权单位每月至少进行一次吊篮全面检查。

6.3.3 环境保护管理措施

6.3.3.1 环境保护管理目标

将裸露土方、散体物料堆放100%覆盖。土石方施工完全采用湿法作业。对施工场区和道路洒水抑尘。运输车辆不带泥上路。建筑垃圾全部入站存放,垃圾站在垃圾清运完毕后,立即封闭。

6.3.3.2 加强环境保护体系建设

为了确保各项环境保护目标的顺利实现,加强环境保护管理力度,将以往的安全部改为安全环保部,充分发挥其监督的作用。设一名部长主要负责现场的环境保护工作。

6.3.3.3 环境保护责任制及考核

按照"统一部署,分区管理"的原则,对环境保护实行网格化管理,采取定区域、定人员、定职责、定任务、定奖惩的措施,始终保持对扬尘治理的高压态势。为了明确各岗位环境保护职责,每一位管理人员要严格遵守环境保护责任制度,并定期对环境保护目标进行考核。

6.3.3.4 环境保护影响因素辨识

施工前,提前对现场环境因素进行评价,红色表示重大环境因素,要被单独列出进行分析。编制专项方案,明确具体管理措施和责任人。

6.3.3.5 环境保护管理举措

1. 分包单位进场前,总承包单位与其分别签订《文明施工环境保护协议书》《防尘、防遗撒协议书》,细化管理措施,明确主体责任。

2. 要求各分包单位结合自身情况,建立本单位环境保护组织机构,并对该机构中的人员在扬尘

控制、水污染控制、垃圾控制、环境影响控制等方面的监管内容进行详细分工，落实其监管责任。

3．总承包单位与分包单位各级管理人员签订环境保护责任书，层层落实责任。

4．根据不同施工阶段的特点，总承包单位要求易产生扬尘作业的分包单位必须编制《安全文明施工及环境保护专项施工方案》。

5．将环境保护设施的配备作为分包单位进场施工的准入要求之一，约束分包单位扬尘治理工作的落实。要求各分包单位进场时必须配备充足的垃圾桶、洒水车及工业吸尘器，同时配备一名专职环境保护员，按照施工人数的20∶1配备充足的专业保洁员。

6.3.3.6 严格做好空气重污染应对处置工作

1．项目部根据每年由住建系统下发的《北京市空气重污染应急预案》的要求，对本工程《施工现场空气重污染应急预案》进行不断修订（图6-50），并且随着工程变化不断对预案进行更新完善，根据新预案内容对各分包单位进行详细交底，确保各项措施被落实到位。

2．项目部成立施工现场空气重污染应急领导小组，要求各分包单位成立空气重污染应急组织机构，签订《扬尘污染控制及空气重污染应急处置责任书》，层层落实责任，狠抓扬尘治理工作。确保在重污染天气预警期间，做到及时响应，措施到位。

3．为了确保空气预警期间有序、快捷、准确地开展应急处置工作，项目部实施严格的应急工作流程：

（1）接到空气重污染预警信息时，根据相应的预警等级，张贴空气重污染公告牌（图6-51），在10分钟内将预警信息通知到各参建单位，并督促检查预警措施的落实情况。

（2）使用无人机对责任区所有裸露土进行航拍，针对重点部位部署工作重点。

（3）当出现黄色以上预警时，项目部组织各参建单位召开空气重污染应对工作专题会议（图6-52）。要求各参建单位会后及时组织本单位管

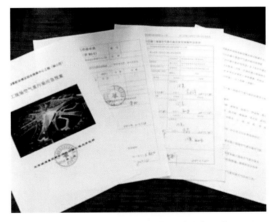

图6-50 施工现场空气重污染应急预案

图6-51 空气重污染公告牌

图6-52 空气重污染应对工作专题会议

理人员、班组长召开部署会，将影像资料和签到表发到安保工作群中，确保将预警信息及时、准确传达到每一个人。

（4）预警期间，各区、各分包单位派专人负责应急措施的落实、检查工作，并且在预警期间每天上午9点、下午6点前，上传本单位应急措施落实情况的照片，特别是土方覆盖、垃圾站封闭、易产生扬尘材料封闭、洒水降尘工作情况落实的照片。

6.3.3.7 扬尘控制

1. 现场建立洒水清扫制度，明确各单位每日洒水次数，要求分包单位填写洒水记录，确保环境保护措施的落实。

2. 现场内外有80人专业保洁队全天无间断清扫，配备1辆洗扫车（图6-53）、2辆洒水车、1辆雾炮车协助场内外道路的洗扫。

3. 在现场主干道、围挡及垃圾分拣站内，设置喷雾系统（图6-54），定时进行喷雾降尘。

4. 对裸露地面、集中堆放的土方进行有效覆盖、绿化或固化（图6-55）。

5. 细散颗粒材料、易扬尘材料等应被封闭堆放和储存，现场设扬尘材料库房（图6-56）。

图6-53　洗扫车

图6-54　喷雾系统

图6-55　覆盖、绿化或固化　　　　　　图6-56　扬尘材料库房

6．实施严格的土方及垃圾运输车辆管理制度

（1）配备专业的车辆洗轮设备：施工现场大门口应设置冲洗车辆设施及吸湿垫，保证100%的出场车辆被冲洗，不带泥水出场。

（2）实施严格的车辆进出场环境保护检查

①重点检查准运证、年检标识、密闭装置是否损坏，检查车辆颜色是否符合要求。

②使用手机扫描准运证的二维码，验证准运证真实与否，无准运证的运输车辆一律不得驶入施工现场。

③检查车辆的"六统一"：统一悬挂顶灯、统一喷涂标识、统一车身颜色、统一放大号牌、统一密闭改装、统一GPS定位系统。

④出场检查：车厢是否进行密闭，车身、车轮是否被冲洗干净。

⑤做好登记：安排专人对进出施工现场的运输车辆逐一检查，做好登记，填写《进出施工现场运输车辆检查登记表》。

7．现场进行破除、砌体切割和剔凿等易产生扬尘的施工作业时，对作业面采取遮挡、抑尘等措施，严禁使用吹风机。现场使用的散装水泥、预拌砂浆应有防尘措施（图6-57）。

8．建筑垃圾管理流程

（1）楼内产生的垃圾使用编织袋成袋收集。

（2）使用封闭式（带盖）垃圾车运输，当吊运垃圾时，必须使用封闭式专用吊斗。

（3）建筑垃圾管理流程见图6-58。

6.3.3.8　废气排放控制

1．项目部与每一家新进场单位签订《施工车辆、机械烟气排放环境保护达标承诺书》，落实环境保护责任，确保车辆、机械废气排放达标。

2．安排保安对进场车辆及机械设备进行检查，查验其尾气排放是否符合国家年检要求，并进行登记记录，不合格车辆严禁入场。

3．现场使用天然气或液化石油气等清洁燃料。禁止在现

图6-57　防尘措施

图6-58　建筑垃圾管理流程

场燃烧废弃物。工地食堂在油烟机出口处设置油烟净化装置。

6.3.3.9 水土污染控制

1. 在料堆场周边设置排水沟，将生产污水有序地排放到三级沉淀池内。

2. 在大门口设置三级沉淀池，清洗混凝土泵车、搅拌车的污水通过排水沟排入沉淀池，对污水沉淀池定期清理，随清随运。

3. 在办公区设置冲水式厕所，在厕所下方设置化粪池，现场设置可移动式厕所。化粪池及厕所要定期抽运、清洗、消毒，并做好记录。

4. 在生活区食堂设置隔油池，食堂产生的含有油污的废水经隔油过滤后再排入化粪池。每周至少清理一次隔油池，并做好记录。

5. 在现场设置污水处理厂（图6-59），通过沉淀、过滤泥沙等有针对性的处理方式，在水质达到现行国家和行业标准后，将污水排入市政污水管道。

6. 对工程排水定期检测，所排出水的pH值在6～9为合格，并做好记录。

7. 钢筋机械加工时，要使用接油盘（图6-60），可有效地降低油污对地面的污染。

6.3.3.10 噪声污染控制

现场设置扬尘、噪声自动监控系统（图6-61），实时监控现场扬尘、噪声污染情况，发现数据超标时，立即通知相关单位，采取相应的降尘措施。

6.3.3.11 光污染控制

在电焊机等强光机械作业时，设置遮光罩棚，在灯具上设置灯罩，防止光外泄。

图6-59 污水处理厂　　　　图6-60 接油盘　　　　图6-61 扬尘、噪声自动监控系统

6.3.4 治安保卫管理

6.3.4.1 全场封闭式管理

根据不同施工阶段，由项目部对所有车辆人员进出口进行规划，指定人员车辆出入口，设置闸机，派驻保安人员（图6-62），对非出入口使用围挡进行封闭，确保施工现场始终处于封闭状态。

图6-62　闸机及保安人员

图6-63　人员车辆进出及禁烟禁火管理

6.3.4.2　人员车辆进出及禁烟禁火管理

所有进入施工现场人员必须凭出入证进入施工现场，由门岗保安人员使用金属探测仪对每一位进场人员进行安全检查。车辆入场时，必须对车内进行全面安检，检查车内是否存在危险物品、易燃易爆物品及火种，驾驶员及其他随车人员必须持证通过闸机安检通道，不符合要求的，一律禁止进入施工现场（图6-63）。对陌生人员进场做好进场登记，请示总承包安保部领导，经安保部批准后才可进入，外来人员必须由总承包人员带领进场，并戴好安全防护用品，告知其危险区域和可活动范围，防止安全事故发生。

6.3.4.3　贵重物品管理

1. 进出场：任何材料进出场必须提前向总承包单位提交申请，填写《材料进出场申请单》，由物资部进行审核，安保部进行签字确认，各门岗依据安保部人员签署的《材料进出场申请单》进行严格把控（图6-64）。

2. 储存及领取：物资部协同工程部及技术部确定贵重物品存放处，划分各单位物料存放点，实行封闭式管理，安保部派保安24小时执勤坚守，各施工单位如需领材料，必须向执勤保安提交由物资部、安保部签署的《材料领取申请单》领取。

3. 要求各分包单位建立贵重物品管理台账，写明物品名称、存放地点及管理责任人等内容，并及时向安保部进行备案。

4. 超大、超长不能在贵重物品存放处存放的物料，由安保部派保安24小时执勤坚守，防止人员破坏、盗窃，如需运输必须向执勤保安提交物资部、安保部共同签署的《材料领取申请单》领取。

5. 总承包单位相关部室及安保人员仅要求各分包单

图6-64　材料进出场申请单

位做好贵重物品看管工作，各分包单位应派专人负责贵重物品的看管，如有丢失、破损，自行承担损失。

6.3.4.4 危险品进场管理

各分包单位如需危险品材料进场，必须提前一天向安保部提交申请，签订危险品、易燃易爆品管理协议，提供相应备案资料，填写《易燃易爆及危险品材料申请表》，详细写明危险物品、易燃易爆物品数量、存放地点、采取的消防措施、责任人等，经所属系统领导审批，由安保部签字审核备案，以书面形式告知保安人员，进入现场必须持安保部审批的申请表才可进入。

运输易燃、易爆危险物品的机动车辆，还需持省市安全部门签发的危险品专用运输证。运输危险品的机动车，其排气管应装阻火器，还必须挂"危险品"标志牌。在行车过程中，保持安全车速和一定的车距，严禁超车、超速、强行会车。危险品进出场管理见图6-65。

6.3.4.5 外来人员管理

编制了《进一步加强施工现场门岗管理的通知》，要求建设单位管理人员进入施工现场时，必须提交入场申请，同时与其签订安全生产管理协议，必须在指定区域、指定时间、指定人员的带领下进入施工现场，如未按照要求进场，致使发生生产安全事故或恶劣影响，相应单位的主管部门承担一切安全管理责任。外来人员进出场管理见图6-66。

图6-65 危险品进出场管理

图6-66 外来人员进出场管理

6.4 管理成果

北京大兴国际机场自2015年10月底开工，至2019年6月底完工并交付使用。期间，累计参与施工人员达40000余人，高峰期同时施工人员达8000余人，未发生任何与安全生产、环境保护有关的事故、事件。项目部通过严格的管理、先进的管理模式，获得多项荣誉称号，如表6-67所示。

荣誉称号 表6-67

 |

全国范围内学习建设工程项目安全生产标准化建设工地 | 2016年度北京市绿色安全样板工地名单

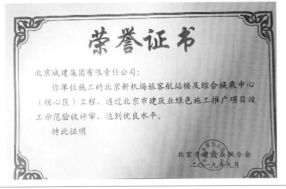 |

北京市建筑业绿色施工推广项目竣工示范验收评审为优良 | 中国工程建设安全质量标准化先进单位

 |

北京大兴国际机场建设2018年度安全保卫工作先进单位 | 2018年度北京新机场"安全生产月"活动先进单位

第 **7** 章 §

招标采购管理

7.1 概述

北京大兴国际机场航站楼核心区工程建筑面积约为60万m²，合同金额为63.9亿元，为了适应北京大兴国际机场航站楼招标采购任务多而重的特点，为了保障项目顺利、高效地实施，北京城建集团新机场航站楼工程总承包部于2016年4月成立招标采购部，负责项目整体的分包、材料、设备等招标采购工作。

依照国家、地方政府相关法律法规及北京城建集团管理规定的要求，遵循"公开、公平、公正"的原则，择优选择材料、设备供货单位，施工队伍，专业分包单位。在北京城建集团新机场航站楼工程总承包部成立后，根据法律法规和相关管理规定，结合北京大兴国际机场航站楼工程的特点相继制定了《物资(设备)、分包招标采购及合同签订管理办法》《北京城建集团新机场航站楼工程总承包部开标及评标实施细则》《北京城建集团新机场航站楼工程的合同管理办法》等规章制度。

航站楼工程招标项目累计完成专业分包招标91项，劳务分包招标29项，材料招标185项，专业工程暂估价招标16项，材料设备暂估价招标7项，设备租赁招标14项，服务其他类招标35项，全部招标采购项目合计377项。

航站楼工程专业分包合同累计已签订124项，劳务分包合同累计已签订49项，材料采购合同累计已签订205项，暂估价合同累计已签订23项，设备租赁合同累计已签订32项，服务其他类合同累计已签订41项，合同共计签订474项。

7.2 招标采购特点及难点

随着招标采购工作的开展，航站楼招标采购人员分析总结出北京大兴国际机场航站楼招标采购工作的五大特点：

7.2.1 招标采购项目多

航站楼工程体量庞大，招标采购的项目众多。根据工程总承包部管理制度规定，很多正常可以报销的项目，因工程体量大、费用金额大必须进行比价，正常可以比价的项目也必须进行招标，故招标项目众多。

7.2.2 特殊项目多

由于航站楼工程的特殊性，招标采购活动中出现以往工程罕见的、甚至未见的招标项目（例如：钢栈桥项目）。这需要全体参建人员、招标采购人员集中智慧、集思广益，深入了解项目设计思想、反复推敲施工工艺，从零开始制定出一套既能满足工程需要，又能严把项目成本的招标文件。

7.2.3 工程专业多

航站楼工程涉及专业多而全，除其他工程常见的结构、钢结构、建筑（二次结构）、装修工程外，还包括水、电、暖、通等机电安装和市政桥梁、道路、排水等专业，如此多的专业给招标采购人员带来了新的挑战，全体招标采购人员在按照计划保证质量完成招标采购任务的同时，不忘提高业务水平，虚心向各部室同事、各位领导请教，提高业务水平。

7.2.4 标段划分多

由于航站楼占地面积大，工程量多，故同一专业分包或同一材料供应标段划分多、界面划分多。

7.2.5 招标采购时间紧迫

招标采购团队深刻认识到：招标采购工作不能追着进度跑，也不能跟着进度跑，招标采购工作应发生在工程施工之前。

7.3 招标采购管理策划

招标采购部负责的招标采购工作启动于各项施工工作之前，项目的整体策划对招标采购工作的指导意义大于各项施工工作，在整体策划完成之前，招标采购管理的专项策划工作必须先行启动，并随着结构施工、机电安装、装修等工序的逐步开展，招标采购策划、招标采购内容应不断调整、逐步细化、逐步明确。招标采购策划的内容牵扯到施工方案、现场情况、市场环境，因此招标采购内容需要结合实际情况，由于航站楼工程专业多、创新多的特点，施工过程中有各种新做法、新工艺、新材料、新设备，因此，要求招标采购人员要开阔眼界、拓展思路。结合上述特点，招标采购部在成立之初，项目领导和部门领导就为招标采购策划工作制定了"先行启动、动态调整、结合实际、拓展思路"的具体要求。

对于招标采购工作策划的重要意义，招标采购部全体人员能够深刻理解，并形象地将其比喻为"自己给自己布置作业"。首先，要逐项列明招标采购项目，拟定各项大致的招标采购标的。其次，根据标的大小，划分可以合并招标或者单独招标的项目、对于标的额巨大或者短时间内市场供应（或施工）能力不足的项目还要提出标段划分的建议，进行市场调查同时寻找可替代（可备选）的材料品种（或品牌、厂家）。再次，根据施工进度的安排并结合招标采购流程所需的时间拟定启动招标的时间，对于关键项目还有拟定考察专项计划。

在实际工作中，招标采购部人员整理总结了一套完整的招标采购策划的技巧与办法。

1. 根据工程量清单及工料机消耗量表汇总整理各种需要招标采购的项目。能够最先确定的是暂估价招标的项目，比如幕墙、金属屋面等，这一部分在工程量清单中被划归为其他项目，因此最为直观。

2. 根据分包分项工程量清单，划分可以进行专业分包的工作内容，比如：土建或主体施工阶段的劲性钢结构工程、防水保温专业工程、钢结构工程等，机电安装阶段的空气源热泵系统、中水处理系统、弱电工程、消防监控系统等，装修装饰阶段的精装修等，该部分专业分包市场较为成熟，且有专门对应的专业承包资质，选择专业分包模式的优势明显，争议不大。

3. 确定需要在采购与专业分包、专业分包与劳务分包之间进行选择的招标采购项目，比如，装修装饰阶段中常用的轻集料混凝土，机电安装阶段的冷却塔、柴油发电机，特殊工程中结构改造的加固，具体选择何种招标采购方式，根据是否需要深化设计、如何降低现场施工管理难度、是否有盈利空间等具体情况征求技术、生产、财务、经营预算部门的意见，进行集体决策。

4. 在各专业分包范围确定后，总承包劳务分包范围基本确定，此刻需要确定的是辅材供应范围，即选择劳务分包的方式是清包工，还是扩大劳务分包（含辅材），含有哪些辅材。对于需求量大、价值高、集中采购易形成价格优势的材料（如模板、支撑体系、止水钢板），可选择由总承包单位自行采购，对于需求量少（如各种胶粘剂）、不宜保管（如各种散灰材料）、管理成本高（如各种小管件）、易造成损耗（如各种液体）、危险化学品等的材料，可考虑包含在扩大劳务分包之中。

5. 此时总承包单位自行采购材料设备范围即可确定，可先按土建施工、机电安装、装修装饰三大阶段，对各种材料设备进行阶段划分，并顺序开展招标采购工作。同时，需要结合现场实际情况，紧盯样板间、样板段的施工计划。在样板段施工之前，各种所需材料招标采购工作应该基本完成，至少应能够达到少量供应的基本条件，满足样板段的施工需求。

7.4 招标采购管理实施

7.4.1 自施项目招标采购管理

自施招标采购项目严格按照北京城建集团及北京城建集团工程总承包部管理制度执行：物资设备招标采购金额在50万元以上的，按规定进行招标；招标采购金额大于300万元以上的，按规定进行招标并执行开评标程序；专业分包招标采购金额在300万元以上的，按规定进行招标，招标采购金额大于300万元以上的，按规定进行招标并执行开评标程序。

施工过程中出现的招标采购项目，要及时将其列入招标采购计划中，合理安排招标采购工作，同时，要对招标采购项目招标形式进行讨论对比。

开（评）标现场见图7-1和图7-2。

图7-1 开（评）标现场（1）　　　　　　　图7-2 开（评）标现场（2）

7.4.2 暂估价招标采购管理

暂估价招标采购管理是项目经营管理中非常重要的一部分，也是项目盈利最直观的部分。

1. 完整的暂估价招标程序要从前期的市场情况调研开始，包括招标标的工程量估算、标的额估算，并结合市场调研的结果完成资审条件的设定，包括是否接受联合体，是否接受代理商，投标人的资质、业绩的要求，最终完成资审文件的编制，经标办备案后，方能正式发出招标公告、接受报名。当资格审查报名结束后，需要对报名单位的情况进行排查，排除关联单位和其他潜在的有碍招标流程的情况。

2. 市场调研工作是一项经营管理工作中比较边缘的工作，但由于北京大兴国际机场项目庞大、复杂、关注度高的特点，使得市场调研工作有了相当大的必要性，做好市场调研工作可以有助于精准确定资格审查的条件，合理确定评标标准，为北京大兴国际机场选好施工单位。

3．招标报名时间满5日后，正式发放资格审查文件，并在资格审查文件发出后，收集整理报名人提出的问题，组织答疑，发放答疑文件或补充文件。经过资格评审后才能最终确定潜在的投标人。

4．招标工作始于招标图纸的确定，经与建设单位、设计单位、招标代理单位共同锁定后的图纸才能最终为招标使用，为尽量减少后期变更洽商的出现，招标阶段需要尽可能准确地确定招标工程量或招标标的，编制技术标准，结合工程量、标的或技术标准测算招标控制价，根据各招标项目的特点，合理制定评标标准。图、量、价、技术标准、评标办法确定后，才能最终完成招标文件的编制，办备案后，正式发放招标文件。

在工程量核算上，要把握好精确和高效之间的平衡，不能只追求精确，而忽视招标工作的效率。

5．招标文件发出后，在规定的时间需整理、收集各潜在投标人提出的疑问，并组织答疑会，并在规定的时间内向全部投标人发放招标文件、答疑文件、补充文件。招标文件、答疑文件、补充文件均经盖章后生效。在招标文件发出后20日，补充文件或答疑文件发出15日后组织开标。

6．开（评）标工作结束后，评标结果经用印、公示后，完成中标通知书备案，即可发放中标通知书。再经合同起草、合同评审、双方用印、合同备案后，合同生效，暂估价招标工作最终结束。

暂估价设备厂家见面见图7-3，厂家交底协调见图7-4。

图7-3　暂估价设备厂家见面　　　　　　　　图7-4　厂家交底协调

7.4.3　合同管理

1．把握好合同关注点，在招标过程中打下基础，为合同谈判做好准备。

考虑到北京大兴国际机场工程的特殊性，为了避免在合同谈判和签订合同中，对合同关注点出现争议，在招标文件中要将拟签订合同文件作为招标文件的一部分。

对于新机场工程而言，整体工期已经锁定，因而采购项目的工期/供货期至关重要，这也是保证工程整体进度的基础和前提。在实际操作中，总承包单位按照北京大兴国际机场工程整体进度计划和里程碑，研究提取出采购项目的工期/供货期要求，编写到招标文件及合同文件中，让分包单位/供应单位在满足要求的同时，注意在工期索赔方面不要出现合同纰漏，并在合同条款中加入奖罚措施以保证合同执行的力度。

2. 加强签约管理、做好合同评审，提高签约质量。

签订合同，是为了履行合同，签订合同也是履行合同的前提和基础。

为了审查合同的组成文件及主要条款是否完备，是否符合北京城建集团工程总承包管理体系文件《施工合同评审控制程序》的要求，在合同签订前应进行合同评审，由各职能部门对合同中的有关条款进行会审、会签。

3. 工程分包合同签订生效后，招标采购部将一份合同副本报北京城建集团工程总承包部的经营管理部备案，同时在财务部留存合同副本一份。专业分包合同原则上应在北京市住房和城乡建设委员会备案，见图7-5。

4. 合同资料日常管理实行台账管理制度，由招标采购部建立合同台账，将签订的合同按时间顺序，分类别、分承包范围和形式登记、注册。合同履行完毕后，招标采购部要将合同资料的原件（正本）按北京城建集团及北京城建集团工程总承包部的要求及时收集、整理，见图7-6。

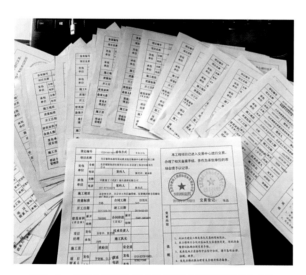

图7-5 分包合同在北京市住房和城乡建设委员会备案

图7-6 合同资料收集、整理

7.4.4 考察工作的管理

为使北京大兴国际机场航站楼工程成为引领机场建设和世界一流的机场工程，北京城建集团新机场航站楼工程总承包部专业技术人员与招标采购人员及时紧密配合，在材料设备的招标前期进行细致的技术分析，为从国际、国内的众多厂家中找到符合工程要求的材料设备，必须进行前期考察。

物资设备、分包单位的考察工作由招标采购部组织，由技术人员与分管领导一同参加对材料设备厂家的考察。考察结束后组织考察部门编写考察报告，由考察人员签字，提交项目领导，了解考察情况。考察活动图见图7-7和图7-8。

图7-7 考察活动图一   图7-8 考察活动二

7.5 招标采购管理成果

7.5.1 经验总结

（1）首先，对市场要有充分了解后，才能做到招标时胸有成竹、价格合理到位。其次，针对控制成本、采购性价比最优的材料等开展工作，在充分了解市场信息的基础上进行询（比）价，注重沟通技巧和谈判策略。

（2）在航站楼施工期间，由于原材料价格大幅上涨和国家新政策等因素，给招标工作带来影响。为了降低成本，保证项目利润，相关人员多次与供应商洽谈，尽可能采购合理优质的产品。

（3）招标采购工作必须按计划执行，才能有充足的时间准备后续各项工作。

（4）根据机电材料专业性强的特点，招标采购人员也要加强专业知识学习，尽可能地把相关技术要求充足了解，与厂家洽谈时才能胸有成竹。

（5）招标采购的工作对工程项目建设非常重要，必须要找到过硬的施工队伍，优质的供应单位，同时，招标采购时，还必须控制成本。

（6）加强对北京城建集团PM流程学习理解。

7.5.2 招标工作新内涵

北京大兴国际机场航站楼阳光采购立足于制度化、科学化、合理化的采购制度和监督制度，通过合法、合规、合理、高效的招标竞价和议价谈判，有效地降低采购成本，提高采购效率。

在秉承为施工组织服务、为成本控制服务的招标采购工作宗旨的同时，北京大兴国际机场航站楼招标采购工作始终坚持"公平、公正、公开和质量优先，价格优先"的阳光采购原则，通过加强理论学习，对阳光采购提出了新的内涵。

1. 招标采购过程公开透明

招标采购管理要实现公开透明，既要程序透明，也要结果透明。公开透明要求计划公开、流程公开、过程公开、结果公开、全程透明。

2. 招标采购组织科学规范

招标采购工作要做到有法必依、有章必循、制度自律，打造规范有序、合理低价的招标采购制度。

3. 招标采购方案集体议定

对于招标采购方案的确定，要充分酝酿、协商和讨论。采用定期会议和专题会议相结合的方式，充分民主，集思广益，形成全员参与招标采购的气氛。

4. 招标采购流程顺畅高效

"大事不推诿、小事不等靠"，全体招标采购人员以积极勤奋的工作态度推进工作，保证招标采购工作顺畅高效。

5. 招标采购监督全程跟踪

监督工作不仅要对招标采购结果进行监督，而且也要对程序监督。北京大兴国际机场航站楼项目专设监督人员，监督人员不仅要在评标报告上签字，而且对每次开评标的过程进行监督；监督人员不到场，开评标不进行；监督人员有权随时检查招标采购资料。

6. 招标采购结果真实合法

招标采购结果真实合法是招标采购工作划定的底线，也是不可触碰的红线。为了使得招标采购工作做到真实合法，特地编制了《招标工作管控关键点备查清单》，除了提醒招标采购人员时时注意提高招标采购工作的质量外，更将其中需要着重注意的《中华人民共和国招标投标法》和《中华人民共和国招标投标法实施条例》中严格禁止的行为着重标记。

7. 招标采购资料随时备查

阳光采购是招标采购工作的最高标准，招标采购资料除了做到实质内容合法、价格体系合理，还应当做到资料齐全，经得起各级组织随时检查。

上述特点就是阳光采购应有的内涵，是招标采购工作始终追求的最高价值，也是工作的最高目标。

第 8 章

物资设备管理

8.1 概述

北京大兴国际机场造型新颖、结构复杂、功能先进。航站楼核心区工程建筑面积约60万m²，主体结构为钢筋混凝土框架结构，屋盖钢结构采用空间网架结构体系，屋面投影面积约18万m²。外立面为玻璃幕墙，楼前为双层高架桥。

航站楼在国内首次有高速铁路在地下穿行，首次采用三层出发、双层到达设计，周围有高速公路环绕，地下设有高铁、地铁、城际铁路等6条线路，具有了形成强大区域辐射能力的综合交通体系。

8.2 物资设备管理特点及难点

北京大兴国际机场航站楼核心区工程具有施工工期紧、施工单位多、物资设备采购量巨大的特点。主要材料或设备有钢材、混凝土，防水和止水材料，加气块、连锁砌块等砌体材料，硅酸钙板、矿棉板、石膏板等板材，墙（地）砖、石材、防火门和卷帘门、各种五金件等装饰材料，方木、多层板、脚手板、钢木模板、盘扣式脚手架、碗扣式脚手架等周转材料，电线电缆，母线，灯具，配电箱柜，变压器，冷却塔，风机盘管，换热器，各种水泵、阀门，柴油发电机组，给水机组，空调机组等机电材料设备，材料种类多、数量大，大量物资设备需要加工订货，生产厂家分散且大多在外地，都是收到计划后再加工生产，且许多元器件需要从国外进口，生产周期长。航站楼屋面为双层金属屋面，屋面采用了自由曲面设计，造型新颖，外部呈现"凤凰展翅"，内部呈现"如意祥云"的装饰效果。屋面C形柱气泡窗采用流线曲面构造，屋面吊顶铝板和气泡窗玻璃全部为异形结构，每块铝板和玻璃的尺寸、形状、弧度都不一样，加工难度相当大。再加上新材料、新技术、新工艺的广泛应用，如何在较短的工期内，保证各种物资设备及时供应，保证施工生产顺利完成，成为物资部门的工作重点。

8.3 物资设备管理策划

俗话说"兵马未到，粮草先行"。企业在经营发展中离不开对资源的控制和管理，物资设备管理是对生产过程中的物资进行采购、运输、流通、供应、消耗的全过程管理，是一项复杂的系统工程。物资设备及时供应到现场是保证工程按时完工的前提，同时，又是保证工程质量及效益的关键。只有积极大胆地进行物资设备管理思路和管理理念的创新，适应现代企业经营管理的新要求，适应企业参与市场竞争取得竞争优势的战略需要，才能够确保上述目标的顺利实现。为此，北京城建集团新机场航站楼工程总承部（为了叙述方便，本章以"项目部"代称）在工程开工时就进行了周密的管理策划，从制度建设、预算分析、方案优化、采购供应、进场验收、使用消耗、成本控制等方面进行了深入研究，掌握预算清单量，分析材料用量，对施工措施方案进行优化，制定物资设备供应保证措施。针对施工计划和进度，提前做好物资设备供应计划和库存动态管理计划，编制物资设备采购供应流程图和物资设备进场计划节点图，通过抓好物资设备采购供应，减少资金占用，加强使用过程管理，积极主动使用新材料、新技术、新工艺，达到节约材料，降低成本，实现企业经营发展效益最大化的最终目标。物资设备采购供应管理流程图见图8-1。

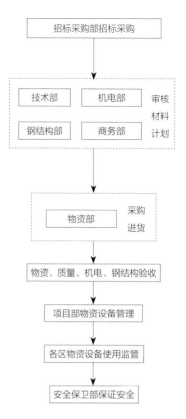

图8-1 物资设备采购供应管理流程图

8.4 物资设备管理实施

物资设备管理是提高企业经济效益的重要举措，是企业经营管理重要的组成部分，有效的物资设备管理能够以合理的价格采购到优质的产品，最大限度地降低采购成本。在物资设备使用上提供更加优化的方案，减少施工生产过程中的浪费，提高企业效益。

项目部成立了物资设备管理领导小组，由项目经理任组长，生产副经理任副组长，成员由各部部长组成。物资设备日常管理工作由物资部负责。物资部积极响应创建"精品工程、样板工程、平安工程、廉洁工程"的号召，从基础上、从源头上抓好物资设备采购供应管理工作，根据施工现场实际情况，制定了物资设备管理办法，建立物资人员岗位责任制，做到分工明确，责任到人。及时组织了各种物资设备采购招标及进场，对现场材料的采购、验收、储存、使用等方面进行了管理，保证了进场物资设备符合质量、绿色施工、环保、职业安全健康要求。物资设备管理内容见图8-2。

图8-2 物资设备管理内容

8.4.1 物资设备管理办法

物资设备管理在现代企业发展过程中，需要不断创新思路，制定与企业发展相适应的物资设备管理办法，形成具有企业发展特色的物资设备管理思路和理念，以更好的理念指导物资设备管理的新发展。在采购供应管理上，针对项目物资设备采购量巨大的特点，制定了《新机场航站楼物资设备管理办法》《物资设备招标采购及合同签订管理办法》《周转材料退场管理办法》《模架拆除管理规定》，与使用单位签订了《周转材料联合管理承包协议书》，明确各方责任，强化物资设备管理。加强了物资设备采购及计划管理，物资设备验收及试验管理，物资设备出（入）库及进（出）场控制管理，物资设备进场安全管理，物资危险品管理，物资设备文明施工现场设备管理，剩余物资设备回收处理等工作，保证了供应，降低了消耗，提高了经济效益。

8.4.2 物资设备采购供应

物资设备采购是物资管理的源头，是保证整个物资设备管理过程质量及效益的关键部分。物资设备按照"公开、公平、公正、阳光"的原则进行招标采购，与招标确定的厂家签订物资设备采购和周转材料租赁合同共365份。同时按照供应商生产能力、技术水平、供货价格、供货质量、售后服务、资金、信誉程度、协作关系等建立档案，选择信誉好、性价比高的供应商建立良好的合作关系，保证产品进场及时，质量可靠。

航站楼核心区工程所需的钢材、混凝土、防水材料、装修装饰材料、机电材料设备、周转材料等主要材料设备都由项目部自行采购、租赁，为保证材料按计划进场，物资部提前谋划，及时制定预控应急措施和供应保证措施。督促厂商提前做好人工、原材料准备及生产安排，随时了解重点材料的供应动态，及时协同质量部门共同到厂家督产催货，保障供应。

督促机电设备如配电箱柜、高低压柜、变压器、空调机组、发电机组、给水机组、消声器、冷却塔、换热器、给水机组等的设备厂商及时与机电部门配合，完成图纸深化确认工作，尽快安排生产。

对供货不及时、质量差、无法提供满足合同及设计要求产品的供应商，加大其违约成本，严格按合同条款扣款，将其列入不合格供应商名单。

及时收集资料，加强材料和设备的月度结算和付款，确保不因付款延迟供货，及早锁定成本。

各专业分包单位采购物资，主要有钢结构型钢、玻璃幕墙、吊顶铝板和立面蜂窝铝板、钢板、GRG板、大理石、花岗石、水磨石、球形喷口、灯具等材料。物资部督促分包单位确定厂家，进行产品封样，待建设单位确认后再大批订货，根据施工进度组织材料进场，及时掌握分包单位材料进场情况，保证施工生产顺利进行。

（1）钢筋：钢筋用量大，总用量约22.5万t，一个月进场钢筋36560t，组织、协调难度很大。现场有8个施工区、14个施工队，分别由5个供货单位供货。高峰期钢筋供应紧张，项目部与国内大型钢厂联系，直接从钢厂发货，钢筋随到随验收，满足了施工现场的使用和质量要求，为结构施工按时完成打下了基础。

（2）混凝土：混凝土用量大，在桩基础施工期间就使用了8个搅拌站，使11000多根桩在短短4个月内就完成浇筑。

主体结构混凝土总用量超过105万m³，由于底板厚，平均每块底板混凝土浇筑约2500m³，一天最多浇筑混凝土10000多m³，由6个搅拌站供应。施工期间由于混凝土原材料供应不及时，物资部多次与搅拌站联系，派人去砂石料产地查看原材料储备情况，解决原材料供应问题，保证了混凝土按期浇筑，结构施工顺利完成。钢筋堆料、混凝土浇筑见图8-3。

（3）金属铝板：金属屋面为双层设计，为漫反射蜂窝铝板，包括采光顶、指廊天窗、层间吊顶、墙柱面铝板等，总用量约34万m²，项目部先后考察了14个铝板厂家，包括生产规模、原材料采购周期、加工能力、加工质量、供应能力等方面，最后确定了6家单位作为铝板加工厂，派人驻厂监造，保证了铝板质量和及时供货。

（4）地面石材：地面石材总用量为17万m²，通过考察了解各矿源贮藏水平，花色、岩层分层情况，开采能力，运输情况等，最后选定了福建漳浦（标板）和四川米易（拼花）两个矿源进行加工，保证了现场使用。铝板、石材完工效果见图8-4。

图8-3　钢筋堆料、混凝土浇筑

图8-4　铝板、石材完工效果

（5）钢结构：由支撑钢结构及上部钢屋盖结构组成，用钢量约4.2万t，钢材包括Q460，钢板最厚达90mm以上，抗冲击韧性最高为Z35。为满足质量和进度要求，选择了国内6个大型钢厂进行生产，保证了钢材质量。

（6）幕墙及屋面采光顶：由12800块玻璃组成，幕墙面积为81000m²。经过考察，选择了规模较大、工艺先进、设备精良的3个玻璃厂进行生产加工，满足了现场安装进度要求。钢结构、采光顶玻璃完工效果见图8-5。

（7）机电材料设备：涉及电气、暖通、给水排水及消防等系统，材料设备种类多、数量大、专业性强。从电缆电线、母线、配电箱（柜）、变压器、发电机组、灯具、换热器、冷却塔、给水机组、泵、风机盘管、空调机组等材料设备，到加工暖通风管用的镀锌钢板，镀锌桥架，给水排水、消防水、空调水管线的镀锌钢管，无缝钢管，螺旋焊管及安装需配套使用的数十万个水暖管件、上万吨型钢支（吊）架等机电材料设备全部由项目部采购供应。

常用机电材料的产品标准均高于国家标准，如镀锌钢板表面镀锌层要求不能低于275g/m²，电气管线、电缆桥架等数十个型号的所有设计厚度均高于国家标准厚度0.5mm，水专业管线均采用高质量镀锌钢管、不锈钢管、无缝钢管、螺旋焊管、铸铁管等管材加工，相应的配套水暖管件、型钢支（吊）架型号多达上千种，数量达20多万个，各种设备有24.7万台（套）。招标前期经常要与设计、技术和厂家沟通协调，待最终技术参数确定后，选择符合要求的厂家进行招标。在供货期间及时与厂商联系，安排人员驻厂督造，了解加工情况。有些元器件要从国外进口，交货周期长，导致供货周期长。经多方协调，落实原材料供应，保证合格的材料设备及时到达现场，满足了使用要求，保障了机电施工期间风、水、电、消防等各专业管线安装、电缆敷设、设备安装调试按时完成。机电完工效果见图8-6。

（8）周转材料：由于结构复杂，高大空间多，地下二层层高为11.75m，为满足重点工程高大空间安全管理要求，项目部优化了支撑体系方案，确立了盘扣式脚手架与碗扣式脚手架相结合的支撑体系，同时租赁钢包木代替部分方木，既满足了现场技术与安全文明施工管理要求，又保证了经济效益，实现了技术与经济效益的完美结合。核心区共使用盘扣架14785t，碗扣架33473t，

图8-5　钢结构、采光顶玻璃完工效果

图8-6 机电完工效果

图8-7 周转材料供应

架子管11200t，方钢、钢包木376万m，模板200万m²。为保证供应，经多次考察，选择满足"质量合格、运距较近、服务较好，库存量大"的租赁公司进行招标，最终确定了5家盘扣式脚手架、8家碗扣式脚手架供应单位作为中标单位，签订合同，保证了周转材料及时供应。

由于支撑间距过小，脚手架横杆用量非常大，高峰时缺口为8万根，经过项目部多次协商，租赁公司承诺全力以赴组织生产，加快运输，每天进场1万根脚手架横杆，满足了现场使用。周转材料供应见图8-7。

8.4.3 物资设备计划管理

在开始施工时，项目部就进行了周密的成本控制策划和物资设备管理的统一部署，加强了物资设备计划管理，编制了物资设备总计划，做到提前准备，提前落实，避免因物资设备供应滞后影响施工进度。认真按照物资设备计划和施工进度组织物资设备进场。用多少、进多少，降低成本，减少浪费。

各施工单位按月、按施工部位提交《材料需用计划表》，明确图样加工要求及需要说明的问题。经审核签字后，报项目部相关部门（技术部、机电部、钢结构部和商务部）审核确认，由总承包物资部按需用计划要求的品种、规格、型号、数量，及时将材料采购加工计划报给生产厂家，便于厂家安排生产，并随时与厂家联系，掌握材料设备加工情况，按施工进度分别安排各种材料、设备进场，及时交付给使用单位。

在工程施工过程中，对增加或减少的物资设备数量及时调整计划；对因工程变更造成已进场物资设备损失的，及时拍照取证、统计数量，报总承包商务部，同时建设单位主办理费用调整手续。

8.4.4 物资设备进出场管理

物资设备采购供应严格按照计划进行，建立了出入库台账，对进场的结构材料、周转材料、机电设备、装修装饰等所有材料设备都进行了认真验收，包括外观验收、质量证明文件查验和进场复试检验。对主要材料实行封样管理，样品进场经质量、监理共同验收、封样，合格后才能大批进场，保证材料进场合格率达到100%。

（1）质量证明文件包括但不限于：

①营业执照、工业产品生产许可证。

②产品合格证、产品出厂检验报告（材质单）。

③产品型式检验报告（签发有效期为一年内）。

④国家强制性认证证书。

⑤环保、消防和质量检验部门出具的认可文件等。

⑥设备要有铭牌。

（2）做好物资设备的复试检验

复试检验流程：物资设备进入现场→供应商随车提供出厂质量证明文件（钢筋要在质量证明文件上标明进场材料数量和对应的炉批号）→交给试验员→在监理见证下随机取样、标识编号→登记台账、填写委托书→在监理见证下送样委托→回收报告单，并将结果通知总承包质量部、物资部及分包施工单位的材料员→填写《材料、构配件进场检验记录》报监理审批。

（3）主要物资设备的验证、检验和试验的基本要求

①钢筋应验证产品质量证明书、外观质量、规格型号、生产日期、厂家名称及钢筋标牌、机械性能等。

②商品混凝土按采购合同约定的方式结算。混凝土进场时应随车提供预拌混凝土运输单，施工过程中随第一车混凝土报送混凝土开盘鉴定、配合比申请与通知单，并于施工35d内提供混凝土合格证。

③各种砂浆验证产品质量证明书，生产许可证，品种、强度等级、出厂日期、包装情况，进场后在现场取样、送检。

④建筑工程用砌块应检查产品质量证明书和外观质量，结构工程用建筑砌块进场后现场取样送检。

⑤防水材料检查生产许可证、试验报告单、牌号、品种、外观质量、出厂日期、有效期，进场后在现场取样、送检。

⑥预制混凝土构件、钢木门窗、木制品应验证产品合格证、规格、型号、外观质量。

⑦电气设备、电气材料验证产品合格证、名称、品种、规格型号;电工产品验证其3C认证;设备要有铭牌。

⑧采暖卫生设备、器具应验证产品合格证、品种、规格、型号和外观质量;有强度要求的设备、器具，进场后要进行检验。

⑨保温材料应验证生产许可证、检测试验报告单、牌号、品种、外观质量、出厂日期、使用说明书、有效期，进场后进行现场取样送检。

⑩装修材料应验证其产品合格证、品种、规格和外观质量;有防火要求的材料，验证其法定机构检测报告单和产品许可证。

⑪安全帽、安全网、安全带、安全鞋等安全防护用品要检验其"三证"[产品合格证、安全鉴定证（安全检验报告）、特种劳动防护用品安全生产许可证编号]，还要检查特种劳动防护用品的生产企业是否具有安全生产许可证，防护性能是否符合国家标准或行业标准。同时填写劳动保护用品收发台账。

风管薄钢板和镀锌管镀锌层厚度是275mg/m²，而一般镀锌层厚度都是80mg/m²，为了保证质量，物资部要求厂家严格按设计要求镀锌，同时加强了进场验收，用仪器检测镀锌层厚度。物资设备进场验收，见图8-8。

（4）周转材料进场验收

对进场的碗扣式脚手架、钢管的壁厚及锈蚀程度有严格的要求，应有上述材料的出厂检验报告，出厂检验报告必须是由法定检验机构出具的按规定标准检验合格的型式检验报告，并保证该报告的真实有效。

对进场的周转材料进行检验，严禁不合格的周转材料入库，做到入库合格率为100%。

①木材：要用烘干木料。表观不带皮，不变形。

②脚手板：要求两头绑扎铁丝或铁皮、钉子。注意其长度、厚度和大小头。

图8-8　物资设备进场验收

③钢包木：检查外框厚度，内嵌方木紧实度，两端填充、数量等。钢木梁型钢与木材间应固定牢固，不得有松动；木枋不得有腐烂、断裂等质量缺陷。

④盘扣式脚手架：主要检查壁厚、圆盘与立杆间的焊接情况、镀锌情况。

⑤架子管、碗扣式脚手架：检查壁厚、表观质量、锈蚀程度、刷漆情况、数量、长度等，选用外径48mm，壁厚3.0mm以上的钢管。

⑥油托：检查托盘大小，杆体长度，检查直径，检查螺栓、螺母的灵活度。

（5）做好材料出场管理

材料出库时填写材料出库记录，核对领料单，领料单内容正确后方可发料。

对需调出施工现场的材料，填写《材料进（出）场申请单》经审核确认，现场查验，与进料单对照、拍照留存确认无误后方可办理出场手续。

8.4.5　物资设备使用管理

在施工过程中，严格控制材料消耗，使钢筋、混凝土、方木、多层板、机电材料设备等主要材料的使用量处于受控状态，这是降低企业成本，增加效益的重要手段。工程开工时就掌握了预算工程量，根据钢筋、混凝土、钢套筒、砌块材料、周转材料等预算工程量加定额损耗量进行控制，消耗量达到85%时提出预警。因图纸变更导致的物资设备变化量，及时报建设单位进行确认。

（1）钢筋：现场使用3台钢筋自动加工机械批量加工钢筋，每小时可加工箍筋1800个，每个工人每台班可加工箍筋7t；25mm直径的钢筋一次可锯切16根，同时可以直接加工丝头，比传统砂轮锯切割工作效率提高了10倍以上。

各施工单位设专人审核钢筋加工料表。钢筋加工时合理下料，随时检查，对不合理的用料要及时提出并制止，人为浪费要对劳务单位进行处罚，严格控制钢筋超量。钢筋要二次利用，制作爬梯、马凳等，见图8-9。

（2）混凝土：设专人管理，按施工图纸结算的部位有：垫层、底板、地下及地上主体结

图8-9　爬梯、马凳

构，及时与混凝土搅拌站进行结算，每完成一项结算一项，预控亏损。多家单位参与混凝土施工时，明确各单位的施工部位，及时结算。将撒落的混凝土及时清理、利用，将剩余的混凝土做成垫块或作为办公区场内临时道路，见图8-10。

图8-10 剩余混凝土再利用

（3）桩头回收利用：在灌注桩施工时，会产生大量的桩头混凝土，将现场混凝土的废料全部回收再利用，用于再生混凝土拌制。见图8-11。

（4）方木和多层板：由于主体结构三角形、弧形板多，多层板一次性用量大。为了控制方木和模板使用量，有效降低成本，还能满足长城杯质量要求，要求各施工单位在每月正常提报材料计划的同时使用时还要写进料申请，经多方签字后才能进场。多次周转使用后的短方木派专人挑选和接长后继续在二次结构中使用，共接长方木600多m³。经过严格控制，节约多层板用量约10万m²。

（5）周转材料使用及退场管理

加强了周转材料配套进场管理，使进场的材料能正常使用。施工期间有260t已进场盘扣式脚手架的配套件未到场，现场无法使用。物资部扣除了这些盘扣式脚手架的租赁费，节省资金21万元。

合同中还明确约定在模架拆除后需退场的材料，出租方应无条件派车来工地装货，否则收取出租方每吨每天100元场地占用费。

测定了周转材料使用量、损耗数量及回收率，加强了周转材料进出场审批、验收，签订了《周转材料联合管理使用承包协议书》，明确了周转材料使用时的奖惩措施，改变了"进的多，用的少"的现象，大大降低了租赁成本，将周转材料损失降到最低限度。

在模架拆除时，物资部又制定了《周转材料退场管理办法》《模架拆除管理规定》，并先后5次召开了周转材料拆除和退场专题会，所有周转材料在45天内全部退走，且将丢失损坏的周转材料控制在合理损耗内，既没有造成周转材料积压，又节省了费用。

图8-11 桩头回收再利用

8.4.6 物资设备储存管理

按照绿色文明施工管理的要求码放材料，做好本区域内现场的物资设备管理。

将现场的各种材料、机械设备、配电设施、消防器材等，按照施工现场总平面布置图布置，标识清楚。

现场的材料应分类、码放整齐，悬挂统一标识牌（图8-12），标明材料名称、品种、规格、数量、产地、生产日期、检验状态等。材料的存放场地应平整夯实，有排水措施。

所有物料码放高度不得大于1.5m，不得超过楼板承重，严禁把超重材料集中存放。

现场的钢筋存放平台可用16号、20号工字钢组合而成，现场的钢筋码放见图8-13。

库房内的材料存放见图8-14，现场的周转材料存放见图8-15。

加强对现场的检查，每周一、三上午物资部组织各施工单位对现场物资设备使用、码放进行检查，并写出检查通报。

图8-12 现场标识牌　　　　　图8-13 钢筋码放　　　　　图8-14 库房的材料存放

图8-15 周转料存放

8.5 管理成果

在集团公司和项目部领导下，经过物资部门所有工作人员的共同努力，在"管理制度标准化、现场管理标准化、过程管理标准化、人员配备标准化"的指导下，从基础上，从源头上抓好物资设备管理工作，及时组织各种物资设备进场，对现场材料的验收保管使用消耗等方面进行了管理。通过加强管理，采取技术措施，不仅保证了各种物资设备及时供应，还降低了成本，增加了效益。

第 9 章

§

工程档案管理

9.1 概述

北京大兴国际机场航站楼核心区工程共涉及11个分部（含建筑隔震分部）工程，55个子分部工程，1024个分项工程，共108个机电子系统。

本工程规模大，专业施工单位数量多，工程档案管理人员多，竣工档案数量多。在施工过程中为应对复杂、超大规模工程的施工档案管理，满足施工档案数量多，档案编制的准确性、及时性、规范性标准高，专业多、组织协调难度大等特点，由总承包项目部开发应用了工程档案管理技术——"工程资料信息化管理平台"，借助建筑工程软件技术手段，做到了工程施工档案与现场实际完美地结合，实现了档案管理目标的预控。

9.2 工程档案管理特点及难点

依据项目的施工管理结构、施工合同对档案的要求、施工图纸、各专业的施工进度安排，本工程特点等分析、总结本工程资料管理的特点及难点：

1. 工程档案管理人员众多、流动性大

本工程项目的专业分包单位、劳务分包单位众多，每家专业分包单位、劳务分包单位要至少配备一名档案管理人员。但是由于档案管理人员对于大型重点工程的管理经验参差不齐、人员流动性大，因此如何提高工程档案管理人员的管理经验，降低工程档案管理人员流动性是管理的重点、难点。

2. 工程档案管理

本工程档案管理的特点、难点汇总，见表9-1。

本工程档案管理的特点、难点汇总 表9-1

序号	特点	分析	难点
1	档案量大	工程规模大，专业复杂，预计档案超万册	档案收集、整理难度大
2	标准高	质量目标"北京市建筑长城杯金质奖""北京市结构长城杯金质奖""中国钢结构金奖""中国建设工程鲁班奖"	档案编制标准高；统一性、准确性管控困难
3	组织、协调难度大	劳务、专业分包众多，档案人员预计达250余人	各劳务、专业施工单位组织协调难度大
4	及时性要求高	施工体量大、工作任务密集、施工进度快。政府监管单位、建设单位、监理单位、北京城建集团对档案的及时性要求高	及时性管控困难

9.3 工程档案管理策划

9.3.1 工程档案管理体系

1. 组织机构体系

结合档案管理的特点、难点，首先确定了工程档案管理组织机构体系。混凝土结构阶段的施工设立8个管理分区，每个分区由一名档案管理人员协助管理，每个管理分区对应相应的劳务分包。地下防水、劲性结构、钢结构、幕墙、二次结构、初装修、屋面、防火涂料涂装等均由专业分包的档案管理人员管理。机电专业与土建专业的管理模式相同。工程档案管理组织机构体系如图9-1所示。

2. 工程档案管理人员的组织机构体系

工程档案管理组织机构体系建立完善后，为了更好地做到责任到人，实现档案管理的预控目标，特别建立了档案人员的组织机构体系，成立了档案管理体系的领导小组。主要设置档案管理主管一名，各部门指定一名专职档案管理员负责各种档案的登记、保管、复制、收发、注销、归档和保密工作，保证档案的完整、准确清晰、统一等。若暂时未指定专职档案管理员，则由部门负责人暂行代理。工程档案管理人员的组织机构体系如图9-2所示。

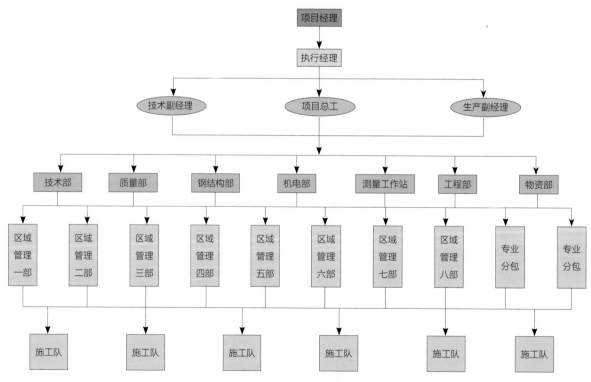

图9-1 工程档案管理组织机构体系

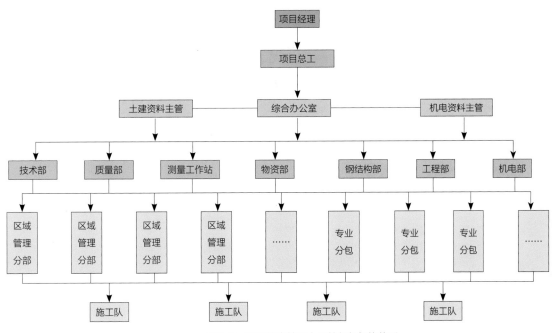
图9-2 工程档案管理人员的组织机构体系

3. 工程档案的管理职责及分工

明确了工程档案的管理职责及分工，如表9-2所示。

工程档案的管理职责及分工 表9-2

人员或部门	任务及工作职责
项目经理	1. 是项目工程档案管理的第一责任人，负责组织工程管理类档案的编制、整理工作。 2. 负责落实工程档案编制的合同保证
项目总工	1. 负责跟进项目工程档案的管理工作，审批项目施工组织、施工方案、技术交底及资料目标设计等技术文件。 2. 跟进项目工程档案的进度，督促工程档案与施工现场进度一致
项目副总工	1. 负责组织项目施工组织设计、施工方案、技术交底及资料目标设计等技术文件的编制。 2. 定期组织检查工程档案，落实技术、质量、试验人员的岗位职责，对档案的真实性、完整性、可追溯性负责
项目档案员	1. 熟悉国家的建筑法规、有关文件、技术档案的管理程序。 2. 具体负责编制该工程《工程档案目标设计》，并报项目总工批准，履行统一管理的职责。 3. 负责项目各类工程档案的收集、整理、编目、归档、保管，做到认真、及时、齐全。 4. 负责组织接受上级的检查，并及时将信息反馈给有关部门，保证档案的准确、及时。 5. 定期对施工过程中的档案填写质量进行审查；根据工程进展，及时收集物资材料的合格证、检测报告及相关的资料。工程档案与工程同步形成，不可提前预制，也不可滞后补做。 6. 负责施工档案的日常管理，做好接收、发放、借阅等工作台账。 7. 做好有关档案的报验、上报工作，参与绘制工程竣工图。 8. 工程竣工阶段及时整理竣工档案，并进行组卷、移交和归档
技术部	负责编制项目部日常技术管理工作中形成的施工技术档案。包括： 1. 施工组织设计、施工方案的编制，并上报监理公司审批；施工组织设计和施工方案交底的编制与会签。 2. 图纸会审记录的编制与会签；工程洽商的办理与会签。 3. 施工图纸的交接、管理；技术交底的编制与下发。 4. 施工技术资料、施工测量记录、施工记录的填写及会签

人员或部门	任务及工作职责
质量部	负责管理项目部日常质量管理工作中形成的工程档案，主要包括： 1. 负责编制填写质量管理检查记录、单位（子单位）工程质量竣工验收记录、单位（子单位）工程观感质量检查记录。 2. 负责报验检验批、分项工程、分部（子分部）工程验收记录。 3. 施工过程质量问题的整改与回复；施工试验档案的审核与报审。 4. 相关专业人员岗位证书的收集及报审
工程部	1. 负责动工、开复工报审表的编制与报审工作。 2. 负责编制《施工日志》中生产情况的记录工作。 3. 负责施工过程中各施工记录的形成工作
物资部	1. 负责收集施工物资档案，并对档案进行审核。 2. 负责编制供货单位的档案报审，填报分包资质报审表。 3. 负责编制主要工程材料跟踪管理台账。 4. 工程物资进场后，负责组织材料的验收和报验，编制材料、构配件进场检查记录，并通知试验人员进行材料复试。 5. 负责编制物资需求计划；负责设备进场开箱检验资料

9.3.2 工程档案管理制度

为了确保工程档案管理工作的顺利进行，从档案管理的各方面制定了相应的档案管理制度。在确定档案管理制度时主要考虑：进场工程档案管理人员的管理水平及稳定性，档案编制的统一、准确、及时性。形成的管理制度主要有：《工程档案管理奖惩办法》《工程档案管理人员考核制度》《工程档案交底制度》《工程档案培训制度》《工程档案例会制度》《工程档案检查、评分标准》《工程图纸管理规定》《工程档案整理、组卷管理规定》等。《北京城建集团新机场航站楼工程总承包部工程资料管理奖罚办法》的通知，如图9-3所示，《北京城建集团新机场航站楼工程宣传报道及影像资料收集整理工作策划方案》的通知，如图9-4所示。

图9-3 《北京城建集团新机场航站楼工程总承包部工程资料管理奖罚办法》的通知

图9-4 《北京城建集团新机场航站楼工程宣传报道及影像资料收集整理工作策划方案》的通知

《工程档案管理奖惩办法》《工程档案管理人员考核制度》主要将各分包单位档案管理人员纳入考核制度并与进度款、过程劳动竞赛挂钩，推动各专业、劳务分包单位将档案管理人员纳入自己的考核制度内，确保了档案管理人员的稳定性。《工程档案交底制度》《工程档案培训制度》保障在工程施工各阶段、各专业档案管理人员一进场就能得到相应施工内容对应的工程档案的编制、整理、归档等各方面的培训，提高档案管理人员的管理水平、明确其管理方向。通过《工程档案例会制度》《工程档案检查、评分标准》，按时间段查缺补漏，确保过程档案的正确、统一、及时，避免档案被重复修改，保证档案一次成型。《工程档案整理、组卷管理规定》使分部工程、子分部工程完成后的工程档案及时整理、组卷，确保档案的完整性。

档案管理制度的建立大大降低了档案管理过程的盲目性，使档案过程管理主次分明、条理清晰。并能够依据管理制度引起各专业、劳务分包单位对档案管理工作的重视，使其最大限度地保障档案管理人员的稳定性。

9.3.3　工程档案管理依据

工程档案管理的重要内容之一就是确定工程档案管理的依据。结合施工合同文件、工程设计图纸、建设单位的相关档案要求、地方档案管理规程等，明确列出相应的档案管理依据。

北京大兴国际机场航站楼工程涉及的主要档案管理依据有：《建筑工程施工质量验收统一标准》《建筑工程资料管理规程》《建筑结构长城杯工程质量评审标准》《建筑长城杯工程质量评审标准》《建设工程文件归档规范》、政府机构及建设单位相关的档案要求、现行

图9-5　北京大兴国际机场航站楼工程涉及的主要档案管理依据

各专业的质量验收规范，主要依据如图9-5所示。将工程档案管理涉及的所有管理依据及要求细化、完善，明确详细管理的依据并落到纸面上，发给进场的每一档案管理人员。

档案管理依据在被实施过程中实施人员要阶段性地与建设单位、北京市住房和城乡建设委员会、北京市城建档案馆等各政府职能部门进行沟通、确认，及时更新现行的、各专业的质量验收规范，对规范内容不足和不完善之处及时进行修改。实施档案管理依据可以降低工程档案被反复修改，保证了工程档案的档案质量，为确保工程档案的一次成型打下了良好的基础。

9.3.4 工程档案管理整体规划

　　根据建立的档案制度，结合明确的管理依据，编制工程档案管理整体规划目标设计，如图9-6所示。工程档案管理整体规划目标设计要从编制依据，编制套数，档案编号要求，分部、分项划分，检验批划分，填写档案表格，填写档案内容，档案编目、形成档案、报验流程、整理归档等各方面做详细的要求，并形成档案交底，再将档案交底下发至各专业分包单位档案管理人员。

图9-6　工程档案管理整体规划目标设计

　　档案管理的整体规划是保证档案管理预控的前提。在管理过程中依据整体规划目标设计加强施工过程的档案监控，推行档案标准化、规范化，确保工程档案的真实性、有效性、可被追溯性，确保工程档案与工程同步，满足中国建设工程鲁班奖、北京市建筑长城杯金质奖、北京市结构长城杯金质奖的要求，保证竣工档案完整、齐全、有效，实现档案目标预控，为项目竣工结算提供保障。

9.3.5 工程档案形成及报验管理流程

　　工程档案形成及报验管理流程如图9-7所示。

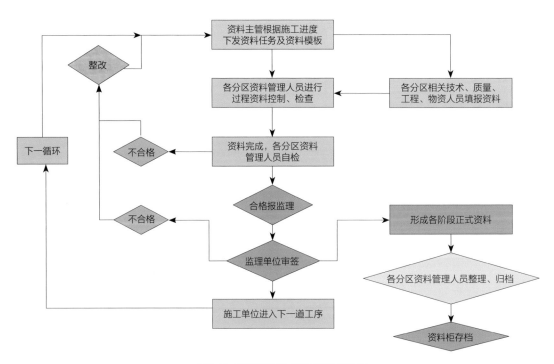

图9-7　工程档案形成及报验管理流程

9.3.6　工程档案人员及使用设备配置

9.3.6.1　人员配置

北京城建集团工程总承包部技术质量部是北京大兴国际机场建设项目工程建设档案资料的归口管理部门，负责机场建设档案的指导、监督、检查工作。北京城建集团新机场航站楼工程总承包部（以下简称"项目部"）成立了工程档案组织机构管理体系，并设置了3名具有档案管理经验的专职档案管理员，分别负责不同门类的档案管理工作。每专业、劳务分包单位必须设置一名有档案管理经验的档案管理人员，负责各自施工任务内所有工程档案的编制、收集、整理、归档工作。

9.3.6.2　档案室配置

根据专人预估档案形成的数量，建立了6个共216m²的档案库（土建专业有3个档案库，面积为126m²；机电专业有3个档案库，面积为90m²）。档案库均采用了标准的密集柜（图9-8）、档案柜（图9-9）、档案架（图9-10）三种存放设备存放档案。每个档案室按照档案存放要求均配备了电子温湿度计（图9-11）、灭火器（图9-12）、防虫剂等，档案室的各项配置符合防潮、防水、防火、防盗、防阳光照射、防高温、防尘、防污染、防有害生物（霉、虫、鼠）等要求。

为6个档案库编制了档案管理制度和档案管理员职责（图9-13）、档案管理组织机构体系。档

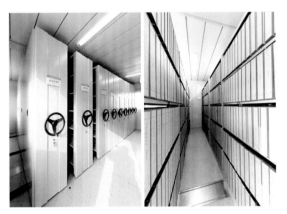

图9-8　密集柜

图9-9　档案柜

图9-10　档案架

图9-11　电子温湿度计

图9-12　档案室的灭火器配置

案库的管理实行全封闭专人看护管理，做到了档案的存放和使用安全。

9.3.6.3　档案设备配置

项目部为规范档案管理工作，规范了工程档案所用的工程档案软件（图9-14）、档案用纸（图9-15），配备了计算机，配备了打印机、扫描仪、彩色打印机（图9-16），配备了档案盒（图9-17）等档案设备。

图9-13　档案管理制度、档案管理员职责

图9-14　工程档案软件

图9-15　档案用纸

图9-16　打印机

图9-17　档案盒

9.3.7　信息化管理手段

北京大兴国际机场工程资料信息化管理系统，如图9-18所示。它是集工程资料前期规划、过程编制、审阅、竣工组卷管理、电子档案管理于一体的信息化整体解决系统，实现了特大项目的多级组织管理、多专业协作的工作要求，保证了资料管理体系能够被按照工程质量管理目标实施，确保了资料编制进度能够与工程实际进度同步，大大提高了资料管理人员和资料编制人员的工作效率。

利用本系统，在网络平台上，在工程的各分部施工阶段，主管部门都可以进行定期、不定期的检查指导，并对竣工资料统一核查。通过系统对资料填报情况的实时监控，及时查漏补缺，保证了工程资料的高质量、高品质。既减轻了主管部门的工作量，也提高了工作效率，更重要的是

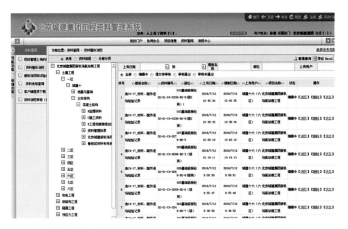

图9-18　北京大兴国际机场工程资料信息化管理系统

保证了工程资料的及时、真实、准确、完整。对系统各参与方填报的工程资料，检查、验收了大量数据（施工记录，检验批，分部、分项、单位工程数据），进行了多维度分析汇总，在系统平台上可浏览、查询、大量数据统计分析，满足现场质量检查和精细化质量管理的要求。

工程档案信息化系统的主要功能

在单机版资料软件功能的基础上，工程档案信息化管理系统针对单机版功能的局限性主要从资料规划、编制、审批、组卷、档案、查阅、管理等方面再次开发，利用WBS工作分解结构、工作流引擎、审批流引擎、SQL数据库查询等信息化技术，实现了工程档案编制工作的标准化，档案管理工作的流程化，有效地提高了各工作任务之间的协同效率。具体开发功能如下：

1. **各专业安装程序的整合**

建筑、市政、园林绿化、加固、桥梁等多专业被汇总为一个安装程序。整个工程的工程档案的管理、编制只需要安装一个安装程序，不同专业的程序可同时在一台计算机上进行编辑应用。

2. **安装程序线上、线下结合**

经开发的安装程序实现了工程档案软件线上、线下的完美结合。档案编制人员在计算机上使用客户端的档案编制软件填报档案数据后，能及时地将所填报的相关档案数据自动传送到平台上。相关监管人员可以实现网络化办公，对填报的工程档案信息进行审阅，能非常清晰地、实时地看到填报的内容。

3. **工程档案的策划数据录入管理系统**

可将档案前期策划的数据录入到工程档案管理系统，通过项目立项、项目人员设置、项目WBS工作分解、工程档案表格信息设置、任务分配、填报任务预警管理、分配任务维护、档案表格查看及附件管理、试验台账管理、档案目录管理、项目信息汇总、审核功能、工程档案管理客户端等模块对策划数据进行管理。

4. **工程档案编制的及时性监控与协同化办公**

开发后的工程档案管理系统可实现单一或多专业、多人协同工作。不同的档案编制人员可同时在不同的计算机上进行同一专业或者不同专业的档案编制，编制后的电子文档自动被上传到管理系统，同一施工单位相同的工作任务被自动汇总到一起。档案编制人员可随时通过工程档案管理系统进行相同专业、相同工作任务或不同专业、不同工作任务的实时编制、借鉴、查阅。档案管理主控人员能非常直观地对档案整体编制进度进行实时监控，极大地保障了资料编制的及时性、统一性。

5. 工程档案审核

工程档案信息化管理系统在及时推送上传档案数据的同时，也设置了审核功能。在系统上能将每一张被推送的档案表格的填写数据以浏览的模式呈现，供人们进行数据审核，审核后的"审核通过"或"审核不通过"信息会被反馈到客户端。"审核通过"的档案被自动设置了打印功能，无法进行修改；"审核不通过"的档案以红色标识被反馈到客户端，让编制人员再次进行修改。审核功能的开发既保障了档案填写内容的准确性，又保障了工程档案最终数据的安全性。

6. 电子存档

由工程档案信息化管理系统传输过的经过审核的数据会自动被分专业、分施工单位、分施工任务存档、备份。在整个工程完毕后，在工程档案信息化管理系统上汇集全部工程各专业、各分部、各子分部的最终数据，并且可进行整个工程不同专业的下载，进行电子存档。

7. 安全功能

工程档案信息化管理系统为每一操作者设置了独立的登录账号、密码。后台对所有账号和密码，以及每个账号上传的数据会进行统一管理。被审核完成后的任何数据，不能被进行二次修改。编制人员变动后，再由后台统一配置新密码，最大限度地保障了档案电子数据的真实性和安全性。

9.4 工程档案管理的过程控制

9.4.1 工程档案编制

9.4.1.1 档案交底

各专业、劳务分包单位档案管理人员一进场，立即组织对档案管理人员、编制人员的全面培训（图9-19）。培训内容包括了各种管理制度、资料策划方案、信息化系统的使用，各工序工程档案的模板交底等。通过进场的培训和书面交底（图9-20），使各工程档案管理人员的管理思路清晰，懂得怎么管理、如何管理；档案编制人员清楚地知道所填报的档案表格属于哪一分部、哪一子分部、哪一分项，每一张表格模板如何填写，为什么这样填写。

对各专业、劳务分包单位档案管理人员做档案交底，使各档案管理人员、档案编制人员明确管理流程、编制要求、编制依据，为保障档案的准确性、及时性做好保障。

9.4.1.2 工程档案培训

在施工过程中，项目部档案主管定时组织对各专业、各劳务方档案管理人员进行培训，如图9-21和图9-22所示。培训的最终目的是通过提升档案管理人员的能力，实现档案管理目标的预控。一是向分包单位档案管理人员传授管理的技能，以适应不断变化的档案管理需求与施工进度发展的需要；二是利用培训来强化分包单位档案管理人员对总承包单位档案组织的认同，提高分包单位档案管理人员的忠诚度，培养他们的管理服务意识，提高分包单位档案管理人员的适应性和灵活性，使分包单位档案管理人员的经验与项目组织同步成长；三是及时对档案管理中出现的问题集中进行答疑解惑，梳理管理过程中的不足，及时纠错，更高效地完成施工档案的管理，确保工程档案填写的准确性、及时性。

图9-19　档案管理人员、编制人员的进场培训

图9-20　档案编制要求的书面交底

图9-21　档案管理系统操作培训

图9-22　档案编制内容培训

9.4.2　工程档案过程检查

9.4.2.1　利用《档案检查制度》

项目依据工程施工各个阶段，分阶段、有针对性地编制《档案检查制度》。成立以项目总工

为组长，项目副总工为副组长，各部门档案管理人员为组员的考核评审领导小组。每月25日～30日由档案主管组织人员对各专业、劳务分包单位的档案按施工进度进行考评，形成过程档案检查考核评分表，如图9-23所示。

考核评审小组依据《档案检查制度》，依据档案编制内容与施工图纸是否相符作为准确性考核标准，施工档案与施工现场同步作为及时性的考核标准。考核内容每月按正确性、及时性以百分制进行考核，每错/滞后一份扣10分，每错/滞后三份则罚款500元。

检查后的结果依据《档案检查制度》对本月的考核项目进行总结，由考核评审领导小组主持，项目部各部门及分包单位档案管理人员参加召开过程档案考核评审会，如图9-24所示。将考核评审的最终得分及排名以正式文件的形式进行表彰通报（图9-25），排名前三的个人被分别给予1000元、800元、500元的奖励，连续两次排名靠后，将被处以5000元罚款。

9.4.2.2 利用工程资料信息化管理系统

利用北京大兴国际机场工程资料信息化管理系统，可进行多维度信息化汇总（图9-26），可进行资料整体浏览（图9-27），可进行资料审核，如图9-28所示。

过程工程资料考核评分表

被考核区域					考核日期	年 月 日		考核人：**
资料考核概述	每月25日为检查日。检查日截止前依据现场施工进度情况考核工程资料应收集、整理情况，检查情况纳入劳动竞赛评分，每月的考核情况通报各区域相关负责人。							
序号	考核项目			考核依据	权重	分数	扣分项说明	扣分	得分
01	资料完整性			工程资料类别【测量、试验（见证、报告）、物资、隐检及施工记录、检验批】需齐全，每缺少一项资料扣0.5分，缺三项以上扣2分。	20%	2			
02	资料及时性	资料形成的完成率	任务数量 / 完成数量	电子版资料形成需与施工进度同步（以上传PKPM管理平台为准，且各区域相应管理人员须对上传的资料完成审核），每次考核完成率应不低于90%，小于90%扣0.5分，小于85%扣1分，小于80%扣1.5分，小于75%扣2分，小于60%扣3分。	30%	3			
		资料移交率	任务数量 / 完成数量	纸质版资料需于每月12日、22日各移交一次（管理区域自行归档），每次考核时间节点除钢筋原材滞后4天其他应较现场施工进度滞后1~2天，各管理分部移交率应不低于90%，小于90%扣0.5分，小于85%扣1分，小于80%扣1.5分，小于75%扣2分，小于60%扣3分。	30%	3			
03	资料合格率			资料合格率（格式、编号、分类、资料交圈性方面，不包含资料填写规范合格率）应不低于90%，小于90%扣0.5分，小于85%扣1分，小于80%扣1.5分，小于75%扣2分，小于60%扣3分。	20%	2			
检查情况总结							得分合计	0	
							被考核管理分部负责人签字：		

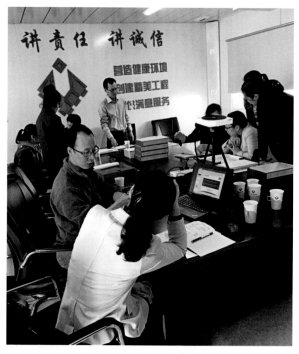

图9-23 过程档案检查考核评分表

图9-24 过程档案考核评审会议

关于第二阶段资料检查的表彰通报

签发人：

为不断总结工作，推进资料管理工作的开展，技术部于2017年11月20日~2017年11月28日分时间段对幕墙、屋面、二次结构、防火涂料、钢子岛（钢结构）共12家单位的资料管理工作组织了第一阶段资料评比检查，详细内容如下：

一、资料检查人员

组 长：段先军

副组长：侯进峰 刘汉楠 刘云飞 曹庆岩 戎志宏

成 员：李存艳 李 杰 孙 艳 李金生 谢文东 苏振华 周栅 谢慧慧 樊一龙

二、检查项目及评分

资料检查共分为3个小组，分别从施工试验资料、施工记录、施工物资3大类别分区域进行资料检查，检查项涉及报验、归档、资料形成份数、正确率、完整性等多个方面，每个检查项设一定分值，以评分制度进行评比，各类别详细检查内容及评分结果如下：

资料检查项目

资料类别	检查内容
施工试验资料	见证、报告
施工物资资料	各类材的进场报验、材质单、报验的及时、准确性
施工记录	各工序隐检、施工检查记录、检验批

三、检查结果

根据工程资料管理奖罚办法，经评比领导小组认真考核，现将第一阶段资料评比的结果公布如下：

第一名：苏云（北京城建长城建筑装饰工程有限公司）奖励1000元；

第二名：张俊梅（深圳市三鑫科技发展有限公司）奖励800元；

第三名：尚艳萍（北京城建北方建设有限责任公司）奖励500元。

望以上优秀人员再接再厉，戒骄戒躁，今后在资料管理工作中资料管理的经验，切实制定资料管理的工作计划，进一步推进资料标准化、规范化管理，为工程竣工验收工作做好准备，争取更大的成绩。

此通报。

北京城建集团新机场航站楼工程总承包部

技术部

2017年11月30日

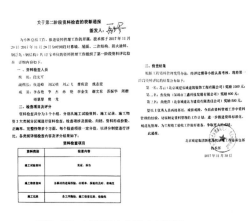

图9-25 过程档案考核表彰通报

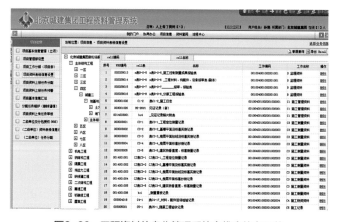

图9-26 工程资料信息化管理系统多维度信息汇总

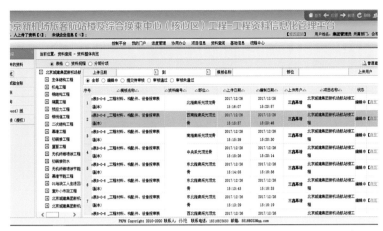

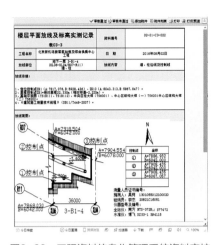

图9-27 工程资料信息化管理系统资料整体浏览　　　　图9-28 工程资料信息化管理系统资料审核

9.4.2.3 电子档案过程管理

本工程对项目部及分包单位电子档案的形成，指定了专门部门及人员负责电子档案的形成、收集、积累、鉴定、归档及电子档案的保管，对电子档案的过程管理要注意以下几点：

1）保证管理工作的连续性。

2）电子档案形成部门负责电子档案的收集、积累、保管和整理工作。部门负责人要进行指导与监督。

3）各部门应明确规定归档时间，归档范围，技术环境，相关软件，软件版本，数据类型、格式，被操作数据、检测数据等归档要求，以保证电子档案的质量。

4）保证电子档案的可利用性，从电子档案形成时，相关部门应设定严格的管理制度和技术措施，确保其信息的真实性、安全性和完整性。

5）归档电子档案同时存在相应的纸质或其他载体形式的文件时，应在内容、相关说明及描述上保持一致。

6）分包单位的电子档案应按项目部的要求被归纳收集到相应部门，交由部门档案管理人员存档。

9.4.3 工程档案过程管理成果

本工程于2019年6月28日通过五方主体工程质量验收。到2019年6月28日验收前，全过程档案编制工作一次成型，共计形成档案21050册，并提前完成部分竣工档案移交工作（移交给建设单位竣工档案1823册，移交给北京市城建档案馆竣工档案515册，移交给北京城建集团竣工档案777册），项目各类工程档案完成本期工程工作任务量的100%。

过程档案的有效管理，在完成"北京市结构长城杯金质奖"（图9-29）、"北京市建筑长城杯金质奖"（图9-30）、"中国钢结构金奖""中国钢结构杰出大奖"（图9-31和图9-32）、"中国建设工程鲁班奖"（图9-33）质量目标的评审过程中发挥了重要的作用，受到了政府监管部门及评审各方的一致好评。建设单位多次将北京大兴国际机场航站楼的资料管理工作作为观摩、学习的标杆。

图9-29　北京市结构长城杯金质奖评审　　　　　　　图9-30　北京市建筑长城杯金质奖评审

图9-31　中国钢结构金奖评审　　　　图9-32　中国钢结构杰出大奖评审　　　　图9-33　中国建设工程鲁班奖评审

9.5 工程档案管理成果

9.5.1　社会效益

项目施工档案管理分别接受了北京市城建档案馆（图9-34）、北京市住房和城乡建设委员会（图9-35）、北京市建设工程安全质量监督总站、中国民用航空局档案馆（北京）（图9-36）、国家档案局（图9-37）共5次调研，参加北京市城建档案馆的重大项目交流会1次，接待200余人观摩（图9-38）1次。在北京市建设工程安全质量监督总站、北京市住房和城乡建设委员会的检查中多次受表扬，为今后施工档案的管理工作提供了良好的经验。

9.5.2　科技创新

9.5.2.1　QC成果

2018年4月，在北京市工程建设优秀质量管理小组活动成果交流会上发布了《提高超大工程施工资料一次验收合格率》的QC成果，该成果被评为一类成果，如图9-39所示。

9.5.2.2 工程档案信息化管理平台软件著作权

2018年5月，申请获得了《工程资料信息化管理平台》软件著作权，如图9-40所示。

图9-34 北京市城建档案馆调研

图9-35 北京市住房和城乡建设委员会调研

图9-36 中国民用航空局档案馆
（北京）调研

图9-37 国家档案局档案工作专题调研

图9-38 200余人观摩

图9-39 《提高超大工程施工资料一次验收合格率》的QC成果

图9-40 《工程资料信息化管理平台》
软件著作权

第 **10** 章

§

项目文化建设

10.1 概述

传承铁军精神，铸就时代精品，北京城建集团新机场航站楼工程总承包部（为了叙述方便，本章用"项目部"代称）以"创新、激情、诚信、担当、感恩"为核心价值理念，在北京大兴国际机场这一国家重点工程中放飞国匠梦想，引领世界级机场样板。

面对机遇和挑战，项目部以承建北京大兴国际机场为契机，不断加强和创新党组织建设，充分发挥中共北京城建集团有限责任公司北京新机场航站楼工程总承包部党总支部委员会、党支部在国家重点工程建设中的政治核心作用和党员的先锋模范作用。在日常管理中积极培育员工爱岗敬业、吃苦耐劳、勇于奉献、开拓进取的主人翁精神，全方位提高员工的整体素质，增强团队的凝聚力和向心力，打造企业知名品牌和项目的竞争力。从机关到项目，从领导到员工，始终将企业文化建设融入施工生产全过程，在紧张繁忙的工作中将企业文化发扬、传承和创新。在前期的项目管理策划时，明确提出项目管理要做到"施工组织专业化、资源组织集约化、安全管理人本化、管理手段智慧化、现场管理标准化、日常管理精细化"，这"六化"既是每位员工的工作标准、努力方向，也是项目管理团队企业文化建设的精髓。

北京城建集团是北京大兴国际机场第一家进场施工的单位，也是北京大兴国际机场工程最大标段施工的总承包单位。集团公司高度重视，组建了一支专业素质高、业务能力强的管理团队。团队人员在高峰期共有132名职工，有博士研究生1名、硕士研究生13名、本科生59名、专科生23名。有2名教授级高级工程师、8名高级工程师、4名高级经济师、1名高级政工师。

自进场以来，项目部团队传承发扬城建铁军精神，以"飞身可夺天堑，健步定攀高峰"的决心和毅力，用智慧和汗水攻克了一个又一个世界级难题，完成了一个又一个几乎不可能完成的任务，创造了一个又一个建设奇迹：在不到100天的时间，完成了近1万根基础桩的打桩任务；在10个月时间内，浇筑了105万 m³混凝土，相当于每个月要浇筑25栋18层的大楼；绑扎钢筋22万t；仅用80天，就完成了投影面积达18万 m²的屋盖钢网架的安装、提升，施工精度达到了毫米级，将误差控制在2mm以内；成功完成了24.7万台（套）机电设备、5000km电缆电线、近73个标准足球场面积的风管以及百万数量级接口的安装；仅用3个月就将12余万块白色漫反射板拼装成2万多个完全不同的吊顶单元，呈现"如意祥云"般的装饰效果。

四年间，项目部全体成员在困难面前不推脱，在压力面前不躲闪，在挑战面前不畏惧，在逆境面前不退缩，共同朝着"建设世界级机场建设样板"的笃定信念，勇往直前，统筹深入推进"精品工程、样板工程、平安工程、廉洁工程"四个工程建设目标，实现了进度零延误、质量零缺陷、安全零事故、消防零冒烟、环保零超标、廉政零风险，光荣地完成了党和人民交付的重任和使命，创造出了北京大兴国际机场建设的"中国速度"。

围绕工程抓党建，党建引领促生产。在建设过程中，基层党组织发挥了主心骨的作用，青年突击队发挥了主力军的作用。下面从基层党建、工会建家、团队文化、社会责任四个方面，简述企业文化建设在北京大兴国际机场航站楼工程建设中发挥的突出作用，展示新时代建设者如何用四年时间书写新国门建设的奇迹。

10.2 基层党建

党建管理目标：紧紧围绕施工生产，加强党的思想建设、组织建设、作风建设、制度建设和反腐倡廉建设，将北京大兴国际机场建设成为"样板工程、精品工程、平安工程、廉洁工程"，将项目部建设成为"政治素质好、经营业绩好、团结协作好、作风形象好"的项目管理团队。

10.2.1 组织机构

2016年3月15日，中共北京城建集团有限责任公司北京新机场航站楼工程总承包部党总支部委员会成立（以下简称党总支部）。党总支部隶属于北京城建集团工程总承包部党委，在人员高峰时期有87名党员（含各区域）。党总支部民主选举了5名支部委员，划分了4个党支部。设党总支部常务副书记1人，组织委员、宣传委员、纪监委员和生活委员各1人。结合工程建设情况，党总支部在各施工阶段设立不同数量党员责任区，建立与工程建设及岗位职责挂钩的考核机制。同时，充分发挥基层党组织的战斗堡垒作用，发扬党员干部的先锋引领作用，助推北京大兴国际机场航站楼工程建设稳步推进。支部建设园地见图10-1。

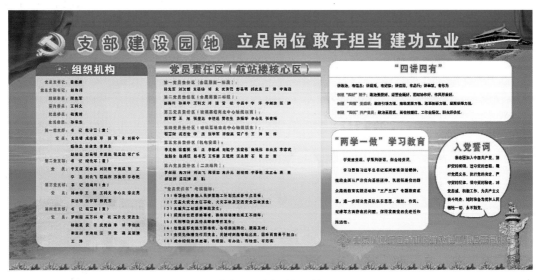

图10-1 支部建设园地

10.2.2　制度建设

党总支部结合工程实际，制定了《合格党支部建设规范》《合格党员行为规范》。按照《合格党支部建设规范》《合格党员行为规范》的要求，党总支部带领项目部党员、群众团结一心，优质高效地完成各项施工建设任务。全体党员在认真开展自查自纠工作的同时，全身心投入到工程建设中。通过明规范、筑堡垒，进一步提高了党组织凝聚力、向心力和战斗力，强化了全体党员及党员干部的党性意识、责任意识、服务意识和大局意识。

（1）《合格党员行为规范》

第一条　始终维护党中央权威。做中央决策部署的坚定拥护者和执行者，自觉遵守党中央决策部署，不打折扣，不搞变通。

第二条　履行好党员的八项权利和义务，在工作、生活中起到表率作用。

第三条　落实好"两学一做"学习教育活动要求，积极参与党支部组织的学习教育活动和社会实践活动，将个人学习与集体学习相结合，提升自身修养和素质，为集体荣誉做贡献。

第四条　认真遵守《党员廉洁自律规范》《党员领导干部廉洁自律规范》和北京城建集团工程总包部《廉政建设"六不准"》。廉洁自律，不收受礼金、礼品、有价证券、贵重物品和好处费，不吃拿卡要。

第五条　做好本职工作，提升专业水平，以更好的专业素质投入到北京大兴国际机场建设中去，充分利用北京大兴国际机场工程建设这个大舞台，进一步提高自身专业水平和管理水平。

第六条　具有自觉的法律观念和法制观念。明确北京大兴国际机场建设的政治意义和经济意义，模范地遵守党的纪律和国家的法律、法规，遵纪守法。

第七条　始终保持共产党员的高风亮节，把好品行操守关。始终坚持公私分明、克己奉公，坚持吃苦在前、甘于奉献，努力以道德的力量赢得尊重，赢得人心。

第八条　坚持全心全意为人民服务的根本宗旨，做到吃苦在前、享受在后，为北京大兴国际机场建设不断拼搏、不断奋斗、奉献力量。

（2）《合格党支部建设规范》

第一条　认真贯彻党的路线、方针、政策和国家的法律、法规，领导项目部开展党建工作、思想政治工作和精神文明建设。

第二条　充分发挥党支部的战斗堡垒作用和党员的先锋模范作用，团结带领建设工地的党员群众，保证、监督项目按时、安全、优质、高效、低耗完成各项建设任务。

第三条　做好"两学一做"学习教育活动每一季度的计划、落实和总结，并监督党员落实情况。在做好"规定动作"的基础上，党支部应根据工程特点，制定并落实"自创动作"。

第四条　制定项目部《合格党员行为规范》，明确合格党员行为规范条例，监督党员行为是否符合规范标准，对行为不符合规范标准的党员给予教育、警告、监督、整改。

第五条　做好"亮标准、亮身份、亮承诺""比技能、比作风、比业绩""群众评议、党员互评、领导点评"的"三亮三比三评"工作。

第六条 加强党风党纪和廉洁从业教育,特别是党员干部廉政教育工作,监督和检查党员干部作风,将北京大兴国际机场建设工程打造成为廉洁工程。

第七条 定期检查项目效能监察实施落实情况,保证各项监察项顺利推进。

第八条 密切联系群众,经常了解群众对党员和党支部工作的意见和建议,关心职工生活。

10.2.3 党建措施

(1)把好思想关

①加强思想教育

党总支部紧紧围绕施工生产和党总支部建设,以创建学习型、管理型、效益型项目部为载体,结合"两学一做"学习教育活动和全员轮训,引导党员特别是党员领导干部树立终身学习意识,不断提高业务能力和思想政治素质,将机场建设和自身建设有机结合。自开工以来,党总支部组织各类党建活动200余次,活动覆盖至所有参施人员,大大提高了项目团队的凝聚力。

②打造学习阵地

党总支部结合工程建设特点,建立了党员活动室(图10-2),在项目微信公众号专门设置"思享"栏目。在党员活动室内布置党旗、入党誓词、《合格党支部建设规范》《合格党员行为规范》《党员的权利与义务》以及党员示范岗活动实施方案等内容,每季度更新表彰党员示范岗标兵。室内设有读书角、健身器材、乒乓球台、台球桌等,书籍种类丰富,定时更新党报党刊。室内设立电视机,摆放廉洁教育展板,根据学习需要进行调整。微信公众号"思享"栏目推送党风廉政建设、上级机关会议精神等相关内容。相继已推送《学习塞罕坝精神,争做机场建设先锋》《党风廉政建设永远在路上》《新机场项目组织观看廉洁从业作品展及"纪念改革开放四十年"主题音乐会》等学习内容。

以党员活动室、微信公众平台为载体,党总支部紧密结合"两学一做""不忘初心、牢记使命"学习教育和全员轮训,为党员充"电"补"钙",培育党员"四讲四有"的品格,不断提升党员干部的党性修养,引导广大党员和建设者在经营生产和工程建设中做贡献、创佳绩。

图10-2 党员活动室

（2）亮出党员身份

广大党员在日常工作中佩戴党员徽章，亮出党员身份。在工程建设、应对突发事件、维护员工权益等重要时刻充当突击队员，挺身而出，冲在一线；在日常生活中，广大党员时刻规范自己的一言一行，不断努力改进和提高自己，在思想和行为上自觉树立起党员的良好形象。同时，党总支部充分利用项目部QQ群、微信群、《工程信息》、企业报刊、微信公众号等平台，对优秀党员的事迹进行宣传报道。

（3）深化学习教育

党总支部把学习教育作为活动开展的重要抓手，强调知行合一，推动党员思想道德品质修养和工作水平的进一步提升。坚持在学习方式上做好"四个结合"：集中学习和自学相结合，专题辅导和观看视频讲座相结合，讲党课和现场互动相结合，学习理论与文化精神引领相结合。组织召开领导班子专题民主生活会和支部组织生活会，在批评与自我批评中强党性，通过严明的纪律和规矩打造一支风清气正的队伍，有效地提升党组织战斗力；为全体职工放映建党题材电影，弘扬主旋律，传递正能量；每年组织全体党员实地参观展览，接受反腐倡廉及爱国主义教育。

与此同时，党总支部创新教育形式，组织党员与群众自发编排党建题材舞台剧《旗帜》《通航》，为企业员工及航站楼建设工人表演，赢得了广泛关注和好评。同时，挖掘感人事迹，策划、制作党建微电影《力量》，参加了市委组织部党建微电影征集比赛，并获得二等奖。舞台剧《旗帜》参演人员的风采见图10-3。

（4）特色活动——全员主题教育

每年3月，北京城建集团自上而下开展全员主题教育。根据每年度工作重点及精神要求，确定全员教育主题，将主题教育纵横深入，全面覆盖。项目部按照上级文件要求，连续四年开展全员主题教育。

①活动方案

项目部按照上级全员主题教育的通知要求，结合工程实际，制定年度全员主题教育活动方案。方案包括：基本思路、组织领导、教育内容、活动安排等，要求全面贯彻落实上级机关的决策部署，结合项目部实际，深刻领会教育主题，按照"高度重视、联系实际、方法灵活"的总体要求，坚持理论引导、全员学习、实践落实，通过科学组织、集中学习、分组讨论，凝聚发展共识，激发工作斗志，提高思想修养，做到同心同德地牢记初心，一心一意地忠于初心，尽心尽责地守住初心。

②活动要求

高度重视，严明纪律。主题教育活动旨在凝心聚力，为工程建设注入强大的思想动力，对于实现项目目标具有重要意义。各部室、各区域提高思想认识，妥善处理好"工学"矛

图10-3　舞台剧《旗帜》参演人员的风采

盾，加强宣传引导，最大限度地调动全体职工的积极性，营造"稳中求进、守正创新"主题教育的浓厚氛围。同时，严明纪律，保证出勤率和轮训率，切实把主题教育活动作为推动工程建设、激发员工斗志的有效途径。

图10-4　全员主题教育

积极讨论，提高认识。各部室、各区域根据总体工作部署，积极组织本部室、本区域围绕北京城建集团领导和北京城建集团工程总承包部领导的讲话、企业核心价值理念、北京城建集团工程总承包部的工作安排、项目部面临的形势和挑战等内容展开讨论，积极建言，提出问题、探讨深化、形成结论，将主题教育内容落实到项目中的每一个人，实现轮训效果最大化。

强化意识，做好总结。各部室、各区域充分利用轮训机会，强化职工学习意识、责任意识、奉献意识，在轮训中结合本部室、本区域工作内容，总结学习经验，做好工作部署。

③活动效果

全员主题教育的举办，具有多重意义。

一是以全员主题教育为契机，组织全员深入学习贯彻党的重要精神及会议内容，进一步提升了全体党员、甚至是广大职工群众的政治思想素质。

二是通过观看企业宣传片、学习企业年度工作研讨会和工作会精神，进一步强化了广大职工热爱企业、认同企业、感恩企业、奉献企业的使命感和责任感。

三是抓住春节后复工的有利时机，进一步组织号召全体职工认清年度工作重点，认知个人岗位职责，认真做好年度工作。活动结束后，全体职工迅速投入施工生产，推动航站楼工程建设顺利进行。

全员主题教育见图10-4。

10.2.4　强化主体责任

党总支部牵头成立了党风廉政建设和效能监察领导小组，项目部班子成员和各区域负责人分别签订了《廉政建设承诺书》，与各参施单位签署《党风廉政建设责任书》，所有党员签署《共产党员公开承诺书》，自觉接受党员群众的监督。

（1）《廉政建设承诺书》

为进一步做好党风廉政建设工作，筑牢拒腐防变的思想道德防线，服务北京新机场工程建设大局，根据党风廉政建设的有关规定，并结合新机场航站楼工程总承包部实际情况和工期、质量、安全文明施工目标，我谨以个人名义郑重作出如下承诺：

一、严格遵守党风廉政建设的各项规章制度，树立全心全意为人民服务的思想，认真贯彻《廉洁自律准则》，坚持原则，秉公办事，不徇私情。

二、时刻牢记懂规矩、守纪律、听指挥，讲政治、讲责任、讲诚信，在工作中不推诿扯皮，不挑肥拣瘦，尽心尽力，恪尽职守，高标准、高质量、高效率。

三、认真贯彻执行中央"八项规定"，正确使用手中的权力，掌好权、用好权，坚决反对任何形式的攀比活动。

四、不准在企业公务活动中收受礼金、礼品和有价证券；不准以个人名义承揽工程或非法转包工程；不准以任何借口搞吃、拿、卡、要，刁难下属单位；不准利用职权巧立名目，不准动用公款进行与企业经营活动无关的娱乐消费活动；不准在下属单位报销应由个人支付的各类费用；不准利用职权侵吞公款公物，中饱私囊。

五、坚持厉行节约，认真执行重大事项报告、礼品登记等制度，不借机大操大办和敛财活动，坚决杜绝铺张浪费行为。

六、廉洁从业，不谋私利。不准利用职务之便为亲属、朋友、同事请托办事，谋取利益，收取好处。

七、严格遵守本单位、本部门和上级主管部门的有关规定，服从命令，不讲条件，不打折扣。

八、加强政策法规的学习，敢于向歪风邪气作斗争，不断增强拒腐防变和抵御风险的能力，经受各种考验。

以上承诺，请党组织和全体职工对我监督评议。如有违诺行为，愿意按照有关规定接受组织处理。

承诺人签字：

《廉政建设承诺书（局部）》见图10-5。

（2）《党风廉政建设责任书》（本内容选摘2018年度与各分包单位签署的责任书）

为贯彻落实党的十九大精神和十九届中央纪委二次全会精神，全面加强基层党风廉政建设，明确党风廉政建设和反腐败工作责任，按照北京城建集团和北京城建集团工程总承包部《关于落实党风廉政建设责任制党委主体责任和纪委监督责任的意见》，有效地推进党风廉政建设责任制

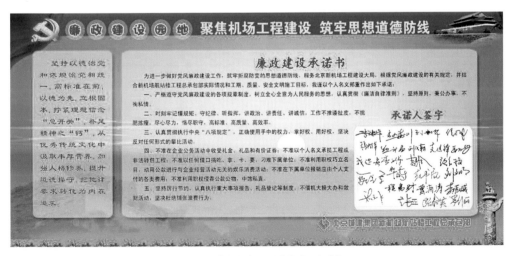

图10-5 《廉政建设承诺书（局部）》

和"主体责任"全程记实工作的落实，根据"一岗双责"和"谁主管，谁负责，一级抓一级，层层抓落实"的原则，签订本责任书。

①责任内容

一是认真贯彻上级党委关于党风廉政建设工作部署，及时传达上级党风廉政建设工作会议精神，结合经营生产实际贯彻落实。研究制定党风廉政工作计划、目标和具体措施，将党风廉政建设和反腐败工作与生产经营管理及各项业务工作有机结合、同步推进。

二是认真履行"一岗双责"，结合实际对本单位党风廉政建设责任进行分解，明确主要工作任务和具体要求，做到责任明晰，分工到人，抓好落实。对本区域、本项目班子人员执行党风廉政建设责任制情况进行廉政考核，对检查考核中发现问题的人员，及时约谈。

三是增强遵规守纪意识，做到令行禁止。严格执行领导人员个人有关事项报告和领导班子成员请销假等制度。

四是加强作风建设，不利用职权干预工程专业分包、劳务招标、物资设备采购租赁、工程款结算及支付等事项的正常进行；不利用职务便利为自己和亲友谋取不正当利益，强化权力运行全过程监督，把权力关进制度的笼子。项目部至少设党风廉政建设监督员一名，对工程投招标、劳务分包、物资设备采购投招标等工作进行监督。

五是严格执行"三重一大"集体决策制度，严格决策程序，坚持述职述廉制度，按照上级规定和要求，紧密结合经营生产实际，积极开展党务公开、阳光工程和效能监察等活动，采取积极有效措施，抓好重大事项、重要部门、重点对象、关键环节的风险防控管理。

六是认真开好民主生活会，领导人员带头开展批评与自我批评。坚持开展经常性的反腐倡廉教育活动，认真组织本单位党员领导人员学习有关党风廉政建设和反腐败工作的政策法规。坚持逢会必讲廉政建设，对发现的苗头性、倾向性问题及时提醒，教育引导，确保不发生违纪违法问题。

七是严格遵守廉洁从业有关规定，自觉践行"严以修身、严以用权、严以律己，谋事要实、创业要实、做人要实"的要求，带头遵守党纪国法，认真按照党纪条规、法律法规和企业的各项规章制度开展工作，管好自己、管好队伍、管好亲属及身边工作人员，做廉洁从业的表率。

②责任考核与追究

一是健全完善责任制检查考核办法，加强对考核结果的运用，按要求向项目部党总支部报告党风廉政建设工作情况。

二是对落实党风廉政建设责任制或监督检查不到位，致使落实上级部署及项目部整体工作安排不力，给企业带来不良影响或发生党员干部违规违纪问题的，按照《中国共产党纪律处分条例》《中国共产党问责条例》《关于实行党风廉政建设责任制的规定》等进行责任追究。

③其他事项

本责任书由项目部与责任单位负责人签订，责任书一式两份，项目党总支部一份、责任单位一份。

本责任书自签订之日起生效，在签订下一年度新的责任书之日自然终止。

（3）《共产党员公开承诺书》

《共产党员公开承诺书》见表10-1。

《共产党员公开承诺书》

表10-1

姓名		性别		入党时间			
单位及职务							
承诺具体事项	内容					承诺完成时间	
	认真抄写党章，自学有学习笔记，每个月有一篇学习体会或感悟。每月至少一次登录共产党员网进行自学					每月底提交一篇学习体会或感悟	
	履行好党员的八项权利和义务，在工作、生活中起到表率作用					至工程完工	
	定期拟定自身学习计划，积极参与党总支部组织的学习教育活动，将个人学习与集体学习相结合，提升自身修养和素质，为集体荣誉做贡献					至工程完工	
	必须坚定共产主义理想和中国特色社会主义信念，必须坚持全心全意为人民服务的根本宗旨，必须继承发扬党的优良传统和作风，必须自觉培养高尚道德情操，努力弘扬中华民族传统美德，廉洁自律，接受监督，永葆党的先进性和纯洁性。认真遵守党员廉洁自律规范、党员领导干部廉洁自律规范和北京城建集团工程总承包部《廉政建设"六不准"》					至工程完工	
	明确北京大兴国际机场建设的政治意义和经济意义，在工程建设过程中恪尽职守，无私奉献，充分起到模范带头作用					至工程完工	
承诺人签字					年	月	日
支部审核意见					书记签名：年 月		日

10.2.5 深化责任落实

为激励广大党员立足岗位、创先争优，在北京大兴国际机场建设中切实发挥先锋模范作用，为北京大兴国际机场建设厚植政治优势、汇聚强劲动能，党总支部围绕节点目标，结合工程实际，在不同阶段划分不同数量党员的责任区，对全体党员进行责任考核。根据责任考核成绩，开展"党员示范岗"活动，评选"党员示范岗标兵"（图10-6），营造创优争先的良好氛围。

（1）组织领导

在党总支部的基础上，成立领导小组，创造组织条件，自上而下地全面推进"党员示范岗"活动的开展。

成立以党总支书记为组长的"党员示范岗"活动领导小组，全面主持"党员示范岗"活动的各项工作。设民主监督员1名、副组长4名（党支部书记兼任），成员包括党总支部支委委员、支部委员、党小组长、专职联络员及部分党员骨干。将"党员示范岗"活动领导小组办公室设在综合办公室，负责日常工作。

（2）责任区划分

混凝土主体结构施工阶段，根据8个施工区域，被划分为8个责任区；在机电施工高峰期，划分了4个责任区；在装修装饰阶段，先后根据分层及施工情况划分了6～8个责任区。各责任区内包含总承包单位、各区域、分包单位全体党员。

①混凝土主体结构阶段责任区划分

第一党员责任区：结构一区。

第二党员责任区：结构二区。

第三党员责任区：结构三区。

第四党员责任区：结构四区。

第五党员责任区：结构五区。

第六党员责任区：结构六区。

第七党员责任区：结构七区。

第八党员责任区：结构八区。

②机电施工高峰期责任区划分

第一党员责任区：机电AL区。

第二党员责任区：机电AR区。

第三党员责任区：机电BL区。

第四党员责任区：机电BR区。

③装修装饰阶段责任区划分

第一阶段

第一党员责任区：金属屋面一标段。

第二党员责任区：金属屋面二标段。

第三党员责任区：玻璃幕墙南北中心轴线以西。

第四党员责任区：玻璃幕墙南北中心轴线以东。

第五党员责任区：机电安装。

第六党员责任区：二次结构。

第二阶段

第一党员责任区：负二层。

第二党员责任区：负一层。

第三党员责任区：一层。

第四党员责任区：二层。

第五党员责任区：三层。

第六党员责任区：四层。

第七党员责任区：五层、楼前高架桥。

第八党员责任区：屋面、玻璃幕墙。

（3）考核办法

对"党员示范岗"进行滚动管理，由党支部、各责任区每月进行考核，党总支部每季度进行总结表彰，每季度每个责任区评选出一名"党员示范岗标兵"（图10-6），将考核结果及时张榜公布，起到示范引领的作用。

图10-6 "党员示范岗标兵"

（4）考核指标

①带领全体参施人员按照施工计划完成各节点目标。

②无重大安全责任事故、火灾事故及交通安全事故发生。

③无重大工程质量事故发生。

④按照北京市住房和城乡建设委员会的要求，确保现场绿色施工不超标。

⑤无刑事治安案件及群体事件发生。

⑥将效能监察实施方案落实，使各项措施到位，并跟踪及时。

⑦党员先锋模范作用要突出，关键时刻能够站出来，在困难面前勇于担当。

⑧成本控制效果显著，有措施、有办法、有检查、有落实。

通过"党员责任区"的划分，通过"党员示范岗"活动的开展及"党员示范岗标兵"的评选，广大党员充分发挥带头、示范、辐射的作用，亮出身份，树立形象，争做表率，做到了关键时刻站出来，危险关头显身手。形成了"一批标兵带动全体党员，全体党员引领全体工人"的生动局面，为工程建设汇集了磅礴力量，全面确保"精品工程、样板工程、平安工程、廉洁工程"总体目标的圆满实现。

10.2.6 阳光工程建设

党总支部制定实施了《在工程建设中实施"阳光工程"促进党风廉政建设的意见》，在工程建设专业分包、劳务分包、材料采购等环节一律做到"五公开"。

（1）施工公开

公开所有管理岗位的管理职责；公开工程合同内容、廉政制度、安全制度；公开工程进度计划、质量目标；公开工程年度经营目标及完成情况；公开工程资金使用情况、材料采购和使用情况、大型设备的租赁使用情况；公开工程分包单位、劳务队伍的选择和使用情况。

不准违法转包、分包，不准偷工减料、粗制滥造。

（2）采购公开

严格执行总承包物资设备采购招标投标相关管理办法，凡金额在50万元以上的工程分包、劳务分包、材料采购和机械设备租赁等，都必须依法进行公开招标，严格按照国家、北京市和北京城建集团的有关规定，及时发布项目概况、资格预审条件、评标方法及标准等相关项目信息，按照比质、比价、比服务的原则择优采购，并将采购结果及时公开。

任何人不准违反规定，干预和插手采购招标活动，不准搞"阴阳合同"、虚假招标、规避招标和串通招标；不准违反规定、违反合同约定搞私下交易，从中收取回扣，或者利用职权指定设备、建筑材料和构配件供应商。

制定并认真贯彻执行总承包废旧物资处理相关管理办法，本着堵塞漏洞、杜绝违法乱纪现象发生和提高经济效益的目的，制定措施，建立台账，加强监督，抓好落实。

（3）验收公开

工程分项竣工项目要按照国家规定标准、按照设计要求进行验收；对分包单位、劳务队伍承包的施工任务要严格按照合同规定进行验收；对供应的材料、构件进行严格的到货验收，将验收的结果及时公开。

不准利用职务之便，借机谋取不正当利益或者弄虚作假，相互串通，不按规定验收。

（4）监督公开

相关管理部门应公开检查和处罚的职责权限、处罚幅度、监督程序和监督方式等。

不准自行设立检查、处罚项目或者改变监督程序和处罚幅度。设立意见箱、举报箱（图10-7），自觉接受群众监督。向各区域、各劳务队发放《阳光监督卡》（图10-8），公开举报热线，公布监督内容。强化监督，保障落实，切实做到施工、采购、验收、监督。

（5）其他公开

其他法律法规要求必须公开的，上级主管部门认定应该公开的，工程建设过程中容易发生腐败问题的重要环节和部位等都应被及时公开。不准故意拖延，隐瞒不报，弄虚作假。

图10-7 设立意见箱、举报箱

10.2.7 全面立项推进效能监察

本工程属于国家重点工程，按照上级有关规定，对工程进度、工程质量、文明施工、安全管理、经营管理、

图10-8 发放《阳光监督卡》

物资管理、财务管理、合同管理、科技
创新、行政后勤管理、劳务管理等所
有项目进行全面效能监察，形成一级抓
一级、一级促一级的效能监察体系。按
照工程建设"五统一"的要求，坚决杜
绝违法乱纪、不作为和乱作为、违反
"三重一大"等问题，达到完善制度、
规范管理、化解风险、降本增效的目
的。结合工程实际，编制了效能监察表
（图10-9），又对效能监察工作做了如下
要求：

图10-9 效能监察表

（1）加强管理，明确责任

各部室、各区域、各专业分包单位按照分工，认真抓好效能监察工作的落实，主要领导、分
管领导及牵头部门要亲自抓，形成一级抓一级、一级促一级，层层抓落实的局面。领导小组成员
要结合本部门、本系统、本区域的工作任务和工作性质，认真履行职责，做到思想到位、组织到
位、措施到位，真正把效能监察活动落到实处。

（2）突出重点，抓出成效

本工程建筑面积大、功能齐全、科技含量高、参加施工的队伍多、建设周期长、质量要求
高、安全风险大，各部门、各区域、各专业分包单位必须高度重视，制定详细周密的施组方案，
认真抓好每一个环节，按照工程建设"五统一"的要求，严格控制各种风险。项目招标、材料
采购等，必须做到比质、比价、比服务，坚持货比三家，好中选优的原则。尤其对30万元以上的
招标采购项目，必须严格程序，不得搞"暗箱操作"。坚决纠正合同管理不规范、超计价拨付工程
款、擅自招标采购、领导人员管辖范围内使用亲属承包工程和关系供应商、铺张浪费和无计划开支
费用、项目实施性施组方案不合理、安全质量隐患、管理人员不作为和乱作为、领导人员违反"三
重一大"决策制度决策重大事项等问题。

（3）制定措施，规范管理

紧紧围绕北京大兴国际机场航站楼工程建设项目，制定切实可行的经营指标和工作措施，妥
善解决工作中存在的突出问题和重大风险；进一步增强各级管理人员的责任意识，强化执行力，
确保项目正常运行；提高工作效率，提高民主决策、科学决策、规范决策的能力；达到完善制
度、规范管理、化解风险、降本增效，实现双赢的目的。

（4）认真评定，奖惩分明

为鼓励先进、鞭策后进，在效能监察活动告一段落后，对成绩显著的管理人员进行表彰奖
励。对违规违纪、失职渎职，对造成严重经济损失或产生不良影响等行为的管理人员进行相应的
惩处，对工作中的推诿扯皮、办事效率低下，工作不负责任，将依照有关规定追究其相应的责

任，加强效能监察与惩治腐败、纠正不正之风，促进党风廉政建设紧密结合。

通过对工程、质量、安全等方面的监督检查，做到规范管理，完善管理制度，严格按程序办事，执行监督方案，执行合同履约及过程控制，保证工期、质量、安全文明施工及物资材料、设备供货时间，降低成本，规避风险，确保项目盈利。

围绕北京大兴国际机场航站楼项目的中心工作，各部门将党风廉政建设体现在工作中，落实在具体行动中，同时将"阳光工程"、效能监察纳入党风廉政建设中，做到统一部署、统一检查、统一监督、统一落实。

10.2.8　建立沟通桥梁

自工程开工以来，党总支部充分利用北京大兴国际机场航站楼建设这个窗口，与各级职能部门、社会团体联合举办一系列党建工建活动。先后与交通运输部、住房和城乡建设部、新闻媒体以及北京市住房和城乡建设委员会、北京市人民政府国有资产监督管理委员会等单位开展了普法宣传教育、主题党日、观摩座谈等活动400余次（图10-10和图10-11）。同时，与公益团体、医疗机构、疾控中心等联合为参施人员多次举办健康义诊、健康大讲堂、千人体检、安全教育培训等活动。

党总支部通过党建工作PPT展示、制作党建微电影、施工现场实地观摩考察等做法，让所有共建单位直观地感受北京城建集团基层党建工作扎实、有效地开展。尤其与各大新闻媒体联合开展的党建共建活动，既让媒体记者们感受到基层党组织的凝聚力、向心力和感召力，又对基层党员突出的先进事迹进行了深入宣传和广泛报道。

2019年，央视新闻中心新闻播音部在航站楼举行党日活动，该部党员们对北京城建集团的铁军精神以及基层党员的无私奉献精神给予了高度评价。北京市委组织部和北京广播电视台录制的七一特别节目《新时代　新担当　新作为》基层党员访谈节目在BTV新闻频道播出，项目部有4名党员代表参与录制。

图10-10　北京市住房和城乡建设委员会党日活动

图10-11　北京市人民政府国有资产监督管理委员会党日活动

10.2.9　党建成果

2017年，专项课题《筑牢基层党建堡垒 引领北京新机场建设稳步前行》荣获2016年度全国建设工程项目管理一等成果（图10-12）。党总支部获评北京城建集团示范党支部、先进党组织，北京城建集团工程总承包部先进基层党组织、全面从严治党主体责任落实工作先进单位、重点工程劳动竞赛党群工作第一名。

图10-12　2016年度全国建设工程项目管理成果一等奖

10.3 工会建设

成立了北京城建集团新机场航站楼工程总承包部工会联合会（以下简称"联合会"），它是北京城建集团工程总承包部工会下属的以工程项目为单位的工会组织，工程项目结束后自动解散。联合会于2016年5月18日正式成立，民主选举了由17名委员组成的首届联合会委员会。北京城建集团工程总承包部工会于2016年5月27日正式批复成立北京城建集团新机场航站楼工会联合会。

联合会成立后，它是当时全国建筑行业规模最大、规格最高的基层工会组织。人员高峰时期，入会人员达8000余人，累计入会人员达15255名（含阶段完工过程中离场会员）。

为完善联合会组织职能，于2016年11月10日正式成立"妇女之家"，首批入会女工587名，累计入会女工1378名（含阶段完工过程中离场会员）。

工会联合会、工会服务站揭牌见图10-13。

图10-13　工会联合会、工会服务站揭牌

10.3.1 制度建设

工程开工后，项目部在深入调研和广泛征求意见的基础上，起草了《北京城建集团新机场航站楼工程总承包部工会联合会实施细则（草案）》。经北京城建集团、北京城建集团工程总承包部工会审核修改后实施。《北京城建团新机场航站楼工程总承包部工会联合会实施细则（草案）》中明确了组织机构及人员、工会职责及活动方式、经费管理等内容，于2016年4月21日正式通过，并印发至各分会、各工会小组贯彻落实。

10.3.2 组织机构

联合会实行联合制、代表制制度，联合会下设分会，分会下设小组。分会主席为联合会委员，共同组成联合会委员会。委员会设主席1名、副主席1~2名，委员若干，由委员会等额选举产生。按照上级工会的要求，选举成立了经费审查委员会、劳动争议调解委员会、宣传普法委员会、文体活动委员会、劳动保护监督委员会、女职工委员会。

针对工程体量大、工期长、参加施工单位多且更替频次高等特点，联合会按照不同施工阶段特点及管理模式，调整并更新了组织机构体系。

在土建结构施工阶段，项目部创新实施总承包管理模式，选用8家优秀企业管辖8个结构施工区域，实施区域管理。联合会针对施工特点，下设9个分会（含8个管理区域单位分会、1个高架桥施工单位分会）。在专业施工阶段，各分包单位作为联合会基层组织，下设钢结构、玻璃幕墙、金属屋面等分会。分会主席由区域党政负责人担任，任期至施工管理结束。各劳务队在各分会之下设工会小组，劳务队长任小组长，也是各分会委员会成员。

联合会会员由各分会编制电子名册，采取集体入会（本人签字或张贴公示）的形式，报联合会。定期实时更新会员基本信息，并统一印制联合会会员证。工会组织机构见图10-14，主体结构施工工会组织见图10-15，专业施工队伍工会组织见图10-16。

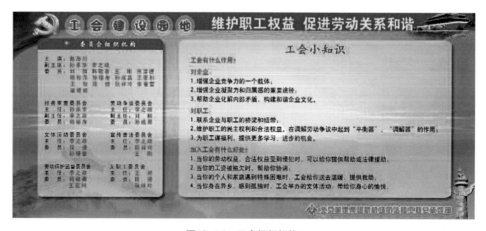

图10-14　工会组织机构

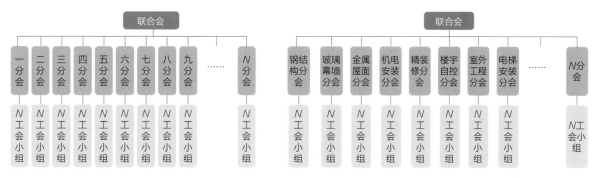

图10-15　主体结构施工工会组织　　　　　　　　　图10-16　专业施工队伍工会组织

10.3.3　主要职责

（1）联合会主要职责

①紧密结合北京大兴国际机场航站楼施工生产工作，组织开展现场劳动竞赛。

②开展职工小家建设，组织开展好文体活动。

③配合、协助开展好职工安全教育和劳动保护工作。

④组织职工开展合理化建议。

⑤了解掌握会员工资发放情况。

⑥与分会配合，协调解决相关劳动争议。

⑦及时了解务工人员的诉求，积极向有关单位沟通反映，请求帮助解决。

⑧管好、用好工会经费。

（2）分会主要职责

①按照联合会的要求组织开展好现场劳动竞赛。

②确保队伍稳定。帮助、指导工会小组建立良好的劳动关系、妥善解决相关劳动争议。

③分会下设经费审查委员会、女职工委员会、文体活动委员会、宣传普法委员会、劳动争议调解委员会，按照联合会要求开展各项工作。

④组织工会小组开展好安全教育和劳动保护工作。

⑤分会管理办法报联合会审查备案。

⑥帮助会员合法维权。依法维护基层职工的各项合法权益，在会员遇到困难或合法权益受到侵犯时，给予帮助与协调。

⑦组织劳务人员入会，编制电子名册，定期更新会员基本信息。

（3）小组主要职责

①做好劳务人员劳动争议的预防与处理工作，确保每月定期足额发放工资。

②依法维护劳务人员的合法权益和特殊利益，为劳务人员切实做好维权工作。

③在劳务人员遇到困难或合法权益受侵犯时，提供帮助、保护，并予以解决。

④开展好安全教育和劳动保护工作。

⑤确保劳务人员入会，并将花名册对应上报分会。

10.3.4 活动方式

①联合会建立会议制度，每1~2个月召开一次会议，定期商议、解决相关问题。

②联合会的活动采取分散组织和集中组织相结合的方式，平时活动和工作由各分会自行组织，重要的工程节点或某些节日由联合会统一组织。

10.3.5 经费管理

《北京城建集团新机场航站楼工程总承包部工会联合会实施细则（草案）》中规定按照收取会员工资总额的0.3%或施工单位工程造价的0.02%的比例提取工会经费。但在实施过程中有很大的操作难度，最终联合会经费来源于项目部行政、北京城建集团工程总承包部工会及北京城建集团工会的拨款，不需要个人会员缴纳会费。经费主要被用于项目职工之家建设、劳动竞赛奖励、职工文体活动支出、困难职工帮扶、工会积极分子与优秀员工奖励、工会其他工作与活动必要支出等。

工会活动经费要专款专用，采取工会主席审批或联签的形式，由项目财务统一列支。北京城建集团工程总承包部工会与联合会经费审查委员定期对联合会资产管理、经费预算、经费使用情况进行审查监督，由联合会定期公布经费的使用情况，接受会员监督。

10.3.6 工作开展

（1）高标准建设职工之家

联合会按照统一规划、分步实施、软硬件到位、服务员工的指导思想，建立了两个工人生活区（图10-17），满足高峰期时8000名施工人员的住宿需求。两个工人生活区内共建有48栋工人宿舍（图10-18），统一配备床铺、被褥、衣柜、鞋柜、碗柜、桌椅、床上"三件套"等，员工可直接拎包入住。中央空调24小时运行、区内WiFi全覆盖，工人餐厅（图10-19）有4家专业餐饮公司

| 图10-17 工人生活区 | 图10-18 工人宿舍 | 图10-19 工人餐厅 |

图10-20　职工之家

图10-21　标准篮球场

图10-22　图书室

图10-23　户外健身器材

入驻，饭菜可口、物美价廉。职工之家（图10-20）有：活动室、健身房、标准篮球场（图10-21）、图书室（图10-22）、浴室、工人夜校、医务室、超市、理发室、洗衣房、开水房、户外健身器材（图10-23）等设施。施工现场搭建了工人休息棚、饮水间，安装了热水器供工人饮水，在高温天气熬制免费的绿豆汤供工人饮用。

项目部创新实行物业化管理模式，成立物业部，配备专职人员在生活区内进行"全天候"管理，为施工人员提供贴心、热心、满意周到的服务。生活区及办公区配足环卫保洁人员，进行每天清扫与消毒，提供干净的居住环境。办公区、生活区、施工现场配备125名保安，在高峰期，14个大门实施24小时轮岗。工人生活区配备32名保安24小时巡视，保证生活区的安全。

（2）大力开展劳动竞赛

按照施工节点目标，每年都开展多种形式的全员劳动竞赛活动，引领各分会在工程进度、成本管理、质量安全、文明施工等方面比作风、比精神、比干劲、比奉献。四年间，共进行了7次劳动竞赛总结表彰，总投入681.26万元用于优胜单位和先进个人的奖励。在竞赛过程中，各单位有竞争、有合作，向管理要效率、同时间赛跑，你追我赶，赛进度、赛安全、赛质量、赛成本控制，有效地推动了工程安全、高效、优质、低耗往前推进，掀起一股"比学赶超，创先争优"的劳动竞赛氛围。

①竞赛内容

竞赛评比主要围绕进度、质量、安全文明施工、成本控制、劳务管理、后勤管理、团结协作七个方面全面展开。结合工程实际，分阶段评选出优胜单位及先进个人。七个方面所占标准分值的比例划分如下：

A．工程进度30分。

B．工程质量 20分。

C．安全文明施工 25分（含安全管理15分、环保文明施工10分）。

D．成本控制5分。

E. 劳务管理8分。

F. 后勤管理6分。

G. 团结协作6分。

②参赛单位

参赛单位包含各分区、分包单位、劳务队。为鼓舞一线作业人员，充分调动工人的积极性，奖励政策及奖金应向劳务队倾斜。

③竞赛办法

劳动竞赛分为方案制定及文件下发、赛前动员、考核评比、总结表彰、上级检查验收及再动员。

A. 方案制定及文件下发

结合工程阶段特点，每年或者每阶段下发《劳动竞赛活动施工方案》正式文件。在《劳动竞赛活动施工方案》中明确了竞赛组织、竞赛内容、参赛单位、节点目标、阶段划分、考核标准、奖项设置及竞赛要求等内容。

B. 赛前动员

竞赛开展前，由上级工会（北京城建集团工程总承包部工会）组织联合会召开劳动竞赛动员会，由项目部的主要管理人员、各参赛分区、专业分包单位主要负责人参会。动员会围绕方案宣贯、员工发动、竞赛要求部署等内容进行。

C. 考核评比

各系统结合阶段工作及节点目标，共同制定详细的《劳动竞赛考核表》。《劳动竞赛考核表》按照劳动竞赛评比内容，分为工程进度、质量、安全文明施工、成本控制、劳务管理、后勤管理、团结协作等表格。《劳动竞赛考核表》由对应部室分别打分，取平均值。单项分数最高为单项评比优胜单位，总分最高单位为综合评比优胜单位。

根据全体施工人员在阶段劳动竞赛中的综合表现及日常考核，综合评选出劳动竞赛特别贡献奖获得者及劳动竞赛先进个人，人数比例为1∶4。评比方式有逐级推选，综合评定。本着好中选优的原则，发掘优秀单位和先进个人，树立模范典型，营造良好的竞争氛围。

④总结表彰

每阶段要召开劳动竞赛总结表彰会，会上对本阶段竞赛的开展、目标的完成情况等进行认真总结，并对竞赛评选出的优胜单位、先进个人进行表彰。表彰优胜单位见图10-24，表彰先进个人见图10-25。

⑤上级检查验收及再动员

每年，由上级工会（北京城建集团工程总承包部工会）

图10-24　表彰优胜单位

图10-25　表彰先进个人

组织对项目部劳动竞赛活动进行检查考核，形成逐级开展、逐级考核的竞赛机制。在北京城建集团工程总承包部劳动竞赛活动中，航站楼项目部劳动竞赛活动有声有色，取得了骄人的成绩。表彰会结束后，对下一阶段劳动竞赛进行再部署、再动员。在竞赛过程中，参加施工的单位要不断总结经验，你追我赶，相互学习，由后进变先进，为工程顺利地推进做出巨大贡献。

10.3.7　积极举办各类活动

通过一系列文体、爱心帮扶、慰问活动，激发了会员的工作热情，提升了会员的思想道德品质和综合素质。

（1）各类文体活动

已举办升旗仪式、健步走活动（图10-26）、手牵手亲子活动、羽毛球比赛、篮球比赛（图10-27）、八一晚会、元旦晚会（图10-28），重温入党誓词，参观抗日战争纪念馆（图10-29），举办新机场7日摄影比赛、记录崇高精神凝聚闪光力量——庆祝中国共产党成立95周年和纪念中国工农红军长征胜利80周年主题摄影展，举办了红色电影放映、各类讲座培训、健康义诊（图10-30）等活动共计100余次。

（2）爱心帮扶活动

联合会积极响应北京城建集团工程总承包部工会的号召，多次举行爱心捐款活动，提供爱心捐赠（图10-31）。同时，联合会经深入了解，对困难职工给了资助及帮扶，先后帮扶多名困难职工，还帮助施工人员在网上购买春节返乡车票（图10-32）。

图10-26　举办健步走活动

图10-27　篮球比赛

图10-28　元旦晚会

图10-29　参观抗日战争纪念馆

图10-30　健康义诊

图10-31　爱心捐款

图10-32　在网上购买春节返乡车票　　图10-33　书法家现场书写春联慰问建设者　　图10-34　摄影师慰问建设者

（3）各级慰问活动

自开工以来，中华全国总工会、中国海员建设工会全国委员会、北京市总工会、中国民航局全国民航工会等上级单位纷纷到本工程慰问一线职工。联合会在做好慰问金支出和慰问品发放的同时，也自行组织慰问一线施工人员。四年间，各级慰问活动达100余次。各级慰问活动照片见图10-33～图10-35。

图10-35　健康大讲堂

（4）成立"妇女之家"，热心服务女职工

2016年11月17日，在北京市妇女联合会、大兴区妇女联合会、机场办公室的大力支持下，北京大兴国际机场航站楼项目"妇女之家"正式揭牌成立。在联合会女职工委员会的支持下，"妇女之家"着眼于554名女同志的工作生活需要、利益关切、兴趣爱好等，组织开展了女性健康讲座（图10-36）、健康义诊、知识培训等活动。

在2019年"三八"国际妇女节前夕，项目部表彰了20名女职工，授予她们"三八红旗手"称号，以表彰在北京大兴国际机场航站楼工程建设中，广大女职工舍小家为大家、发挥"半边天"作用的"巾帼"气魄。表彰"三八红旗手"见图10-37。

（5）监督平台维护权益

联合会在项目部楼梯间分别设立了举报箱和意见箱，在宣传橱窗中公开监督电话，建立信访维稳接待小组及接待室，维护会员权益，同时，接受上级机关和建设单位有关部门的检查和监督。

（6）特色活动——工地上的"手牵手"

围绕工程建设，联合会在服务职工、服务生产大局中切实履行"组织群众、宣传群众、凝聚群众、服务群众"的职责。时值航站楼工程混凝土主体结构施工阶段，项目部全体职工身先士卒，带领广大职工在施工现场昼夜奋战，几乎没有陪伴家人的时间。联合会决定邀请职工家属到航站楼工地参观，为职工与家属之间建起一座沟通桥梁。北京大兴国际机场航站楼工程的"手牵手、心连心、共建新机场"主题活动（以下简称："手牵手"活动）就此拉开序幕。

为直观感受航站楼工程的宏伟壮丽，让职工家属了解家人工作内容，结合工程形象进度，每

图10-36 女性健康讲座

图10-37 表彰"三八红旗手"

届"手牵手"活动第一项流程均为参观施工现场。员工们带着家属集体观看工程施工纪实影片、观看展板介绍、参观在建工程，途中由专职讲解员、工程技术人员为职工家属讲解。看着自己家人参与建设的航站楼如此宏伟壮观，家属们无不感到震撼、骄傲和自豪。大家纷纷在现场与家人合影留念，用光影定格家人团聚之喜，在航站楼建设现场留下了美好回忆。

贴近职工生活。为了航站楼工程的有序推进，广大职工以工地为家。联合会充分考虑，为职工提供了一个高标准职工之家。为了让家属放心，特地设定了参观"职工之家"的环节。看到标准化篮球场、健身房、活动室、阅览室，干净整洁的食宿及工作环境，家属们感到非常的满意和放心。

以"爱"为活动主题，紧扣"家"的主旋律。在"手牵手"活动中，还穿插了有趣的互动环节——"亲子"活动。在第一届"手牵手"活动中，职工们带着家属前往工地附近的西瓜小镇，参观了传统意蕴的剪纸展览，体验了采摘西瓜的乐趣，并举办了小型聚会，进行了暖心互动。在第二届"手牵手"活动中，职工与家属们在食堂擀面皮、包饺子，体验"家"的温暖。同时，精心策划送花环节，让子女以鲜花表达"感恩之意"，更是给活动增添了浓浓的"爱"。

慰问活动暖人心、聚人心。每一个工程顺利推进的背后，都是无数职工家人在后方默默支持的结果。联合会以"手牵手"活动为契机，不仅为职工与家属之间建起沟通桥梁，同时也慰问了默默奉献的职工家属。在活动中，北京城建集团工程总承包部工会及项目部工会亲切慰问广大职工家属，为家属们发放了纪念品和慰问品，让职工家属感受到浓浓的企业关怀。

"手牵手"活动自举办以来，得到了职工与家属的大力支持。大家踊跃参与，积极报名，活动效果显著。

一是建立了沟通桥梁，凝聚共建人心。通过了解工程、体验工地生活，家属们对工程有了更进一步的了解，对家人多了一份理解与支持。家属们都认为活动内容丰富多彩，非常有意义，能直观感受到家人的工作与生活环境，纷纷表示作为北京大兴国际机场建设者家属，重任在肩，一定支持家人的工作，为北京大兴国际机场建设贡献力量。

二是展现人文关怀，传播企业形象。联合会自成立以来持续受到多家媒体关注，工会建家、员工活动多次被媒体报道。在第二届"手牵手"活动举办时，北京广播电视台专程到活动现场拍摄报道，传播了企业关注职工、关爱职工、建设和谐职工小家的良好形象。

三是激发劳动热情，工程取得成效。在活动中，企业形象及工程成果展示，增强了职工的企业归属感和职业自豪感。大家内化于心、外化于行，为工程建设注入了新的活力。相继按期、甚至提前完成各项施工节点，为北京大兴国际机场2019年9月25日提前运营打下了坚实基础。

"手牵手"活动的举办，是党总支部组织群众、宣传群众、凝聚群众、服务群众的缩影之一，也是项目部联合会聚资源、搭平台、建载体的有力体现。联合会立足职能，积极组织开展各类活动，做密切联系职工的"贴心人"，抓细抓小促服务，不断增强组织的凝聚力，为北京大兴国际机场航站楼工程建设注入源源不断的动力源。

职工与家属合影见图10-38，为孩子戴上安全帽见图10-39，项目经理李建华介绍工程情况见图10-40，子女为家人佩戴大红花见图10-41，职工与家属包饺子见图10-42。

图10-38 职工与家属合影

图10-39 为孩子戴上安全帽

图10-40 项目经理李建华介绍工程情况

图10-41 子女为家人佩戴大红花

图10-42 职工与家属包饺子

10.4 团队文化

10.4.1 思想原则

（1）以"创新、激情、诚信、担当、感恩"为核心价值理念。

（2）树立政治意识、大局意识、创新意识、责任意识、服务意识、细节意识、目标意识、成本意识，以及团结协作意识、积极配合意识、统筹协调意识。

（3）根植北京城建集团铁军文化，弘扬红色基因，使军旅文化与学生文化有机融合，发挥文化优势，建立文化自信，服务施工生产。

10.4.2 文化建设措施

（1）人才培养

项目部建立了完善的人才培养、绩效考核机制，不断提升职工专业技能及职业素质。加大业务培训，多次举办各类培训、业务知识讲座。针对食堂从业人员、安全员、保安、新入职员工等举办了业务培训（图10-43～图10-46）、技能考核，在提升员工个人职业技能的同时，助力施工生产。同时，以"传帮带""一对一""师徒结对"等形式加大人才培养与业务交流，打造了一支学习型团队、智慧型团队。

（2）感恩教育

项目部编排文艺节目，筹备八一晚会，致敬企业老兵。重大节日均组织升旗仪式（图10-47）。为慰问所有参建工人的辛苦付出，由员工自编、自导、自演文艺节目为工人举办迎新年晚会、中秋晚会。多次举办各类慰问、爱心义诊、健康关怀活动。

（3）素质拓展

在项目团队中，青年学生发挥着主力军作用。为提升青年学生综合素质，培养青年学生的坚毅品格，项目部组织青年学生开展主题素质拓展活动（图10-48）。结合新入职大学生的岗前培训、年轻职工的BIM培训，以多种形式为广大青年职工提供综合素质提升成长平台。

10.4.3 团队品格

（1）爱岗敬业，锐意进取

航站楼在建设过程中，项目部全体职工不畏艰难、勇往直前，熬夜加班是家常便饭，"白加黑、五加二"也成了员工的口头禅。面对巨大的压力，所有员工没有畏惧情绪，而是扎实工作，始终保持着良好的精神状态，努力做好自己的本职工作，攻克了一个又一个难题，创造了一个又一个奇迹。

（2）凝心聚力，协同共进

项目部尤其重视团队建设，通过明确清晰的职能划分，组织开展一系列的业余活动，使得项目部职工与职工之间相处和睦、融洽，且各系统工作交圈完善，在工作上以推动机场建设为整体目标，通力合作。通过前期的磨合与考验，项目部内逐渐形成了高效的工作运转机制，团队凝合

图10-43　食堂从业人员食品卫生培训　　　图10-44　安全员培训

图10-45　保安培训　　　图10-46　新入职员工培训

图10-47　重大节日升旗仪式

图10-48　素质拓展活动

力大大提高。每一位职工都在北京大兴国际机场建设中发挥着各自的关键作用，推动工程建设顺利进行。

（3）勇于担当，逆势而为

北京大兴国际机场航站楼是一个功能复合、连接紧密、高度整合的交通枢纽建筑综合体，多项指标在国内首屈一指。地下轨道穿越、复杂的机电系统、8根C形柱支撑起整个屋盖，

图10-49　挑灯夜战

给施工带来了极大的困难。项目部所有职工顶住压力，全身心地投入到工程建设中去。在航站楼建设过程中，做到了完美克服技术难题，提前完成工期节点，找到了机场建设的"中国方案"，创造了机场建设的"中国速度"。挑灯夜战见图10-49。

10.4.4　文化特色——青年突击队建设

为了解决超大、超宽施工管理难题，鼓舞激励全体参施人员充分发挥岗位优势，发扬吃苦耐劳的铁军精神，项目部在开工之初便根据现场情况成立了青年突击队。2018年2月8日，共青团中央领导曾亲自为李建华、刘汉朝、刘云飞、刘振宁、张宏伟、赵书亮6支青年突击队队长授旗。在整个航站楼建设阶段中，突击队为各个节点目标的顺利完成发挥了巨大的突击作用。

比如在屋面施工时期，正好面临低温大风的冬季，在50m高的屋面施工，考验的不仅仅是施工技术，还有所有参施人员的耐性与韧劲。在这场封顶封围战役中，李建华带领5支突击队，在寒冬中每天比工人早上班、晚下班，严格控制屋面施工安全及进度。天未亮，突击队员们便裹着军大衣、拿着手电，在朦胧中仔细检查作业面，确保为工人提供安全的作业条件。等工人下班了，又逐一检查材料堆放是否到位、安全防护是否完整有效。12月的北京寒风凛冽，即使感冒也未曾让队员们退缩。2017年12月29日，是完成功能性封顶封围的既定目标。为了完成这项艰巨任务，突击队员一大早就登上屋面，发出誓言："不完成坚决不下屋面"（图10-50）。当天，降霜后的屋面特别滑，大家在屋面拉着绳子，爬到作业面工作，最终，突击队员在19点完成了最后一块屋面板的安装，提前两天率先实现了功能性封顶封围目标。

2018年4月28日，在人民大会堂举行的2018年庆祝"五一"国际劳动节暨"当好主人翁、建工新时代"劳动和技能竞赛推进大会上，项目部被中华全国总工会授予"工人先锋号"荣誉称号（图10-51）。在本次表彰活动中，北京城建集团有限责任公司新机场航站楼项目部是北京大兴国际机场区域80余家施工总承包单位中唯一一家荣获"全国工人先锋号"的施工团队。

图10-50 攻坚封顶封围　　　　　　　　图10-51 获评全国工人先锋号

10.5 社会责任

北京大兴国际机场结构复杂、设计新颖、国人关注、世界瞩目，航站楼作为设计最为复杂、施工难度最大的标段，在建设过程中一直受到社会各界的高度关注，各类观摩调研、行业交流活动络绎不绝。为充分做好接待任务，项目部开辟参观路线，隔离安全区域，总结施工经验，形成了一套完整的参观活动保障流程。自开工以来，将工程施工管理经验在多个行业论坛活动中进行交流，受到了各级各界的肯定和赞誉。

针对北京大兴国际机场航站楼这一超级工程，北京城建集团充分发挥专业优势，打造精品工程，铸造行业经典，创建交流窗口，充分体现了大型建筑国企在国家基础设施建设中的责任与担当。

1. 承担各类活动具体做法

（1）路线及周边布置

在施工现场外围修建了一条300m长的绿化大道，在绿化大道两侧展示了大幅的工程照片、效果图、标语、企业文化等内容。在工地入口处，设立面积达140m²的展览室，工程介绍、施工照片在展览室内上墙，并安装电视屏幕放映工程建设纪实片和宣传片。工地1号大门至施工现场道路采用钢箱路，道路坚固耐用、美观，便于清洁维护，可重复利用道路钢板。两侧设置了30余块展板，展示北京大兴国际机场相关内容介绍、工程各项管理目标及制度。

（2）按施工阶段制作了3部工程建设纪实影片，在现场展览室（图10-52）为各级领导、社会各界人士放映。制作了工程概况二维码、纪实影片二维码供扫码查看。制作编印《筑凤》《凤栖·寻踪》两本大型画册。

图10-52 现场展览室

（3）配备了专职讲解员，对工程情况进行现场讲解。由建设单位派专人对讲解员进行培训，确保讲解效果。

（4）形成了由综合办公室统筹，各系统配合的规范的接待流程：指挥参观车辆停放，发放安全帽，观看建设纪实片，观看展板介绍，近距离参观施工现场。根据不同需求做相应变化，保证各级参观调研及各类活动顺利举行。

2. 承担各类活动成效明显

据不完全统计，自开工以来，已接待各级领导、社会各界人士参观2600余批次，总人数达7万余人。同时，举办党建对标交流、承接主题党日活动400余次，配合各大媒体宣传报道达1000余篇。2019年"两会"中外记者、中非论坛中外记者采访报道了工程建设情况，中央电视台、人民日报、新华社、北京卫视等媒体多次走进现场深入策划报道。项目经理李建华与常务副经理段先军先后参与北京广播电视台2019年春节晚会录制（图10-53）、中央电视台综合频道《相聚中国节·端午》节目录制（图10-54），项目常务副书记赵海川、科技中心主任雷素素代表北京大兴国际机场建设者参与2019年湖南卫视《天天向上》节目录制（图10-55），21名职工参加庆祝中华人民共和国成立70周年天安门广场联欢晚会（图10-56），4名职工出席庆祝中华人民共和国成立70周年天安门广场观礼活动。《走遍中国》《超级工程》《四十年四十个第一》等栏目专题报道了北京大兴国际机场的工程建设。

2017年4月26日，由中华全国总工会、中央电视台联合举办的《中国梦·劳动美——2017年庆祝"五一"国际劳动节心连心特别节目》在航站楼核心区施工现场录制。全国五一劳动奖和全国工人先锋号获奖代表、北京大兴国际机场建设者等2000余人一同观看演出。项目部在舞台

图10-53 北京广播电视台2019年春节晚会录制

图10-54 《相聚中国节·端午》节目录制

图10-55 湖南卫视《天天向上》节目录制

图10-56 庆祝中华人民共和国成立70周年天安门广场联欢晚会

搭建、施工安全及后勤保障方面积极配合，有力地保证了节目顺利录制。在中华全国总工会办公厅发来的《感谢信》中，特意向北京城建集团在节目录制中给予的鼎力支持深表谢意，并在信中特别感谢了项目部对此次活动所作出的重要贡献。

中国建筑金属结构协会建筑钢结构分会及钢结构专家委员会在项目召开了"北京新机场项目钢结构设计与施工现场专家（京津冀）观摩会"，北京市人民政府国有资产监督管理委员会在项目召开了"国有企业创新型人才队伍建设调研座谈会"。来自政府部门、5家国际组织、全球20个国家和地区的23家国际机场、13家国内重要机场以及21家中外航空公司组成的100余名全球友好机场总裁论坛参会代表参观了航站楼，称赞航站楼的施工建设为"机场建设奇迹"。

在全国大会上作了多项经验成果交流，已相继参加全国建筑业新技术应用暨优秀论文经验交流会、全国建筑业绿色建造与绿色施工示范工程创新技术经验交流会、第二十届京台科技论坛、第四届建筑科技创新发展论坛、新型智慧城市（城市治理）暨建筑业大数据创新应用交流大会。在交流会议上发言，见图10-57。

2017年9月下旬，第16届中国国际工程项目管理峰会暨纪念国务院五部委推广"鲁布革"工程管理经验30周年经验交流会结束后，中国建筑业协会牵头组织来自全国各地建筑企业协会、建筑集团的近400名代表到北京大兴国际机场航站楼施工现场参观。建筑业同行对北京大兴国际机场航站楼高标准的工程管理、规范的安全防护、干净整洁的施工现场以及精益求精的施工质量表示出了极大赞赏，并高度评价了企业的人文关怀。专家观摩见图10-58。

图10-57　在交流会上发言

图10-58　专家观摩

第11章

生活区管理

11.1 概述

11.1.1 地理位置及占地面积

生活区位于北京大兴国际机场航站楼北侧，为建设单位划定的一块临时用地，总占地面积为40000m²，呈长方形布局，属于河北省廊坊市广阳区管辖。

11.1.2 建筑面积及分布

生活区被划分为A区和B区两个区域，基本对称，共建设工人宿舍楼44栋，每栋宿舍楼有3层，每层有10间房屋，每间房屋面积约为19.8m²。每层设盥洗室1间、厕所1间。

所有宿舍楼均安装了中央空调。每个生活区建有2个员工餐厅，每个餐厅面积约为500m²。生活区内设有5个超市，每个超市面积约为40m²。每个生活区内设有男女浴室、理发室、洗衣房、医务室各1个，面积为20～120m²。

图11-1 生活区外景

11.1.3 生活配套设施

每个生活区设置2个大门，由保安昼夜值守。每个大门除设置北京城建集团的标志外，还安装了4道闸机。人员使用门禁卡刷卡进出大门。

宿舍：每间宿舍配备4张上下床，住宿8人，同时配备衣柜1组共8个，床下设置铁皮柜8个。还配有碗柜兼牙具柜1个，条形方桌1个，小方凳4个，脸盆架1个（可以同时放置8个脸盆）。宿舍内每个床铺免费配备棉被、被套、褥子、床单、枕芯、枕套、枕巾等。

生活区外景见图11-1，生活区宿舍内景见图11-2。

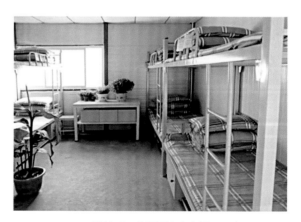

图11-2 生活区宿舍内景

11.2 生活区管理特点及难点

1. 建筑业物业管理与社会物业管理的区别

建筑业物业管理与社会物业管理的区别在于建筑业物业管理面向的是现场作业的工人。工人需要在生活区进行正常的生活、工作以及娱乐活动，所以建筑业物业管理需要比社会物业管理多出部分功能，如：食堂管理、浴室管理以及娱乐设施管理等。而社会物业管理面对的是普通大众，大众在家中即可满足普通的日常生活所需，不需要公共食堂、公共浴室等。

2. 施工现场物业管理的主要内容及范围

（1）人员管理：包括工人、保洁、保安以及其他相关人员的管理。

（2）宿舍管理：包括卫生、水电、空调、暖气的管理以及人员的分配与登记。

（3）食堂管理：食堂人员卫生管理、健康状况、食材、燃气间管理等。

（4）商业管理：超市、理发店、洗衣店等。

（5）生活服务设施管理：图书室、理发室、浴室、洗衣房、工人活动中心等。

（6）医务室管理：医生、药品以及室内卫生管理等。

（7）场区内公共设施的管理：公共设施包括空气源热泵、路灯、垃圾站、公用厕所、浴室等。

（8）卫生管理：包括生活区内公共区域及非公共区域的卫生。

（9）治安管理：对员工的生命财产安全负责，做好防盗、防食物中毒、防群体事件、防打架斗殴事件发生。

（10）消防管理：对生活区内的消防设施严格管理，严格控制火源和易燃易爆物品，重点加强燃气间、食堂操作间、超市的监管和检查。

（11）饮食卫生的管理：细化饮食卫生标准，严格监督食堂从业者卫生情况，保障工人的饮食卫生。

3. 物业管理的难点

（1）人员管理：生活区居住人员多，流动性大，加大了管理难度。

（2）宿舍管理：宿舍卫生管理的难点是入住工人的集体生活意识不强，防范意识薄弱，没有形成良好的生活习惯。

（3）饮食卫生管理：工人不注意饮食卫生，个别工人购买场区外小商小贩的食品。

11.3 生活区管理策划

1. 整体思路

北京大兴国际机场航站楼及换乘中心工程于2016年2月26日中标后，项目部及时规划庞大的工人生活区。通过估算，施工高峰期时参加施工的人员将达到10000人左右，在此基础上由项目部进行了生活区的具体规划和设计工作。由于受地块的限制和满足使用上的要求，生活区被设计为两个相对独立，又互相联系的区域。

2. 引进物业管理理念

按照北京城建集团公司领导要求，把北京大兴国际机场项目生活区管理打造成建筑业的标杆和示范，项目部大胆进行物业化管理创新，积极探索物业管理新思路，全面提升了施工现场工人生活区物业管理水平。

3. 实行生活区物业管理的必要性

随着建筑工人的逐渐增多，其健康成为亟须解决的问题。通过多年的观察分析，影响建筑工人健康的主要因素有：

1）食品卫生：食堂的卫生监督、厨师健康证、餐具消毒、食材来源、热食物的保质期。

2）环境卫生：管理生活区的单位环境卫生意识不强，管理薄弱，注重生产而轻视生活，很少配备强有力人员管理生活区和工人宿舍，极易造成周围环境差，垃圾不及时清理，宿舍内地面、床铺、桌椅柜等不及时打扫，往往给人的印象是脏乱差。从而影响工人的身体健康。

3）居住条件：建筑工人住宿条件较差，房屋墙壁相对较薄，隔热能力不强，室内空气流通不畅，人员个人卫生意识不强，易诱发肠道、呼吸道传染病。

4）工作环境：建筑工地大多露天作业，特别是夏季高温季节，施工现场作业工人极易疲劳、中暑。

由于生活区周边大范围的拆迁，距离医院较远，工人外出时间少，经常有感冒等常见病，对此在生活区专门设置了医务室，引入了有执业资格的医务人员进驻，物业部设立专人对所售药品进行核查，药品厂家、有效日期等都在被检查范围之内，极大地方便了工人就医。

4. 建立物业管理组织体系

物业管理组织体系图见图11-3。

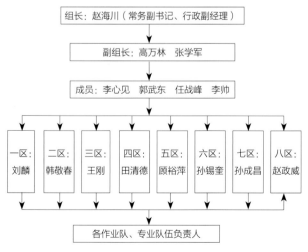

图11-3 物业管理组织体系图

5. 建立专业的管理部室——物业部

为了保证生活区各项管理工作的有效实施，项目部成立了物业部，由项目部行政副经理管理。物业部由以下人员组成，设部长、副部长各1名，A、B生活区各设管理员1名。另设综合管理、各项设施设备及水电维护维修1~2人，全面负责生活区各项日常管理工作。

6. 引进保安和专业保洁公司

项目部分别引进了信誉较好的保安和专业保洁公司，以保证生活区日常的安全管理和环境卫生管理需要。引进保安和保洁公司时，实行了招标，招标做到公开、公正、公平。

11.4 生活区管理制度

1. 门卫值班与人员进出管理

（1）值班人员严格遵守"七不准"和"三禁止"的规定。即：不准迟到、不准私自脱岗、不准会客聊天、不准玩扑克下象棋、不准酒后上岗、不准在值班室睡觉、不准做与值班无关的事情，禁止闲杂人员进入、禁止携带易燃易爆物品进入、禁止私自携带公物外出。牢固树立"守岗如家"的思想，切实做到：没有车辆进入和没有特殊情况时只开小门，不开大门。

（2）严格执行交接班制度。认真填写值班记录和巡视记录，对值班期间的情况详细记录，特殊情况需要向领导汇报。

（3）严格门卫制度，生活区内居住人员要刷卡进出。内部职工应主动示证，外部人员出示有效证件，并填写会客证，经门卫同意后方可进入。

（4）在门卫工作区域内，不准停放车辆及摆放大型物体，任何人不得干扰门卫执行公务，对无理取闹、制造事端者应报告领导和保卫部门。

（5）骑自行车出入大门要下车；机动车出入要执行出入登记制度，主动检查进、出门证。

（6）值班人员要坚守岗位，认真负责，文明礼貌，平等待人，遵守纪律，维护法纪。

（7）所有住宿人员必须办理出入门禁卡。

2. 宿舍管理

（1）宿舍必须保证必要的生活空间，室内高度不低于2.5m，通道宽度不低于0.9m，每间宿舍居住人员为8人，人均面积不少于2m^2。

（2）宿舍内必须设置单人床。床铺高于地面0.3m，床铺尺寸不少于1.9m×0.9m，床铺间距不得小于0.3m。床铺的搭设不得超过两层，禁止搭设通铺。床铺有统一的布局、编号，挂床头卡，管理制度上墙。

（3）床上用品要统一，毛巾、脸盆、碗筷、鞋、行李要码放整齐，保持清洁卫生。

（4）宿舍内必须设置标准的可开启式窗户，确保室内通风良好。

（5）宿舍内要有防暑降温、防蚊蝇措施。

（6）室内不准存放易燃物、可燃物，不准卧床吸烟，不准使用明火，不准乱接乱拉电源，照明灯不准超过60W，不准使用电热炉、热得快、电褥子等违禁电器。

（7）防止闲杂人员混入宿舍内，严禁男女混杂居住，严禁赌博、酗酒。

（8）遵守作息时间，集体宿舍在晚11点前熄灯就寝，就寝后不得影响他人休息的活动。

（9）凡不按本规定落实的单位，罚款1000~5000元。发生火灾、治安、食物中毒现象的，根据情节严重程度追究单位和个人的刑事责任。

（10）发现随地大小便、卧床吸烟、乱倒垃圾、宿舍内存放易燃可燃物，发现使用电热炉、电饭锅、热得快、电褥子、大灯泡，乱接乱拉电源，损坏公共设施、消防设施等现象的，可罚款100~500元。

3. 门禁卡管理

（1）生活区进出实行门禁制度（图11-4），所有人员进出生活区必须自觉执行。

（2）大门警卫人员负责对进出人员进行监督和检查，进出人员要自觉地接受检查。

（3）门禁卡的使用人员为工作和居住在生活区内的所有员工。

（4）门禁卡管理由安保部负责，物业部配合。所有入场人员根据相关规定由所在单位安保负责人统一到项目部进行登记，制作、领取门禁卡。

（5）新进场人员进场时未办理门禁卡，由安保部签发临时进出凭证，临时进出凭证有效时间不得超过三天。

（6）门禁卡的使用

1）门禁卡每人一张，仅限本人使用，不得外借他人或替他人进出刷卡。

2）持卡人必须随身携带门禁卡。

3）持卡人进出必须刷卡，一旦发现未刷卡而强行从门禁出入，损坏门禁、卡机者，将严肃追究相关责任人的责任，并赔偿所有损失。

4）持卡人应妥善保存门禁卡，如在使用期间不慎遗失或损坏门禁卡，请及时到项目部办理挂失手续，并承担办卡工本费，否则如他人冒用该卡而造成的损失，应由原持卡者承担全部责任。

（7）门禁卡的使用由当班保安值勤人员监督执行。

（8）门禁卡在使用期间若出现无故消磁或不能使用的情况，请到安保部更换。

图11-4 生活区门禁

4. 食堂卫生管理

（1）食堂应被设置在离污染源25m的地方。

（2）生活区每个食堂要指定专人负责卫生管理工作，并做到明确分工。

（3）食堂必须有卫生防疫部门颁发的卫生许可证，并粘贴上墙。

（4）食堂工作人员的健康证和培训证要粘贴上墙，严禁无证操作。

（5）食堂内外应整洁，炊具干净，做到物见本色。不存、不做、不销售腐烂变质食品，按规定定期消毒炊具。

（6）操作间、仓库要做到清洁卫生。食品及原料存放做到隔墙离地（20cm以上）。做到无蝇、无鼠、无蟑螂。

（7）加工、保管生熟食品要分开，案板、食品有盖布。

（8）及时处理不干净、变质食品，杜绝食物中毒。

（9）安装油烟分离器，定期清洗保养。

5. 食堂加工间卫生管理

（1）有专用加工场地，设置食品验收人员，腐败变质原料不得入库。

（2）清洗池做到荤素分开，上下水通畅，并设有密封容器。

（3）加工后的食品原料要放入清洁容器内（肉禽、鱼类要用不透水容器），不落地，有保洁、保鲜设施。

（4）加工肉类、水产品、蔬菜的操作台要分开使用，并有明显标识。

（5）配备食品冷藏设备，并做好48小时食品留样。

（6）工作人员穿戴整洁的工作衣帽，保持个人卫生。

（7）防尘、防蝇设施齐全，运转正常。

食堂取餐窗口见图11-5，食堂座椅摆放整齐见图11-6。

6. 液化石油气使用和管理

（1）必须从有液化石油气经营许可证的正规供应单位购买液化石油气，且气瓶符合国家标

图11-5　食堂取餐窗口

图11-6　食堂餐厅座椅摆放整齐

准，经过定期检定合格，并签订供气合同和安全运输协议书。

（2）由食堂操作人员负责日常安全检查和使用过程中的安全检查，并做好检查记录。由后勤管理人员负责日常的安全巡查。

（3）液化石油气瓶必须放置在食堂以外，并有单独的储存室。储存室必须保持阴凉透风，周围无易燃物，并按规定配备灭火器，远离火源，储存室门应上锁。

（4）必须直立放置气瓶，不允许卧放或倒放气瓶。禁止用滚动或其他产生震动、颠动的方式搬动、搬运气瓶。禁止用任何方式强制开关气瓶角阀。禁止私自拆卸气瓶的任何部件。禁止私自排放气瓶中的残液（气）。

（5）每次进气瓶前必须对每个气瓶进行验收和跑气试验，并做好验收记录。

（6）操作间和燃气间要按规定安装漏气报警装置。

（7）要对厨师进行用气安全教育，禁止未经教育的人员使用液化石油气。

（8）液化石油气泄漏处置方法：立即关闭气瓶阀门，切断气源并立即上报。

7. 食品仓库卫生管理

（1）食品仓库有专用的防鼠、防蝇、防潮、防霉、通风的设施及措施，并保持这些设施运转正常。

（2）食品应分类、分架，隔墙离地存放，粮食应距墙距地面20cm以上。有异味或易吸潮的食品应密封保存或分库存放，要及时冷藏、冷冻保存易腐食品。

（3）建立仓库进出库专人验收登记制度，做到勤进勤出、先进先出，定期清仓检查，防止食品过期、变质、霉变、生虫，及时清理不符合卫生要求的食品。

（4）食品成品、半成品及食品原料应被分开存放，食品不得与杂品等物品混放。

（5）食品仓库应经常开窗通风，定期清扫，保持干燥和整洁。

（6）冷冻食品、肉类、直接入口的食品必须使用无颜色的包装袋，禁止使用有颜色和不合格的塑料袋。

8. 食品粗加工卫生管理

（1）所有食品原辅料在投产前必须经过检验，不合格的食品原辅料不得被加工。

（2）择洗、切配、解冻、加工工艺流程必须合理，各工序必须严格按照操作规程和卫生要求进行操作，确保食品不受污染。

（3）包装食品使用符合卫生要求的包装材料，包装人员的手在开始包装前要清洗消毒。

（4）加工用工具、容器、设备必须经常清洗，保持清洁，直接接触食品的加工用具、容器必须消毒。

（5）工作人员穿戴整洁的工作服，保持个人卫生。

（6）加工所需防尘、防蝇、防鼠等设施齐全，可正常使用。

9. 烹调加工卫生制度

（1）不选用、不切配、不烹调、不出售腐败、变质、有毒有害的食品。块状食品必须充分加热，烧熟煮透，防止外熟内生，不制售豆角、扁豆、发芽的土豆。

（2）刀、砧板、盆、抹布用后清洗消毒，不用勺品味，不落地存放食品容器。

（3）制作点心所用原料要以销定量，制作时使用色素、香精等食品添加剂，严格执行相应的国家标准。

（4）工作结束后，调料加盖，做好工具、容器、灶上灶下、地面墙面的清洁卫生工作。

（5）操作人员应注意个人卫生，穿戴清洁的工作衣帽，不留长发、指甲，不蓄胡须，不吸烟，不随地吐痰。

（6）有密闭垃圾容器，并做到随时清理。

10. 食品采购、验收卫生制度

（1）采购肉类食品必须索取卫生检疫合格证明。

（2）采购酒类、罐头、饮料、乳制品、调味品等食品，应向供方索取本批次的卫生检验合格证或检验单。采购的进口食品必须有中文标识。

（3）运输车辆和容器应专用，严禁与其他非食品混装、混运。

（4）食品采购入库前应由库管人员进行验收，检验合格后方可入库储存。

（5）严禁采购日期不详、不新鲜，腐败变质、发霉、生虫、虫蛀、有毒有害、掺假掺杂、超过保质期限及其他不符合食品卫生标准和卫生要求的食品原材料。

（6）采购的定型包装食品和食品添加剂，必须在包装标识上按照规定标出名称、产地、厂名、生产日期、批号或者代号、规格、配方或者主要成分、保质期限、食用或者使用方法等。食品包装标识必须清楚，容易辨识。在国内市场销售的食品必须有中文标识。

（7）建立食品进货验收台账并进行记录，指定专职人员负责食品进货验收以及台账记录保管工作。

（8）负责食品索证、进货验收和台账记录的人员，应掌握餐饮业常用食品卫生法规和食品卫生基本知识。

11. 面食制作卫生管理

（1）面食制作人员必须身穿工作服，头戴帽子，脸戴口罩，不留长发、长指甲。操作前先用肥皂刷洗双手，并用清水反复冲洗。

（2）加工前要检查各种食品原料质量，不能用生虫、有异味、污秽不洁等不符合卫生要求的食品制作。

（3）制作面点的工具、工作台、容器等要专用。

（4）使用食品添加剂要符合国家食品安全标准。

（5）面包（引子）不得变质、发霉，做馅用的肉、蛋、水产品、蔬菜等要符合相应的卫生要求。

（6）需要进行热加工的面食应被彻底加热。

（7）未用完的点心、馅料等半成品，应存放在冷柜内，并在规定存放期限内使用。水分含量较高的含奶、蛋的点心应当在10℃以下或60℃以上的温度条件下贮存。

（8）各种食品加工设备用后要及时清洗干净，定期消毒。各种用品（盖布、笼布、抹布等）要清洗干净，晾干备用。

12. 餐具用具消毒卫生管理

（1）餐具用具消毒应有专人负责。洗消间大小必须与经营规模相适应。

（2）严禁使用未经消毒的餐具。

（3）餐具消毒、清洗应严格执行一洗、二清、三消毒、四保洁制度。

（4）物理消毒法：煮沸蒸汽消毒保持10分钟以上，红外线消毒保持10分钟以上，洗碗机消毒水温控制在85℃，冲洗消毒40秒以上。餐具浸泡在有效浓度250mg/L（250ppm）的消毒液5分钟以上。

（5）餐具经物理消毒后应达到光洁、干净的要求，经化学消毒后达到光洁、无异味的要求。

（6）消毒后的餐具不应使用手巾餐巾擦干，避免受到再次污染，应及时将消毒后的餐具放入张贴有"已消毒"标志的专用保洁柜内。

（7）每次消毒要做好记录，以备查验。

13. 厨房废弃物管理

（1）厨房内产生的厨余垃圾，应在专用的餐余垃圾存放容器存放。

（2）餐厨废弃物存放容器应配有盖子，以坚固及不透水的材料制成。

（3）餐厨废弃物每天至少清除1次，清除后的容器应及时清洗，及时消毒。

（4）餐厨废弃物放置场所应防止昆虫滋生，防止污染食品。

（5）废弃的油脂应集中存放在容器内，定期按照《食品生产经营单位废弃食用油脂管理规定》予以处理。

（6）餐厨废弃物的处理应符合市政管理部门和环保部门的要求，发现违规处理餐厨废弃物应及时举报。

14. 隔油池、泔水桶卫生管理

（1）食堂必须按规定设置隔油池、泔水桶。并指定专人负责、定期清掏。

（2）食堂主管应对本单位食堂隔油池的日常检查和清洁管理负责。

（3）隔油池应至少每隔三天检查一次，如发现油垢积聚超过液体的三成时，应当立即进行清理。

（4）清理隔油池时，应当安置警告牌或护栏以确保安全。

（5）隔油池不需要完全倒空清洁，只要把逐层凝固的油垢清除即可。

（6）清理后应迅速把隔油池盖好，并用消毒剂清理周围环境。处理油垢废物时应小心谨慎，以免污染食物和周围环境。

（7）废弃油脂应当由市环保局指定的单位进行回收。

（8）每个食堂应当设置相当数量的泔水桶并加盖，并在指定地点摆放整齐。

（9）各食堂应指派专人监督泔水的分类处理，严禁将泔水与垃圾混杂。

（10）监督人员应当保持泔水桶的外观清洁、干净无异味，每日清理。

15. 食堂从业人员体检、培训和个人卫生管理

（1）食堂从业人员上岗前必须到卫生行政部门确定的体检单位进行体检和培训，并取得健康证明和培训合格证后方能上岗。

（2）从业人员工作时应随身携带健康培训合格证，以便检查。

（3）从业人员应保持个人卫生，操作时应穿戴清洁的工作服、工作帽，头发不得外露，不得留长指甲，涂指甲油，佩戴饰物。

（4）操作前手部应洗干净，操作时手部应保持清洁，接触直接入口食品时，手部应进行消毒。

（5）自觉接受企业内部的健康晨检，并熟记本岗位食品安全卫生知识及应知应会的内容。

（6）如厕前必须换下工作服，出厕后必须洗手。

（7）从业人员有发热、腹泻、皮肤伤口或感染、咽部炎症等有碍食品安全的病症时，应立即脱离工作岗位，待查明原因排除有碍食品安全的病症或治愈后，方可重新上岗。

（8）从业人员上岗后发生痢疾、伤寒、病毒性肝炎等肠道感染病（包括病源携带者）、活动性肺结核、化脓性或渗出性皮肤病，应立即离岗。

（9）项目部应对所属餐饮从业人员定期进行相关知识的培训，并做好记录。

16. 图书阅览室管理

（1）个人借阅图书时要出示身份证或其他有效证件，并进行登记，不得私自取走。

（2）借阅的图书要按时归还，逾期不还，每日罚款两元。

（3）要爱护图书和室内一切设施，如有损坏应照价赔偿。

（4）阅览时要保持室内安静，文明阅读，严禁大声喧哗。

（5）图书室设专人管理，按时开放，保持室内清洁卫生。图书阅览室内景见图11-7。

（6）开放时间：12：00～13：00，19：00～22：00。

17. 健身房管理

（1）健身房设专人负责管理，按时开放，保管好室内设施，并保持室内卫生。健身房内景见图11-8。

（2）参加活动的人员要服从管理人员的指挥和安排，按要求和使用说明正确使用健身器械，未经允许，不得乱动各种电器和器材。

图11-7　图书阅览室内景　　　　　　　　　　　　图11-8　健身房内景图

（3）爱护公物。

（4）文明礼貌，文明健身，不大声喧哗，禁止打闹和影响他人活动。

（5）严禁乱扔纸屑、杂物，不随地吐痰，不在室内吸烟。

（6）禁止变相赌博，不准在活动室干私活。

（7）开放时间：12：00～13：00，18：00～22：00。

18. 工人夜校管理

（1）凡各工种人员在进场之前都应参加职工夜校的活动，每个工人每月保持1～2次培训，每月应参加学习1～2课时，每课时45分钟。

（2）参加夜校培训的员工，必须认真学习和探讨所学的内容，掌握各方面的理论知识和操作工艺、技巧、规范，提高自身修养素质。

（3）做好培训记录，包括授课时间、听课人员、授课内容与教师、员工反馈意见等。

（4）建立健全考勤制度。现场所有施工人员要根据课程表的时间安排，分批参加，按时上课，必要时各班组和岗位自行组织讨论。

（5）被安排学习的员工必须按时上课，有事请假，上课期间不能来回走动，不能交头接耳。将手机调成静音，专心听讲，认真做好学习笔记。

（6）学员要讲究卫生，不随地吐痰，保持教室清洁，在教室内严禁吸烟。遵守夜校纪律，遵守公共秩序。

（7）参加学习的员工要尊敬师长，团结同事。

（8）学员要爱护夜校的教材教具、音像设备及报纸杂志，对故意破坏者追究责任，并视情节严重程度给予处罚。

19. 理发室管理

（1）工作人员服务热情，态度和蔼。需要理发的人员要服从管理人员的安排，按顺序排队等候理发。

（2）非工作人员不准操作电热水器、电推子和其他理发工具。

（3）爱护室内公用设施，如有损坏，则照价赔偿。

（4）保持室内整洁卫生，及时清扫废弃物，不准堆放其他物品。

（5）理发用具、毛巾、围裙要经常清洗、熨烫、消毒。

（6）文明用语，不得大声喧哗、打闹。

（7）理发价格要经过建设单位批准，不得随意涨价和降低服务标准。

营业时间：8：30～11：30，13：00～23：00。

20. 浴室管理

（1）男女浴室设专人管理，只对本生活区人员开放。

（2）洗浴人员要服从管理人员的管理，按规定的开放时间洗浴。

（3）凡患有传染病、皮肤病及性病者禁止入浴。

（4）按照公共场所防疫要求，由管理人员对浴室定期消毒。

（5）洗浴人员要爱护浴室内设施，轻开（关）水龙头和衣柜门。将废弃物放在指定的地点，不得随地乱扔废弃物。

（6）淋浴时，不得在浴室内打闹，要做到文明洗浴。

（7）禁止在浴室内洗衣物。

（8）淋浴完毕及时关紧水龙头，节约用水。

（9）损坏公物时要按原价赔偿，确保浴室设施持续良好。

（10）浴室管理人员要加强浴室管理，及时打扫卫生，保持浴室清洁、通风。坚守岗位，按时开放浴室。

（11）浴室内物品由浴室工作人员负责管理，须保持完好、摆放整齐，如发生丢失或损坏须照价赔偿。

（12）洗浴室开放时间：8：30～11：30，13：00～22：00。

21. 盥洗室管理

（1）盥洗室设专人负责卫生等工作的管理。

（2）盥洗人员要爱护室内设施，轻开（关）水龙头。废弃物要放在指定的地方，不得随地乱扔废弃物。

（3）洗涤时不得在室内打闹。

（4）使用完毕要及时关紧水龙头，节约用水。

（5）损坏公物时要按原价赔偿，确保室内设施持续良好。

（6）管理人员要及时打扫、清理污物，确保室内地面、水池清洁卫生，如有损坏应及时修理，保证正常使用。

（7）盥洗室水池内严禁倾倒剩饭剩菜，防止下水道被堵塞。

（8）禁止任何人在盥洗室吸烟，任何人未经批准不得擅自挪动盥洗室内消防设施。

22. 洗衣房管理

（1）洗衣房设专人管理，按规定时间开放。

（2）需要洗衣服的人员要服从管理人员的管理，按规定交纳洗衣费用。

（3）合理定价，文明经营，所拟定价格必须经过建设单位批准。保证洗衣质量和洗涤效果。

（4）服务人员要按规定标准服务，按约定时间收取衣物。

（5）洗衣房内严禁嬉戏、打闹。注意安全，防触电，防发生意外事故，发现不安全因素要及时上报。

（6）禁止任何人在洗衣房吸烟，任何人未经批准不得擅自挪动洗衣房内的消防设施。

23. 更衣室管理

（1）更衣室由浴室管理人员统一负责管理，发现问题及时向上级反馈。

（2）入浴人员进入更衣室禁止携带易燃、易爆、有毒、有害等物品物件。

（3）更衣室内环境要保持干净整洁，地面无纸屑、杂物。

（4）更衣室内严禁吸烟，任何人未经批准不得擅自挪动更衣室内的消防设施。

（5）所有人员要爱护更衣室内设施、物品、用具，要轻开轻关衣柜门。

（6）所有入浴人员不要将大额现金和贵重物品带入更衣室，以防盗窃案件的发生。

（7）管理人员在关门离开时要检查好各种设施设备，关闭所有电源和水源。

24. 电动车充电车棚管理

（1）充电车棚只供本生活区工人的电动车充电使用，非生活区员工的车辆不得驶入该车棚停放充电。

（2）本生活区工作人员停放电动车辆充电时必须出示有效工作证件（工作证、出入证等），经管理人员确认后，才能进行停放充电。

（3）车棚内所存放车辆应摆放整齐，卫生整洁，不得堆放杂物和其他物品。报废车辆应被及时推走，不得长期占用车棚。

（4）该车棚由保安队派人24小时看管。

（5）该车棚开放时间为早6：00至晚8：00。

（6）该车棚免费向生活区员工开放充电、存车服务。

（7）因充电口数量有限，严禁长时间占用充电口。充电时请按秩序停放充电，充电完毕的电动车不得停在充电处，应退回到指定的停车场，方便下一辆电动车充电。

（8）未经允许不得私自更改线路、插座和开关，严禁一座多充。

（9）因充电时间过长，充电器、电瓶、线路陈旧老化，因电动车倾倒等原因而引起的火灾及其他伤害，均由车主自行负责，生活区概不承担任何责任。

25. 用餐大厅管理

（1）所有用餐人员应自觉服从管理人员的安排，自觉维护好用餐秩序。

（2）文明用餐，不随意拖拉、挪动桌子、座椅，不大声喧哗。

（3）取餐时自觉排队，相互理解、相互谦让，不得推挤、插队、争吵、喧闹。

（4）爱惜粮食，杜绝浪费。

（5）自觉保持食堂、餐桌、周边环境的卫生清洁。做到不随地吐痰、不乱泼脏水、不乱倒饭菜。

（6）用餐完毕后，请将食物残渣和吃剩的饭菜、纸巾等杂物倒入垃圾桶内，并保持餐桌桌面干净。严禁将剩菜剩饭倒入洗碗池，以防堵塞下水管道，违者将按照疏通费用予以处罚，每次罚款50~500元。

（7）自觉爱护公共财物，不蹬踏和刻画桌椅。

（8）夏季不得赤膊进入餐厅。

26. 封闭式垃圾站及移动式垃圾箱管理

（1）垃圾站设专人管理。保持垃圾站整体外观的完整和大门、墙面及周围环境的清洁，保证地面无积水。保证站内无蜘蛛网、无鼠洞。夏季保证无蚊蝇，保证站内无垃圾溢出。

（2）由专人负责清理垃圾箱，并主动对垃圾箱进行打扫。

（3）垃圾实行分类管理，并在垃圾箱体标明"可回收垃圾"和"不可回收垃圾"。

（4）保持垃圾箱内的垃圾不能超过垃圾箱的最大容量，无外溢垃圾。

（5）垃圾箱内做到无蝇、无蛆，及时清洗，做到内外干净。

（6）至少每周一次用清洁剂彻底把垃圾箱内外清洁干净。保持箱体表面无痰迹、无粘贴物等。

（7）垃圾箱中不许扔放金属尖锐物品、污水等对垃圾箱有损坏的物品或者液体。

（8）不准脚踩、脚踏垃圾箱，不准磕、砸垃圾箱，做到文明使用。

（9）对垃圾箱要进行爱护，如发现损坏，应立即上报维修。

（10）应保持垃圾箱周围干净，无杂物。

27．生活区绿化管理

（1）对花草、树木定期修剪，科学养护。

（2）对花草树木及时浇水，合理施肥，根据病虫害发生情况，适时喷洒农药，防虫、治虫，确保花草、树木成活率。

（3）要保持草坪平整，无杂草，无裸露地面，无叶片枯黄。

（4）绿地内无杂草，无污物，无垃圾。

（5）花卉、苗木要保持无死枝、枯枝，无人为损害花草树木。

（6）熟悉各种花草树木的科属和生长习性，主要的花木应挂牌明确其名称和属性，以便科学管理和普及知识。

（7）不准践踏草坪。

（8）不准钉、拴、刻、划、攀折树木。

（9）不准擅自折枝摘花，不准擅自采集种子、果实。

（10）不准在草坪或树木上抛撒、堆放、晾晒物品。

（11）不准在绿化区内倾倒垃圾和杂物。

（12）对损坏花草树木的人员，要通报批评。

28．生活区临时用水用电使用维修的管理

（1）服从后勤管理工作人员的管理，遵守项目部规章制度，执行国家关于安全用水用电的相关规范、条例以及项目部"安全用电管理"及"临时用水管理"的规定，不违章作业。保证生活区临时用水用电的正常使用。

（2）电工要持有效证件上岗。

（3）维修人员在工作时间及值班期间严禁饮酒。工作现场严禁抽烟、闲聊等与工作无关事项。

（4）维修人员要加强生活区各单位宿舍和公用部分各部位的巡视，每天至少巡视两次（上、下午各一次），至少进行两次临时用水用电的巡视检查。

（5）发现违章用水、违章用电、用电隐患、故障、损坏要及时处理、报告。

（6）正常检修、维护工作应提前计划、做好准备，遇突发故障时要及时处理，以保证生活区各种设施和宿舍的正常用电、用水，并做好三项记录（值班记录、维修工作记录、定期巡视检查记录）。

（7）临时用水、临时用电维修要及时，维修记录要详细（记录日期、天气、温度、处理事宜、责任人、解决情况、有无隐患等）。

（8）值班人员手机不得关机，保证24小时随时接通。不得擅离职守，有事请假。

29. 生活饮用水及开水房卫生管理

（1）确保本单位饮用水源符合《北京市生活饮用水卫生监督管理条例》的规定。

（2）饮用水卫生设专人管理，且持证上岗（健康体检合格证）。

（3）生活区设置开水房，并配备足够的烧开水设施，由专人管理，确保开水供应。

（4）饮用水专职管理人员负责宣传肠道传染病的防治常识和喝凉水的危害。

（5）夏季要为职工提供淡盐水、绿豆汤，以防身体内电解质丢失过多而引起的脱水休克。

（6）饮用水专职管理人员每天要进行巡视检查，发现问题及时解决。

（7）所有电热水器的盖子必须设置锁具，并上锁。

30. 厕所卫生管理

（1）由专人负责制对厕所的管理，进行定期的检查。

（2）厕所的屋顶、墙壁全封闭，门、窗、纱窗齐全完好。

（3）厕所有专人清扫、冲洗、定期消毒，在蝇、蚊滋生季节用药物或石灰消灭蝇、蚊，保持厕所无蚊、蝇。

（4）要爱护厕所内一切设施，不准随意破坏。

（5）厕所内外禁止乱写乱画，禁止张贴小广告。

（6）禁止在厕所里随地吐痰、乱扔瓜皮果核、纸屑等。

11.5 生活区管理实施

1. 管理工作的实施

生活区管理工作在具体实施过程中，运用先进的科学方法，实行"全员，全方位，全过程，全天候"的全员安全管理模式。变单纯的管理人员管理为全员参与的全覆盖体系管理，变以点为主的间断的、静止的管理为线面结合的、连续的、动态的管理，保障了各项管理措施的高效、有序进行。

2. 建立常规化的管理措施和机制

建立常规化的管理措施和机制，是对生活区管理的基本保障。没有常规化的管理措施和机制，生活区很难有序运转下去。建立健全生活区管理的各项制度，使之成为一个彼此联系、互相补充的有机体系，做到权责分明，措施具体严格执行，按章办事，才能有效地提高工作效率。

3. 建立定期检查制度

在生活区管理工作过程中，建立定期的检查制度，对生活区内的安全、环境以及各项制度的落实情况进行定期检查，并且做好严格记录和反馈工作。让定期检查制度起到实实在在的作用，并且在每周的例会上进行点评，通报表扬或者督促，使得工作做得越来越好。定期检查制度的内容为：

（1）每周由领导小组组织进行一次有针对性的安全检查。生活区现场检查要贯彻"五查""四有"的原则（五查：查安全管理，查安全意识，查事故隐患，查整改措施，查栋号长、宿舍长日常检查记录。四有：有布置、有检查、有整改、有落实）。

（2）生活区要根据自查情况或各级检查提出的事故隐患，严格按照"三定"（定人员、定时间、定措施）的原则进行整改，实行登记跟踪，直至将安全隐患消除。在安全隐患未消除前要采取可靠的防护措施。

（3）每次检查的记录都要认真填写，并做资料存档。

（4）各单位负责人和项目部管理人员每日巡回检查，并填写《生活区日常巡检记录》。

（5）在做好定期检查的同时，还应开展季节性及节假日检查、专业（项）消防安全检查。

（6）上级各部门所下达的隐患整改通知单一律按"三定"措施整改，写出整改报告，反馈至有关部门，留存备查。

4. 建立定期例会制度

为了保障生活区各项工作的正常、有序、顺利开展和实施，加强各部门间的联系与交流，指导和督促各部门工作，增强工作透明度，从整体上提高工作效率和工作质量，有必要建立定期例会制度。在例会中可以商讨工作中遇到的困难、问题，并提出解决办法。

为了使生活区管理工作规范、科学、有序地运行，及时掌握并解决存在的问题，提高工作效率和决策水平，特制定定期例会制度。内容如下：

（1）在项目部的直接领导下，由物业部召集并主持，每周三召开或根据生活区的重要工作任务，临时召开。

（2）物业部在例会召开前确定例会主要议题，通知各分包单位及劳务队行政后勤管理人员参会。

（3）物业部要在例会上通报当前所掌握的有关情况，并按照通知要求，引导与会者围绕确定的议题展开讨论。

（4）到会的人员在听取汇报和讨论后，有针对性地就有关问题做出说明，并对下一步的工作进行安排和部署。

（5）各单位后勤负责人必须按时出席例会，如遇特殊情况不能到会，应提前向物业部请假。

（6）例会召开时间如有变更，由物业部通知各单位后勤负责人。

5. 建立常态化夜间巡查制度

为防止出现酗酒闹事、打架斗殴等现象，提高夜间在岗工作人员的效率，防范夜间的各类安全隐患以及不确定因素等，制定了完善的夜间巡查制度，以保证生活区各项管理工作的顺利进行。

（1）采取不定时、不定期的巡查方式，每天必查，时间不定。因为安全隐患的不确定性，它只会隐藏在我们生活区的各个角落，所以要有巡查力度，最大可能地将隐患消杀在萌芽状态。

（2）节假日、双休日应加强夜间巡查力度、强度。

（3）巡查人员要对夜间各岗位值班人员到岗情况、岗位各项工作的执行情况进行检查和监督，发现问题应及时处理。

（4）巡查人员应查看生活区路灯、应急照明的工作情况。

（5）巡查人员应对生活区内的各种设施进行抽检，如消防泵房、配电箱、中央空调、灭火器、围挡围墙等，保障生活区的安全。

（6）巡查人员在发现问题后应及时解决问题并上报，巡查结束后要记录在册、存档，以备查询。

（7）巡查人员必须忠于职守，对在巡查期间擅自外出，玩忽职守，发生事故或造成生命财产损害者，给予处罚。

11.6 问题及对策

1. 工人日常生活保障

为了方便工人日常生活需要，在生活区内设置了工人食堂、超市、盥洗室、淋浴室、理发室、洗衣室、通信室、工人宿舍等。工人下班后可以到洗浴室洗澡，洗浴室在固定时间段开放，其余时间由保洁人员打扫卫生。同时工人日常洗漱、洗衣服可以在盥洗室完成。

2. 设立邮件寄存处

随着电子商务的发展，网上购物越来越方便，由于生活区配置了由中国联通提供的免费网络服务，工人可以用手机进行网上购物并邮寄到生活区，生活区设有专门的邮件寄存处。由生活区保安安排相关人员看管邮件。

3. 工人娱乐活动丰富

建筑行业具有建筑周期长，工作环境差，工作单调乏味，大多数为繁重的体力劳动的特点。

考虑到工人经过一天的体力劳动后，需要娱乐而放松身心，因此，建立了一系列的休闲娱乐设施，如台球室、乒乓球室、棋牌室、职工图书阅览室等，还在用餐大厅安装了彩色电视机，让工人根据个人喜好选择适合本人的休闲娱乐和放松身心的方式。同时，每隔一段时间，放映经典的、工人喜欢的电影，并穿插播放有关施工现场的安全警示教育片，增强工人的施工现场和日常生活中的安全知识，提高工人的安全意识。

4. 免费提供无线网络

最受工人称赞的是项目部在生活区安装了无线网络，方便了工人与家人联系和沟通，为工人提供了免费上网。

5. 引进大型餐饮公司

（1）生活区内由物业部采用招标投标的方式选择资质条件符合要求的四家餐饮管理公司入驻工人生活区，建立工人食堂，同时严格管理要求，统一办理了食堂的食品卫生许可证，严格审查厨师的健康证和餐饮从业人员的相关证件。

（2）为了保证工人们的利益和身体健康，在管理过程中实行更为严格的管理标准，并要求食堂的饭菜价格始终与其他工地食堂持平或略低于市场价格。

6. 引进专业保洁公司

为了便于管理和实行标准化管理，物业部引进了有较好声誉的卫生保洁公司进驻施工现场和生活区，负责总承包办公区和生活区的卫生保洁工作。由卫生保洁公司负责清扫生活区所有路面、楼道、浴室等公共部位，定期清理垃圾。灭虫药物由物业部统一设专人保管，专人发放，定期投药消灭虫。

7. 成立消防治安巡逻队

为了维持生活区治安和正常生活秩序，物业部成立了由保安和各单位后勤管理人员组成的治安巡逻队，并与所负责的管片治安民警联系，对治安巡逻队员进行培训和指导。配备专用治安巡逻车，每天不定期对生活区附近区域进行巡逻，发现偷盗、打架斗殴现象要及时制止。

工人宿舍所使用的彩钢板房最大的隐患就是火灾隐患，而最大的人为隐患就是用电安全隐患和消防安全隐患。为了防止用电安全事故的发生，防止触电和火灾事故的发生，所有宿舍均采用安全的低压电源，宿舍内手机充电插座采用低压USB接口。充电时，要求将所充电的手机放置在明处，不得将手机或充电宝放在枕下或被子下面。人员离开时，必须将充电线从插座拔下。所有人员不准在室内吸烟。

8. 建立电动车充电车棚

为满足生活区工人朋友的需要和消防安全的要求，同时方便工人的上下班，在生活区设立了一个电动车充电车棚（图11-9），以满足电动车、电动三轮车的日常充电、避雨的要求。充电车棚有保安昼夜值守，配置了全方位的电子监控，防止安全事故和盗窃事件的发生。

9. 建立污水处理站，实现水资源的二次利用

为节约水资源，保护生态环境，在生活区设立了污水处理站（图11-10）。处理完的水可以满足绿化、道路路面喷洒、汽车冲洗、厕所冲洗、消防以及扬尘治理等方面的用水需求，实现了污水处理站的建设初衷。

图11-9 充电车棚　　　　　　　　　　　　　　　　　图11-10 污水处理站

11.7 管理成果

（1）生活区食堂在建设单位所组织的第一次生活区卫生检查时被确定为免检食堂。

（2）生活区在建设单位组织的第一次综合检查时，获得综合评比第一名，夺得了流动红旗，并一直保持到机场航站楼工程项目结束。

（3）创建了北京城建集团施工现场生活区管理标杆单位，为北京城建集团和国家建筑业实行标准化管理积累了经验。

第 12 章

维修保驾服务

12.1 概述

北京大兴国际机场航站楼核心区作为整个航站楼的主要功能区共分为：地下两层、地上五层。地下二层为高速铁路通道、地铁及轻轨通道的狭窄区段，地下一层为行李传送通道、机电管廊系统和预留的APM运输通道，地上一层至五层主要为进港、出港、办票、安检、行李提取等功能区。地下一层东、西两侧有2万m²的结构空间。航站楼结构设计使用年限为50年，结构耐久性为100年；高铁、地铁结构设计使用年限及耐久性为100年；钢结构耐久性为100年。

按照《中华人民共和国建筑法》《建设工程质量管理条例》和《房屋建筑工程质量保修办法》及其他有关法律、法规、规章和管理规定，承包人在质量保修期内，承担本工程质量保修责任。

北京城建集团承担北京大兴国际机场合同范围内的全部工程的质量保修责任。包括招标图纸范围内的地基与基础、主体结构、建筑装修装饰、建筑屋面、给水排水及采暖、通风与空调、建筑电气、智能建筑、电梯工程、高架桥以及室外工程等设计图纸显示的（含变更）全部工程。

北京大兴国际机场维修保驾服务时间，按照合同要求是：总体维修保驾服务时间为2年，其中，防水工程维修保驾服务时间为5年。

本工程于2019年6月28日竣工，并随之转入维修保驾阶段。

12.2 维修保驾服务特点及难点

1. 维修保驾服务特点

北京大兴国际机场投资高，规模大，设施齐全，信息化程度高，应用的先进技术、新型工艺做法多，装修档次高，运行保障要求高，维修保驾复杂、繁琐，因此，对维修保驾服务质量及效率也有很高的要求。

2. 维修保驾服务难点

北京大兴国际机场作为国门，迎接着国内外四面八方的旅客，举世瞩目。航站楼需要迎来送往各类比赛团队、政治团体和各类重要人员。由于客流量大，媒体关注度高，给维修保驾服务带来相当的难度。

12.3　维修保驾服务组织管理策划

12.3.1　工作目标

工作目标：在北京大兴国际机场航站楼管理部的监督管理之下进行工作，负责北京大兴国际机场航站楼楼内土建基础设施、金属屋面系统的巡视、维护工作，保证土建设施完好，运行安全正常。

12.3.2　工作概要

12.3.2.1　保证运行

遵守北京大兴国际机场航站楼管理部的各项规章制度、安全规范，对北京大兴国际机场航站楼土建基础设施、金属屋面系统进行巡视检查，维修保驾修缮、翻新、更换等工作；保证航站楼运行正常，保证建筑物可达到运行使用标准，协助解决楼内各种突发情况。

12.3.2.2　巡视检查

对北京大兴国际机场航站楼内土建设施、金属屋面系统主动进行巡视检查，滚动式排查各专项问题，保证及时解决出现的问题；定期填报巡视工作报告、运行报表、维护报表，并及时上报北京大兴国际机场航站楼管理部。积累相关资料和数据，为管理决策提供依据。对北京大兴国际机场航站楼旅客能到达的区域，进行一天两次巡视检查；对工作人员能到达的区域，进行一周不少于三次的巡视检查，对行李分拣厅、柱廊、楼内地下一层服务车道，进行一周不少于三次的巡视检查。北京大兴国际机场航站楼金属屋面系统每年有6次综合性维护、维修、检查，每次工作不少于15天；维护合约执行期间，维修保驾服务单位每次检查完成之后必须在10日内向建设单位提交详细的检查报告。在雨期，对屋面每天巡视一次；冬季在雪前雪后，对屋面每天至少巡视一次。北京大兴国际机场航站楼楼内现场巡视检查图见图12-1，屋面巡视检查图见图12-2。

图12-1　北京大兴国际机场航站楼楼内现场巡视检查图

图12-2　屋面巡视检查图

12.3.2.3　土建维修

对北京大兴国际机场航站楼内各项土建设施报修进行及时处理，有7×24小时巡视维修服务电话的值守，值班室接到维修电话后，维修保驾人员应在15分钟内到达现场进行维修或临时处理，通常情况下在24小时内解决问题。如遇特殊情况维修未完成，需向报修人和楼宇工程模块管理人员说明情况，待修复完成后予以回复。对监察发现的问题，应在规定的时间内回复，并及时制定整改方案，派人修复，并将结果反馈。

12.3.2.4　机电维修

针对航站楼内机电设施运行过程中的控制管理，建立《维修保驾运行卡》，采购维修保驾所需各专业材料、备品、备件，采取全天候服务，接到报修后电话，及时填写《维修保驾运行卡》，维修保驾人员在5~10分钟赶到现场，查找事故问题、原因，及时处理事故，制定维修方案并实施。

12.3.2.5　制订维修保驾计划并有效实施

根据土建设施存在的问题和工作安排，每月制订维修保驾计划并提交北京大兴国际机场航站楼管理部，按计划进度实施，实施完成后报北京大兴国际机场航站楼管理部验收。

12.3.2.6　保养增值

对北京大兴国际机场航站楼楼体及楼内土建设施进行有效地修缮维护，延长其使用寿命和完好性，使建筑物达到保值升值的目的。

12.3.2.7　技术支持

对北京大兴国际机场航站楼内土建施工、设备安置等提供技术支持，确认项目的可行性，对结构安全性和可靠性提出建议，对技术资料进行存档，为北京大兴国际机场航站楼管理部提供项目技术改造方案。

12.3.2.8　协助改造

对土建设施的改造、扩充、新建提供技术支持，并积极配合改造和更新工作。协助北京大兴国际机场航站楼内各项施工改造的进行，对使用中存在的缺陷提出改造方案、预算及建议。

12.3.2.9　施工管理

配合北京大兴国际机场航站楼管理部进行施工监督，进行施工现场抽查，建立检查记录，发现问题及时向北京大兴国际机场航站楼管理部反映。对楼内涉及土建的施工项目，判定其是否对楼体结构产生破坏，是否违反土建建设技术要求，是否违反航站楼施工管理的规定。

12.3.2.10　物料备件管理

维修保驾负责所有辅助材料的采购，主要材料由北京大兴国际机场航站楼管理部提供。中标人需严格执行备品备件进出库单制度，并实行工单管理。对人工、物料的年度消耗做预算编制，对楼内维修保驾备品备件使用进行统计分析、用量管理，并编报下一年备品备件使用计划。材料的使用要求与原材料的品牌、质量、颜色一致，如确需使用替代材料需经北京大兴国际机场航站楼管理部同意。

12.3.2.11　员工管理

定期培训所有员工，员工要遵守北京大兴国际机场航站楼管理部的各类相关规范、制度。

12.3.2.12　应急抢修

北京大兴国际机场航站楼若遭到的突发性土建设施的损坏，应及时对其抢修修复。

12.3.2.13　制度管理

（1）制定并完善企业内部的各项规章管理制度。

（2）建立内部培训及台账制度，每季度制订培训计划。所有员工须持有国家规定的从业资格证，且定期参加国家及北京大兴国际机场航站楼管理部组织的相关培训，上岗前经过北京大兴国际机场航站楼管理部培训考核合格后上岗。

（3）建立日常巡查台账、维修记录台账，每月底向北京大兴国际机场航站楼管理部楼宇模块管理人员提交月度维修情况报告。

12.3.2.14　预案保障

对接北京大兴国际机场航站楼的应急预案（包括但不限于航班延误、防汛、大风、楼体倒塌、防爆等），制定二级保障预案并进行内部宣贯及培训。

12.3.2.15　配合施工

配合北京大兴国际机场航站楼设备维修保驾单位拆除和恢复吊顶，配合其他维修保驾单位因维修发生的墙面、地面拆除和恢复等工作（不含新增设备施工）。配合其他维修保驾单位维修见图12-3。

12.3.2.16　施工围挡

负责施工围挡及配重的保管、租赁、回收、平整维修、清洁及台账登记。

图12-3　配合其他维修保驾单位维修

12.3.3　整体实施方案

12.3.3.1　建立项目管理体系

为保证维修保驾任务顺利完成，建立了维修保驾项目部管理体系，见图12-4。

全体维修保驾人员见图12-5。

12.3.3.2　工作流程

维修保驾工作流程见图12-6。

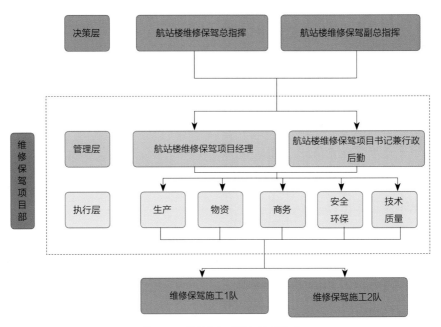

图12-4　维修保驾项目部管理体系

图12-5　全体维修保驾人员

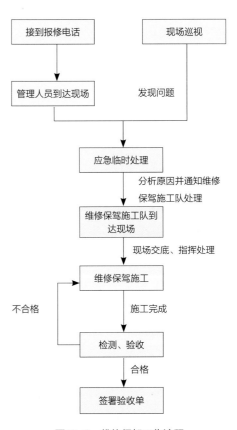

图12-6　维修保驾工作流程

12.3.3.3　临时工作需求的响应时限

维修保驾项目部收到北京大兴国际机场航站楼管理部的指令后，需在15分钟内派人到达现场。

设置报修值班室，值班人员每天24小时在北京大兴国际机场航站楼管理部指定地点轮流值班，确保值班电话畅通，确保人员到位，并做好值班记录。

12.3.3.4　证件办理

在进场前对维修保驾人员进行安全教育、岗前培训和安全系列培训，要求特种作业人员持证上岗。

为服从北京大兴国际机场航站楼管理部统一管理，对维修保驾人员进行安全教育后，向北京大兴国际机场航站楼管理部具体负责人统一申请办理相应的工作证件。完成证件办理后，维修保驾人员方可上岗工作。

12.3.3.5　月度考评

对应北京大兴国际机场航站楼管理部考核标准，维修保驾项目部制定了月度考评制度，监督维修保驾人员服务效率、服务态度、服务质量。

对于考核不达标的人员进行相应的经济处罚。对多次不达标的人员，将其调离岗位。

初步考核内容见表12-1，后续根据维修保驾内容进行补充。

初步考核内容　　　　表12-1

序号	考核项目	是否合格
1	遵守北京大兴国际机场航站楼管理部相关安全管理规定，无违章作业	
2	按照北京大兴国际机场航站楼管理部工期要求，及时完成维修项目，无无故延期现象	
3	严格执行巡视检查制度，按时巡视检查，无巡视检查不到位现象	
4	巡视检查发现问题，并及时处理问题	
5	接到报修电话后15分钟内到达现场	
6	积极配合其他单位进行施工、维修等工作	
7	未受到驻场单位及用户投诉	
8	无维修不彻底，无无故多次维修现象	
9	无因管理不善或维修保驾不到位而产生不良或重大影响事项	
10	在维修、施工过程中使用符合国家、行业、建设单位等相关规定的建筑材料（如防火等级、环保要求等）	
11	无因不当行为导致有毒、有刺激性气味的液体、气体等污染物外泄，导致环境污染	
12	无因未按TOC规定时间或未采取降噪措施产生噪声污染	
13	建立巡视检查、维修维护、制度管理、备品备件出入库等台账，台账记录应清晰、完整	

续表

序号	考核项目	是否合格
14	无库房内材料码放混乱、不符合库房消防安全管理规定、垃圾未及时清运现象	
15	建立培训台账，台账记录应清晰、完整	

12.4 维修保驾服务内容

12.4.1 土建工程

12.4.1.1 混凝土结构及二次结构维护项目
（1）混凝土结构及二次结构的有害裂缝、空鼓、脱落等修补。
（2）清水混凝土保护层涂料及二次结构墙涂料的污渍清理及重新涂刷。

12.4.1.2 防水工程维护项目
（1）地下室底板及外墙。
（2）屋盖和幕墙。

12.4.1.3 保温、隔热、防腐工程维护项目
保温隔热屋面，保温隔热顶棚，保温隔热墙面，保温柱、梁。

12.4.1.4 室外首道车道边人行步道维护项目
首道车道边以内人行步道石材地面，人行道石材地面，首道车道边路缘石。

12.4.1.5 钢结构维修维护项目
腻子外露部分，钢结构表面防火涂料。

对所有钢柱、幕墙、C形柱、钢网架、浮岛、支撑筒、门头、中心区连桥、马道等钢结构的表面进行维护，进行油漆修补、进行防火涂料修补。

12.4.1.6 非旅客活动区域室内装饰维修维护项目
（1）非旅客活动区域瓷砖地面。
（2）抗静电地面。
（3）行李分拣厅环氧涂料自流平地面。
（4）卫生间地面。
（5）机房、配电小间等防静电全钢活动地板。
（6）变形缝。

（7）航站楼行李分拣厅内所有防撞设施、防撞标识维修。

（8）非旅客活动区域通道、办公室石材踢脚、不锈钢踢脚的维护。

12.4.1.7 顶棚工程维修维护项目（不含其他单位人为损坏）

（1）金属穿孔吸声板顶棚。

（2）涂料顶棚，硅钙板吊顶和防水石膏板顶棚开裂、起皮、脱落处的维修。

（3）配合航站楼维修设备单位拆除和恢复吊顶工作（不含新增设备施工）。

12.4.1.8 墙面工程维修维护项目

（1）卫生间瓷砖墙面。

（2）涂料墙面开裂、起泡、掉皮的修补。

12.4.1.9 门窗工程

（1）木门五金的维修和更换。

（2）钢制防火门五金的维修和更换。

（3）木门、防火门门扇和门框油漆起皮、污染处的维修。

12.4.1.10 卫生间维修维护项目

公共区域卫生间，非旅客活动区域卫生间，无障碍卫生间。

（1）隔断板及门、门锁、挂衣钩、合页、隔断板固定件的维修和更换。

（2）残疾人扶手的维修。

（3）卫生间镜子的维修。

（4）楼内卫生间马桶等洁具属于土建维修保驾范围。洁具与下水管连接处至管廊不属于本项目维修保驾范围，但应根据实际情况配合其他单位的卫生间内作业。

12.4.1.11 如下旅客服务设施等维修维护项目

（1）北京大兴国际机场航站楼内无障碍盲道盲钉的修补与整改维修保驾工作（定期维修保驾、备件更换）。

（2）保障北京大兴国际机场航站楼内无障碍卫生间的土建类设施设备完好，功能良好，满足残障旅客的需求（定期维修保驾、备件更换、故障修复）。

（3）保障北京大兴国际机场航站楼内无障碍低位柜台设施设备完好，功能良好，满足残障旅客的需求（定期维修保驾、备件更换、修复）。

（4）配合楼内旅客座椅的搬运及位置调整。

（5）负责楼内母婴室内涉及在楼体结构上施工的维修保驾作业（定期维修保驾、备件更换、故障修复）。

（6）楼内问讯柜台、综合服务柜台等的维修保驾及搬运。

（7）安检现场检查柜台、旅客行李整理台维修保驾。

12.4.1.12 精装修工程维修维护项目（包括旅客公共区及要客服务区）

（1）地面装修，包括石材地面、开敞式楼梯地面、橡胶板楼地面、PVC复合弹性地板、地毯楼地面、防撞板、踢脚线、扶手、栏杆/栏板。

（2）墙面装修，包括内玻璃幕墙饰面、隔断、墙面装饰、罗盘箱外表面及顶部装修、精装修区域的风口（包括罗盘箱风口）等。

（3）顶棚装修，包括屋面吊顶、公共卫生间吊顶等。

（4）楼板底面吸声板。

（5）包括残疾人卫生间的门（包括通往清洁间的门），包括内墙面装饰、隔断中的门、小五金等。

（6）其他装修装饰工程包括：不锈钢防撞杆，洗手盆柜，洗手盆柜台面板等。

12.4.2 机电工程

12.4.2.1 通风与空调系统维护项目

（1）空调机组、风机盘管、地沟封盘、地板辐射采暖、冷辐射、多联机、恒温恒湿机、全年冷机组、防排烟及送排风风机、各类风阀、循环水泵等设备运行。

（2）各类管道及保温，重点是防结露。

（3）所有过滤器的检查及不定期的清理。

（4）供冷、供暖风量平衡调整，温湿度的调整。

12.4.2.2 给水排水系统维护项目

（1）生活给水设备（含循环水泵、紫外线消毒器、稳压系统及水箱），生活热水设备，饮水设备，废（污）水设备，厨房隔油设备，消防水泵及末端。

（2）虹吸雨水系统屋面吸水口保持干净，对落入的异物及时清理。

12.4.2.3 电气系统维护项目

（1）变配电系统高低压变配电设备，备用及不间断电源系统设备，动力、照明、防雷及接地系统设备，供电缆线。

（2）末端照明设备的更换、隐蔽线缆的短路、接触不良及断路器跳闸等问题处理。

12.4.2.4 智能楼宇管理系统维护项目

（1）建筑设备监控管理系统、智能照明监控管理系统、电气监控管理系统、电梯/扶梯/步道监控管理系统等配置的服务器、网络交换机、管理工作站、磁盘阵列、数据库运行。

（2）末端采集数据与上位机核对。

（3）各系统优化具备对IBMS转发。

12.4.2.5 消防弱电系统维护项目

（1）火灾自动报警温（烟）感探测器、声光报警器、控制模块、消防电话、水泵、电梯、防火卷帘等机柜、服务器。

（2）对各系统点位的再次核对确认。

（3）每季度对设备进行除尘、清理。

12.4.2.6　电扶梯系统维护项目

定期保养，查验紧固件、电器元件是否正常，电机零部件工作情况，给润滑部件进行加油，各部件进行清洁。

控制系统、制动器、变频器、限速器、安全钳、极限开关、门机系统、缓冲器、电梯门锁装置、按钮及感应开关等。

12.4.3　金属屋面系统

为确保北京大兴国际机场航站楼内的正常运行，及时发现屋面存在的危险隐患，维修保驾项目部人员将对北京大兴国际机场航站楼金属屋面系统进行每年6次的综合性维护、维修、检查，每次工作不少于15天。维修保驾项目部每次检查完成之后，必须在10日内向北京大兴国际机场航站楼管理部提交详细的检查报告，内容必须包括但不限于以下内容：检查时间、检查区域、检查内容、检查所发现的问题及处理情况。

维护工作包括：

12.4.3.1　直立锁边主屋面子系统维修维护项目

直立锁边金属屋面、TPO柔性防水卷材、金属装饰板等。

12.4.3.2　屋面檐口子系统维修维护项目

25mm厚复合金属装饰板、TPO柔性防水卷材、镀锌平钢板支撑层等。

12.4.3.3　屋面天沟子系统维修维护项目

0.8mm厚压型钢板，保温岩棉，TPO柔性防水卷材，防火、耐腐的柔性绝缘垫块，虹吸排水，融雪系统的伴热电缆等。

12.4.3.4　室外吊顶子系统维修维护项目

螺栓、焊接部分、连接件部分等。

12.4.3.5　屋面排烟窗系统维修维护项目

维护电（气）动排烟窗聚碳酸酯板或其他板块组件，对电（气）动排烟窗的滑撑、导轨、限位装置等应经常补充润滑油。

12.4.3.6　虹吸雨水系统维修维护项目

屋面雨水斗、管道、配件、支吊架、密封件、连接件、紧固件及其他附件。

12.4.3.7　天沟融雪电伴热系统维修维护项目

冰雪探测器、电伴热带。

12.4.3.8　屋面采光顶系统维修维护项目

中空夹胶玻璃、TPO柔性防水卷材、挤压成型的EPDM胶条、连接紧固件、橡胶垫。

12.4.4　玻璃幕墙外装修工程

维修保驾项目包括支撑钢结构构件、幕墙系统的巡查，配合维修作业需听从北京大兴国际机场站楼管理部指定的专业维修保驾技术人员指挥。

12.4.4.1　维护部位
支撑钢结构构件、幕墙系统。

12.4.4.2　维修保驾工作内容
（1）配合更换五金配件、主副件（含幕墙玻璃等）。
（2）对钢结构的表面进行维护、油漆修补、防火涂料修补、材料颜色褪色维修。
（3）处理因密封及结构原因而导致的渗漏。
（4）对外幕墙系统等进行外观巡查。

12.5　日常巡视及维修保驾服务

12.5.1　维修保驾区域

1.　公共区
北京大兴国际机场航站楼用于旅客进出港的通道、等待区域被称为公共区域，对该区域内涉及的维修保驾项目进行24小时巡视检查、维修。对公共区域检查要细致、及时，对所有部位的维护不能影响北京大兴国际机场航站楼的正常运行，不妨碍旅客的通行。

2.　办公区
办公区的工作特点是：分布广、办公房间密集，有的部位涉及安检区域内和安检区域外的特殊范围。办公区是北京大兴国际机场航站楼运行的核心部分。

对办公区检查维护分为巡视检查、各办公室联系维修等。应做到及时响应，及时维修。

3.　设备机房区
设备机房区是北京大兴国际机场航站楼运行的重要组成部分，是北京大兴国际机场航站楼正常运行的重要设施。该区域内设备24小时不间断运行。设备机房区归专业部门管理，应会同专业管理部门共同完善该区域的设施维护，由于该区域位置特殊，需要与专业管理部门同时检查、巡视维修。

对设备机房区内维修或处理问题，要在最短的时间内完成。因此，需要完整的后勤保障管理，如：明确各部位设备位置，对各式维护材料的准备，对人员安排，处理突发事件等。

4. 设备运行区

行李运行区为北京大兴国际机场航站楼的重要设施之一，如果在行李运行中出现问题，将会出现严重的后果。

对重要部位采取重点区域化管理的形式，划分责任区，做到责任到人。在保障正常维修保驾的形式外成立预案保障措施，保证人员和材料到位。需要一定的专业技术人员通过以下几方面来维护设备运行：设立专职负责人负责巡视管理，制定专项巡视表格、检查记录，制定专项维修保驾方案，根据季节的变换及时调整对维修保驾重心的管理。

12.5.2 重点维修保驾区域工作要求

12.5.2.1 公共区

（1）公共区为人员进出密集、频繁的区域。对此区域的巡视人员制定一定的巡视制度，特别制定在节假日、阴雨天、雾天等时段，因为航班延误或者进出港集中时段的保障、巡视、维修工作制度。

（2）每天定时检查此区域内柜台前设置的辅助设施。对一些存在磨损、安全隐患的设施及时维修、更换，全力保证设施正常运行及旅客安全。

12.5.2.2 高舱位、商业、餐饮区

（1）商业区为北京大兴国际机场航站楼的重要区域之一，对此区域的巡视人员制定相应的巡视制度，开展全力保障、巡视和维修工作，服务好旅客。

（2）在此区域内由商户自行巡视维修，对此区域内的主管道、主要设施、结构部分加强巡视。

（3）在餐饮区巡视、监督、检查、发现问题后，要求商户对问题限期整改。

12.5.2.3 联检区

（1）此区域为北京大兴国际机场航站楼的重要区域之一，是保障航班正常运行的大门，是旅客出港前必须经过的地方，是航班登机旅客快速办理通过手续的地方。在此区域的巡视人员要遵守巡视制度，全力做好保障、巡视、维修工作，服务好旅客。

（2）在此区域内的设备由专属部门管理，应注意辅助设施及应急预案的配合。

12.5.2.4 行李区

（1）行李区为北京大兴国际机场航站楼的重要区域之一，是保障航班正常起飞及旅客进出港行李的主要运输通道。

（2）此区域内的巡视人员根据不同时段加强巡视管理，全力做好保障、巡视、维修工作，保证航班的正常运行。

（3）此区域内设备由专属部门管理，应注意辅助设施及应急预案的配合。在此区域设置安全防护、警示设施最为关键，及时的检查、维修、更换工作是行李区安全的重要保障。

12.5.2.5 屋面的维修保驾

屋面的维修保驾应由专人完成，所有的维修保驾人员要经过专业施工单位现场培训后，方可开展巡视工作。由于屋面位置高，并且存在一定的弧度，对屋面的构造形式在维修保驾时需要细化管理。例如：制定专项技术交底、专项安全管理措施交底。

12.5.2.6 外幕墙的维修保驾

因为此处位置比较特殊，整个外幕墙构造是相互衔接而成的，如果因为某些地方出现问题将影响整个外幕墙或者部分外幕墙的安全。由于外幕墙巡视、检修工作的特殊性、对外幕墙的维修保驾制定了一系列的专项管理制度和方案，使外幕墙的巡视管理做到细、勤、专业化。

12.5.3 维修保驾服务实施

为顺利开展维修保驾工作，维修保驾项目部制定了检查巡视工作计划，除收到报修要求外，在其他工作时间内按照计划开展例行巡视工作。

检查巡视工作计划表见表12-2。

检查巡视工作计划表　　　　　　　　　　表12-2

序号	部位	检查内容	检查次数	发现问题	处理方式
1	非公共区	装修装饰面层	一周不少于三次	涂料墙面有污染、磕碰、开裂、掉皮现象	打磨清理污染区，剔除开裂掉皮区，重新施工涂料面层
				瓷砖墙面有磕碰、脱落	清理基层，重新粘贴瓷砖
				矿棉板墙面被损坏	更换板材、收边条
				清水混凝土保护剂涂料有磕碰、划痕	打磨基层，重新涂刷保护剂涂料
				细石混凝土、水泥自流平、环氧自流平地面有裂缝、磕碰、划痕	无空鼓裂缝，开V形凹槽，填补处理。有空鼓裂缝，注浆处理。磕碰、划痕则重新涂刷面层涂料
				抗静电底板被损坏	更换抗静电地板
				地砖地面被损坏	更换地砖
				矿棉板吊顶被损坏	更换吊顶吊杆、龙骨、板材
				石膏板吊顶被损坏	更换石膏板，重新施工面层腻子、涂料
2		防火门、木门及五金		门扇、五金或门套被损坏	更换门扇、五金或门套
3		卫生间洁具、镜子、金属隔断、衣帽钩、纸盒等		卫生间洁具、镜子、金属隔断、衣帽钩、纸盒等有损坏	更换卫生间洁具、镜子、金属隔断、衣帽钩、纸盒

序号	部位	检查内容	检查次数	发现问题	处理方式
4	公共区	装修装饰面层	一周不少于三次	石材地面有破损	更换石材
				防尘垫、地毯有破损	更换防尘垫、地毯
				铝板墙面板螺钉脱落，铝板有损坏	固定螺钉，更换铝板
				石材墙面有破损	更换石材
				玻璃隔断有破损	更换玻璃
				栏板有损坏	更换栏杆或玻璃
				铝板吊顶	更换铝板
				GRG有破损	用石膏修补，重新施工腻子涂料
5		防火门、木门及五金		门扇、五金或门套有损坏	更换门扇、五金或门套
6		卫生间洁具、镜子、金属隔断、衣帽钩、纸盒等		卫生间洁具、镜子、金属隔断、衣帽钩、纸盒等有破损	修理或更换卫生间洁具、镜子、金属隔断、衣帽钩、纸盒
7	网架	面漆、马道	两周一次	网架、马道面漆有破损	打磨基层，重新涂刷面漆
				马道栏杆、底部钢丝网有破损	焊接或更换
8	屋面及采光天窗	屋面板、天沟、装饰板、采光顶玻璃、胶缝等	每年有6次综合性维护、维修、检查，每次工作不少于15天；在维护合约执行期间，维修保驾项目部每次检查完成之后，必须在10日内向建设单位提交详细的检查报告。屋面雨期每天巡视一次，冬季雪前雪后每天至少巡视一次	屋面板有破损	修补屋面板破损点
				天沟TPO有破损	修补TPO破损点
				胶缝有破损	切除原胶缝，重新打胶
				装饰板有破损	重新固定或更换装饰板
9	立面幕墙	—	一周不少于三次	玻璃有破损	更换玻璃
				胶缝有破损	切除原胶缝，重新打胶
10	首道车道边楼前道路及楼前高架桥	—		石材、路缘石、箅子有破损	更换石材、路缘石、箅子
				沥青混凝土路面有破损	修补沥青混凝土路面
				标识、防撞墩有破损	更换标识、防撞墩

12.5.4 维修保驾难点及应对

（1）北京大兴国际机场作为国门，迎接着国内外的旅客。一旦发生问题影响，会产生重大影响。

应对方案：加强要客保障，制定专项人员管理责任制，加强土建维修保驾，通过各类措施保障北京大兴国际机场航站楼的平稳运行。

（2）北京大兴国际机场投资高、规模大、设施齐全、信息化程度高，应用先进技术、新型工艺做法多，装修档次较高。

应对措施：加强对员工的维修技术培训，增加技术工人比例。

（3）北京大兴国际机场维修保驾为服务性维修保驾，不只有土建维修，还要随时应对各种突发事件，如旅客问路等。

应对措施：加强对派驻在北京大兴国际机场维修保驾项目部人员的整体思想培训，明确机场维修保驾服务特点，实行首问负责制。

（4）北京大兴国际机场航站楼作为国际航站楼，需要面对国际友人，维修保驾员工不只是能进行维修保驾，还要能进行简单的英语对话，解答旅客问题，遇上媒体问答，还要能合理应对，对维修保驾人员素质有要求较高。

应对措施：加强员工综合性培训，航站楼土建维修保驾不只是劳动密集型工作法，还要向高素质方向发展。

（5）北京大兴国际机场航站楼旅客数量多、旅客流量大，航站楼内维修工作量大，出现问题种类多，问题出现时间段集中，航站楼内的维修保驾压力较大。

应对措施：要求巡视人员及时发现问题，将问题解决在萌芽阶段。维修接报后，反应迅速，及时到场维修。要求员工既能修门，又能修地面，打破工种限制，一专多能，保证效率。

（6）机场维修保驾是在机场正常运行，不停航的情况下进行的，要求员工24小时维修，涉及公共区的部分维修需要在夜航停航后才能进行，并且施工时间较短，一般为4小时。

应对措施：精心计划、细心安排，加快施工效率，保证安全、保证质量，加快维修速度。

（7）北京大兴国际机场航站楼客流量受节假日影响较大，航班受天气影响较大，夏天、冬天经常发生大面积航班延误，造成维修保驾工作增多。

应对措施：设置相应预案，准备人员充足，接到机场通知后，迅速到位处理。

（8）北京大兴国际机场航站楼安全等级较高，涉及安检、边检、海关、检验检疫、安保等单位，安防规定多、要求严格。

应对措施：端正思想，加强员工培训，通过严格执行北京大兴国际机场航站楼安防要求，保证土建维修保驾的实施，保证北京大兴国际机场航站楼可正常运行。

（9）北京大兴国际机场安防管理严格，旅客、员工流程多，安保检查多，对人员的调配、材料的准备、工具的携带等有一定影响。

应对措施：严格按照北京大兴国际机场航站楼相关管理规定组织员工培训，考取机场通行证，办理工具携带证、场内临时车辆备案、物料单等，办理北京大兴国际机场航站楼内的相关证件，在其规章制度管理下进行维修保驾作业。

（10）北京大兴国际机场航站楼设施齐全，系统较多，相关的专业维修保驾单位、管理单位较多，配合工作较多。

应对措施：加强与各单位的沟通，维修保驾工作互相配合，涉及其他专业设施、设备的维修保驾、维修、改造时，及时与该系统负责单位联系，不得擅自处理。

（11）北京大兴国际机场航站楼日常客流量大，员工接触的旅客较多、较杂，接触传染性疾病的机会较高。

应对措施：加强员工教育，注意日常个人的卫生，除正常巡视、维修外，不要到人多的地方去。

（12）北京大兴国际机场航站楼在日常使用中，客流量大，会有超出维修保驾服务范围的损坏。

应对方案：对于北京大兴国际机场航站楼管理部提出的需求，应积极应对，及时编制改造方案及概算，协助进行改造方案的前期制定，以及样品的制作。

北京大兴国际机场有自己的维修保驾特点，本项目的维修保驾管理团队参加了北京大兴国际机场航站楼的施工建设，继续负责北京大兴国际机场维修保驾。依照北京大兴国际机场航站楼相关管理规定，我们制定严格的管理制度，加强巡视、加强员工责任心，以场为家，保证航站楼平稳、有序地运行。

第 **13** 章

§

大事记

2015年

八月

25日，北京城建集团正式接到建设单位送达的北京大兴国际机场航站楼基坑及桩基础工程中标通知书。

26日，北京城建集团北京新机场航站楼基坑及桩基础工程总承包部成立，并在北京城建集团召开全体人员动员大会。

图13-1 大型机械现场除草

九月

4日24时，参与前期施工的相关机械设备及部分物资陆续进场（图13-1）。

5日，北京城建集团新机场航站楼工程总承包部42名管理人员全部到位并展开工作（图13-2）。

15日，航站区环场路贯通（图13-3）。

25日，北京城建集团新机场航站楼工程总承包部临时办公区完工。

26日上午，航站区一标段正式开工建设，建设单位、总承包单位、监理单位、设计单位等相关人员出席开工仪式（图13-4）。

29日，航站楼基坑土方清表完成，并通过验收。

图13-2 管理人员雨中察看现场

图13-3 航站区环场路贯通

十月

2日14：28航站楼开始第一步土方开挖。当日完成倒运清表土方。

11日7：58护坡桩第一钻开钻。当日，第一步土方开挖完成（除试桩区临时设施占地范围），第二步土方开挖开始。

18日15：48，浅区基础试桩开钻。

27日，深槽东、西两侧护坡桩588根全部完成。

图13-4 航站区一标段开工

十一月

6日，除受北侧马道外扩影响的降水井外，排水管道已施工完成，现场降水井已形成降水能力。

9日8：00，1294根护坡桩（包括新增桩100根）已全部浇筑完成。当日15：30，航站楼核心区深区基础桩正式施工（图13-5）。

图13-5　深基坑基础桩施工

2016年

一月

17日21：00，北京大兴国际机场航站楼地下工程深区（五区）最后的一根基础桩完成施工（图13-6）。至此，北京大兴国际机场航站楼8270根基础桩全部施工完毕。

二月

18日，北京城建集团中标北京大兴国际机场航站楼二标段，建筑面积为60万m²，合同额为63.938亿元，计划2016年3月15日开工建设，2019年7月15日完工，合同工期1218日历天。

26日11：18，北京大兴国际机场航站楼高架桥区5台机械同时施工。

图13-6　夜间基础桩施工

三月

15日10：00，奠基石就位活动在深基坑东南侧举行（图13-7），标志着北京大兴国际机场航站

图13-7　为奠基石培土

楼二标段正式开工建设。

20日，航站楼核心区首块底板防水开始施工。

四月

12日，第一批工人入住新建工人生活区。

16日晚，北京大兴国际机场航站楼主体结构第一段底板混凝土浇筑，标志着北京大兴国际机场航站楼工程正式转入主体结构施工阶段。

20日，新办公区实现通网、通电、通水，北京城建集团新机场航站楼工程总承包部搬至新办公区办公。新办公区食堂厨具、桌椅等均已安装完毕。

27日5：08，高架桥区2233根基础桩全部施工完毕，北京大兴国际机场航站楼工程建设再创纪录。

五月

12日，工人生活区A、B区食堂正式启用，两个食堂能同时满足4000人用餐。

14日上午，第一根混凝土样板柱浇筑完毕。

18日10时，第一根钢柱开始吊装，标志着北京大兴国际机场航站楼钢结构工程进入到了正式施工阶段。

18日，北京城建集团新机场航站楼工程总承包部工会联合会（以下简称"联合会"）正式成立，民主选举了由17名委员组成的首届联合会委员会，并积极吸纳工人入会，第一批入会工人达4982名。

六月

7日下午，北京城建集团2016年"安全生产月"活动启动仪式在北京大兴国际机场施工现场举行。

9日上午，项目举行第一届"手牵手、心连心、共建新机场"主题亲子活动，约200余名家属及员工参加。

21日，航站楼核心区提前4天完成底板施工节点目标。

22日上午，联合会首次会议暨劳务工人集体入会仪式召开。北京市总工会、北京市建筑工会相关领导出席仪式为工会联合会及职工之家揭牌。

28日上午，北京市建筑工会、北京城建集团领导为北京大兴国际机场项目5000余名参建员工送来20000斤西瓜、2000箱矿泉水、1800斤绿豆、1800斤白糖和防暑药品等慰问品。

七月

11日上午，第一个建筑隔震弹性滑板支座开始安装，标志着北京大兴国际机场航站楼建设进入到了新的里程碑。

12日，钢栈桥小火车试运行。

19日13时至21日6时，北京市出现强降雨天气，全市平均降雨210.7mm，城区降雨274mm，共形成水资源总量为33亿m³。在这次暴雨中，北京城建集团新机场航站楼工程总承包部迅速启动应急抢险预案，及时采取停工、巡视排查基坑边坡、抽排水、修筑围堰等措施。北京城建集团新机场航站楼工程总承包部班子成员及防汛小组不畏艰难和险情，带领1350余名防汛人员连续作战34小时，投入排污水泵110台，挖掘机6台，装载机2台，高压清洗机2台，升降工作灯3台，全自动自吸泵2台，混凝土汽车泵1台，围堰沙袋85000条，消防水带18300m，不同规格电缆5400m，二级配电箱8台，三级开关箱110台，变频柜2台等设备，处理边坡险情浇筑混凝土1080m³。北京城建集团新机场航站楼工程总承包部领导及防汛小组昼夜巡视排查、抽水，及时消除了险情。整个抢险过程组织有序，未发生人员伤亡，基坑边坡、支护整体稳定，塔式起重机、履带式起重机等大型机械设备均保持良好、安全状态。

21日下午，在暴雨过后，北京城建集团新机场航站楼工程总承包部立即组织召开汛后安全生产布置会，及时组织人力、物力、机械设备，对施工现场进行安全排查，在保证安全的前提下迅速复工。

30日17：28，北京大兴国际机场航站楼核心区首块正负零楼板开盘浇筑混凝土，标志着航站楼核心区工程开始冲出地面。

八月

1日16：00，北京大兴国际机场航站楼钢栈桥正式通车，北京城建集团总经理郭延红等领导出席通车仪式（图13-8）。

6日，水利部及水利专家察看生活区污水处理系统并参观施工现场，专家们对项目生活区污水系统给予好评。

28日10：00，北京大兴国际机场航站楼F2层楼板开始浇筑混凝土，标志着航站楼正负零以上主体结构施工拉开了序幕。

主体结构施工夜景见图13-9。

图13-8　航站楼钢栈桥通车仪式

图13-9　主体结构施工夜景

九月

13日上午，大兴区疾病预防控制中心在大兴区机场办公室、北京城建集团新机场航站楼工程总承包部协同下走进工人生活区，为工人们举办了现场"全民健康生活方式行动日"的宣传活动。

14日下午，在中秋佳节来临之际，北京城建集团新机场航站楼工程总承包部购买了20000块月饼，分发到每一位参建工人手中，为工人们带去节日慰问和祝福。

15日，北京大兴国际机场主航站楼核心区提前15天实现地下结构封顶目标，标志着北京大兴国际机场航站楼核心区已完成60%的混凝土主体结构。

20日上午，人民日报、新华社、中央电视台、中央人民广播电台、北京广播电视台、北京人民广播电台、北京日报、北京晚报、千龙网、首都建设报、东方卫视等11家重量级新闻媒体记者到北京大兴国际机场报道航站楼地下结构封顶。当日11：00，第一根地上劲性钢结构柱开始吊装，北京大兴国际机场航站楼地上钢结构施工正式拉开序幕。

27日上午，航站楼核心区及综合交通中心工程土方、降水、护坡及桩基础工程顺利通过各方验收。对8220根工程桩检测，一类桩数量占全部工程桩数量的98.5%，无三类桩。施工资料齐全，各项施工组织与工序均符合施工要求，工程在顺利通过验收的同时受到北京市质量监督单位、建设单位、设计单位、监理等单位的好评。

十月

10日，人民日报、新华社、中央电视台、路透社、美联社等中外媒体共同走进北京大兴国际机场航站楼工地进行现场采访。当日，航站楼地上四层楼板开始施工，标志着航站楼地上结构混凝土施工迈入一个新台阶。

22日，北京大兴国际机场航站楼核心区局部施工至地上四层。

十一月

16日下午，大兴区疾病预防与控制中心与北京市仁和医院南院区10余名医生走进项目工人生活区，为工人们举办了"共同关注糖尿病"为公益主题的健康宣传和义诊活动。

18日，北京市绿色安全样板工地验收专家到北京大兴国际机场航站楼进行验收，北京大兴国际机场航站楼以98分顺利通过北京市绿色安全样板工地验收。

十二月

6日，北京大兴国际机场航站楼地上结构5层楼板4-F5-1段正式浇筑混凝土，标志着北京大兴国际机场航站楼工程正式开启地上结构最后一层混凝土施工。

15日至16日，北京城建集团新机场航站楼工程总承包部组织南区、北区焊工进行了焊工资格考试及培训讲座，并对南区浙江精工37名焊工进行了焊接实际操作考试。

25日，北京广播电视台《北京新闻》播出了长达6分钟的《李建华：北京新机场主航站楼"凤凰"奇迹的建设者》专题报道。

30日下午，北京城建集团领导与100余名施工一线工人一同擀面皮、包饺子、吃饺子、观晚会，并发放了慰问品。北京广播电视台对此次活动进行了报道。

31日，北京广播电视台"跨越2016"专题部通过现场连线直播的方式采访了项目经理李建华。

2017年

一月

7日，航站楼主体通过北京市结构长城杯首轮验收。

12日18：08，北京大兴国际机场航站楼五区最后一段（5-F2-7段）楼板混凝土开始浇筑，至1月13日11：16顺利完成浇筑，标志着航站楼五区混凝土主体结构施工正式结束，也标志着北京大兴国际机场航站楼核心区主体结构封顶全面展开。

15日上午，北京大兴国际机场航站楼工程凭借完善、卓越的绿色施工管理，以全国检查最高分96.87分通过"全国建筑业绿色施工示范工程"第一次验收，并被指定为全国绿色施工达标竞赛活动观摩工程。

18日上午，在建设单位召开的北京大兴国际机场建设安全保卫工作总结表彰会上，北京城建集团新机场航站楼工程总包部获2016年度北京大兴国际机场建设安全保卫工作先进单位。

19日15：08，伴随着最后一块混凝土楼板完成浇筑，北京大兴国际机场航站楼核心区混凝土结构提前12天封顶（图13-10）。

图13-10　混凝土结构封顶仪式

二月

2017年2月23日，习近平考察正在建设中的北京新机场。习近平指出，新机场建设非常重要，是北京发展和京津冀协同发展的需要。他说，许多国家提出想要开通或增开到北京的航线，但我们目前条件有限。新机场建设是我们国家发展一个新动力源。看到施工现场井井有条，得知施工实现了零事故，习近平表示肯定。他说，北京新机场建设要打造"精品工程、样板工程、平安工程、廉洁工程"，特别是要抓好安全生产。新机场建设要创造一流经验，为我国基础设施建设打造样板。[1]

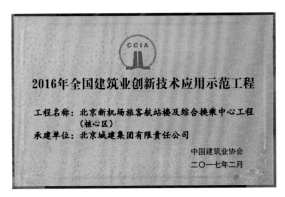

图13-11　全国建筑业创新技术应用示范工程

考察结束后，中央电视台、新华社、北京广播电视台等媒体在航站楼施工现场对员工进行了回访。

25日，北京新机场旅客航站楼及综合换乘中心工程（核心区），被中国建筑业协会评为"2016年全国建筑业创新技术应用示范工程"（图13-11）。

三月

1日下午，北京城建集团新机场航站楼工程总承包部组织学习"贯彻习近平总书记视察新机场时的重要指示精神"。北京城建集团新机场航站楼工程总承包部部长及以上领导，各分包单位的相关负责人和代表出席会议。会议由项目经理李建华主持。

10日，北京城建集团新机场航站楼工程总承包部收到建设单位的一封《感谢信》，对北京城建集团在2月23日中央首长考察调研活动中所做出的贡献表示感谢。

---

[1] 习近平强调北京新机场建设要为我国基础设施建设打造样板-新华网 http://www.xinhuanet.com/politics/2017-02/24/c_1120527177.htm.

15日，"职工之家"被北京城建集团工会评为北京城建集团2017年度"先进职工小家"。

四月

7日，北京城建集团新机场航站楼工程总承包部召开钢结构提升准备工作现场检查会，项目经理李建华带队检查。

11日上午，北京华西校友专家讲师团团长周红教授到北京城建集团新机场航站楼工程总承包部为近100名女员工举行了"关爱女性健康，预防妇科疾病"专题讲座。

12日11：00，航站楼核心区迎来了屋顶钢结构施工的关键环节——第一榀钢网架提升（图13-12），意味着屋顶钢结构开始真正从图纸转化为建筑实体。本次钢网架提升受到了北京市住房和城乡建设委员会、建设单位、监理单位、设计单位的高度关注，各单位均派代表亲临现场见证此次提升过程。

26日上午，中华全国总工会领导到北京大兴国际机场航站楼项目办公区，亲切慰问建设者和劳动模范代表。同日上午，由中华全国总工会、中央电视台联合举办的《中国梦·劳动美——2017年庆祝"五一"国际劳动节心连心特别节目》，在北京大兴国际机场航站楼核心区施工现场录制。全国五一劳动奖和全国工人先锋号获奖代表、北京大兴国际机场建设者等2000余人一同观看演出（图13-13）。

25日至27日，北京城建集团新机场航站楼工程总承包部创新以党建管理成果参

图13-12 第一榀钢网架提升

图13-13 《中国梦·劳动美——2017年庆祝"五一"国际劳动节心连心特别节目》演出现场

加北京市第八届建设工程项目管理成果发布会，拿到90.17的场上高分。北京市建筑业联合会秘书长在点评中指出"这是成果发布会有史以来第一次以党建为主题的项目汇报，让人耳目一新，成果值得宣传和推广"。

28日，航站楼核心区地下混凝土主体结构顺利通过四方验收。

28日至29日，北京城建集团新机场航站楼工程总承包部第二分区QC小组的《提高圆弧形梁柱节点混凝土成型质量合格率》、何小锐QC小组的《提高高强混凝土柱一次合格率》、第五分区QC小组的《提高大截面密集钢筋劲性梁自密实混凝土外观合格率》、张灏QC小组的《提高隔震支座下支墩优良率》荣获"北京市工程建设优秀质量管理小组一等奖"，四个小组还获得"2017年度北京市工程建设优秀质量管理小组"称号。

五月

4日，凭借优异的团支部建设成绩，北京城建集团新机场航站楼工程总承包部荣获北京城建集团2016年度"先进基层团组织"。

5日，中华全国总工会办公厅特意向北京城建集团发来感谢信，对集团在2017年全国总工会、中央电视台联合举办的《中国梦·劳动美——2017年庆祝"五一"国际劳动节心连心特别节目》中给予的鼎力支持深表谢意，并在信中特别感谢了北京城建集团新机场航站楼工程总承包部对此次活动所做出的重要贡献。

19日，中国电影博物馆在北京大兴国际机场建设工地主办了电影放映活动及电影巡展启动仪式，北京城建、中建八局、北京建工以及其他区域的500余名工人一同观看电影。

22日，航站楼地上混凝土主体结构顺利通过四方验收。

六月

6日上午，北京城建集团新机场航站楼工程总承包部举行"全面落实企业安全生产主体责任"为主题的"安全生产月"活动启动仪式，来自各参建单位的500余名工人上了一次别开生面的"安全课"。

21日晚，北京市2017年首场强降雨"抵达"北京大兴国际机场航站楼工地。自21日晚到23日上午，凭借强有力的组织体系和完备的防汛措施，北京大兴国际机场航站楼工程顺利度过2017年首次强降雨难关。22日，北京市住房和城乡建设委员会工程防汛安全专项执法检查组到北京大兴国际机场航站楼项目检查指导工作，检查组对项目防汛预案、防汛责任制落实、防汛隐患排查、物资保障等方面进行了仔细检查，对项目预案完备、人员在岗、物资充足、排查到位的防汛工作给予了高度评价。

27日，在北京城建集团召开的"庆七一"基层党建工作重点任务推进会上，北京城建集团新机场航站楼工程总承包部党总支部等29个党支部荣获北京城建集团"示范党支部"。

28日上午，由北京乐活社区服务中心与北京城建集团新机场航站楼工程总承包部联合主办的"全面落实企业安全生产主体责任"2017年建筑业安全生产月公益专场活动在北京大兴国际机场航站楼施工现场举行。

30日10：08，随着项目经理李建华宣布北京新机场航站楼最后一榀钢网架提升开始，北京新机场航站楼钢结构成功封顶（图13-14）。

图13-14 航站楼核心区钢网架封顶仪式

七月

8日，"北京新机场旅客航站楼及综合换乘中心（核心区）"荣获2016年全国建筑业创新技术应用示范工程。在7月上旬召开的全国建筑业新技术应用暨优秀论文经验交流会上，《新机场创新应用》获得了在场专家、建筑企业总工程师及技术管理人员的一致好评。

图13-15 QC优秀成果证书

9日下午，北京城建集团新机场航站楼工程总承包部协同北京华西校友专家讲师团及大兴区疾病预防控制中心的专家们为北京大兴国际机场建设者带来了高温作业职业防护、建筑工地急救两场健康讲座以及健康义诊活动，并分发了1000份宣传资料。北京城建集团新机场航站楼工程总承包部50名专职安全员及航站区三家施工单位参建工人参与了活动。

10日，《北京新机场超大平面航站楼BIM技术应用与研究项目》在中国建设行业年度峰会上被评为"中国建设行业信息化最佳应用实践项目"。

15日，在2017年度全国工程建设优秀质量管理小组活动成果交流会上，张灏QC小组荣获二〇一七年度全国工程建设质量管理小组活动优秀成果（图13-15）。

29日上午，北京市结构长城杯专家评审组在听取施工汇报、征询建设单位与监理单位意见并进行现场检查和资料查验后，一致同意北京大兴国际机场航站楼工程通过钢结构"长城杯"第二次验收。

31日上午，暑期慰问活动在工人生活区A区活动室举行。慰问共向北京城建集团新机场航站楼工程总承包管理人员及47家参建单位发放10吨西瓜、2000斤绿豆、800斤白糖，6000盒十滴水、人丹和风油精。

31日晚，北京大兴国际机场航站楼项目会同北京大兴国际机场市政项目、安置房项目、武警大兴消防分队联合举办了庆祝"八一"建军节消夏晚会。来自四个单位的一百多名员工以及武警战士在真情、欢乐的氛围中一起回顾了北京城建集团的光辉历史，感受着北京城建集团企业文化的磅礴力量。

八月

9日上午，北京市人民政府国有资产监督管理委员会国有企业创新型人才队伍建设调研座谈会在北京城建集团新机场航站楼工程总承包部召开。

15日，在北京市总工会、北京市温暖基金会公益班车、大兴区总工会、北京市大兴区社会组织发展服务中心以及永林医院的大力资助和支持下，北京城建集团新机场航站楼工程总承包部邀请北京乐活社区服务中心为北京大兴国际机场千名建设工人进行了健康体检和安全教育培训。

16日，中国图学学会主办的2017年第六届"龙图杯"全国BIM（建筑信息模型）大赛获奖名单揭晓，"北京新机场超大平面航站楼结构工程BIM 技术研究与应用"在761项作品中脱颖而出，荣获施工组一等奖。

31日，中国建筑金属结构协会建筑钢结构分会及钢结构专家委员会在北京城建集团新机场航站楼工程总承包部召开了"北京新机场项目钢结构设计与施工现场专家（京津冀）观摩会"，来自中国建筑科学研究院、清华大学、天津大学等单位的50多名专家齐聚施工现场，了解了项目的最新设计施工技术、工程质量管理和项目综合管理成果。与会专家高度赞扬了航站楼精湛先进的施工工艺以及宏伟壮观的钢结构。

九月

7日下午，第六届北京全球友好机场总裁论坛的参会代表齐聚新机场，来自政府机构、国际组织、全球多个国家和地区的23家国际机场、13家国内重要机场以及21家中外航空公司的100余名代表参观了北京大兴国际机场航站楼核心区工地，他们称赞航站楼的施工建设为"机场建设奇迹"。

8日，北京城建集团公司机电工程创优技术交流会在项目召开。

14日下午，清华经管EMBA11级北京校友会联合清华经管学院日本校友会、欧洲校友会德国校友分会到北京大兴国际机场航站楼共同举办"走进北京新机场"活动。

22日，住房和城乡建设部绿色施工科技示范工程过程咨询指导会在北京城建集团新场航站楼工程总承包部召开。

24日，第16届中国国际工程项目管理峰会暨纪念国务院五部委推广"鲁布革"工程管理经验30周年经验交流会在北京友谊宾馆召开。会上，项目经理李建华作为"全国建筑业企业优秀项目经理"代表接受表彰。专项课题《筑牢基层党建堡垒 引领北京新机场建设稳步前进》党建成果作为唯一一个以党建管理为课题的成果发布项目荣获2016年度全国建设工程项目管理一等成果。

十月

8日上午，央视携手全国31家省级电视台共同制作的"还看今朝——喜迎十九大特别节目"栏目压轴戏《北京篇》在央视新闻频道播出。其中，对由北京城建集团施工的北京大兴国际机场航站楼进行了长达6分钟的现场直播。

16日上午，在十九大新闻中心的组织下，包括美国美联社、英国路透社等在内的47家媒体的记者来到北京大兴国际机场参观采访，了解了北京大兴国际机场建设进展及未来运行情况，实地感受了中国基础设施建设的实力与成就。

18日上午，北京城建团新机场航站楼工程总承包部组织全体党员、管理人员以及各分区、分包单位的工人代表150多人集中收看了中国共产党第十九次全国代表大会开幕盛况并讨论交流。

26日上午，国家行政学院某培训班学员70余人来到北京大兴国际机场航站楼参观考察。同日，北京大兴国际机场航站楼地上钢结构通过四方验收。

十一月

8日，北京城建集团新机场航站楼工程总承包部召开航站楼封顶封围动员大会，与12家责任单位签订责任书，动员全体参建员工坚定信心、只争朝夕，坚决打赢年底封顶封围攻坚战。

29日下午，北京《前线》杂志社、《北京支部生活》杂志社、《天津支部生活》社、河北《共产党员》杂志社编辑、记者一行到大兴国际机场航站楼项目参观，并座谈交流。

30日下午，全国智慧工地建设经验交流与工程观摩会180名参会人员到北京大兴国际机场航站楼观摩。北京大兴国际机场航站楼核心区工程也是本次全国智慧工地建设经验交流与工程观摩会指定的唯一观摩工程。

十二月

20日，在2017年中国建筑业协会建筑安全分会年度安全表彰会上，北京新机场旅客航站楼及综合换乘中心（核心区）工程项目喜获"建设工程项目施工安全生产标准化建设工地"，并在全国建筑业502家标准化观摩学习单位中名列前茅。

25日11：18，北京大兴国际机场航站区陆侧高架钢桥首块构件提升就位。

29日19：00，随着最后一块屋面板的安装完成，北京大兴国际机场航站楼核心区提前2天完成功能性封顶封围（图13-16），这也标志着北京大兴国际机场航站楼核心区将全面转入内部装修和机电设备安装阶段。

图13-16　航站楼核心区提前2天实现功能性封顶封围

2018年

一月

8日，"致敬城市英雄2018携爱回家"活动走进项目部工人生活区，为工人们购票提供帮助，并送上每人300元的购票基金。

10日，北京市"安康杯"竞赛活动组委会专家赴北京大兴国际机场航站楼工程检查指导工作。

二月

1日，中国建筑业协会工程项目管理委员会向北京城建集团新机场航站楼工程总承包部送来锦旗，锦旗上绣有"建时代工程风雨兼程展城建风采　铸千秋伟业勇往直前树行业典范"。

三月

30日上午，"中国钢结构金奖"专家核查组到北京城建集团新机场航站楼工程总承包部进行现场核查评审。凭借严格的质量管控及规范的内业资料，北京大兴国际机场航站楼工程以145分高分顺利通过"中国钢结构金奖"现场核查评审，分数为北京市18项钢结构金奖申报项目现场核查的最高分。

四月

18日，北京城建集团新机场航站楼工程总承包部收到一封特殊来信。信中，建设单位对北京城建集团在北京大兴国际机场航站楼施工中所做出的贡献深表谢意，肯定了在以项目经理李建华为代表的管理团队带领下，以城建铁军速度，优质、高效、如期地完成了工程前期各项节点目标。尤其是2017年12月29日提前2天实现了航站楼核心区功能性封顶、封围的目标，并在2018年春节期间组织工人坚守施工一线，保证了北京大兴国际机场建设有序推进。

《感谢信》中写道："贵司项目管理团队'召之即来、来之能战、战之必胜'的铁军精神给我们留下了深刻的印象。在施工过程中，项目管理团队态度积极主动，行动迅速高效，高标准、严要求完成了各项节点目标，且安全、质量受控，文明施工水平高，得到了社会各方的高度赞扬。广大建设者'舍小家为大家'的奉献精神，令人感动，令人尊敬。"

28日，在北京大兴国际机场航站楼陆侧高架桥上，随着最后一段钢箱梁缓缓提升合龙，这座全球首座三层出发的航站楼将与国内最宽的机场高架桥顺利"连体"，打通为航站楼后续施工提供物料运输的通道，将有效推进大兴国际机场航站楼主体工程施工。

28日，在人民大会堂举行的2018年庆祝"五一"国际劳动节暨"当好主人翁、建功新时代"劳动和技能竞赛推进大会上，北京城建集团新机场航站楼工程总承包部被中华全国总工会授予"工人先锋号"荣誉称号（图13-17）。今年中华全国总工会共表彰全国五一劳动奖状99项、全国五一劳动奖章697项、全国工人先锋号799项。在本次表彰活动中，北京城建集团新机场航站楼工程总承包部是北京大兴国际机场区域80余家施工总承包单位中唯一一家荣获全国工人先锋号的单位。

图13-17　工人先锋号

五月

12日，北京城建集团有限责任公司新机场航站楼项目经理部被评为"2018年北京市建筑企业优秀项目经理部"（图13-18）。

图13-18　北京市建筑企业优秀项目经理部

六月

20日，北京大兴国际机场航站楼楼前高架桥沥青混凝土开始浇筑，当天完成了F4层桥面沥青混凝土施工，浇筑总面积为2.023万m²。届时，将与北京大兴国际机场高速公路连接，打通通往航站楼的关键线路，为后续施工提供重要物料运输通道，有效推进北京大兴国际机场航站楼主体工程施工。

30日，航站楼核心区实现闭水目标。

七月

6日上午，中国民用航空局在航站楼四层国际联检通道大厅召开北京大兴国际机场工程竣工倒计时一周年建设与运营筹备攻坚动员会（图13-19），会议发布了《北京新机场建设与运营筹备总进度综合管控计划》，明确北京大兴国际机场及其配套工程将在2019年6月30日竣工验收，2019年9月30日前投入运营。

图13-19　竣工倒计时一周年动员会

八月

30日下午，来自2018年中非合作论坛北京峰会采访活动的百余名记者来到北京大兴国际机场航站楼施工现场，采访报道北京大兴国际机场建设情况。40多个国家和地区的60余家媒体记者共同见证了北京大兴国际机场航站楼的建设奇迹。

九月

5日，2018年北京市建筑企业优秀项目经理部名单正式对外公布。

23日晚，由北京东方管乐团、北京大兴国际机场区域各单位共同举办的中秋晚会在北京大兴国际机场航站楼项目部职工之家篮球场举行，近600名工人观看了演出，并领取了中秋慰问品。

27日，由中国企业文化促进会、应急管理部信息研究院、北京市职工文化协会和北京城建集团联合主办的"为建设者赠书到工地"活动在北京大兴国际机场航站楼项目第一会议室举行。

30日，航站楼核心区完成受电，具备通水排水能力。

十月

12日，《2017～2018年度（第二批）北京市建筑、结构长城杯工程名单》正式出炉，北京新机场旅客航站楼及综合换乘中心（核心区）工程喜获北京市建筑结构长城杯金质奖。

十一月

1日，北京城建集团新机场航站楼工程总承包部收到来自建设单位的一封《感谢信》。信中，建设单位对航站楼核心区工程相继按期甚至提前完成一期和二期调试用电节点，以及顺利完成开闭站施工、验收及报装工作给予了高度评价，并对北京城建集团一直以来的大力支持和项目全体员工的辛勤付出表示了感谢。

9日上午，全国人大常委会副委员长、中华全国总工会主席王东明深入考察北京新机场航站楼施工现场[①]。

10日，航站楼首台空调机组单机单系统调试正式启动，经现场测试，风系统正常、供电负荷正常，标志着航站楼冬季临时供暖系统正式进入调试阶段，比原计划提前5天。

20日，航站楼首台空调机组单机单系统调试提前5天正式启动。

25日，凭借优异的新闻宣传工作，北京城建集团新机场航站楼工程总承包部被北京城市建设研究发展促进会评为2017年度"新闻宣传工作先进单位"。

30日上午，聂建国、肖绪文、岳清瑞三位工程院院士和刘树屯、陈禄如、吴欣之、彭明祥、乔锋五位专家组成员通过听取成果汇报、现场参观、讨论评价，一致评定北京大兴国际机场航站楼工程的"超大平面复杂空间曲面钢网格结构屋盖施工技术"达到国际领先水平。

十二月

1日，2018中国项目管理大会暨中国特色与跨文化项目管理国际论坛在上海召开。由北京城建集团参与施工的北京大兴国际机场建设项目荣获2018年度国际卓越项目管理（中国）大奖金奖，成为此次大会唯一获得金奖的项目。北京城建集团参与建设了北京大兴国际机场十余项重点工程，总承包施工的北京大兴国际机场航站楼核心区是其中建设最先进、结构最复杂、施工难度最大的部位。项目通过采用"施工组织专业化、资源组织集约化、安全管理人本化、管理手段智慧化、现场管理目标化、日常管理精细化"的"六化"管理模式，安全、优质、高效、低耗地完成了一个又一个节点目标，不断刷新北京大兴国际机场建设的"中国速度"。

---

① 王东明在北京调研时指出深刻领会习近平总书记重要讲话的重大意义 推动新时代工会工作开创新局面https://www.acftu.org/xwdt/ghyw/202008/t20200831_242393.html?7OkeOa4k=qAqPcAk._5B._5B._6gEzsrWtwF.ZfCvl8SBCCKIPH9qqJDvW.JeqaAqq_a.

28日，经过数千名建设者历时三年零三个月的精心"雕琢"，北京大兴国际机场航站楼外立面装修工程全面完成，正式对外亮相。

2019年

一月

1日上午，北京市职工文化协会人员带领20多位首都职工艺术家来到北京大兴国际机场参观，并慰问北京城建集团在北京大兴国际机场的建设者。

11日下午，"我们的中国梦"活动在北京大兴国际机场航站楼开展，为建设者们送上了书法、国画、剪纸、手工结、吹糖人等作品。来自北京书法家协会、北京美术家协会、北京民间文艺家协会的书画及文艺大师们现场为建设者们创作艺术作品，以此送上美好的祝福和慰问。

19日晚，由北京电台组织的2019年春节系列活动"广播过大年 欢乐一家亲"走进北京大兴国际机场，慰问北京城建集团一线建设者。由建设者编导、自演的情景剧《旗帜》也参加了晚会的演出。

21日下午，由中华全国总工会等举办的"同心同书·祖国新春好"书法文化惠民——送万福、进万家暨送温暖活动走进北京大兴国际机场，为机场建设者送来慰问。十余名著名书法家在现场为建设者写福字、写春联，用书法作品为建设者送上了暖心的祝福与慰问。北京市总工会结合"两节"送温暖活动，还特别为机场建设职工送来了100份新年"福"包。

24日下午，中国建筑业协会工程项目管理委员会一行领导到北京大兴国际机场航站楼现场参观，并慰问建设者。

28日，北京城建集团新机场航站楼工程总承包部获评北京大兴国际机场建设2018年度安全保卫工作先进单位。4名员工被评为2018年度北京大兴国际机场建设安全保卫工作先进个人。

二月

5日上午，中国民用航空局局长、北京城建集团工会领导慰问北京城建集团新机场航站楼工程总承包部员工，向春节坚守和奋战在施工一线的建设者们送上亲切的关怀和节日的祝福。

22日上午，建设单位"习总书记视察大兴国际机场两周年学习交流会"在北京城建集团新机场航站楼工程总承包部会议室召开，航站区工程部所有党员以及北京城建、北京建工、中建八局、希达监理、华城监理、京兴监理、帕克监理（均为单位简称）部分党员代表参加。

三月

1日下午，北京市政府新闻办公室邀请美联社、合众国际社、法新社、今日俄罗斯国际通讯社、美国有线电视新闻国际公司、英国广播公司、澳大利亚广播公司、日本广播协会、日本读卖新闻等数十名国外媒体记者，参加"见证重大工程 感悟北京发展"北京大兴国际机场在建工地媒体采访活动，观看北京大兴国际机场专题片，听取北京大兴国际机场规划、功能分区、创新亮点及建设情况介绍，并实地参观采访北京大兴国际机场航站楼施工情况。

20日，在中国工程院院士肖绪文、中国建筑金属结构协会副秘书长党保卫、全国勘察设计大师任庆英等12位专家共同检查考评下，北京大兴国际机场航站楼以148.3分高分通过中国钢结构金奖工程杰出大奖现场核查。

四月

30日，北京大兴国际机场主航站楼主体工程顺利完工，标志着航站楼核心区工程按期进入检测验收阶段。航站楼航拍夜景见图13-20。

五月

16日，央视新闻中心新闻播音部的党员，在康辉主任的带领下来到航站楼四层联检大厅举行党日活动，该部党员对北京城建集团员工的铁军精神以及基层党员的无私奉献精神给予了高度评价。

29日，记录北京大兴国际机场建设全过程的两本大型画册《筑凤》《凤栖·寻踪》正式印制。

30日，在2019年全国建筑钢结构行业大会上，北京新机场旅客航站楼及综合换乘中心（核心区）钢结构工程荣获第十三届第一批"中国钢结构金奖"工程，北京新机场旅客航站楼及综合换乘中心、停车楼及综合服务楼工程荣获第十三届"中国钢结构金奖杰出工程大奖"称号（图13-21）。

图13-20 航站楼航拍夜景

图13-21 中国钢结构金奖杰出工程大奖

六月

5日，北京大学港澳台办公室专程为北京城建集团新机场航站楼工程总承包部发来《感谢信》，感谢香港特区政府高级公务员第52期国家事务研习课程考察团参观北京大兴国际机场航站楼时，北京城建集团给予的大力支持和帮助，以及北京城建集团新机场航站楼工程总承包部的热情接待和讲解。信中特别提到香港公务员参观后对北京城建集团和北京大兴国际机场的一致赞赏和肯定。

28日，在北京市建设工程质量监督总站、北京市大兴区建设工程质量监督站共同见证下，北京大兴国际机场航站楼工程顺利通过质量竣工验收（图13-22），标志着北京大兴国际机场航站楼正式从质量竣工验收阶段转向行业验收阶段，从工程建设为中心转为运营筹备为中心。

七月

1日，北京城建集团新机场航站楼工程总承包部维修保驾队伍正式成立运行，首批维修保驾人员共有38人。

6日8：00，北京大兴国际机场航站楼实行全封闭管理，航站楼正式移交给建设单位。移交仪式在航站楼四层4号门前举行（图13-23）。航站楼提前移交给建设单位，为下一步开展联调联试、投运演练等打下了坚实基础，赢得了宝贵时间。

九月

12日，经过北京城建集团近万名员工三年零九个月的昼夜奋战，举世瞩目的北京大兴国际机场航站楼顺利通过竣工验收。为高标准、高质量、高效率做好航站楼的验收工作，北京城建集团新机场航站楼工程总承包部严格按照验收程序，精心准备验收现场，制作了高质量的汇报视频和幻灯片，备齐了翔实、完整的各种资料。经过验收组专家们的严格"考核"，一致同意北京大兴国际机场航站楼通过竣工验收。

25日，在新中国成立70周年之际，北京大兴国际机场投运仪式上午在北京举行。中共中央总

图13-22 航站楼质量竣工验收

图13-23 航站楼移交仪式

书记、国家主席、中央军委主席习近平出席仪式，宣布机场正式投运并巡览航站楼，代表党中央向参与机场建设和运营的广大干部职工表示衷心的感谢、致以诚挚的问候。

习近平强调，大兴国际机场能够在不到5年的时间里就完成预定的建设任务，顺利投入运营，充分展现了中国工程建筑的雄厚实力，充分体现了中国精神和中国力量，充分体现了中国共产党领导和我国社会主义制度能够集中力量办大事的政治优势。[1]

十月

1日晚，北京城建集团新机场航站楼工程总承包部21名员工，在经过两个多月的艰苦训练后，圆满完成了庆祝中华人民共和国成立70周年群众游行活动，得到了大兴区委、建设单位的高度评价。

十一月

5日，一批北京大兴国际机场建设过程中曾采用的橡胶隔震支座、屋面铝网玻璃、支撑屋面的C形柱模型以及项目经理李建华同志的5本施工日记等实物，被中国国家博物馆收藏（图13-24）。

图13-24　捐赠仪式现场

2020年

一月

2日，2019年度"北京榜样"年傍人物评选正式揭晓，北京城建集团大兴国际机场航站楼项目经理李建华等10名同志当选（图13-25）。

四月

4日，北京大兴国际机场航站楼核心区及旅客换乘中心工程顺利通过北京市建筑长城杯验收。

---

① 习近平出席投运仪式并宣布北京大兴国际机场正式投入运营_滚动新闻_中国政府网　http://www.gov.cn/xinwen/2019-09/25/content_5433171.htm.

8日，北京大兴国际机场旅客航站楼及停车楼工程项目荣获住房和城乡建设部2020年度全国绿色建筑创新奖评选一等奖。在评选出的16个项目一等奖中，北京大兴国际机场航站楼荣登2020年度全国绿色建筑创新奖榜首。

六月

18日，北京大兴国际机场航站楼工程通过中国建设工程鲁班奖首次专家组验收。

七月

9日，北京城建集团第四届企业文化周北京大兴国际机场项目《缔造国门》专题片拍摄完成。

24日，北京大兴国际机场航站楼工程顺利通过住房和城乡建设部绿色施工科技示范工程专家组验收（图13-26）。

28～29日，北京大兴国际机场航站楼核心区工程通过北京市建筑装饰协会验收。

九月

7～10日，北京大兴国际机场航站楼工程通过中国建设工程鲁班奖现场复查专家组验收（图13-27）。

23日，北京市建筑业联合会发布公告，北京大兴国际机场工程航站楼及换乘中心（核心区）机电安装工程等52项工程为2020～2021年度第一批北京市优质安装工程奖入选获奖项目。

十一月

30日，北京大兴国际机场荣获2020～2021年度第一批中国建设工程鲁班奖（国家优质工程）。中国建设工程鲁班奖是中国建筑行业工程质量最高荣誉奖，每两年评比表彰一次，在业内和社会上具有重大影响，已成为精品工程的重要

图13-25 "北京榜样"年榜人物

图13-26 专家验收现场会

图13-27 现场复查专家组验收现场会

标志，代表了我国当代工程质量的最高水平。

十二月

10日，中国安装协会公布了"2019-2020年度中国安装工程奖（中国安装之星）"获奖名单。北京新机场工程（航站楼及换乘中心）（核心区）机电安装工程荣获2019-2020年度中国安装工程优质奖（中国安装之星）（图13-28）。

图13-28　获奖证书

2021年

三月

3日，中国建筑装饰协会发布了"2019-2020年度中国建筑工程装饰奖第二批入选工程名单"，北京大兴国际机场旅客航站楼及综合换乘中心（核心区）工程入选。

六月

19日，在庆祝中国共产党成立100周年之际，北京大兴国际机场被中宣部新命名为111个全国爱国主义教育示范基地之一。

十月

28日，中国施工企业管理协会向社会公示了"2020-2021年度第二批国家优质工程奖候选工程名单"，北京大兴国际机场等全国近400项工程入选。

十二月

13日，中国土木工程学会向社会公示了第十九届中国土木工程詹天佑奖入选工程名单，北京大兴国际机场入选。